高等学校应用型特色系列教材

计算机网络技术基础（微课版）

主　编　曾德生　庞双龙

副主编　邵　翠　陈晓丹　谢品章

電子工業出版社

Publishing House of Electronics Industry

北京 · BEIJING

内 容 简 介

“计算机网络”是计算机与通信类专业的基础课程，本书结合当前计算机网络技术的发展，系统地介绍了计算机网络的基本概念、数据通信技术、计算机网络体系结构、局域网技术、广域网技术、软件定义网络及网络功能虚拟化、网络操作系统与网络服务、网络管理与网络安全和企业网络综合应用项目案例等内容。每个章节通过合适的实践案例帮助学生更好地理解网络通信的相关知识。

本书将计算机网络基础知识与实际应用相结合，理论联系实际，着重于培养学生的网络应用能力，具有较强的实用性。本书适合作为应用型本科院校、职业本科院校、高等职业院校计算机与通信类专业的教材，也可以作为相关技术人员的参考用书。

图书在版编目（CIP）数据

计算机网络技术基础：微课版 / 曾德生，庞双龙主编. — 北京：电子工业出版社，2022.7
ISBN 978-7-121-43974-2

Ⅰ. ①计…　Ⅱ. ①曾…　②庞…　Ⅲ. ①计算机网络　Ⅳ. ①TP393

中国版本图书馆 CIP 数据核字（2022）第 127489 号

责任编辑：刘　瑀　　特约编辑：史一蓓
印　　刷：三河市君旺印务有限公司
装　　订：三河市君旺印务有限公司
出版发行：电子工业出版社
　　　　　北京市海淀区万寿路 173 信箱　　邮编：100036
开　　本：787×1 092　1/16　印张：18.75　　字数：504 千字
版　　次：2022 年 7 月第 1 版
印　　次：2024 年 9 月第 5 次印刷
定　　价：49.90 元

凡所购买电子工业出版社图书有缺损问题，请向购买书店调换。若书店售缺，请与本社发行部联系，联系及邮购电话：（010）88254888，88258888。

质量投诉请发邮件至 zlts@phei.com.cn，盗版侵权举报请发邮件至 dbqq@phei.com.cn。

本书咨询联系方式：liuy01@phei.com.cn。

前　言

“计算机网络”是计算机与通信类相关专业的基础课程，也是一门理论与实践紧密结合的课程。随着我国各行各业信息化进程的加快，计算机网络技术已成为计算机与通信类专业人才必备的技术。

本书适量介绍理论知识，对学习难点进行分散处理，注重理论与实践相结合，突出培养实践能力，坚持教学过程与工程实践项目相结合。通过对本书的学习，读者将系统地获得计算机网络的基本概念、数据通信技术、计算机网络体系结构、局域网技术、广域网技术、软件定义网络及网络功能虚拟化、网络操作系统与网络服务、网络管理与网络安全等方面的知识，并能通过对企业网络综合应用项目案例的学习掌握计算机网络建设和维护的基本方法和技能，具备对计算机网络技术的实际应用能力。

本书分为 9 章。

第 1 章主要介绍计算机网络的基本概念，包括计算机网络的形成与发展、计算机网络概述、计算机网络的拓扑结构、计算机网络的传输介质，以及双绞线制作实践。

第 2 章主要介绍数据通信技术，包括数据通信系统、数据通信方式、数据传输方式、数据交换技术，以及华为 eNSP 的安装和使用实践。

第 3 章主要介绍计算机网络体系结构，包括计算机网络体系结构概述、OSI 参考模型、TCP/IP 参考模型、IP 地址，以及交换机配置实践。

第 4 章主要介绍局域网技术，包括局域网组网技术、以太网技术、网络互联，以及路由器配置实践。

第 5 章主要介绍广域网技术，包括广域网的基本概念、HDLC 协议、PPP、FR 协议，以及企业广域网配置实践。

第 6 章主要介绍软件定义网络及网络功能虚拟化，包括 SDN 概述、SDN 的标准与开源项目、SDN 面临的挑战、NFV 技术概述，以及 OpenDaylight 部署实践。

第 7 章主要介绍网络操作系统与网络服务，包括网络操作系统概述、常见的网络服务，以及 Windows Server 2022 的安装、DHCP 服务配置实践。

第 8 章主要介绍网络管理与网络安全，包括网络管理概述、网络故障处理、网络安全概述，以及防火墙配置实践。

第 9 章以企业网络组建为背景，采用活页式的形式，通过项目任务清单、项目目标、项目内容、项目相关问题思考、项目实施、项目相关问题解析、项目实施配置命令和项目评价等实践步骤，介绍企业网络综合应用项目案例，通过实践最终实现企业总部网络与分公司网络的互联互通。

本教材由曾德生、庞双龙担任主编，由邵翠、陈晓丹担任副主编。第 1 章由曾德生和骆金维合作编写，第 2 章由庞双龙编写，第 3 章由陈晓丹和付军合作编写，第 4 章和第 5 章由邵翠

和谢品章合作编写，第 6 章由曾德生和潘志宏合作编写，第 7 章由曾德生和刘倍雄合作编写，第 8 章由曾德生和陈孟祥合作编写，第 9 章由庞双龙和欧灿荣合作编写。全书由曾德生统稿。本书所有章节都配有微课视频，同时提供电子课件、教学大纲、习题解答等配套资源，读者可登录华信教育资源网（www.hxedu.com.cn）下载。

本书在编写过程中得到了广东创新科技职业学院、湛江科技学院、广州新华学院、广东理工职业学院、广东环境保护工程职业学院和广东水利水电职业学院教师的帮助。在企业网络综合应用项目案例的编写过程中，也得到了广州腾科网络技术有限公司技术发展与交付服务部欧灿荣总经理的帮助。在此，向所有为本书的出版做出贡献的人员表示衷心感谢！尽管我们尽了最大努力，但书中难免有不妥之处，欢迎各界专家和读者提出宝贵意见，不胜感激。

编　者

目　　录

第 1 章　计算机网络的基本概念……1

1.1　计算机网络的形成与发展……1

1.1.1　计算机网络的形成过程……1

1.1.2　计算机网络的发展阶段……1

1.2　计算机网络概述……5

1.2.1　计算机网络的定义……5

1.2.2　计算机网络的组成……7

1.2.3　计算机网络的功能……9

1.2.4　计算机网络的分类……9

1.3　计算机网络的拓扑结构……11

1.3.1　计算机网络拓扑结构的定义……11

1.3.2　计算机网络拓扑结构的分类……11

1.4　计算机网络的传输介质……14

1.4.1　双绞线……14

1.4.2　同轴电缆……16

1.4.3　光纤……16

1.4.4　无线传输……17

1.5　双绞线制作实践……17

1.5.1　实践任务描述……17

1.5.2　准备工作……17

1.5.3　实施步骤……18

1.5.4　拓展知识……20

习题……22

第 2 章　数据通信技术……23

2.1　数据通信系统……23

2.1.1　数据通信的基本概念……23

2.1.2　数据通信系统模型……25

2.1.3　数据通信系统的主要技术指标……26

2.2　数据通信方式……27

2.2.1　并行通信和串行通信……27

2.2.2　单工、全双工和半双工通信……28

2.3 数据传输方式……29

2.3.1 基带、频带和宽带传输……29

2.3.2 数据编码和调制技术……30

2.3.3 多路复用技术……33

2.4 数据交换技术……36

2.4.1 电路交换……36

2.4.2 存储转发交换……36

2.5 华为 eNSP 的安装和使用实践……38

2.5.1 安装华为 eNSP……39

2.5.2 基本功能介绍……42

2.5.3 组建对等网络……44

习题……49

第 3 章 计算机网络体系结构……51

3.1 计算机网络体系结构概述……51

3.1.1 网络协议……51

3.1.2 网络分层模型……52

3.1.3 网络体系结构……53

3.2 OSI 参考模型……54

3.2.1 OSI 参考模型概述……54

3.2.2 OSI 参考模型各层功能……55

3.2.3 OSI 参考模型数据传输过程……57

3.3 TCP/IP 参考模型……59

3.3.1 TCP/IP 参考模型概述……59

3.3.2 TCP/IP 体系结构……59

3.3.3 OSI 参考模型与 TCP/IP 参考模型的比较……62

3.4 IP 地址……63

3.4.1 IP 地址概述……64

3.4.2 IP 数据报的格式……67

3.4.3 子网划分……69

3.4.4 IPv6 地址……72

3.5 交换机配置实践……76

3.5.1 VLAN 概述……76

3.5.2 VLAN 划分……78

3.5.3 VLAN 配置……79

3.5.4 拓展知识……85

习题……85

第 4 章 局域网技术……86

4.1 局域网组网技术……86

4.1.1 局域网的特点……87

4.1.2　局域网的体系结构……87
4.1.3　局域网的标准……89
4.1.4　介质访问控制方法……90
4.2　以太网技术……96
4.2.1　以太网的发展历史……96
4.2.2　以太网的帧格式……97
4.2.3　以太网的分类……98
4.3　网络互联……106
4.3.1　网络互联概述……106
4.3.2　网络互联设备……108
4.3.3　路由协议……115
4.4　路由器配置实践……117
4.4.1　静态路由与默认路由的配置……117
4.4.2　OSPF 动态路由协议的配置……121
习题……124
第 5 章　广域网技术……125
5.1　广域网的基本概念……125
5.1.1　广域网的特点……125
5.1.2　广域网的术语……126
5.1.3　广域网的连接方式……126
5.2　HDLC 协议……130
5.2.1　HDLC 协议的帧格式……130
5.2.2　HDLC 协议的特点……131
5.3　PPP……131
5.3.1　PPP 的特点……131
5.3.2　PPP 的帧格式……132
5.3.3　PPP 的工作流程……133
5.4　FR 协议……134
5.4.1　FR 协议的工作原理……134
5.4.2　FR 协议的特点……135
5.4.3　FR 协议的帧格式……135
5.5　企业广域网配置实践……136
5.5.1　实践任务描述……136
5.5.2　准备工作……137
5.5.3　实施步骤……138
5.5.4　拓展知识……140
习题……140
第 6 章　软件定义网络及网络功能虚拟化……141
6.1　SDN 概述……141

6.1.1 SDN 的产生背景……141
6.1.2 SDN 的技术路线……143
6.1.3 SDN 的架构……144
6.1.4 SDN 的主要应用场景……146
6.2 SDN 的标准与开源项目……147
6.2.1 SDN 标准化的相关组织……147
6.2.2 开源及社区项目……148
6.3 SDN 面临的挑战……149
6.3.1 可靠性……149
6.3.2 性能……150
6.3.3 开放性……150
6.4 NFV 技术概述……151
6.4.1 NFV 技术概述……151
6.4.2 SDN 与 NFV 的关系……152
6.5 OpenDaylight 部署实践……153
6.5.1 实践任务描述……153
6.5.2 准备工作……153
6.5.3 实施步骤……154
6.5.4 拓展知识……177
习题……178
第 7 章 网络操作系统与网络服务……179
7.1 网络操作系统概述……179
7.1.1 什么是操作系统……179
7.1.2 什么是网络操作系统……180
7.1.3 常见的网络操作系统……181
7.2 常见的网络服务……184
7.2.1 网络服务概述……184
7.2.2 DHCP 服务……184
7.2.3 DNS 服务……185
7.2.4 Web 服务……186
7.2.5 常见的文件共享服务……187
7.2.6 电子邮件服务……189
7.2.7 远程登录服务……190
7.3 Windows Server 2022 的安装实践……193
7.3.1 实践任务描述……193
7.3.2 准备工作……194
7.3.3 实施步骤……199
7.4 DHCP 服务配置实践……209
7.4.1 实践任务描述……209

7.4.2 准备工作 ……209
7.4.3 实施步骤 ……210
7.4.4 拓展知识 ……224
习题 ……225
第 8 章 网络管理与网络安全 ……226
8.1 网络管理概述 ……226
8.1.1 网络管理 ……226
8.1.2 网络管理的功能 ……227
8.1.3 常见的网络管理协议及网络管理系统 ……229
8.2 网络故障处理 ……235
8.2.1 网络故障概述 ……235
8.2.2 网络故障排除的常用方法 ……235
8.2.3 简单的网络故障诊断工具 ……236
8.3 网络安全概述 ……240
8.3.1 常见的网络安全隐患 ……240
8.3.2 网络安全防范技术 ……242
8.4 防火墙配置实践 ……248
8.4.1 实践任务描述 ……248
8.4.2 准备工作 ……249
8.4.3 实施步骤 ……251
8.4.4 拓展知识 ……267
习题 ……269
第 9 章 企业网络综合应用项目案例 ……270
9.1 项目任务清单 ……270
9.2 项目目标 ……271
9.3 项目内容 ……271
9.4 项目相关问题思考 ……274
9.5 项目实施 ……276
9.6 项目相关问题解析 ……278
9.7 项目实施配置命令 ……280
9.8 项目评价 ……288
参考文献 ……290

第 1 章 计算机网络的基本概念

计算机网络是计算机技术与信息通信技术紧密结合的产物，它的诞生使计算机体系结构发生了巨大变化，在当今社会发展和经济建设中起着非常重要的作用。本章从计算机网络的形成与发展开始介绍计算机网络的基本概念。

本章主要学习内容：

- 计算机网络的发展阶段；
- 计算机网络的定义、组成、功能及分类；
- 计算机网络中常见的拓扑结构；
- 计算机网络中常见的传输介质；
- 双绞线的制作；
- 云计算、边缘计算等计算机网络领域的新技术；
- 熟练使用搜索引擎对计算机网络发展历程及应用领域等相关知识进行查询。

1.1 计算机网络的形成与发展

微课视频

1.1.1 计算机网络的形成过程

自从 1946 年第一台电子计算机诞生后，随着半导体技术、编程语言及计算机软件开发技术的蓬勃发展，计算机技术的应用领域逐渐渗透到人类生活的方方面面。20 世纪 70 年代微型计算机（PC）的出现和发展，使计算机在各个领域得到了更加广泛的应用，极大地加快了信息技术革命，使人类进入了新的信息技术时代。

在应用的过程中，各类计算机系统需要对大量复杂的信息进行采集、交换、加工、处理和传输，因此计算机系统中引入了信息通信技术，以便通过通信线路为计算机或终端设备提供采集、交换和传输信息的手段。对计算机网络的研究基本上是从 20 世纪 60 年代开始的，通过结合计算机技术与信息通信技术，计算机的应用范围得到了极大的开拓。随着计算机应用渗透到社会的各个领域，计算机网络已成为人们打破时间和空间限制的便捷工具。同时，计算机网络技术作为信息技术领域中各类应用的底层支撑技术，其发展促进了信息技术应用领域的拓展。

1.1.2 计算机网络的发展阶段

与任何其他事物的发展过程一样，计算机网络的发展经历了从简单到复杂、从单机到多机、从终端与计算机之间的通信，到计算机与计算机之间直接通信的演变过程。其发展

大致经历了 4 个阶段：面向终端的单机远程连接阶段、多机互连阶段、标准化网络阶段、智能化网络阶段。

1．单机远程连接阶段

从 20 世纪 50 年代中期至 60 年代末期，计算机技术与通信技术初步结合，形成了计算机网络的雏形——面向终端的计算机网络。这种早期计算机网络的主要形式，实际上是以单台计算机为中心的联机系统。为了提高计算机的工作效率和系统资源的利用率，人们将多个终端通过通信设备和通信线路连接到计算机上，在通信软件的控制下，各个终端用户分时轮流地使用计算机系统的资源。系统中除一台中心计算机外，其余的终端都不具备自主处理功能，系统中的通信主要是终端和计算机间的通信。这种单台计算机联机网络涉及多种通信技术、数据传输设备和数据交换设备等。从计算机技术上来看，属于分时多用户系统，即多个终端用户分时占用主机上的资源，主机既承担通信工作，又承担数据处理工作，主机的负荷较重，且效率低。此外，每个分散的终端都要单独占用一条通信线路，线路利用率低；随着终端用户的增多，系统的费用也在增加。为了提高通信线路的利用率，减轻主机的负担，人们采用了多点通信线路、通信控制处理机以及集中器等技术。

多点通信线路：在一条通信线路上串接多个终端(PC 也为终端)，多个终端共享同一条通信线路与主机通信，如图 1.1 所示，各个终端与主机通信时可以分时地使用同一高速通信线路，提高通信线路的利用率。

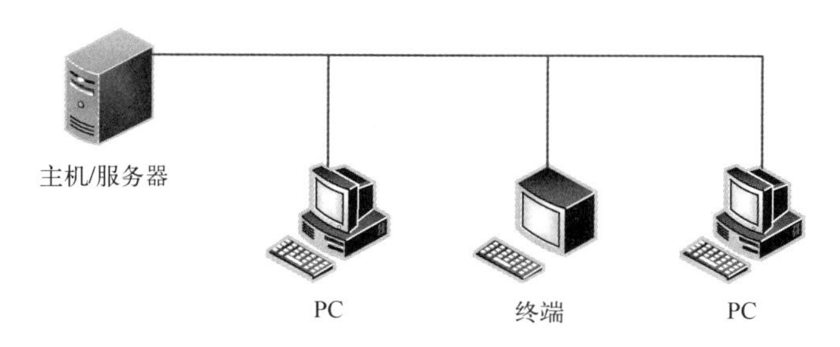

图 1.1　多点通信线路

通信控制处理机(Communication Control Processor，CCP)：又称前端处理机(Front End Processor，FEP)，负责完成全部通信任务，让主机专门进行数据处理，以提高数据处理效率。

集中器：负责从终端到主机的数据集中，以及从主机到终端的数据分发，可以放置于终端相对集中的地点。其中，一端用多条低速线路与各终端相连，收集终端的数据，另一端用一条较高速率的线路与主机相连，实现高速通信，以提高通信效率，如图 1.2 所示。集中器把收到的多个终端的信息按一定格式汇总，再传输给主机。

面向终端的计算机网络属于第一代计算机网络。这些系统只是计算机网络的“雏形”，没有真正出现“网”的形式，一般在用户终端和计算机之间通过公用电话网进行通信。在这种情况下，随着终端用户的增加，计算机的负荷逐渐加重，一旦计算机发生故障，将导致整个网络瘫痪，可靠性很低。

2．多机互连阶段

从 20 世纪 60 年代中期到 70 年代中期，随着计算机技术和通信技术的进步，通信线路将多个单台计算机联机网络互连起来，形成多机互连的网络。多台计算机系统主机之间连接后，主机与主机之间也能交换信息、相互调用软件以及调用其中任何一台主机的资源，系统中有多个计算机处理中心，各计算机通过通信线路连接，相互交换数据、传输软件，实现互连的计算机之间的资源共享。这时的计算机网络有以下两种形式。

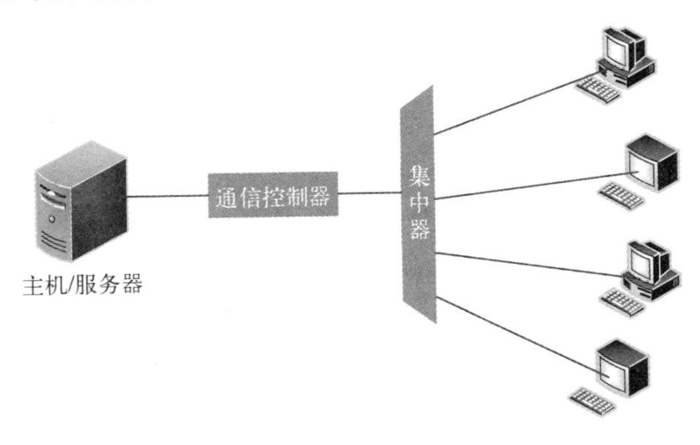

图 1.2 使用集中器的通信线路

一是通过通信线路将主机直连起来，主机既承担数据处理任务又承担通信任务，如图 1.3 所示。

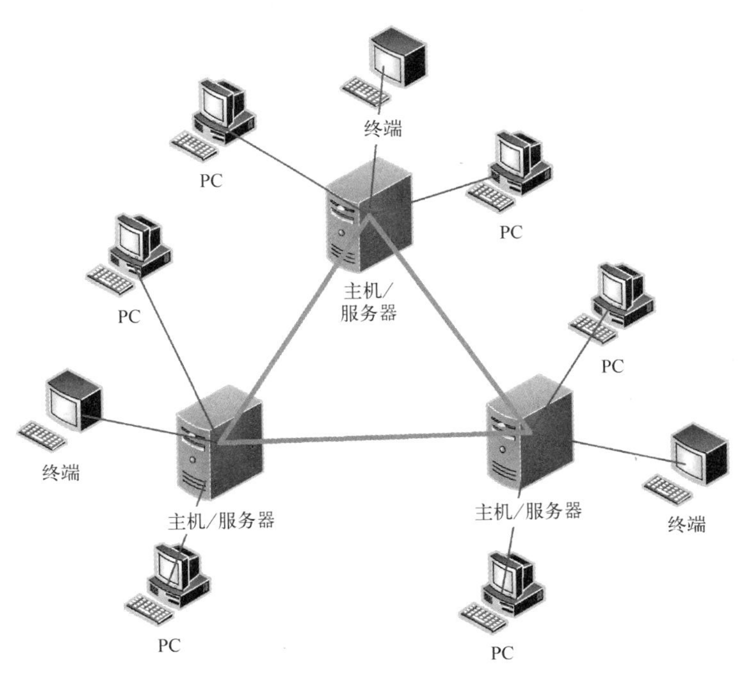

图 1.3 主机直连模式图

二是把通信功能从主机中分离出来，设置通信控制处理机，主机之间的通信通过 CCP 的中继功能逐级间接进行。由 CCP 组成的传输网络称为通信子网，如图 1.4 所示。

CCP 负责网络上各主机之间的通信控制和通信处理，它们组成的通信子网是网络的内层或骨架层，是网络的重要组成部分。网络中的主机负责数据处理，是网络资源的拥有者，它们组成了网络的资源子网，是网络的外层。通信子网为资源子网提供信息传输服务，资源子网上

用户之间的通信建立在通信子网的基础上。没有通信子网，网络不能工作，而没有资源子网，通信子网的传输也将失去意义，两者结合构成统一的资源共享的两层网络。将通信子网的规模进一步扩大，可变成社会共有的数据通信网，其结构与图 1.4 相似。广域网，特别是国家级的计算机网络大多采用这种形式。这种网络允许异种机入网、兼容性好、通信线路利用率高，是计算机网络中概念最多、设备最多的一种形式。

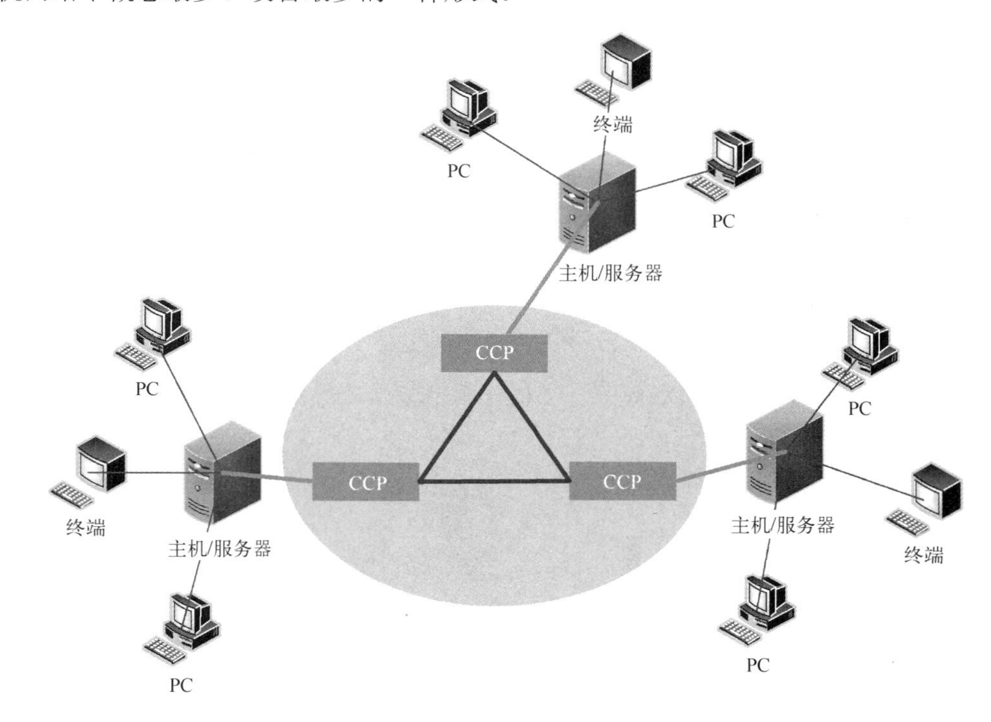

图 1.4 采用通信子网结构的计算机网络体系

多机互连系统使计算机网络的通信方式由终端与计算机之间的通信，发展到计算机与计算机之间的直接通信。网络中各计算机子系统相对独立，形成一个松散耦合的大系统。用户可以把整个系统视为若干个功能不一的计算机系统的集合，其功能比面向终端的计算机网络大了很多。美国国防部高级研究计划署(DARPA)于 1969 年建成的 ARPANFT 实验网，就是这种形式的最早代表。

3. 标准化网络阶段

经过 20 世纪 60 年代和 70 年代前期的发展，为了促进网络产品的开发，各大公司纷纷制定了自己的网络技术标准，最终促成了国际标准的制定。遵循网络体系结构标准建成的网络称为第三代计算机网络。计算机网络体系结构依据标准化的发展过程可分为以下两个阶段。

(1) 各计算机制造厂商网络结构标准化

各大计算机公司和计算机研制部门进行计算机网络体系结构的研究，目的是提供一种具有统一信息格式和协议的网络软件结构，使网络的构建、扩充和变动更易于实现，适应计算机网络迅速发展的需要。

1974 年，IBM 公司首先提出了完整的计算机网络体系标准化的概念，发布了 SNA 标准，方便用户用 IBM 各种机型建造网络。1975 年，DEC 公司公布了面向分布式网络的数字网络系统结构(DNA)；1976 年，UNIVAC 公司公布了数据通信体系结构(DCA)；Burroughs 公司公布

了宝来网络体系结构(BNA)等。这些网络技术标准只在一个公司范围内有效，即遵从某种标准的、能够互连的网络通信产品，也只限于同一公司所生产的同构型设备。

(2) 国际网络体系结构标准化

为适应网络向标准化发展的需要，国际标准化组织(ISO)于 1977 年成立了计算机与信息处理标准化委员会(TC97)下属的开放系统互连分技术委员会(SC16)，在研究、吸收各计算机制造厂商的网络体系结构标准和经验的基础上，着手制定开放系统互连的一系列标准，旨在方便异种计算机互连。该委员会制定了"开放系统互连参考模型"(OSI/RM)，简称为 OSI。OSI 为新一代计算机网络系统提供了功能上和概念上的框架，是一个具有指导性的标准。OSI 规定了可以互连的计算机系统之间的通信协议，遵从 OSI 协议的网络产品都是所谓的开放系统，符合 OSI 标准的网络被称为第三代计算机网络。这个时期是计算机网络的成熟阶段。

20 世纪 80 年代，微型计算机有了极大的发展，对社会生活各方面都产生了深刻的影响。在一个单位内部微型计算机和智能设备的互连网络不同于远程公用数据网，其推动了局域网技术的发展。1980 年 2 月，IEEE 802 局域网标准出台。局域网从开始就按照标准化、互相兼容的方式展开竞争，迅速进入了专业化的成熟时期。

4．智能化网络阶段

从 20 世纪 80 年代末开始，计算机技术、信息通信技术，以及建立在 Internet 技术基础上的计算机网络技术得到了迅猛发展。随着 Internet 被广泛应用，高速网络技术与基于 Web 技术的 Internet 网络应用迅速发展，计算机网络的发展进入第四个阶段。

在 Internet 飞速发展与应用的同时，高速网络的发展也引起人们越来越多的关注。高速网络的发展主要表现在：宽带综合业务数据网(B-ISDN)、异步传输模式(ATM)、高速局域网、交换局域网、虚拟网络与无线网络等方面。基于光纤通信技术的宽带城域网与宽带接入网技术，以及无线网络(Wi-Fi)技术成为应用于产业发展的热点问题之一。

随着社会生活对网络技术与网络信息系统的依赖程度越来越高，人们对网络与信息安全的需求越来越强烈。网络与信息安全的研究正在成为研究、应用和产业发展领域的重点问题，引起了社会的高度重视。

随着网络传输介质的光纤化，各国通信设施的建立与发展，多媒体网络与宽带综合业务数字网的开发和应用，智能网的发展，计算机分布式系统的研究，计算机网络领域相继出现了高速以太网、光纤分布式数字接口(FDDI)、快速分组交换技术等新技术，推动着计算机网络技术的飞速发展，使计算机网络技术进入高速计算机互联网络阶段，Internet 成为计算机网络领域最引人注目、发展最快的网络技术。

1.2 计算机网络概述

微课视频

1.2.1 计算机网络的定义

通过前面的内容，我们明确了计算机网络技术是随着现代计算机技术和信息通信技术的高速发展、密切结合而产生和发展起来的。以一个典型的小型网络为例，把几台计算机、网络打印机等设备连接在一起，就可以建立一个简单的计算机网络，如图 1.5 所示。

其中，服务器是一台高性能的计算机，集线器/小型路由器是一种网络互联设备。在这个非常简单的家庭网络中，可以把需要共享的文件存放在服务器或任意一台计算机上，连接到网

络的任意一台计算机都可以访问这些文件，还可以使用共享的网络打印机。网络上的各台计算机之间、计算机和服务器之间、计算机和网络打印机之间可以相互交换信息，进行数据通信。

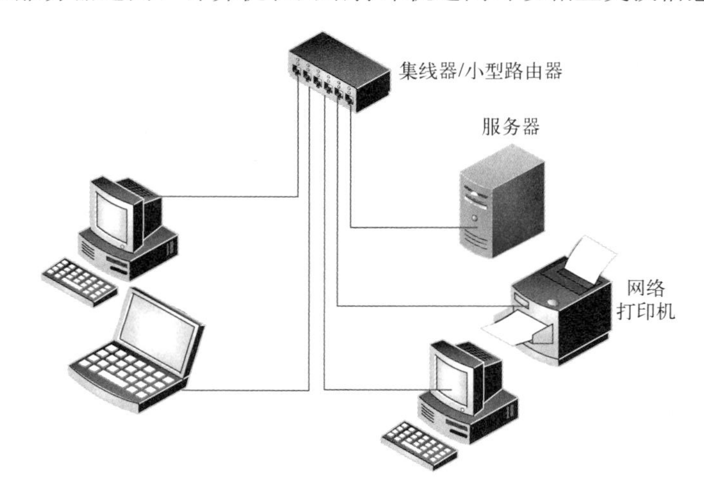

图 1.5　典型的小型网络应用示意图

那么如何定义计算机网络呢？一个比较通用的定义为，利用通信线路将地理上分散的、具有独立功能的计算机系统和通信设备按不同的形式连接起来、以功能完善的网络软件及协议实现资源共享和信息传递的系统。所谓资源共享，是指计算机网络系统中的计算机用户可以利用网络内其他计算机系统中的全部或部分资源。此外，从不同的角度还可以对计算机网络有不同的定义方法。例如，从应用或功能的角度看，可将计算机网络定义为：把多个具有独立功能的单机系统，以资源(硬件、软件和数据)共享的形式连接起来形成的多机系统，或把分散的计算机、终端、外围设备和通信设备用通信线路连接起来形成的能够实现资源共享和信息传递的综合系统。

结合上述的内容，计算机网络的定义包含了以下 3 个要素：

- 计算机网络是一个多机系统，系统中包含多台具有自主功能的计算机。所谓“自主”，是指这些计算机在脱离计算机网络后也能独立地工作和运行。通常将网络中的这些计算机称为主机(Host)，其可以向用户提供服务和可供共享的资源。
- 计算机网络是一个互联系统，通信设备和通信线路把众多的计算机有机地连接起来。所谓“有机地连接”，是指连接时必须遵循约定和规则，这些约定和规则就是通信协议。这些通信协议，有些是国际组织颁布的国际标准，有些是网络设备和软件厂商开发的。
- 计算机网络是一个资源共享系统。建立计算机网络的主要目的是实现数据通信、信息资源交流、计算机数据资源共享或计算机之间协同工作。在计算机网络中，由各种通信设备和通信线路组成通信子网；由网络软件为用户共享网络资源和信息传递提供管理和服务。

计算机网络中，提供信息和服务能力的计算机是网络的资源，索取信息和请求服务的计算机是网络用户。由于网络资源与网络用户之间的连接方式、服务类型和连接范围不同，形成了不同的网络结构及网络系统。

1.2.2　计算机网络的组成

计算机网络在物理结构上，可分为硬件和软件两部分，如图 1.6 所示。

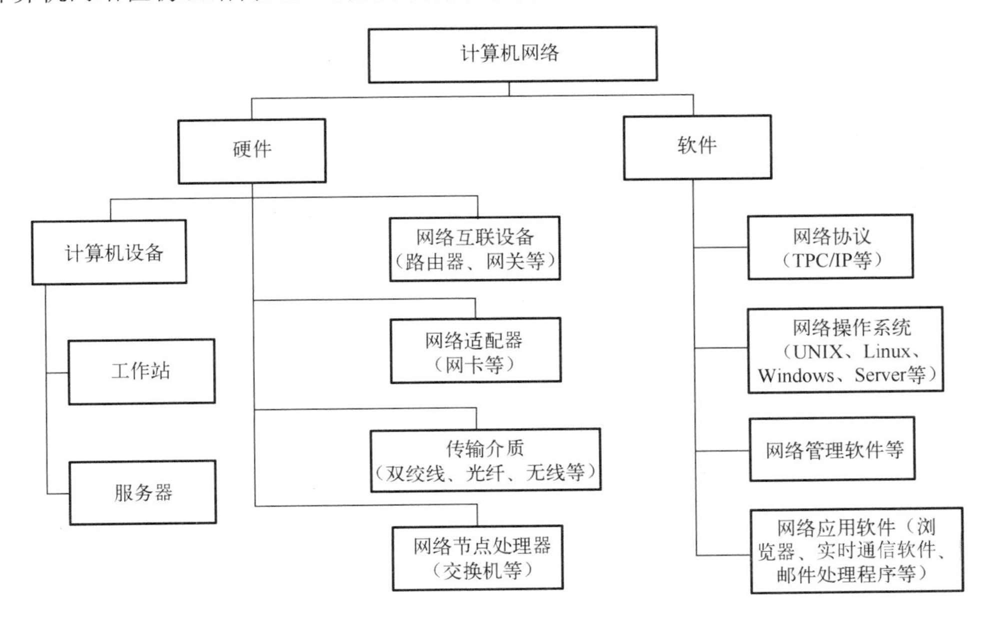

图 1.6　计算机网络的物理结构

从组成网络的各种设备或系统的功能看，计算机网络可分为两部分(两个子网)，一个称为资源子网，一个称为通信子网。资源子网和通信子网划分是一种逻辑的划分，它们可能使用相同或不同的设备。例如，在广域网环境下，由电信部门组建的网络常被理解为通信子网，仅用于支持用户之间的数据传输；而用户部门的入网设备则被认为属于资源子网的范围；在局域网环境下，网络设备同时提供数据传输和数据处理的能力。因此，只能从功能上对其中的软硬件部分进行这种划分。

1．资源子网

资源子网由主计算机系统、用户终端、网络操作系统、网络数据库等组成，负责全网面向应用的数据处理工作，向网络用户提供各种网络资源与网络服务。资源子网的任务是利用其自身的硬件和软件资源为用户进行数据处理和科学计算，并将结果以相应形式传送给用户或存档。资源子网中的软件资源包括本地系统软件、应用软件及用于实现和管理共享资源的网络软件等。

- 主计算机系统：简称主机，可以是各种类型的计算机。主机是资源子网的主要组成单元，通过高速通信线与通信子网的通信控制处理机(CCP)连接。主机中除装有本地操作系统外，还应配有网络操作系统和各种应用软件，配置网络数据库和各种工具软件，负责网络中的数据处理、协议执行、网络控制和管理等工作。主机与其他主机系统联网后，构成网络中的主要资源。它可以是单机系统，也可以是多机系统。主机为本地用户访问网络上的其他主机设备与资源提供服务，同时为网络中远程用户共享本地资源提供服务。
- 用户终端：终端是用户访问网络的设备，可以是简单的输入/输出设备，也可以是具有

存储和信息处理能力的智能终端，通常通过主机连入网络。终端是用户与网络之间的接口，主要作用是把用户输入的信息转变为适合传输的信息传送到网络上，或把网络上其他节点的输出信息转变为用户能识别的信息。智能终端还具有一定的计算、数据处理和管理能力。用户可以通过终端得到网络的服务。

- 网络操作系统：建立在各主机操作系统之上的一个操作系统，用于实现不同主机系统之间的用户通信及全网硬件、软件资源的共享，并向用户提供统一的网络接口，以方便用户使用网络。
- 网络数据库：建立在网络操作系统之上的一个数据库系统，可以集中地驻留在一台主机上，也可以分布在多台主机上。网络数据库系统向网络用户提供存、取、修改网络数据库中数据的服务，以实现网络数据库的共享。

2. 通信子网

通信子网由 CCP、通信线路与其他通信设备组成，完成网络数据传输、转发等通信处理任务，为网络用户共享各种网络资源提供必要的通信手段和通信服务。

- CCP：CCP 在网络拓扑结构中称为网络节点(Node)，一般指交换机、路由器等设备。一方面，其作为资源子网中与主机、终端的连接接口，将主机和终端连接到网络中；另一方面，其作为通信子网中数据包的存储转发节点，完成数据包的接收、校验、存储、转发等功能，将源主机报文准确地发送到目的主机中。
- 通信线路：是传输信息的载波媒体，为 CCP 之间、CCP 与主机之间提供通信信道。计算机网络采用多种通信线路，如双绞线、同轴电缆、光导纤维电缆(光缆)、无线通信信道、微波与卫星通信信道等。
- 其他通信设备：主要指信号变换设备。利用信号变换设备对信号进行变换，以适应不同传输介质的要求，例如，将计算机输出的数字信号变换为电话线上传输的模拟信号所用的调制解调器就是一种信号变换设备。

资源子网和通信子网的组成形式可以用如图 1.7 所示的形式简单描述，外部是资源子网部分，内部是通信子网部分。

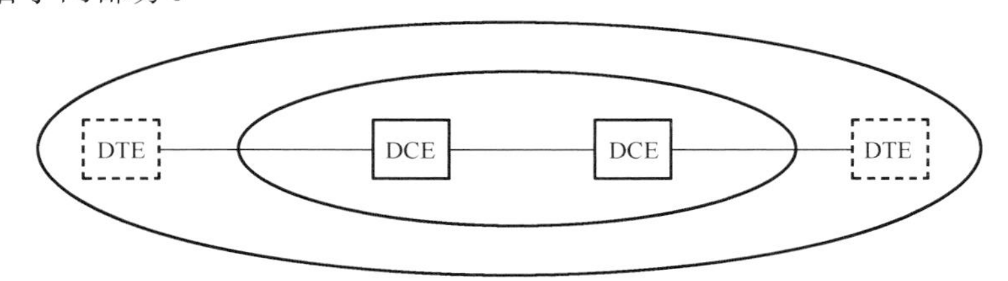

图 1.7　资源子网和通信子网的组成形式

图中，DTE(Data Terminal Equipment)表示数据终端设备，DCE(Data Circuit-terminating Equipment 或 Data Communication Equipment)表示数据电路端接设备(或称数据通信设备)。

- DTE：产生数字信号的数据源或接收数字信号的数据宿，或者是两者的结合，是用户网络接口上的用户端设备；DTE 具有数据处理及转发能力，能够依据协议控制数据通信，包括主机、终端、计算机外设和终端控制器等设备。
- DCE：在 DTE 和传输线路之间提供信号变换和编码功能，可以提供 DTE 和 DCE 之间的时钟信号，包括各种通信设备，如集中器、调制解调器、CCP、多路复用器等。

1.2.3　计算机网络的功能

计算机网络的功能可归纳为以下几点。

1．资源共享

资源共享是计算机网络的基本功能之一。计算机网络的基本资源包括硬件、软件和数据资源。资源共享即共享网络中的硬件、软件和数据资源。计算机网络技术可以使大量分散的数据被迅速集中、分析和处理，同时为充分利用这些数据资源提供方便。分散在不同地点的网络用户可以共享网络中的大型数据库。

2．信息传递

信息传递也是计算机网络的基本功能之一。在网络中，通过通信线路，主机与主机、主机与终端之间可实现数据和程序的快速传输。

3．实时地集中处理

在计算机网络中，服务器可以把已存在的许多联机系统有机地连接起来，进行实时的集中处理，使各部件协同工作、并行处理，提高系统的处理能力。

4．负载均衡和分布式处理

计算机网络中包括很多子处理系统。当某个单独的子处理系统的负载过重时，新的作业可通过网络内的节点和线路分别传送给较空闲的子处理系统进行处理。当进行这种分布式处理时，必要的处理程序和数据也必须同时传送到空闲子处理系统中。因此，可以利用地理上的时差，不同地域的工作时间差异，均衡各时段网络系统中的负载情况，实现系统的负载均衡，以充分发挥网内各处理系统的负载能力。

5．新的业务项目或应用领域

计算机网络为各类新的业务、新的领域及新的应用热点提供了更全面的服务，解决了单机系统难以处理的问题。

1.2.4　计算机网络的分类

随着计算机网络的广泛使用，世界上已出现了多种形式的计算机网络，网络的分类方法也很多。从不同角度观察、划分网络，有利于全面了解网络系统的各种特性。

1．按照网络的覆盖范围分类

根据覆盖的地理范围、信息的传输速率及其应用目的，计算机网络可分为广域网、城域网和局域网。

- 广域网（Wide Area Network，WAN）：又称远程网。广域网指实现计算机远距离连接的计算机网络，可以把众多的城域网、局域网连接起来。广域网的覆盖范围较大，一般从几千米到几万千米，用于通信的传输装置和介质一般由电信部门提供。广域网的规模大，能实现较大范围内的资源共享和信息传输。
- 城域网（Metropolitan Area Network，MAN）：又称城市网、区域网、都市网。城域网一般指建立在大城市、大都市区域的计算机网络，覆盖城市的大部分或全部地域，地理范围通常在几十千米内。城域网通常采用光纤或无线网络把各个局域网连接起来。
- 局域网（Local Area Network，LAN）：又称局部网。局域网是在一个有限的地理范围（十

几千米)以内将计算机、外部设备和网络互联设备连接在一起的网络系统，常用于一座大楼、一个学校、一个企业内，属于一个部门或单位组建的小范围网络。局域网专为短距离通信而设计，可以在短距离内使互连的多台计算机通信，组网方便，使用灵活，一般具有较高的传输速率，是目前计算机网络发展中最活跃的分支。

随着高速上网需求的日益增加，接入网技术得到了发展。接入网是局域网和城域网之间的桥接区，提供多种高速接入技术，使用户接入 Internet 的瓶颈在某种程度上得到解决。广域网、城域网、局域网与接入网的关系如图 1.8 所示。

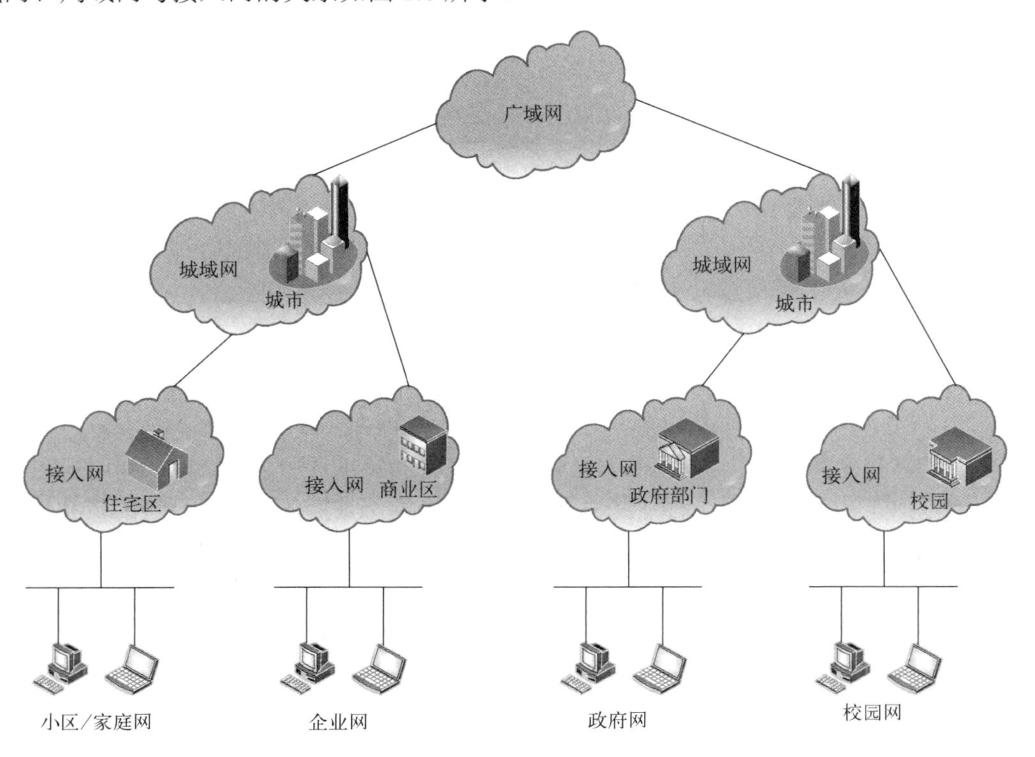

图 1.8　广域网、城域网、局域网与接入网的关系

2. 根据数据传输方式分类

根据数据传输方式的不同，计算机网络可以分为广播网络和点对点网络两大类。

(1)广播网络(Broadcasting Network)

计算机或设备使用一个共享的通信介质进行数据传播，网络中的所有节点都能收到任何节点发出的数据信息。

广播网络的传输方式有以下 3 种。

- 单播(Unicast)：发送的信息中包含明确的目的地址，所有节点都检查该地址，若与自己的地址相同，则处理该信息；若不同，则忽略。
- 组播(Multicast)：将信息传输给网络中部分节点。
- 广播(Broadcast)：在发送的信息中使用一个指定的代码标识目的地址，将信息发送给所有的目标节点。当使用这个指定的代码传输信息时，所有节点都接收并处理该信息。

(2) 点对点网络(Point to Point Network)

计算机或设备以点对点的方式进行数据传输，两个节点间可能有多条单独的链路。

除了按以上方法分类，还可以按网络的拓扑结构将其分为总线网、环形网、星形网、树形网、微波网和卫星网等；按网络采用的传输介质将其分为双绞线网、同轴电缆网、光纤网、无线网等；按网络的应用范围和管理性质将其分为公用网和专用网等；按网络的交换方式将其分为电路交换网、报文交换网、分组交换网、帧中继交换网、ATM 交换网和混合交换网等；按网络中各组件的关系将其分为对等网络和基于服务器网络等。

1.3　计算机网络的拓扑结构

微课视频

1.3.1　计算机网络拓扑结构的定义

计算机网络拓扑(Topology)结构是由网络节点设备和通信介质构成的网络结构。在计算机网络中，以计算机作为节点、通信线路作为连线，可构成不同的几何图形，即计算机网络的拓扑结构。网络拓扑结构的设计选型是计算机网络设计的第一步。

计算机网络拓扑结构是实现各种网络协议的基础。计算机网络拓扑结构的选择对网络采用的技术、网络的可靠性、网络的可维护性和网络的实施费用都有重大的影响。选用何种类型的网络拓扑结构，要依据实际需要而定。计算机网络拓扑结构由网络中节点与通信线路之间的几何关系表示，可以反映网络中各实体的结构关系。

1.3.2　计算机网络拓扑结构的分类

计算机网络拓扑结构主要是指通信子网的拓扑结构，可以根据通信子网中的通信信道类型分为两类：广播信道通信子网的拓扑结构，点对点线路通信子网的拓扑结构。

在采用广播信道的通信子网中，一个公共通信信道被多个网络节点共享。任一时间内只允许一个节点使用公共通信信道，当一个节点利用公用通信信道“发送”数据时，其他节点只能“收听”正在发送的数据。广播信道通信子网的基本拓扑结构主要有 4 种：总线型、树形、环形、无线与卫星通信型。

利用广播信道完成网络通信任务时，必须解决以下两个基本问题。

- 确定通信对象，包括源节点和目的节点。
- 解决多节点争用公用信道的问题。

在采用点对点线路的通信子网中，每条通信线路连接一对节点。点对点线路通信子网的基本拓扑结构有 4 类：星形、环形、树形与网状。

1. 星形拓扑

星形拓扑由一个中央节点和多个从节点组成，中央节点可以与从节点通信，而从节点之间必须通过中央节点的转接才能通信。星形拓扑如图 1.9 所示。星形拓扑以中央节点为中心，执行集中式通信控制策略，因此中央节点相当复杂，而各个从节点的通信处理负担都很小。

根据中央节点性质和作用的不同，星形拓扑还可分为以下两类。

- 中央节点是一台功能很强的计算机，具有数据处理和转接的双重功能，与各自连到中心计算机的节点(或终端)组成星形网络。

- 中央节点由交换机或集线器等仅有转接功能的设备担任，负责各计算机或终端之间的联系，为它们转接信息。图 1.10 所示的是带有配线架的星形拓扑，配线架相当于中央节点，可以在每个楼层配置一个，配线架具有足够数量的端口，以供该楼层的节点使用，节点的位置可灵活设置。

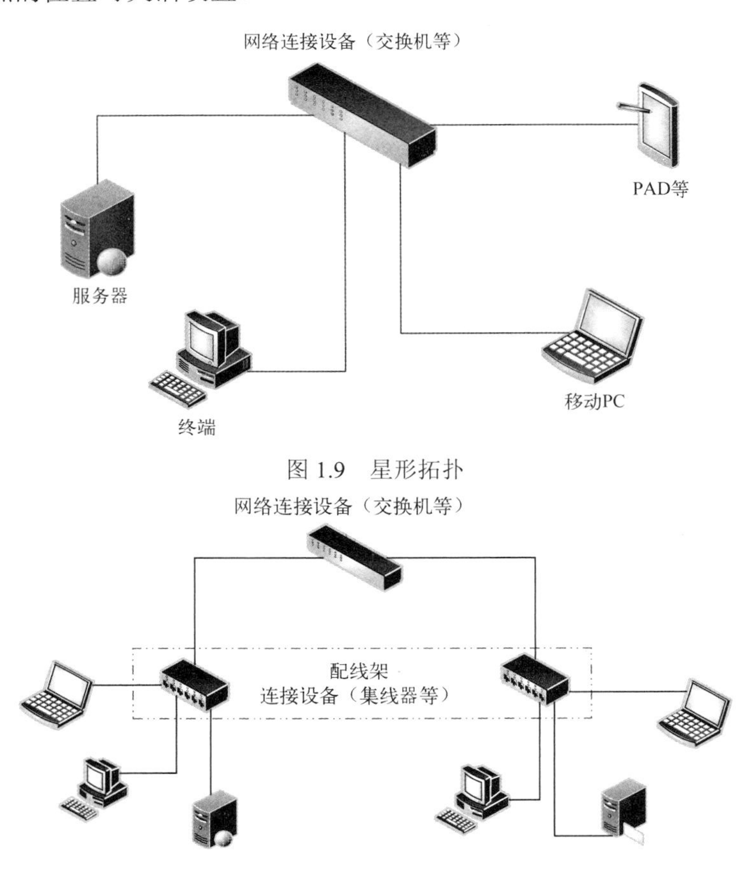

图 1.9　星形拓扑

图 1.10　带有配线架的星形拓扑

星形拓扑具有结构简单、管理方便、组网容易等优点，利用中央节点可方便地进行网络连接和重新配置，且单个接入节点的故障只影响一台设备，不会影响全网，容易检测和隔离故障，便于网络维护。

星形拓扑的缺点是网络属于集中控制，中央节点负载过重，如果中央节点产生故障，则全网不能工作。因此，对中央节点的可靠性和冗余度要求很高。

2．总线型拓扑

总线型拓扑采用单根传输线作为传输介质，将所有入网的计算机通过相应的硬件接口直接接入一条通信线路上。为防止信号反射，一般在总线两端有终结器匹配线路阻抗。总线上各节点计算机地位相等，无中央节点，采用分布式控制。典型的总线型拓扑如图 1.11 所示。

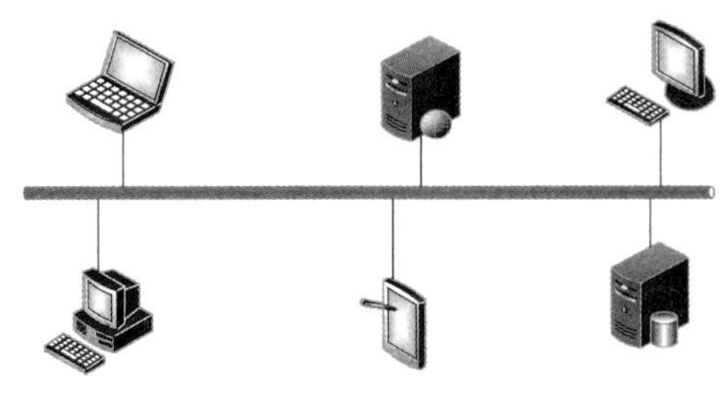

图 1.11　总线型拓扑

总线是一种广播式信道，所有节点发送的信息都可以沿着传输介质传播，而且能被所有其他的节点接收。由于所有的节点共享一条公用的传输链路，因此一次只能由一台设备传输数据。总线型拓扑具有结构简单、容易扩充、易于安装和维护、价格相对便宜等优点。缺点是同一时刻只能有两个网络节点相互通信，网络延伸距离有限，网络容纳的节点数有限；由于所有节点都直接连接到总线上，因此任何一处故障都会导致整个网络的瘫痪。

3．树形拓扑

树形拓扑从总线型拓扑演变而来，它把星形拓扑和总线型拓扑结合起来，形状像一棵倒置的树，顶端有一个带分支的根，每个分支还可以延伸出子分支。树形拓扑如图 1.12 所示。当节点发送信息时，根接收该信号，然后重新广播发送到全网。

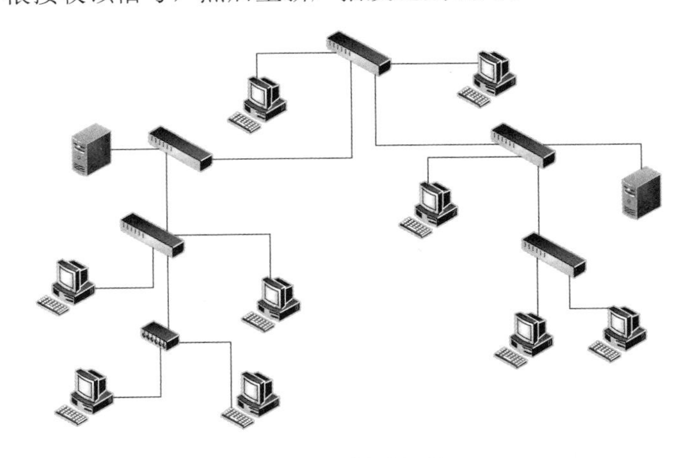

图 1.12　树形拓扑

树形拓扑的优点是易于扩展和隔离故障，缺点是对根的依赖性太高，若根发生故障，则全网不能正常工作，因此对根的可靠性要求很高。

4．环形拓扑

环形拓扑将各节点的计算机用通信线路连接起来形成一个闭合环路，在环路中，信息按一定方向从一个节点传输到下一个节点，形成一个闭合环路。环形信道也是一条广播式信道，可采用令牌控制的方式协调各节点计算机发送和接收信息。环形拓扑的优点是路径选择简单(环内信息流向固定)、控制软件简单。缺点是不容易扩充、节点多时响应时间长等，如图 1.13 所示。

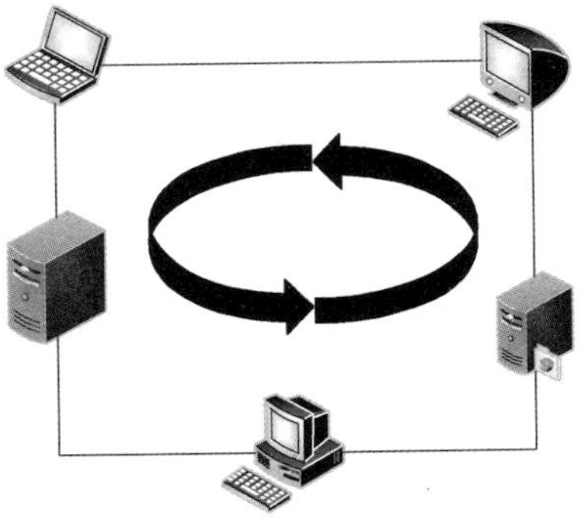

图 1.13　环形拓扑

5．网状拓扑

网状拓扑由分布在不同地点的计算机系统互相连接而成。网络中无中心计算机，每个节点都有多条(两条以上)线路与其他节点相连，从而增加了迂回通路。网状拓扑的通信功能分布在各个节点上。网状拓扑分为全连接网状和不完全连接网状两种形式。在全连接网状拓扑中，每个节点和网络中其他节点均有链路连接。在不完全连接网状拓扑中，两节点之间不一定有直接链路连接，它们之间的通信依靠其他节点转接。广域网中一般用不完全连接网状拓扑，如图 1.14 所示。

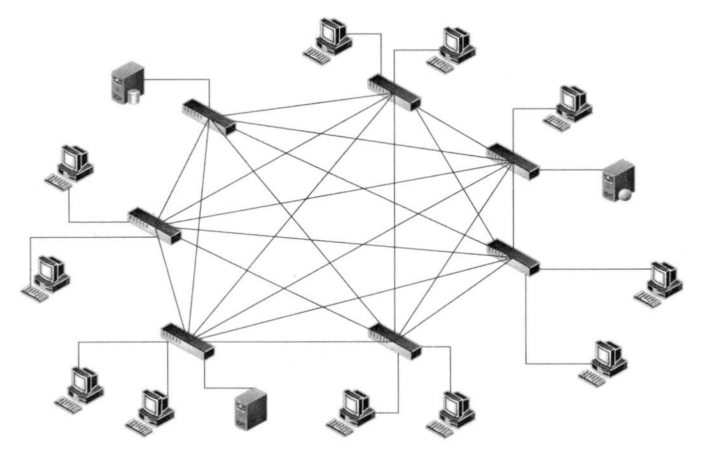

图 1.14　网状拓扑（不完全连接）

网状拓扑的优点是节点间路径多，碰撞和阻塞的可能性大大减少，局部故障不会影响整个网络的正常工作，可靠性高；网络扩充和主机入网比较灵活、简单。缺点是关系复杂，组网和网络控制机制复杂。

以上是几种基本的计算机网络拓扑结构。组建局域网时，常采用星形、总线型、环形和树形拓扑。网状拓扑在广域网中比较常见。在一个实际的网络中，其拓扑结构可能是多种网络拓扑结构的混合。选择网络拓扑结构时，主要考虑的因素有：安装、维护的相对难易程度，传输介质发生故障时设备受影响的情况及费用等。

1.4　计算机网络的传输介质

微课视频

计算机网络的传输介质分为有线和无线两类。常用的有线传输介质包括双绞线、同轴电缆、光纤。双绞线和同轴电缆传输的是电信号，光纤传输的是光信号。无线传输介质通常包括红外线、微波、蓝牙和无线电波等。

1.4.1　双绞线

双绞线（Twisted Pair）由一对互相绝缘的金属导线组成。这两根绝缘的金属导线按一定密度互相绞在一起，每一根导线在传输时辐射的电波会被另一根导线上发出的电波抵消，可以降低信号干扰的程度。双绞线一般由两根 22～26 号绝缘铜导线相互缠绕而成，“双绞线”的名字也由此而来。实际使用时，多对双绞线一起包在一个绝缘电缆套管里，称为双绞线电缆。典型的双绞线有 4 对。在双绞线电缆（又称双扭线电缆）内，不同线对具有不同的扭绞长度，一般来说，扭绞长度在 38.1mm 至 140mm 之间，按逆时针方向扭绞。相邻线对的扭绞长度在 12.7mm 以上，一般扭线越密，其抗干扰能力就越强。

与其他传输介质相比，双绞线在传输距离、信道宽度和数据传输速率等方面均受到一定限制。双绞线可分为屏蔽双绞线（STP）和非屏蔽双绞线（UTP）。STP 内有一层金属隔离膜，在数据传输时可减少电磁干扰，稳定性较高。UTP 内没有这层金属膜，稳定性和抗干扰性较差，其优点是价格便宜，具有独立性和灵活性，适用于结构化综合布线。

目前组建局域网时常用的双绞线有五类线、超五类线、六类线、超六类线，以及七类线。各类型说明如下。

- 五类线：该类电缆增加了绕线密度，外套一种高质量的绝缘材料，传输频率为 100MHz，可用于语音传输和最高传输速率为 100Mbit/s 的数据传输，主要用于 100Base-T 和 10Base-T 网络，是常用的以太网电缆。
- 超五类线：超五类线衰减小、串扰少，并且具有更高的衰减与串扰的比值(ACR)和信噪比(Structural Return Loss)、更小的时延误差，性能得到很大提高。超五类线的最高传输速率为 250Mbit/s。
- 六类线：该类电缆的传输频率为 1MHz～250MHz，六类线布线系统在 200MHz 时综合衰减串扰比(PS-ACR)应该有较大的余量，它提供 2 倍于超五类线的带宽。六类线布线的传输性能远远高于超五类线标准，最适用于传输速率高于 1Gbit/s 的应用。六类线与超五类线的一个重要的不同点在于：六类线改善了在串扰以及回波损耗方面的性能，对于新一代全双工的高速网络应用而言，优良的回波损耗性能是极重要的。六类线标准中取消了基本链路模型，布线标准采用星形拓扑，要求的布线距离为：永久链路的长度不能超过 90m，信道长度不能超过 100m。
- 超六类线：超六类线是六类线的改进版，同样是 ANSI/EIA/TIA-568B.2 和 ISO6 类/E 级标准中规定的一种非屏蔽双绞线电缆，主要应用于千兆位网络中。传输频率是 200MHz～250MHz，最高传输速率也可达到 1000Mbit/s，但是在串扰、衰减和信噪比等方面有较大改善。
- 七类线：七类线是 ISO7 类/F 级标准中最新的一种双绞线，主要适应万兆位以太网技术的应用和发展，是一种屏蔽双绞线，传输频率可达 500MHz，是六类线和超六类线的 2 倍以上，传输速率可达 10Gbit/s。

常见的双绞线如图 1.15 所示。

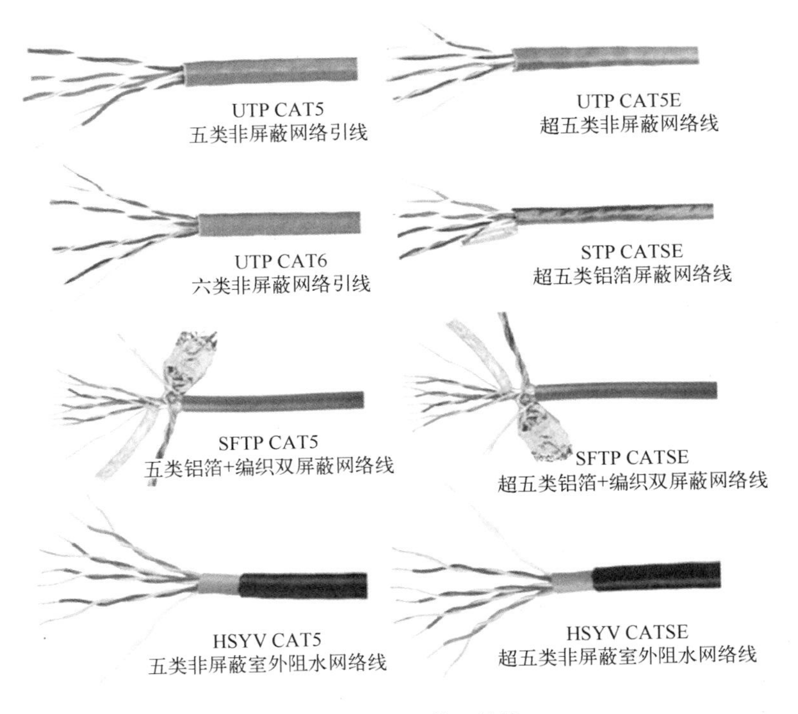

图 1.15　常见的双绞线

1.4.2 同轴电缆

同轴电缆(Coaxial Cable)由4层介质组成。最内层的中心导体层是铜，导体层的外层是绝缘层，再向外一层是起屏蔽作用的导体网，最外一层是表面的保护皮。同轴电缆所受的干扰较小，传输的速率较快(可达到10Mbit/s)，但对布线技术要求较高，成本较高。目前，网络连接中最常用的同轴电缆有细同轴电缆和粗同轴电缆两种。细同轴电缆主要用于10Base-2网络中，阻抗为50Ω，直径为0.26cm，使用BNC接头，最大传输距离为185m。粗同轴电缆主要用于10Base-5网络中，阻抗为75Ω，电缆直径为1.27cm，使用AUI接头，最大传输距离为500m。常见的同轴电缆如图1.16所示。

图1.16 常见的同轴电缆

1.4.3 光纤

光纤的全称为光导纤维，是一种能够传输光束、细而柔软的传输介质，是用石英玻璃拉成细丝，由纤芯和包层构成的双层通信圆柱体。一根或多根光纤组合在一起形成光缆。光纤通信是以光波为载频，以光纤为传输介质的一种通信方式。

当光线从高折射率的介质射向低折射率的介质时，折射角将大于入射角。只要入射光线的入射角大于某一临界角度，就可产生全反射。纤芯中，当光线碰到包层时，折射角大于入射角，不断重复，使光沿着光纤传输。

光纤由纤芯、包层和涂覆层3部分组成。最里面的是纤芯，用来传导光波；包层将纤芯包裹起来，使纤芯与外界隔离，以防止与其他相邻的光纤相互干扰。纤芯和包层的成分都是玻璃，纤芯的折射率高，包层的折射率低，可以把光封闭在光纤内不断反射传输。

包层的外面是一层很薄的涂覆层，涂覆材料为硅酮树脂或聚氨甲酸乙酯。涂覆层可以保护光纤的机械强度，由一层或几层聚合物构成，在光纤受到外界震动时保证光纤的化学性能和物理性能，同时隔离外界水气的侵蚀。涂覆层的外面有套塑，套塑的原料大都采用尼龙、聚乙烯或聚丙烯等，用于提供附加保护。

为保证机械强度和刚性，光纤通常包含一个或几个加强元件(如芳纶砂、钢丝和纤维玻璃棒等)。当光纤被牵引时，加强元件使光纤有一定的抗拉强度，同时对光纤有一定的支持和保护作用。

光纤护套是光纤的外围部件，是非金属元件，其作用是将其他的光纤部件加固在一起，使光纤和其他光纤部件免受损害。

光纤可分为单模光纤和多模光纤两种。

- 单模光纤：光纤的直径减小到只能传输一种模式的光波，光纤像一个波导，使光线一直向前传播，不会有多次反射。其传输频带宽、容量大，适用于大容量、长距离的光纤通信，常用于建筑物之间的布线。单模光纤的色散、效率及传输距离等优于多模光纤。
- 多模光纤：存在一定角度范围入射的光线在一条光纤中传输。传输性能较差，带宽较窄，传输容量较小，常用于建筑物内的干线子系统、水平子系统或建筑物之间的布线。

常见的光纤接口如图1.17所示。

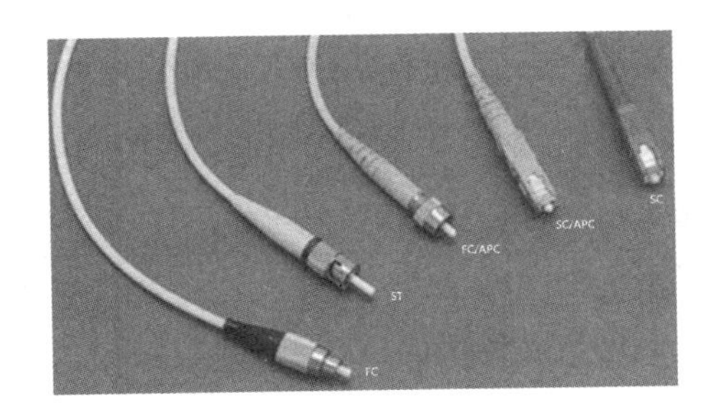

图 1.17　常见的光纤接口

1.4.4　无线传输

无线传输的介质有无线电波、红外线、微波、卫星和激光，在日常生活中，还有 NFC、蓝牙等作为无线传输的介质。在局域网中，通常只使用无线电波作为传输介质，无线传输的优点在于安装、移动以及变更都较容易，不会受到环境的限制，但信号在传输过程中容易受到干扰且容易被窃取，当大规模部署时，初期的安装费用相对较高。

1.5　双绞线制作实践

微课视频

1.5.1　实践任务描述

假设某用户的家中有两台计算机：一台是台式计算机，另一台是笔记本计算机，用户经常需要在两台计算机之间传输和共享文件。利用制作双绞线的基本工具和网线等材料制作双绞线，实现设备互连互通。

1.5.2　准备工作

1．双绞线和水晶头的接线标准

双绞线由 8 根不同颜色的铜芯线(分成 4 对)绞合在一起。要使用双绞线把设备连接起来，应通过 RJ-45 插头(俗称“水晶头”)，将插头插入网卡或交换机等设备的网口中。水晶头共有 8 个脚位(或称针脚)，分别用于连接双绞线内部的 8 根线，从水晶头的正面(金属针脚朝上而塑料卡簧在下)来看，最左边的针脚编号为 1，最右边的针脚编号为 8，如图 1.18 所示。

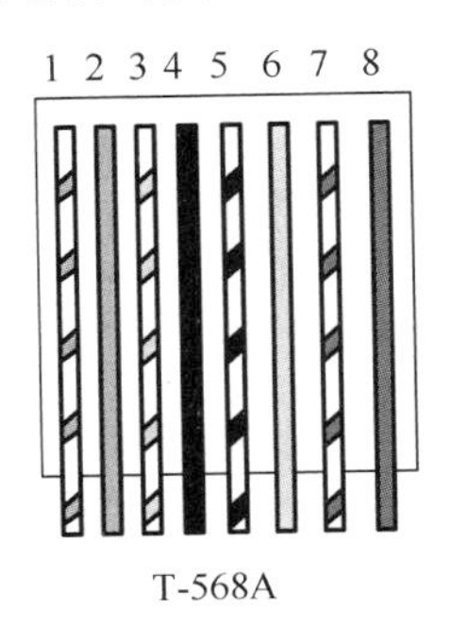

图 1.18　水晶头接线顺序

双绞线与水晶头的接线标准有两个：T-568A 和 T-568B。这两个标准的线序定义如表 1-1 所示。从表中可以看出，这两个标准的差别仅在于 1 与 3、2 与 6 芯线顺序(互相对调)。

表 1-1　双绞线两个接线标准的线序定义

接线标准	1	2	3	4	5	6	7	8
T-568A	白绿	绿	白橙	蓝	白蓝	橙	白棕	棕
T-568B	白橙	橙	白绿	蓝	白蓝	绿	白棕	棕

2. 直通线和交叉线

双绞线的两端都采用同一种标准，即同时采用 T-568A 或 T-568B 标准(大多数时候采用 T-568B 标准)，称为直通线(或直连线)。若一端采用 T-568A 标准，另一端采用 T-568B 标准，则称为交叉线。

3. 实践材料及工具

实践材料：两根五类或超五类双绞线、若干个水晶头。

实践工具：网线压线钳、网络测试仪。

- 网线压线钳：是制作双绞线的主要工具，具有剥线、剪线和压制水晶头的作用。各类网络压线钳的结构基本相似，网络压线钳的前端是压线槽，用于压制水晶头；后端是切线口，用来剥线及切线，如图 1.19 所示。
- 网络测试仪：专门用来对网线进行连通性测试的工具，可以对制作好的网线进行线序测试、交叉测试。网络测试仪分为主测试端和远程测试端，每端各有 8 个 LED 灯及至少一个 RJ-45 接口，如图 1.20 所示。

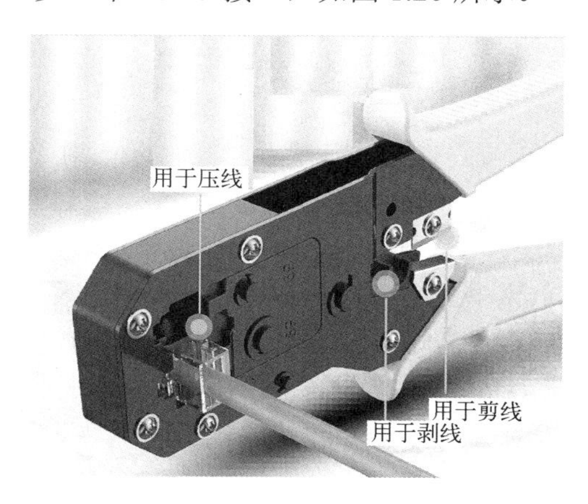

图 1.19　网线压线钳

图 1.20　网络测线仪

1.5.3　实施步骤

1. 剥线

用网线压线钳把双绞线的一端剪齐，然后把剪齐的一端插入压线钳用于剥线的缺口(剥线口)中。顶住压线钳后面的挡位后，稍微握紧压线钳慢慢旋转一圈，让刀口划开双绞线的保护胶皮并剥除外皮，如图 1.21 及图 1.22 所示。

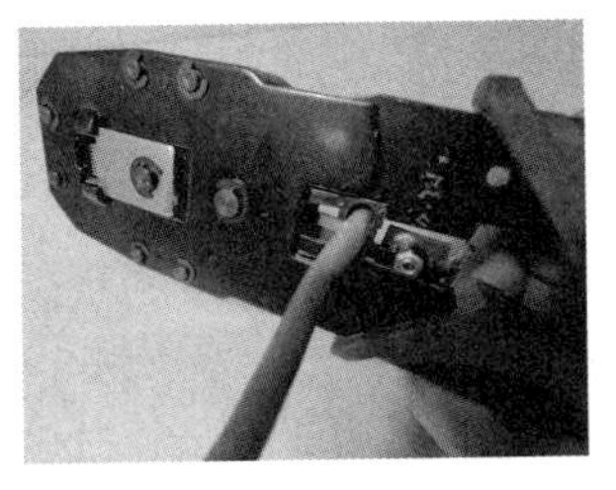

图 1.21　将双绞线插入剥线口

图 1.22　旋转剥开双绞线

2．理线、剪线

剥除外皮后会看到双绞线的 4 对芯线，每对芯线的颜色各不相同。将绞在一起的芯线分开，按照白橙、橙、白绿、蓝、白蓝、绿、白棕、棕的颜色一字排列，并用压线钳将线的顶端剪齐，如图 1.23 和图 1.24 所示。

3．插线

使水晶头的弹簧卡朝下，然后将正确排列的双绞线插入水晶头中。在插的时候一定要将各芯线都插到底部，如图 1.25 所示。

图 1.23　理线

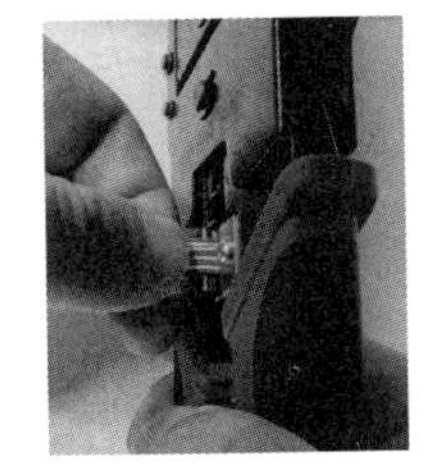

图 1.24　剪线

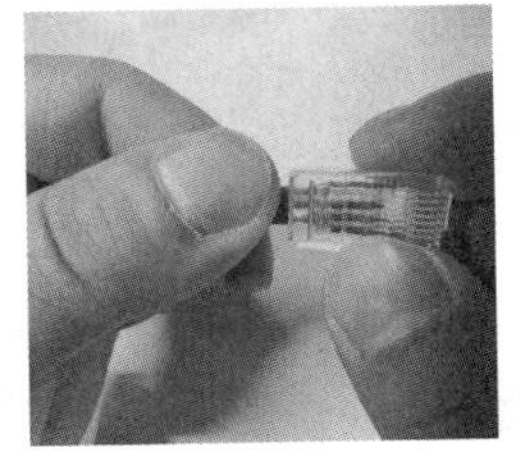

图 1.25　插线

4．压线

将插入双绞线的水晶头插入压线钳的压线插槽中，用力压下压线钳的手柄，使水晶头的针脚都能接触到双绞线的芯线，如图 1.26 所示。

5．测试

做好线后，建议用网线测试仪对网线进行测试。将双绞线的两端分别插入网线测试仪的 RJ-45 接口，并接通测试仪电源。如果测试仪上的 8 个绿色指示灯都顺利闪烁，说明制作成功，如图 1.27 所示。完成双绞线一端的制作工作后，按照直通线或交叉线的方法制作另一端即可。

图 1.26　压线

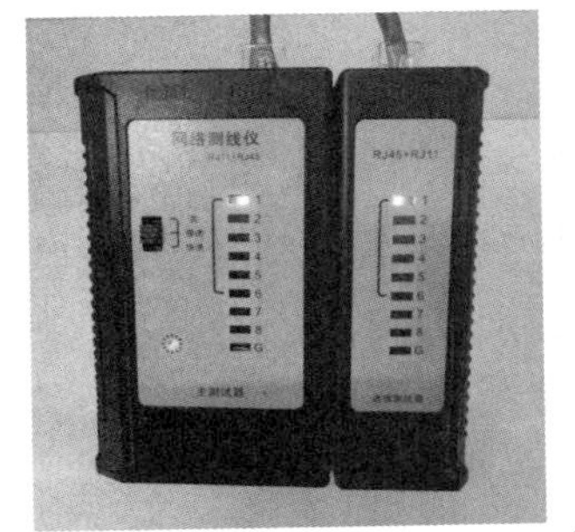

图 1.27　测试

1.5.4 拓展知识

1. 现代网络结构

在现代的广域网结构中，随着使用主机系统用户的减少，资源子网的概念已经有了变化。目前，通信子网由交换设备与通信线路组成，负责完成网络中数据传输与转发任务。交换设备主要是路由器与交换机。随着微型计算机的广泛应用，连接到局域网中的微型计算机数目日益增多，它们一般通过路由器将局域网与广域网相连。另外，从组网的层次角度看，网络的组成结构不一定是一种简单的平面结构，也可能变成一种分层的层次结构。

Internet 的飞速发展与广泛应用，使得实际的网络系统形成一种由主干网、地区网、校园网与企业网组成的层次型结构。图 1.28 为一个典型的三层网络结构，最上层为国际/国家主干网(又称核心层)，中间层为地区主干网(又称汇聚层)，最下层为企业或校园网(又称接入层)，为最终用户接入网络提供接口。用户计算机可以通过局域网方式接入，也可以选择公共电话交换网(PSTN)、有线电视(CATV)网、无线城域网或无线局域网方式接入作为地区级主干网的城域网。城域网又通过路由器与光纤接入作为国家级或区域级主干网的广域网。多个广域网互联成覆盖全世界的 Internet 网络系统。

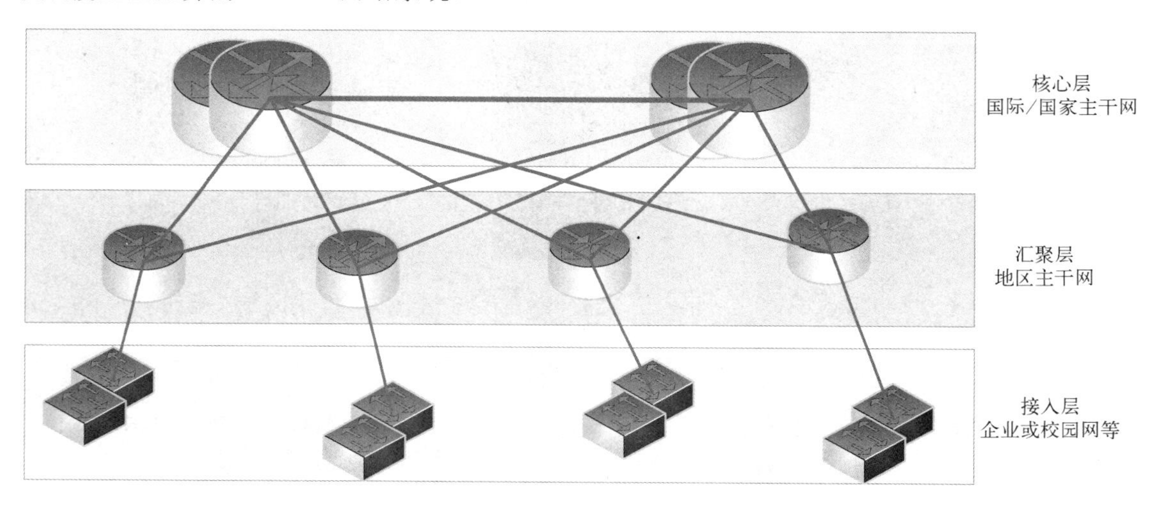

图 1.28　三层网络结构

目前，随着宽带网络建设的开展，各大电信运营商纷纷进行了大规模的战略重组，同时采用宽带网络技术建设新的基础性电信网络，或用宽带网络技术改造现有的网络。宽带网络可分为宽带骨干网和宽带接入网两部分。尽管互联的网络系统结构日趋复杂，但是都采用路由器互联的层次结构模式。由于现代 Internet 网络结构过于复杂，且不断变化，因此图 1.28 仅展示 Internet 概念性的网络结构，以帮助初学者先接受一种简单的网络结构。

2. 计算机网络新的应用领域

随着计算机技术及网络技术的不断发展，各类业务的不断变革，计算机网络相关的技术也在不断拓展新的领域。以下为近年来计算机网络技术领域中的热点应用技术。

(1) 虚拟化技术

随着单台计算机设备性能的提升，如何高效利用计算机中的资源是当前摆在计算机学界眼

前的迫切问题。虚拟化技术在此背景下应运而生。

虚拟化技术是一个广义的术语，在计算机方面通常是指计算元件在虚拟的而不是真实的基础上运行。虚拟化技术可以扩大硬件的容量，简化软件的重新配置过程。CPU 的虚拟化技术可以由单 CPU 模拟多 CPU 并行，允许一个平台同时运行多个操作系统，并且应用程序都可以在相互独立的空间内运行而互不影响，从而显著提高计算机的工作效率。

简单来说，虚拟化技术的目的是希望能够截获上层操作系统应用对硬件资源的访问，然后重定向到虚拟机监视器（Virtual Machine Monitor，VMM）控制的资源池中，再由 VMM 来对资源进行管理。在虚拟化环境中，虚拟机（Virtual Machine，VM）可以视为物理机的一种高效隔离的复制。当前，业界主要的虚拟化产品有 KVM、Xen、VMware、VirtualBox 等。

根据虚拟化实现的方法，虚拟化相关的技术可以分为操作系统级别虚拟化（OS-level Virtualization）、全虚拟化（Full Virtualization）、类/半虚拟化（Para Virtualization）和混合虚拟化（Hybrid-Para Virtualization）。

其中，操作系统级别的虚拟化技术不需要对底层进行改动或者考虑操作系统底层的内容，也没有所谓的 VMM 去监管分配底层资源，而是通过操作系统共享内核的方式，为上层应用提供多个完整且隔离的环境，这些实例（Instances）称为容器（Container）。虚拟化资源和性能的开销很小，而且也不需要硬件的支持，是一种轻量化的虚拟化实现技术，容器技术是近年来最热门的虚拟化技术应用之一。

（2）云计算技术

云计算技术是分布式处理、并行计算和网格计算等概念的发展和商业实现，其技术实质是利用前述的虚拟化技术，将计算、存储、服务器、应用软件等 IT 软硬件资源虚拟化，云计算在虚拟化、数据存储、数据管理、编程模式等方面具有自身独特的技术。

从技术层面看，云计算不是一种全新的网络技术，而是一种全新的应用模式。从狭义上看，“云”实质上就是一个网络，云计算就是一种提供资源的网络，使用者可以随时获取“云”上的资源，按需求量使用，从某种意义上看“云”是可以无限扩展的，按使用量付费，像生活中“水”和“电”的使用方式一样。从广义上看，云计算是与信息技术、软件、互联网相关的一种服务，这种计算资源共享池称为“云”，云计算把许多计算资源集合起来，通过软件实现自动化管理，快速对外提供服务。

（3）物联网技术

物联网（Internet of Things，IoT）即“万物相连的互联网”，物联网的核心和基础仍然是互联网，是在互联网基础上延伸和扩展的网络，是将各种信息传感设备与网络结合起来形成的一个巨大网络，可实现任何时间、任何地点，人、机、物的互联互通。

物联网技术是新一代信息技术的重要组成部分，物联网的用户端延伸和扩展到了任何物品与物品之间，以进行信息交换和通信。因此，通常意义上，把物联网定义为：通过射频识别、红外感应器、全球定位系统、激光扫描器等信息传感设备，按约定的协议，把任何物品与互联网相连接，进行信息交换和通信，以实现对物品的智能化识别、定位、跟踪、监控和管理的一种网络。

（4）边缘计算

边缘计算是指在靠近物或数据源头的一侧，采用集网络、计算、存储、应用核心能力为一体的开放平台，就近提供最近端服务。其应用程序在边缘侧发起，产生更快的网络服务响应，满足行业在实时业务、应用智能、安全与隐私保护等方面的基本需求。边缘计算处于物理实体

和工业连接之间，或处于物理实体的顶端。而云端计算，仍然可以访问边缘计算的历史数据。

边缘计算并非是一个新鲜词。AKAMAI 作为一家内容分发网络（CDN）和云服务的提供商，早在 2003 年就与 IBM 合作“边缘计算”。作为世界上最大的分布式计算服务商之一，当时它承担了全球 15%～30%的网络流量。在其一份内部研究项目中就提出“边缘计算”的目的和解决的问题，并通过 AKAMAI 与 IBM 在其 WebSphere 上提供基于边缘（Edge）的服务。

对物联网而言，边缘计算技术取得突破，意味着许多控制将通过本地设备实现而无须交由云端，处理过程将在本地边缘计算层完成。这无疑将大大提升处理效率，减轻云端的负荷。由于更加靠近用户，因此还可为用户提供更快的响应，将需求在边缘端解决。

习题

一、简答题

1．计算机网络经历了哪些发展阶段？各自有什么特点？

2．计算机网络通常由什么组成？有哪些功能？

3．常见的计算机网络拓扑结构有哪些类型？

二、操作题

完成直通线、交叉线两种双绞线的制作及测试。

第 2 章

数据通信技术

计算机网络的发展与通信技术和计算机技术有着密切的联系。数据通信就是通信技术和计算机技术相结合而产生的一种新的通信方式，能够为计算机网络的应用和发展提供技术支持和可靠的通信环境。本章主要介绍数据通信系统、数据通信方式、数据传输方式、数据交换技术、华为 eNSP 的安装和使用实践等内容，其中重点阐述数据传输方式、交换技术，以及华为 eNSP 的使用。本章的内容能够帮助读者学习和理解计算机网络中最基本的数据通信知识。

本章主要学习内容：

- 数据通信系统；
- 数据通信方式；
- 数据传输方式；
- 数据交换技术；
- 华为 eNSP 的安装和使用。

2.1 数据通信系统

微课视频

计算机之间的通信是实现资源共享的基础，计算机通信网络的核心是数据通信设施。网络中的信息交换和共享意味着一个计算机系统中的信号通过网络传输到另一个计算机系统中被处理和使用。如何传输不同计算机系统中的信号，是数据通信技术要解决的问题。数据通信系统是指以计算机为中心，用通信线路连接分布在各地的数据终端设备而执行数据传输功能的系统。

2.1.1 数据通信的基本概念

数据通信技术是建立计算机网络系统的基础之一。数据通信的目的是传输与交换信息，在应用中，大多数信息的传输与交换都是在计算机之间或计算机与外围设备之间进行的。所以数据通信实质上是计算机通信。数据通信就是在不同计算机之间传输表示数字、文字、语音、图形或图像的二进制代码信号的过程。

1. 数据、信息和信号

数据（Data）是记录下来的可以被鉴别的符号，是把事物的某些特征（属性）规范化后的表现形式。数据具有稳定性和表达性，即各数据符号所表达事物的物理特性是固定不变的。数据符号需要以某种介质作为载荷体。

信息（Information）是人对现实世界事物存在方式或运动状态的某种认识。信息是数据的内

容和解释，通信的目的就是交换信息。

信号（Signal）是数据的物理表示形式。在数据通信系统中，传输介质以适当形式传输的数据都是信号，电信号有模拟信号和数字信号两种形式。模拟信号是随时间连续变化的信号，如图 2.1（a）所示，利用信号的某种参量表示要传输的信息，如振幅和频率等。常见的模拟信号有图像信号、语音信号等。数字信号是离散的信号，如图 2.1（b）所示，数字信号在通信线路上传输时要借助电信号的状态来表示二进制代码的值，可以分别表示为“0”和“1”。

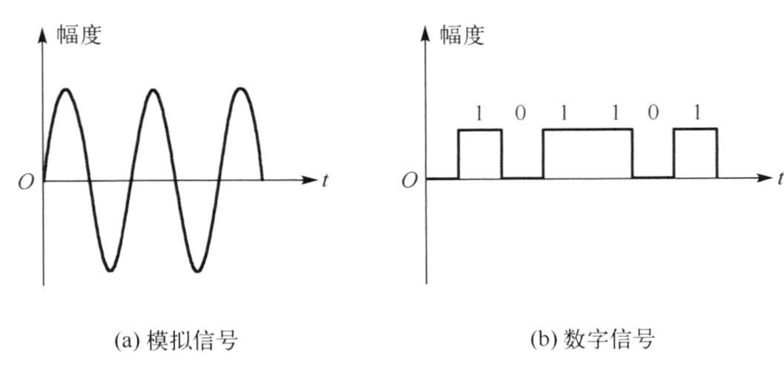

图 2.1　模拟信号和数字信号

2．模拟通信和数字通信

根据信道传输信号的差异，通信系统分为模拟通信系统和数字通信系统。信道中传输模拟基带信号或模拟频带信号的通信系统称为模拟通信系统。信道中传输数字基带信号或数字频带信号的通信系统称为数字通信系统。模拟通信系统仅使用模拟传输方式，由于数字频带信号是模拟信号，因此数字通信系统既可以使用模拟传输方式，又可以使用数字传输方式。

近年来，数字通信无论是在理论上还是技术上都有了突飞猛进的发展。与模拟通信相比，数字通信更能适应现代通信技术不断发展的要求，原因在于其本身具有一些模拟通信无法比拟的特点。

数字通信的主要优点如下。

- 抗干扰能力强。在远距离通信中，中继器可以对数字信号的波形进行整形、再生，从而消除噪声和失真的积累，但对模拟信号来说，中继器将传输信号放大的同时，对叠加在信号上的噪声和失真也进行了放大。
- 可进行加密处理。数字通信易于采用复杂、非线性、长周期的码序列对信号进行加密，从而使通信具有高度保密性。
- 电路体积小、功耗低、易于集成化。数字通信的大部分电路是由数字电路实现的，微电子技术的发展使数字通信便于用大规模和超大规模集成电路实现。
- 可实现多路通信。数字信号本身可以很容易地用离散时间信号表示，在两个离散时间信号之间，可以插入多路离散时间信号实现时分多路复用。

当然，数字通信的许多优点是通过比模拟信号占用更宽的频带换来的。以电话为例，一路模拟电话仅占用约 4kHz 带宽，而一路数字电话要占用 20～64kHz 带宽。随着卫星和光纤通信信道的普及，以及数字频带压缩技术的发展，数字通信占用频带宽的问题得以解决。

2.1.2　数据通信系统模型

1．通信系统的基本组成

用任何方法，通过任何介质将信息从一个地方传输到另一个地方的过程均可称为通信。用来实现通信过程的系统称为通信系统。通信系统必须具备 3 个基本要素：信源、信道和信宿。除此之外，通信系统还需要有发送设备对信号进行变换，接收设备对信号进行复原。

通信系统的一般模型如图 2.2 所示，包括信源、发送设备、信道、噪声源、接收设备和信宿 6 部分。

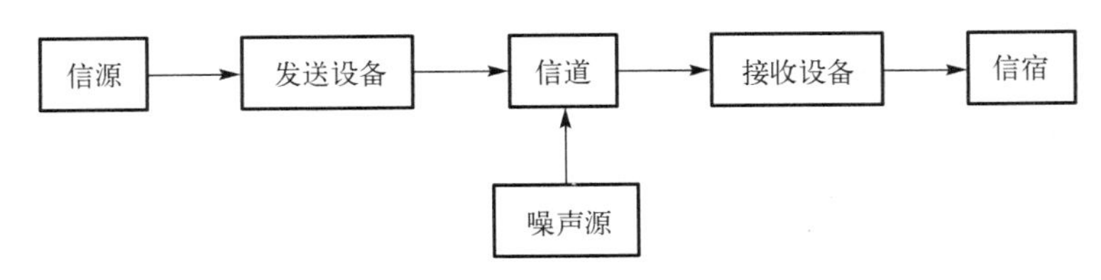

图 2.2　通信系统的一般模型

通信系统的一般模型中各部分的功能如下。

- 信源：信息的来源，作用是将原始信息转换为相应的信号(通常称为基带信号)。电话的话筒、摄像机等都属于信源。
- 发送设备：对基带信号进行各种变换和处理，如放大、调制等，使其适合在信道中传输。
- 信道：发送设备和接收设备之间用于传输信号的介质。
- 接收设备：功能与发送设备相反，对接收的信号进行必要的处理和变换后，恢复相应的基带信号。
- 信宿：信息的接收者，与信源相对应，将恢复的基带信号转换成相应的原始信息。电话的听筒、耳机及显示器等都属于信宿。
- 噪声源：信道中的噪声及分散在通信系统其他各处噪声的集中表现。

2．通信系统的性能指标

衡量通信系统性能的优劣，最重要的是看它的有效性和可靠性。有效性是指传输信息的效率，可靠性是指接收信息的准确度。有效性和可靠性这两个要求通常是矛盾的，提高有效性会降低可靠性，反之亦然。模拟通信系统和数字通信系统对这两个指标要求的具体内容有很大差别，因此分别予以介绍。

(1) 模拟通信系统的性能指标

模拟通信系统的有效性用有效传输频带来度量。信道的传输频带越宽，能够容纳的信息量越大。例如，一路模拟电话占据 4kHz 带宽，采用频分多路复用技术后，一对架空明线最多只能容纳 12 路模拟电话，而一对双绞线可以容纳 120 路，同轴电缆的通信量最大可达到 10000 路。显然，同轴电缆的有效性指标比架空明线、双绞线好得多。模拟通信的可靠性用接收端输出的信噪比来度量。信噪比指输出信号的平均功率和输出噪声的平均功率之比，用分贝(dB)作为衡量的单位。信噪比越大，通信质量越好。例如，普通电话要求信噪比在 20dB 以上，电视图像则要求信噪比在 40dB 以上。

(2) 数字通信系统的性能指标

数字通信系统的有效性用数据传输速率来度量。数据传输速率是指单位时间内传输的信息量，单位为 bit/s。例如，无线短波的最大数据传输速率只有几百到几千 bit/s，而光纤、卫星通信系统速率可达几百兆 bit/s 到几千兆 bit/s，甚至更高。可以说，只有光纤、卫星等才能为信息高速公路建立传输平台。数字通信系统的可靠性用误码率 Pe 来度量，它是指接收错误的码元数与传输的码元总数之比，在有线信道或卫星传输信道中，误码率可以达到 10^{-7}；而在无线短波信道内只能达到 10^{-3}。

2.1.3 数据通信系统的主要技术指标

1. 数据传输速率

数据传输速率是指单位时间内传输的信息量，可以用“比特率”和“波特率”来表示。

(1) 比特率 S

比特率是指单位时间内传输的二进制代码位数(比特数)，单位是“位/秒”，记作 bit/s。常用的数据传输速率单位有 kbit/s、Mbit/s、Gbit/s 与 Tbit/s。比特率的高低由每位数据所占的时间决定，一位数据所占的时间宽度越小，其数据传输速率越高。若 T 为传输的电信号的宽度或周期，N 为脉冲信号所有可能的状态数，则比特率为

$$S=\frac{1}{T}\log_2 N(\text{bit/s})$$

式中，$\log_2 N$ 是每个电信号所表示的二进制数据的位数。如电信号只有“0”和“1”两个状态，即 $N=2$，则每个电信号只传输一位二进制数据。

(2) 波特率 B

波特率 B 是调制速率，又称码元速率，是数字信号经过调制后的传输速率。波特率指在有效带宽上单位时间内传输的波形单元(码元)数，即在模拟信号传输过程中，从调制解调器输出的调制信号每秒钟载波调制状态改变的次数。波特率等于调制周期(时间间隔)的倒数，单位是波特(Baud)。若用 T 表示调制周期，则波特率为

$$B=\frac{1}{T}\ (\text{Baud})$$

1 波特表示每秒钟传输一个码元。

波特率与比特率的数量关系为

$$S=B\log_2 N$$

2. 信道、信道容量、信道带宽

(1) 信道

信道是传输信号的通路，由传输介质和相关线路设备组成。一条传输线路上可以有多个信道。

(2) 信道容量

信道容量表示一个信道的最大数据传输速率，是衡量一个信道传输数字信号能力的重要参数，是指单位时间内信道所能传输的最大比特数，单位为 bit/s。当传输信号的速率超过信道的最大传输速率时，就会失真。

信号传输的速率受到信道带宽的限制，信道带宽越宽，信道的容量就越大，单位时间内信道上传输的信号量就越大。奈奎斯特准则和香农定理分别从不同的角度对其进行了描述。

奈奎斯特准则：在理想信道的情况下，信道的容量公式为

$$C=2B\log_2 N$$

式中，B 为信道带宽，N 为信号的状态个数，C 为信道容量。

香农定理：在随机噪声干扰的信道中传输数字信号时，信道的容量公式为

$$C=B\log_2(1+S/N)$$

式中，B 为信道带宽，C 为信道容量，S 是信道传输信号的平均功率，N 为信道的噪声功率，S/N 为信噪比。

(3) 信道带宽

信道带宽指信道上能够传输信号的最高频率与最低频率之差，单位为“赫兹”(Hz)。

3. 误码率

误码率 Pe 是衡量数据通信系统在正常情况下传输可靠性的指标。误码率是指二进制码元在数据传输过程中被传错的概率，又称“出错率”。在计算机网络中，一般要求误码率不高于10^{-6}，若误码率达不到这个指标，可以通过差错控制方法进行检错和纠错。误码率计算公式为

$$P_e=\frac{N_e}{N}$$

式中，N为传输的二进制码元总数，N_e为传输错误的码元总数。

4. 吞吐量

吞吐量是信道或网络性能的另一个参数，数值上等于信道或网络在单位时间内传输的总信息量，单位也是 B/s 或 bit/s。若把信道或网络视为一个整体，则平均数据的流入量应等于平均数据的流出量，这个单位时间的平均数据流入量或流出量称为吞吐量。若信道或网络的吞吐量急剧下降，则表明信道或网络发生了阻塞现象。

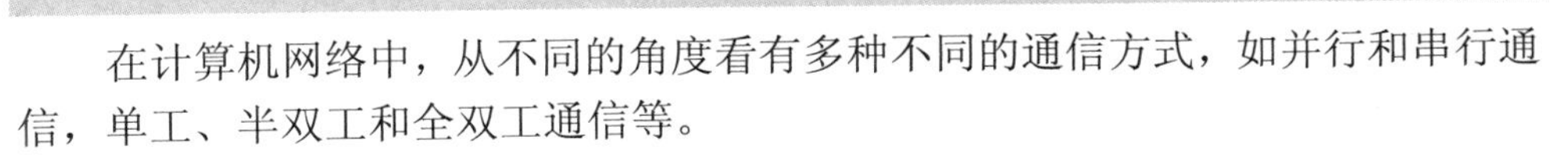

2.2　数据通信方式

微课视频

在计算机网络中，从不同的角度看有多种不同的通信方式，如并行和串行通信，单工、半双工和全双工通信等。

2.2.1　并行通信和串行通信

1. 并行通信

并行通信是指多个数据位同时在设备之间进行传输。并行通信可同时传输多个二进制位，一般适用于距离短、要求传输速率高的场合，常用于计算机内部各部件之间的数据传输。并行通信将构成一个字的若干位代码通过并行信道同时传输，如图 2.3 所示。计算机内部的这种并行数据通信线路称为总线，如并行传输 16 位数据的总线称为 16 位数据总线，并行传输 32 位数据的总线称为 32 位数据总线。

2. 串行通信

串行通信是指只有一个数据位在设备之间传输。串行通信一次只传输一个二进制位。串行

通信将一个由若干位二进制数表示的字按位进行有序的传输，如图 2.4 所示。串行通信常用于计算机与计算机或计算机与外部设备之间的数据传输。串行通信收发双方只需要一条通信信道，易于实现且节省设备，是计算机网络中远程通信普遍采用的通信方式。这种通信方式可以利用覆盖面极其广阔的公共通信系统来实现，对计算机网络具有更大的现实意义。

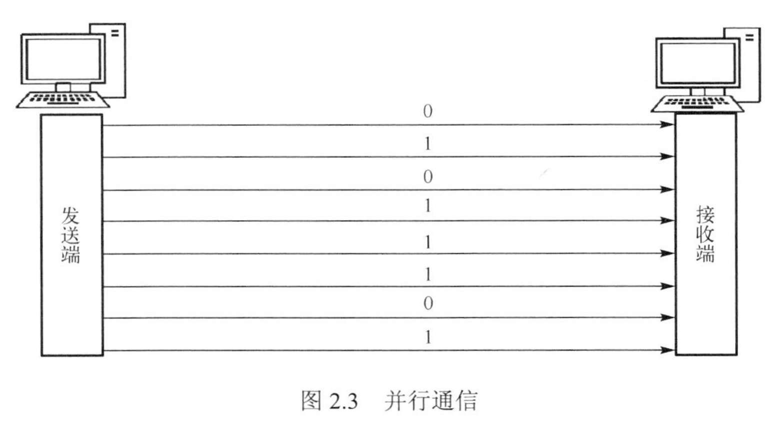

图 2.3　并行通信

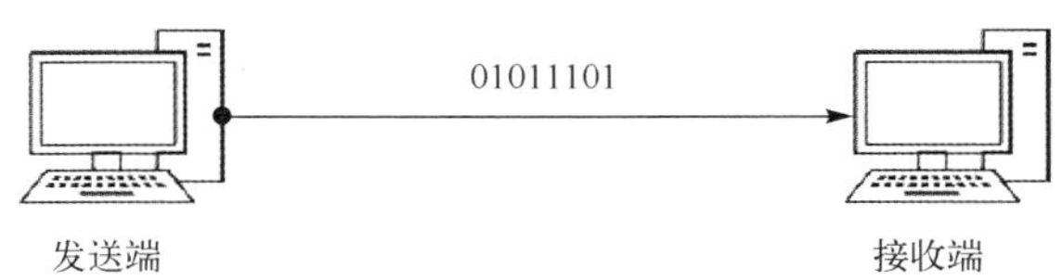

图 2.4　串行通信

2.2.2　单工、全双工和半双工通信

通信的双方需要交互信息，在连接交互双方的传输链路上，数据传输有单工、全双工和半双工三种通信方式。

1. 单工通信

单工通信的通信信道是单向信道，数据信号仅沿一个方向传输，发送端只能发送不能接收，接收端只能接收而不能发送，任何时候都不能改变信号的传输方向，如图 2.5 所示。无线电广播和电视都属于单工通信。计算机和打印机之间的通信也是一种单工通信，计算机永远是发送端，而打印机永远是接收端。

图 2.5　单工通信

2. 全双工通信

数据可以同时沿两个相反的方向传输，如图 2.6 所示。例如，电话通话就是一种典型的全双工通信。

3. 半双工通信

信号可以沿两个方向传输，但同一时刻一个信道只允许单方向传输，即两个方向的传输只能交替进行，而不能同时进行。当改变传输方向时，要通过开关装置进行切换，如图 2.7 所示。半双工信道适用于会话式通信，例如，公安系统使用的对讲机和军队使用的步话机都使用半双工通信。

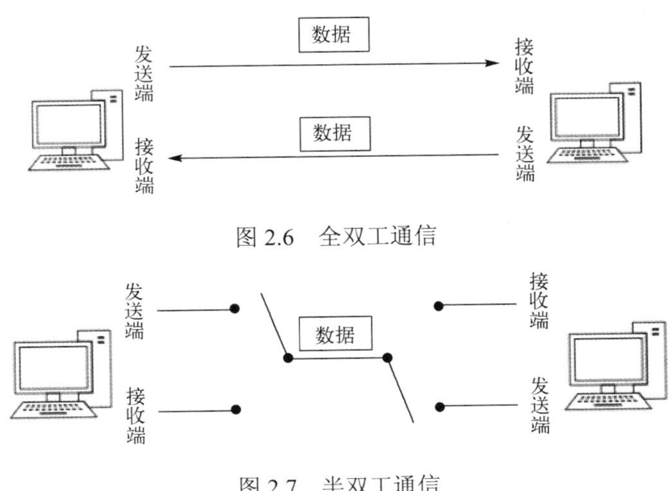

图 2.6　全双工通信

图 2.7　半双工通信

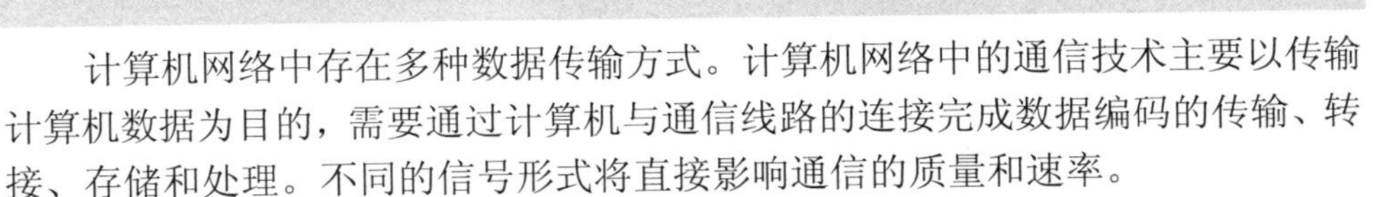

2.3　数据传输方式

微课视频

计算机网络中存在多种数据传输方式。计算机网络中的通信技术主要以传输计算机数据为目的，需要通过计算机与通信线路的连接完成数据编码的传输、转接、存储和处理。不同的信号形式将直接影响通信的质量和速率。

2.3.1　基带、频带和宽带传输

1. 基带传输

基带（Baseband）是指调制前原始电信号占用的频带，是原始电信号固有的基本频带。基带信号是未经载波调制的信号。在数据通信中，计算机、终端等直接发出的数字信号及模拟信号经数字化处理后的脉冲编码信号，都是二进制数字信号。这些二进制数字信号是典型的矩形脉冲信号，由“0”和“1”组成。这种数字信号又称为“数字基带信号”。在信道中直接传输基带信号时，称为基带传输。

基带传输的信号既可以是模拟信号，也可以是数字信号，具体类型由信源决定。基带传输主要传输数字信号，是在通信线路上原封不动地传输由计算机或终端产生的“0”或“1”数字脉冲信号。基带传输的特点是信道简单、成本低。但基带传输占据信道的全部带宽，任何时候只能传输一路基带信号，信道利用率低。基带信号在传输过程中很容易衰减，在不进行再生放大的情况下，传输距离一般不大于 2.5km。因此，基带传输只用于局域网中的短距离传输。

2. 频带传输

如果要利用公共电话网实现计算机之间的数字信号传输，那么必须将数字信号转换成模拟信

号。频带传输是将数字信号调制成模拟信号后再发送和传输的方式，信号到达接收端时，再把模拟信号解调为原来的数字信号。因此，需要在发送端选取某个频率的模拟信号作为载波，用它运载要传输的数字信号，通过电话信道将其送至接收端。在接收端再将数字信号从载波上分离出来，恢复为原来的数字信号波形。这种利用模拟信道实现数字信号传输的方法，就是频带传输。

当采用频带传输方式时，发送端和接收端都需要安装调制解调器进行模拟信号和数字信号的相互转换。频带传输不仅解决了利用电话系统传输数字信号的问题，还可以实现多路复用，以提高传输信道的利用率。

频带传输与基带传输不同。在基带传输中，基带信号占有信道的全部带宽；在频带传输中，模拟信号通常由某个频率或某几个频率组成，占用一个固有频带，即整个频道的一部分。频带传输与传统的模拟传输有区别，频带传输的波形比较单一，因为在频带传输中只需要用不同幅度或不同频率表示 0、1 两个电平。

3. 宽带传输

宽带是指带宽比音频更宽的频带。利用宽带进行的传输称为宽带传输。宽带传输可以在传输介质上使用频分多路复用技术。由于数字信号的频带很宽，因此不便于在宽带网中直接传输，通常将其转化成模拟信号在宽带网中传输。

宽带传输的主要特点：宽带信道能够被划分成多个逻辑信道或频段进行多路复用传输，使信道容量大大增加；对数据业务、TV 或无线电信号用单独的信道支持。宽带传输能够在同一信道上进行数字信息或模拟信息服务。宽带传输系统可以容纳全部广播信号，并可进行高速数据传输。宽带传输比基带传输的传输距离更远。

2.3.2　数据编码和调制技术

通信信道分为模拟信道和数字信道，依赖于信道传输的数据相应分为模拟数据和数字数据。模拟数据和数字数据可以在模拟信道和数字信道上直接传输，当数字数据要借助模拟信道传输，或模拟数据要借助数字信道传输时，就要利用数据编码技术进行数据转换。即使数字数据是以数字信号传输的，为获得最佳的传输效果，也要进行适当的编码。

基本的数据编码方式包括数字数据的模拟信号编码、数字数据的数字信号编码和模拟数据的数字信号编码。数字数据编码方式如图 2.8 所示。

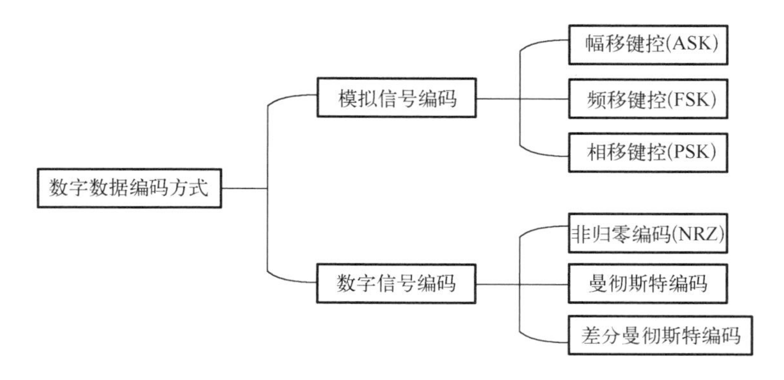

图 2.8　数字数据编码方式

1. 数字数据的模拟信号编码

数字数据常利用电话信道以模拟信号的形式进行传输。但传统的电话信道不能直接传输数字数据，只能传输 300～3400Hz 的音频模拟信号。为利用电话交换网实现计算机的数字数据的传输，必须先将数字数据转换成模拟信号，即对数字数据进行调制，然后在模拟信道中传输，如图 2.9 所示。

图 2.9 数字数据的模拟传输

发送端将数字数据变换成模拟信号的过程称为调制(Modulation)，接收端将模拟信号还原成数字数据的过程称为解调(Demodulation)。若数据通信的发送端和接收端以双工方式进行通信，则需要同时具备调制和解调功能的设备，该设备就是调制解调器(Modem)。数字数据调制的基本方法有 3 种：幅移键控(ASK)、频移键控(FSK)和相移键控(PSK)。编码的基本原理是用数字脉冲波对连续变化的载波进行调制，如图 2.10 所示。

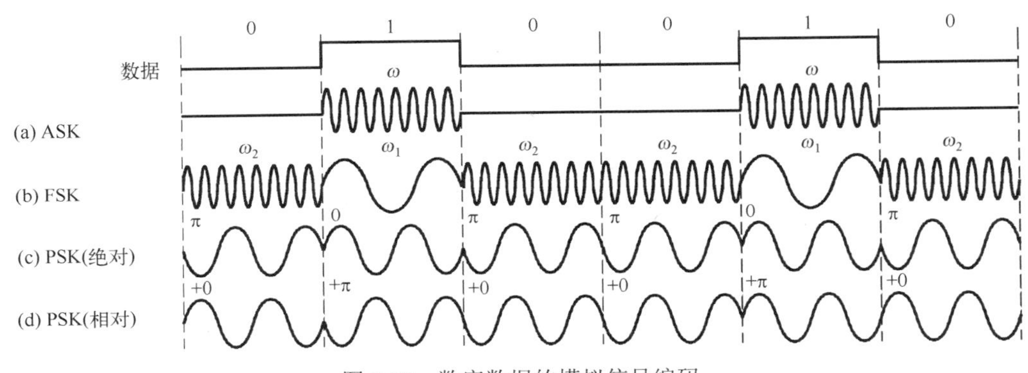

图 2.10 数字数据的模拟信号编码

(1) 幅移键控(Amplitude Shift Keying，ASK)

幅移键控又称幅度调制(AM，简称调幅)，是指调制载波的振幅，用载波信号的幅值表示数字信号“1”“0”，通常用有载波 ω 表示数字信号“1”，无载波表示数字信号“0”。

(2) 频移键控(Frequency Shift Keying，FSK)

频移键控又称频率调制(FM，简称调频)，是指调制载波的频率，用载波信号的不同频率(幅值相同)表示数字信号“1”“0”，用 ω_1 表示数字信号“1”，用 ω_2 表示数字信号“0”。

(3) 相移键控(Phase Shift Keying，PSK)

相移键控又称相位调制(PM，简称调相)，是指调制载波的相位，用不同的载波相位(幅值相同)表示两个二进制值。绝对调相使用相位的绝对值，相位为 0 表示数字信号“1”，相位为 π 表示数字信号“0”。相对调相使用相位的相对偏移值，当数字数据为 0 时，相位不变化；当数字数据为 1 时，相位偏移 π。

在现代调制技术中，常将上述基本方法加以组合应用，以在给定的传输带宽内提高数据的传输速率。

2. 数字数据的数字信号编码

数字数据若利用数字信道直接传输，则在传输前常常要进行数字编码。数字信号编码的目的是使二进制数“1”和“0”的特性更有利于传输，如图 2.11 所示。

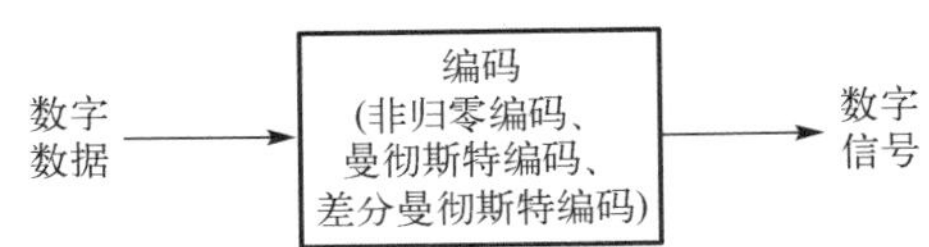

图 2.11 数字数据的数字传输

数字数据的编码方式有 3 种：非归零编码、曼彻斯特编码和差分曼彻斯特编码。

（1）非归零编码（Non-Return to Zero，NRZ）

非归零编码规定，如果用负电平表示逻辑“0”，则正电平表示逻辑“1”，反之亦然。

缺点：不能判断一位的开始与结束，收发双方不能保持同步。为保证收发双方同步，必须在发送 NRZ 码的同时，用另一个信道同时发送同步时钟信号。

（2）曼彻斯特编码（Manchester）

曼彻斯特编码是目前应用最广泛的编码方法之一，每位二进制信号的中间都有跳变，从低电平跳变到高电平，表示数字信号“1”；从高电平跳变到低电平，表示数字信号“0”。曼彻斯特编码是典型的同步数字信号编码技术，编码中的每个二进制位持续时间分为两半，在发送数字“1”时，前一半时间为高电平，后一半时间为低电平。在发送数字“0”时刚好相反。这样，发送端发出每个比特持续时间的中间必定有一次电平的跳变，当接收端接收信号时，可以通过检测电平的跳变来保持与发送端的比特同步，从而在矩形波中读出正确的比特串，保持通信的顺利进行。

特点：不含直流分量，无须另发同步信号，具有编码冗余，极性反转时常会引起译码错误。

（3）差分曼彻斯特编码（Difference Manchester）

差分曼彻斯特编码是对曼彻斯特编码的改进。与曼彻斯特编码不同的是，每位二进制数据的取值根据其开始边界是否发生跳变决定。若一位开始处“有跳变”，则表示“0”，若一位开始处“无跳变”，则表示“1”。在局域网通信中，常用差分曼彻斯特码，其每个码位中间的跳变被专门用作定时信号，用每个码开始时刻有无跳变来表示数字“0”或“1”。

数字数据的数字信号编码对比如图 2.12 所示。

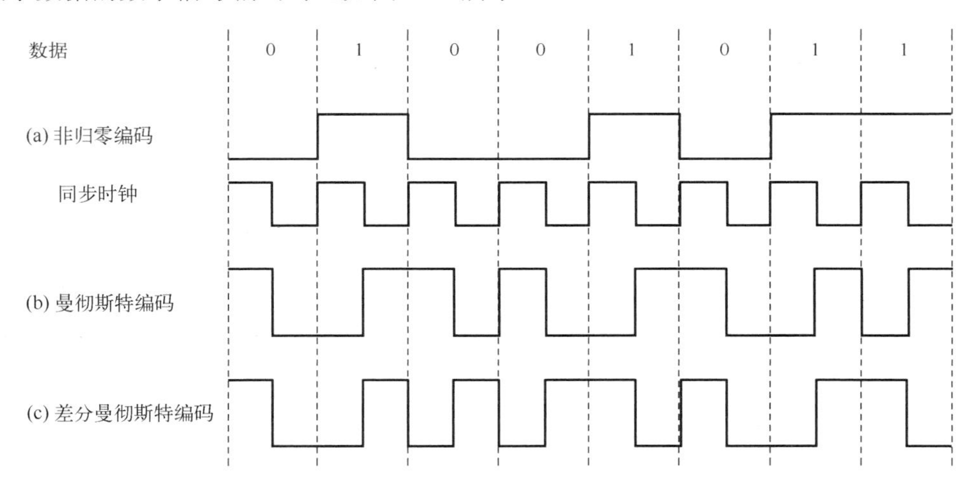

图 2.12　数字数据的数字信号编码对比

3. 模拟数据的数字信号编码

数字信号传输具有失真小、误码率低、效率高和费用低等优点。实际应用中，许多模拟数据通过数字化后用数字信号的方式传输，接收端再把数字信号恢复为模拟信号。模拟数据的数字信号编码的常用方法是脉冲编码调制（Pulse Code Modulation，PCM），如图 2.13 所示。

图 2.13　模拟数据的数字传输

在网络中，除计算机直接产生的数字信号外，语音、图像信息必须数字化后才能交给计算机处理。

在语音传输系统中也常用 PCM 技术。发送端通过 PCM 编码器将语音数据变换为数字信号，接收端再通过 PCM 解码器将其还原成模拟信号。数字化语音数据传输的速率高、失真小，并可存储在计算机中。PCM 的过程包括 3 部分：采样、量化和编码，如图 2.14 所示。

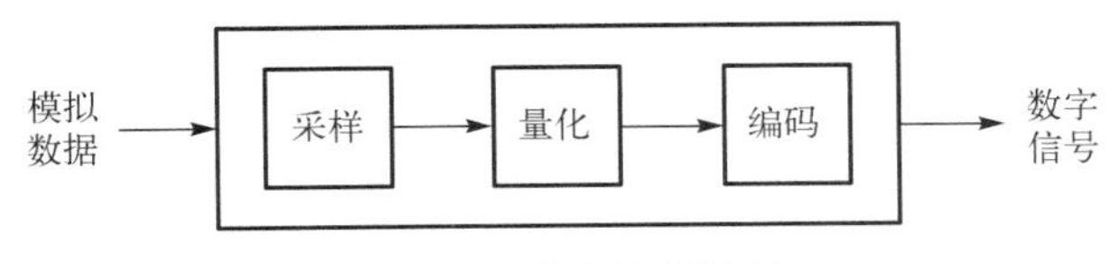

图 2.14　脉冲编码调制

(1) 采样

每隔一个固定的极短的时间间隔取出模拟信号的值。以模拟信号的瞬时电平值为样本，表示模拟数据在某一区间随时间变化的值。采样频率 $f \geqslant 2B$，B 为信号的最高有效频率，即相邻两次采样之间的时间间隔应大于或等于最高有效频率的两倍。

(2) 量化

分级处理。在量化之前，估计模拟信号可能的幅值范围，把这个幅值范围划分为若干宽度相等的小区域，如可分为 8 级、16 级或更多的量化级，这取决于系统的精确度要求。每个级别的幅值定义为该范围的上限、下限或均值。然后把每次采样的信号幅值对应到相应的级别里，以级别代号代替本次取样的幅值，使连续的模拟信号变成随时间变化的数字信号。

(3) 编码

把相应的量化级别用一定位数的二进制码表示。如果有 N 个量化级，则需要 $\log_2 N$ 位二进制码(如 8 级用 3 位，16 级用 4 位)。把编码以脉冲的形式送到信道上传输。还原的过程刚好相反，只要发送端和接收端双方有共同的量化级别表和共同的取样周期，就可以将数字信号还原为模拟信号。PCM 用于数字化语音系统时，将声音分为 128 个量化级，采用 7 位二进制码表示，再用 1 位进行差错控制，采样速率为 8000 次/秒。因此，一路话音的数据传输速率为 8×8000bit/s＝64kbit/s。PCM 技术不仅用于语音信号，还用于图像信号及其他任何模拟信号的数字化处理。近年来，随着超大规模集成电路技术的飞速发展，模拟信号从采样、量化到编码只需一个集成芯片就能完成，使模拟信号的数字化很容易实现。

2.3.3　多路复用技术

当通信线路的传输能力超过单一终端设备发送信号的速率时，如果该终端设备独占整个通信线路，那么将会造成传输介质的浪费。为有效利用传输通信线路，可以同时把多个信号送往传输介质，以提高传输效率，即将多条信号复用在一条物理线路上，这种技术称为多路复用技术，如图 2.15 所示。

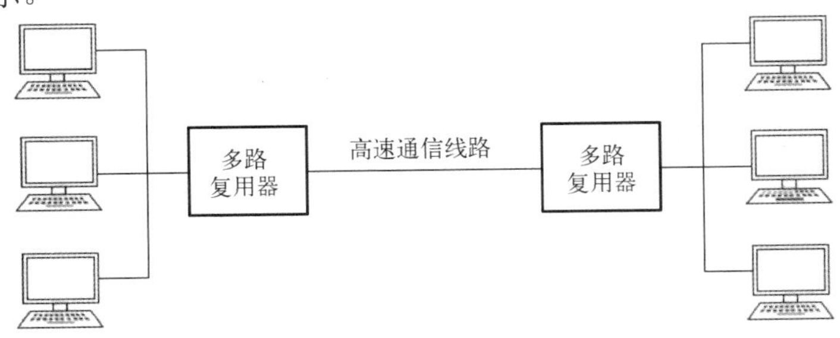

图 2.15　多路复用技术

多路复用技术可以在一个信道上同时传输多路信号，采用该技术进行远距离传输时，可以大大节省线路的安装维护费用。常用的多路复用技术分为频分多路复用、时分多路复用、波分多路复用和码分多路复用 4 类。

1. 频分多路复用(Frequency-Division Multiplexing，FDM)

频分多路复用技术适用于模拟信号的传输。当介质可用的带宽超过单一信号所需的带宽时，可在一条通信线路上设计多路通信信道，将线路的传输频带划分为若干个较窄的频带，每个窄频带构成一个子通道，可传输一路信号。每路信道的信号以不同的载波频率进行调制，各个载波频率不重叠，使得一条通信线路可以同时独立地传输多路信号。频分多路复用分割的是传输介质的频率。为使各路信号的频带不相互重叠，需要利用频分多路复用器(MUX)来完成这项工作。发送信号时，频分多路复用器用不同的频率调制每路信号，使各路信号在不同的通道上传输，如图 2.16 所示。为防止干扰，各通道之间留有一定的频谱间隔。接收时，用适当的滤波器分离出不同的信号分别进行解调接收。要从频分多路复用的信号中取出某一个话路的信号，只需选用一个与其频率范围对应的带通滤波器对信号进行滤波，然后进行解调，恢复成原调制信号即可。

图 2.16　频分多路复用

闭路电视就是用频分多路复用技术进行传输的。一个电视频道所需带宽为 6MHz，闭路电视的同轴电缆可用带宽达 470MHz，若采用频分多路复用技术，从 50MHz 开始传输电视信号，则闭路电视的同轴电缆可同时传输 70 个频道的节目。

2. 时分多路复用(Time-Division Multiplexing，TDM)

时分多路复用技术适用于数字信号的传输。当介质所能传输数据的速率超过单一信号的数据传输速率时，将信道按时间分成若干个时间片段，轮流地给多个信号使用。即时分多路复用分割的是信道的时间。每个时间片由复用的一个信号占用信道的全部带宽，时间片的大小可以是传输一位所需的时间，也可以是传输由一定字节组成的数据块所需的时间。互相独立的多路信号顺序地占用各自的时间片，合成一个复用信号，在同一信道中传输。在接收端按同样的规律把它们分开，从而实现一个物理信道传输多个数字信号，如图 2.17 所示。若输入数据的比特率是 9.2kbit/s，线路的最大比特率是 92kbit/s，则可传输 10 个信号。

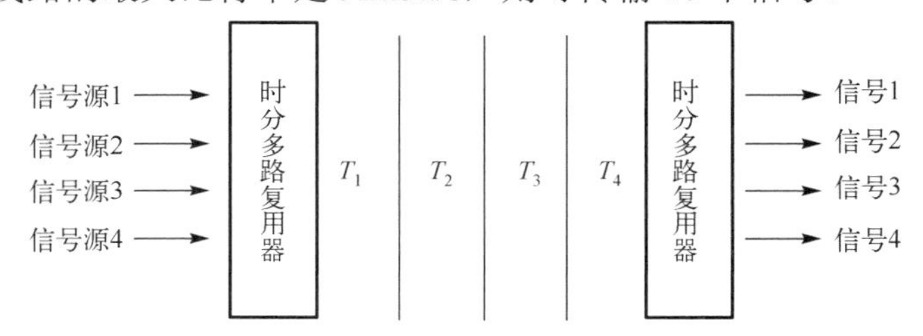

图 2.17　时分多路复用

时分多路复用又分为同步时分复用(Synchronous Time-Division Multiplexing，STDM)和异步时分复用(Asynchronous Time Division Multiplexing，ATDM)。

STDM 采用固定时间片分配方式，将传输信号的时间按特定长度划分成时间段(一个周期)，再将每个时间段划分成等长度的多个时隙，每个时隙以固定的方式分配给各个用户，各个用户在每个时间段都按顺序分配到一个时隙。由于时隙已预先分配给各个用户且固定不变，因此，无论该路信号是否传输数据，都占有时隙，形成了浪费，时隙的利用率很低。

ATDM 能动态地按需分配时隙，避免每个时间段中出现空闲的时隙。当某路用户有数据发送时，才把时隙分配给它，否则不分配给它，电路的空闲时隙可用于其他用户的数据传输，既提高了资源的利用率，也提高了传输速率。

3. 波分多路复用(Wavelength Division Multiplexing，WDM)

波分多路复用是指在一根光纤上同时传输多个波长不同的光载波，基本原理与频分多路复用相同，区别仅在于频分多路复用使用的是电载波，而波分多路复用使用的是光载波。

波分多路复用技术主要用于全光纤网组成的通信系统，可以用一根光纤同时传输多个频率很接近的光载波信号，提高了光纤的传输能力，如图 2.18 所示。早期一根光纤上只能复用两路光载波信号，随着技术的发展，在一根光纤上复用的路数越来越多。波分多路复用能够复用的光波数目与相邻两波长之间的间隔有关，间隔越小，复用的波长个数就越多。当相邻两峰值波长间隔为 50～100nm 时，该传输系统称为波分多路复用系统。当相邻两峰值波长间隔为 1～10nm 时，该传输系统称为密集的波分多路复用(Dense Wavelength Division Multiplexing，DWDM)系统。

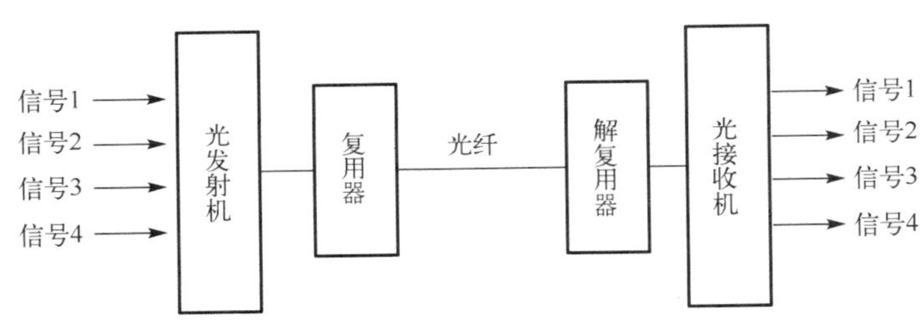

图 2.18　波分多路复用

4. 码分多路复用(Code Division Multiple Access，CDMA)

码分多路复用技术根据不同的编码来区分各路原始信号，主要和各种多址技术结合产生各种接入技术。码分多路复用技术是一种用于移动通信系统的技术。笔记本计算机和掌上计算机等移动性计算机的联网通信大量使用码分多路复用技术。

在蜂窝系统中，以信道来区分通信对象，一个信道只容纳一个用户进行通话，许多同时通话的用户以信道来区分，这就是多址。CDMA 将需要传输的、具有一定信号带宽的信息数据用一个带宽远大于信号带宽的高速伪随机码进行调制，使原数据信号的带宽得到扩展，经载波调制后再发送出去。CDMA 具有抗干扰性好、抗多径衰落、保密安全性高、同频率可在多个小区内重复使用、容量和质量之间可做权衡取舍等特点。例如，CDMA 允许每个站任何时候都可以在整个频段范围内发送信号，利用编码技术可以将多个并发传输的信号分离，并提取所期望的信号，同时把其他信号当作噪声加以拒绝。CDMA 可以对多个信号进行线性叠加，而不是将可能冲突的帧丢弃掉。

2.4 数据交换技术

微课视频

一个拥有众多用户的通信网络不能采用两两之间连接的全互联方式，只能把这些用户的线路都引到同一地点，然后利用交换设备进行连接。在大型计算机网络中，计算机之间传输的数据往往要经过多个中间节点才能从源地址到达目的地址。传输信号如何通过中间节点或交换设备进行转发，是数据交换技术要解决的问题。数据通信中常用的交换方式有电路交换和存储转发交换等。

2.4.1 电路交换

电路交换（Circuit Switching）又称线路交换，是一种直接的交换方式。电路交换通过网络中的节点，在两个节点之间建立一条专用的通信线路，即为一对需要进行通信的节点提供一条临时的专用传输通道。这条通道通过节点内部线路对节点间传输路径的适当选择、连接而完成，是一条由多个节点和多条节点间传输路径组成的链路。这种交换方式类似于电话系统，通信时在两个节点之间有一个实际的物理连接。线路交换必须经过线路建立、数据传输和线路拆除 3 个阶段。

- 线路建立：通过源节点请求完成交换网中相应节点的连接，建立一条由源节点到目的节点的传输通道。
- 数据传输：传输的数据可以是数字数据，也可以是模拟数据。
- 线路拆除：完成数据传输后，源节点发出释放请求信息，请求终止通信；目的节点接收释放请求并发回释放应答信息；各节点拆除该线路的对应连接，释放该线路占用的节点和信道资源，结束连接。

电路交换方式的优点是实时性好，适用于实时或交互式会话类通信，如数字语音、传真等通信业务。一旦建立连接，网络对用户是透明的，数据以固定的速率传输，传输可靠，数据不会丢失，没有延时。缺点是当这种通信系统用来传输计算机或终端的数据时，线路真正用于传输数据的时间往往不到10%，呼叫时间大大长于数据的传输时间，通信线路的利用率不高；整个系统不具备存储数据的能力，无法发现与纠正传输过程中发生的数据差错；对通信双方而言，必须做到收发速率、编码方法、信息格式和传输控制等一致才能完成通信。

2.4.2 存储转发交换

存储转发交换是指网络节点先将途经的数据按传输单元接收并存储下来，然后选择一条适当的链路转发出去。根据转发的数据单元的不同，存储转发交换又可分为以下两类。

1. 报文交换（Message Switching）

在报文交换中，信息的发送以报文为单位。报文由报头和要传输的数据组成，报头中有源地址和目的地址。当发送信息时，通信双方不需要事先建立专用的物理通路，只需把目的地址附在报文上，并发送到网络的邻近节点中。节点收到报文后，先把它存储起来，等到有合适的输出线路时，再将报文转发到下一个节点，直至到达目的地址。报文交换节点通常是一台通用的小型计算机，有足够的容量来缓存进入节点的报文。

报文交换使多个报文可以分时共享一条点到点的通道，线路效率高；源节点和目的节点在通信时，不需要建立一条专用的通路，与电路交换相比，没有建立线路和拆除线路所需的等待和时延。由于报文交换的存储转发特点，线路通信量很大时，虽然报文被缓冲会导致传输延迟增加，但不会引起阻塞。这种传输延迟使得报文交换不能满足实时或交互式的通信要求；报文交换允许把同一个报文发送到多个节点中，还可以建立报文的优先权，使得一些短的、重要的报文优先传递；数据传输的可靠性高，每个节点在存储转发时，都进行差错控制，即检错和纠错。

2. 分组交换(Packet Switching)

分组交换与报文交换的工作方式基本相同，差别在于参与交换的数据单元长度不同。分组交换不是以“整个报文”为单位进行交换传输的，而是以更短的、更标准的“报文分组”(Packet)为单位进行交换传输的。

分组交换将需要传输的整块数据(报文)分割为一定长度的数据段，在每个数据段前面加上目的地址、发送地址、分组大小等固定格式的控制信息，形成被称为“包”的报文分组。由于各个分组可以通过不同的路径来传输，因此可以平衡网络中各个信道的流量。另外，由于各个分组较小，因此在网络上的延时比单独传输一个大的报文要短得多。

分组交换中，分组的传输有两种管理方式：数据报和虚电路。

(1) 数据报

交换网把进网的每个分组作为一个基本传输单位进行单独处理，而不管它是属于哪个报文的分组，这个基本传输单位称为数据报(Data Gram)。数据报可在网络上独立传输，在传输的过程中，每个数据报都要进行路径选择，各个数据报可以按照不同的路径到达目的节点。因此，各个数据报不能保证按发送的顺序到达目的节点，有些数据报甚至可能在途中丢失。在接收端，按分组的顺序将这些数据报重新合成一个完整的报文。

数据报分组交换的特点为，每个报文在传输过程中都必须带有源地址和目的地址，同一报文的不同分组可以经不同的传输路径通过通信子网；同一报文的不同分组到达目的节点时可能出现乱序、重复或丢失现象；数据报传输延迟较大，不适用于长报文、会话式通信。数据报工作原理如图 2.19 所示。

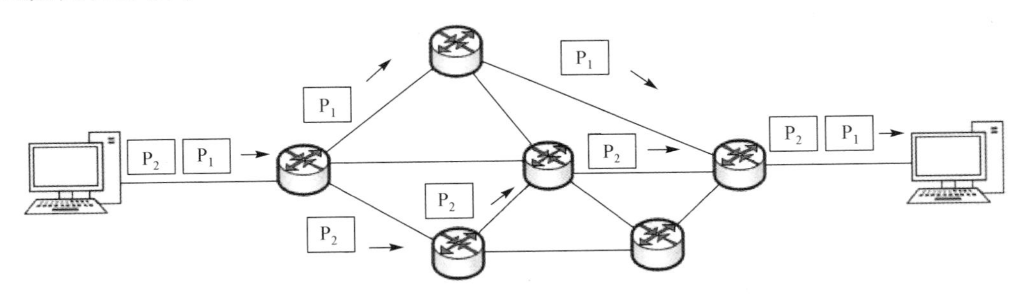

图 2.19　数据报工作原理

(2) 虚电路

虚电路方式结合了数据报方式与电路交换方式的优点，可达到最佳的数据交换效果。虚电路是为了传输某一报文而设立和存在的。两个节点在开始互相发送和接收数据之前，需要通过通信网络建立一个逻辑上的连接。当不需要发送和接收数据时，清除该连接。虚电路是一种逻辑上的连接，不像电路交换那样有一条专用物理通路，因此称为虚电路，虚电路工作原理如图 2.20 所示。采用虚电路方式时，在每次报文分组发送之前，必须在源节点与目的节点之间建立一个逻辑连接，每个分组包含一个虚电路标识符，所有分组都必须沿着事先建立的虚电路传输，服从虚电路的安

排，即按照逻辑连接的方向和接收的次序进行输出排队和转发。因此，每个节点不需要为每个数据包做路径选择判断，就像收发双方有一条专用信道一样。完成数据交换后，拆除虚电路。整个过程经历虚电路建立、数据传输和虚电路拆除 3 个阶段。

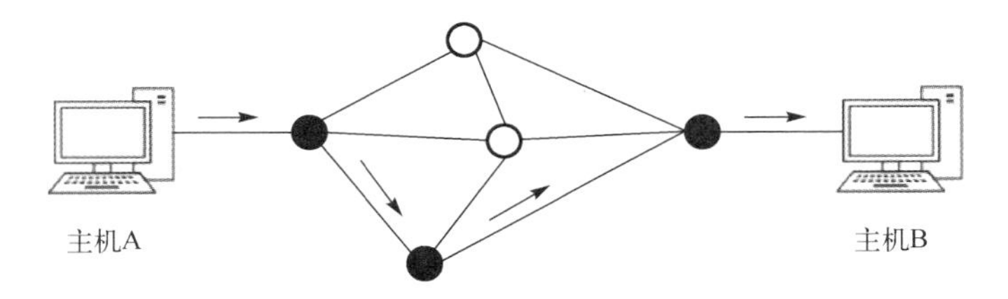

图 2.20　虚电路工作原理

当报文分组通过每个虚电路上的节点时，不需要进行路径选择，只需要进行差错检测。一次通信的所有分组都通过同一个虚电路顺序传输，因此，报文分组不必带目的地址、源地址等辅助信息。当分组到达目的节点时，不会出现丢失、重复与乱序的现象。通信子网中每个节点可以和任何节点建立多个虚电路连接。分组交换的信道利用率高，可靠性高，是网络中广泛采用的一种技术。

分组交换与报文交换相比的优点如下。

- 分组交换减少了时间延迟。当将第 1 个分组发送给第 2 个节点后，接着可发送第 2 个分组，随后可发送其他分组，多个分组可同时在网中传播，总的延时大大缩短，网络信道的利用率大大提高。
- 分组交换把数据的最大长度限制在较小的范围内，每个节点所需要的存储量减少了，有利于提高节点存储资源的利用率。当数据出错时，只需要重传错误分组，而不用重发整个报文，有利于迅速进行数据纠错，大大减小每次传输发生错误的概率以及重传信息的数量。
- 易于重新开始新的传输。可让紧急报文迅速发送出去，网络不会因传输优先级较低的报文而堵塞。

2.5　华为 eNSP 的安装和使用实践

微课视频

eNSP (enterprise Network Simulation Platform) 是由华为提供的免费的、可扩展的、图形化操作的网络仿真工具平台，主要对企业网络路由器、交换机、WLAN (无线局域网) 等设备进行软件仿真，完美呈现真实设备实景，支持大型网络模拟，让广大用户有机会在没有真实设备的情况下也能够模拟演练，学习网络技术。在华为官网上可以下载最新版本的 eNSP 安装包。

华为 eNSP 具备以下 3 个特点。

- 人性化图形界面，全新的 UI (User Interface) 界面。图形化界面不但美观，而且包括拓扑搭建和配置设备等在内的操作，用户可以轻松上手。
- 设备图形化直观展示，支持插拔接口卡。在设备真实的图形化视图下，用户可将不同的接口卡拖曳到设备空槽位，单击电源开关即可启动或关闭设备，使用户对设备的感受更直观。
- 多机互连，分布式部署。最多可在 4 台服务器上部署 200 台左右的模拟设备，并且实现互连，可以模拟大型复杂的网络实验。

2.5.1　安装华为 eNSP

华为 eNSP 上每台虚拟设备都要占用一定的内存资源，安装 eNSP 时对系统的最低配置要求为 CPU 双核 2.0GHz 或以上，内存 2GB，空闲磁盘空间 2GB，操作系统为 Windows XP、Windows Server 2003、Windows 7 或 Windows 10 等，在最低配置的系统环境下组网设备最大数量为 10 台。在安装 eNSP 前，请先检查系统配置，确认满足最低配置后再进行安装。具体操作步骤如下。

步骤 1：下载好安装包后，双击安装程序文件，打开安装向导。

步骤 2：在“选择安装语言”对话框中选择“中文(简体)”选项，单击“确定”按钮，如图 2.21 所示。

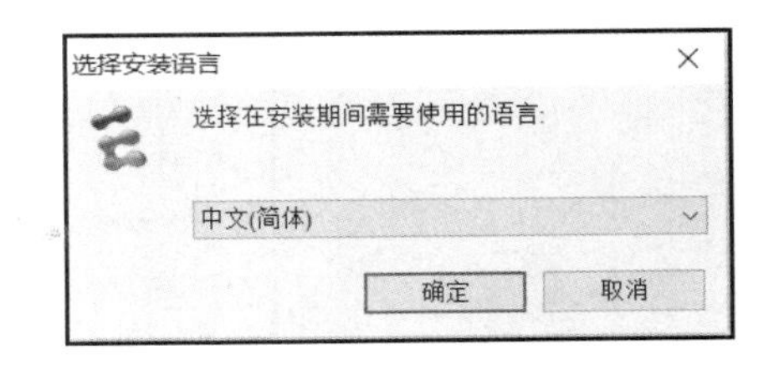

图 2.21　安装语言

步骤 3：进入如图 2.22 所示的安装向导界面，单击“下一步”按钮。

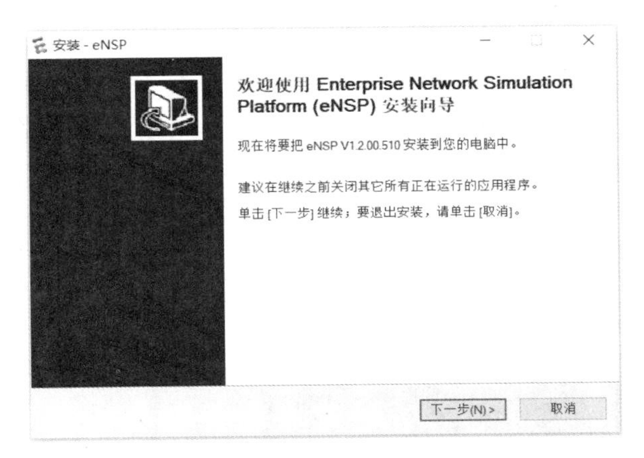

图 2.22　安装向导

步骤 4：选择协议许可，必须接受协议才能继续安装此软件，选择“我愿意接受此协议”选项，并单击“下一步”按钮，如图 2.23 所示。

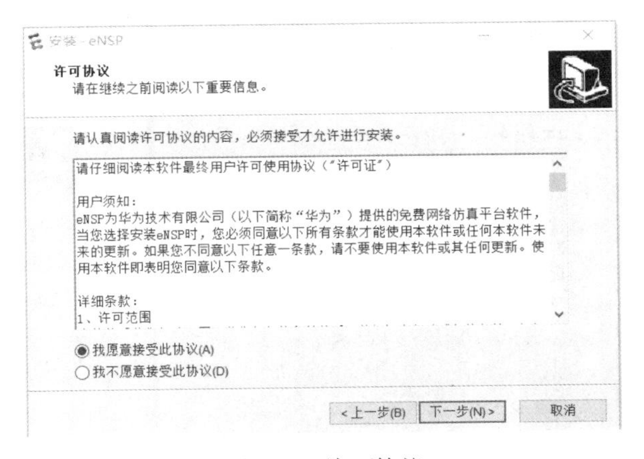

图 2.23　许可协议

步骤 5：选择目标位置，注意路径中不能包含非英文字符，单击“下一步”按钮，如图 2.24 所示。

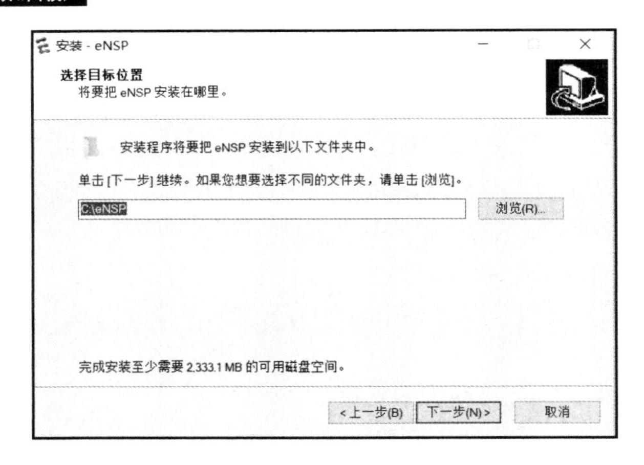

图 2.24　选择目标位置

步骤 6：选择开始菜单文件夹，安装程序将要在这个文件夹中创建程序的相关快捷方式，然后单击“下一步”按钮，如图 2.25 所示。

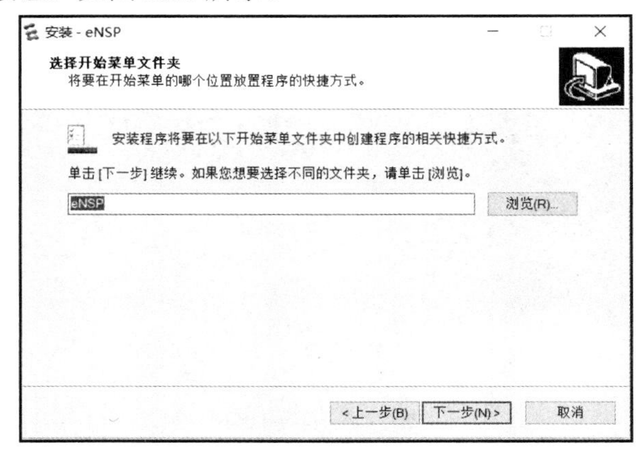

图 2.25　选择开始菜单文件夹

步骤 7：选择附加任务，可以在安装 eNSP 期间创建桌面快捷方式，然后单击“下一步”按钮，如图 2.26 所示。

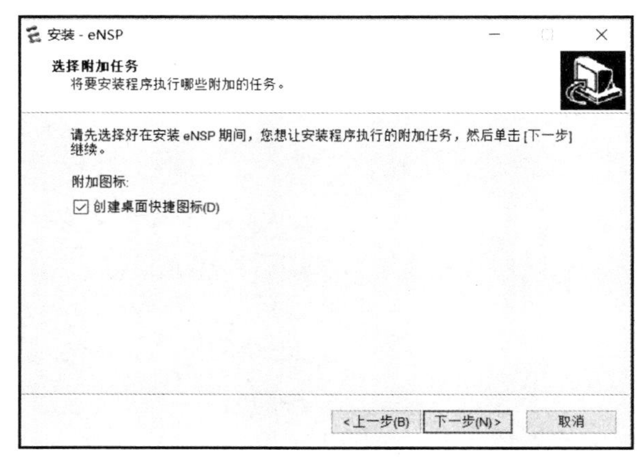

图 2.26　选择附加任务

步骤 8：选择安装其他程序，需要注意，首次安装时请选择安装全部软件，然后单击“下一步”按钮，如图 2.27 所示。

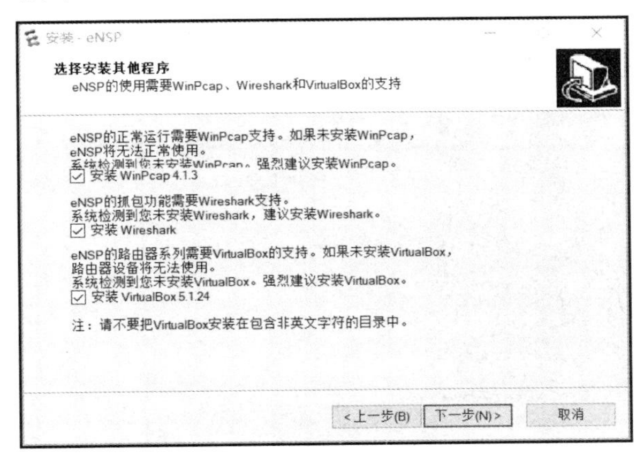

图 2.27　安装其他程序

步骤 9：确认安装信息后，单击“安装”按钮开始安装程序，若需要修改安装信息，则单击“上一步”按钮，如图 2.28 所示。

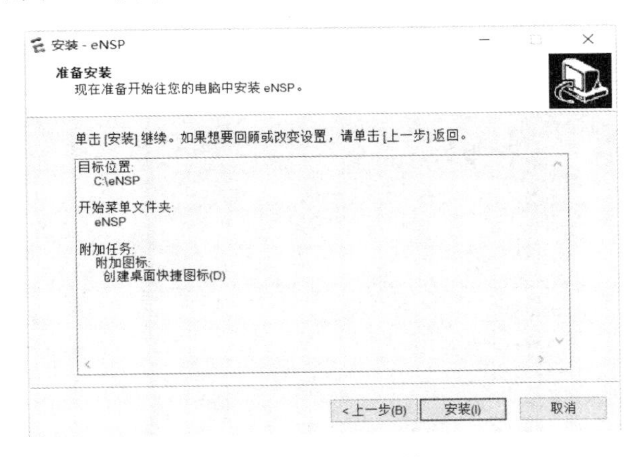

图 2.28　准备安装

步骤 10：安装过程中会弹出并提示安装 Wireshark、VirtualBox 等软件，根据安装向导的提示安装即可，如图 2.29 所示。

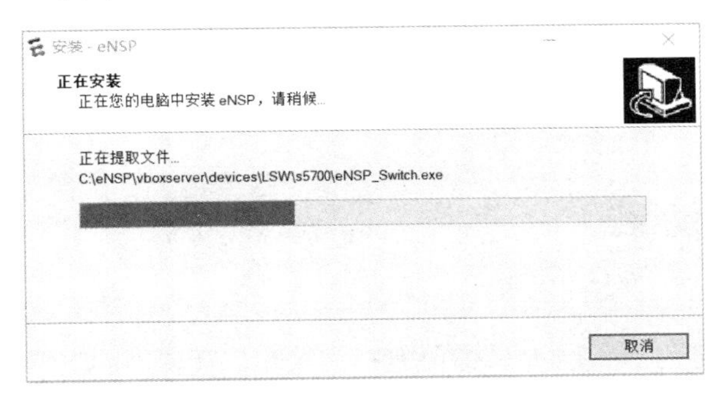

图 2.29　安装界面

步骤 11：安装完成后，单击“完成”按钮，退出安装向导，如图 2.30 所示。

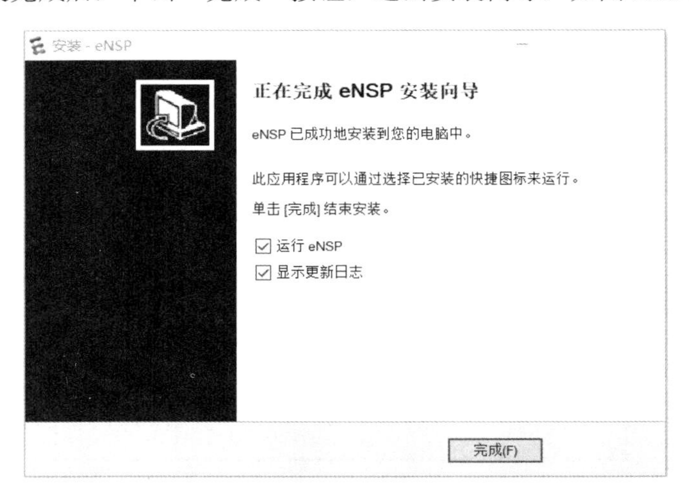

图 2.30　安装完成界面

步骤 12：启动 eNSP 后，初始界面如图 2.31 所示。

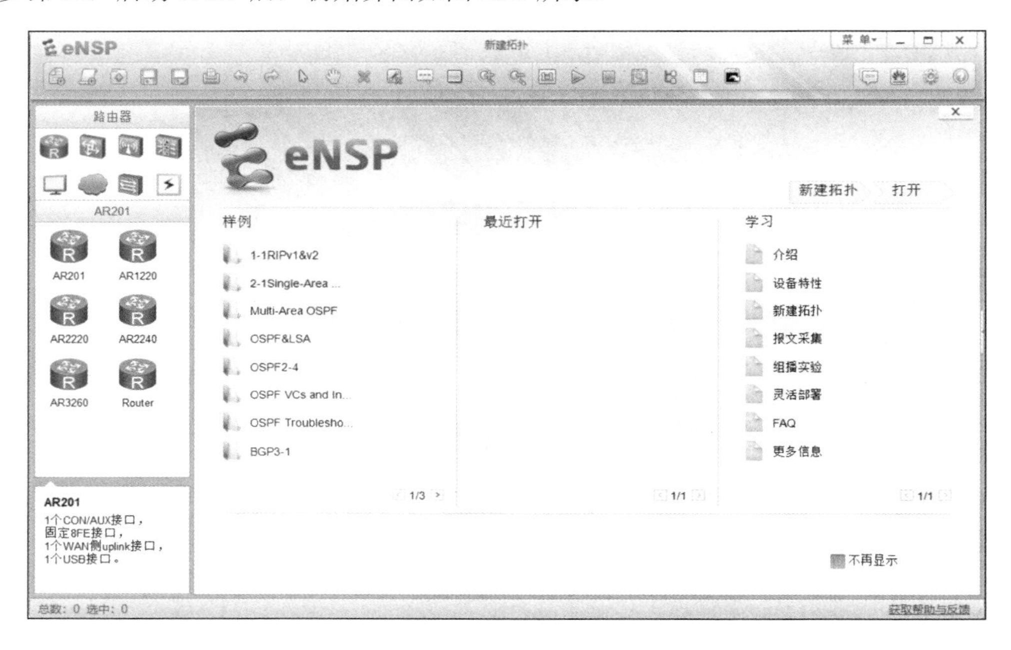

图 2.32　eNSP 初始界面

2.5.2　基本功能介绍

1．主界面区域

eNSP 的主界面共分为五大区域，主要包括主菜单、工具栏区、网络设备区、工作区域和设备接口区，如图 2.33 所示。

主界面各区域功能介绍如表 2.1 所示。

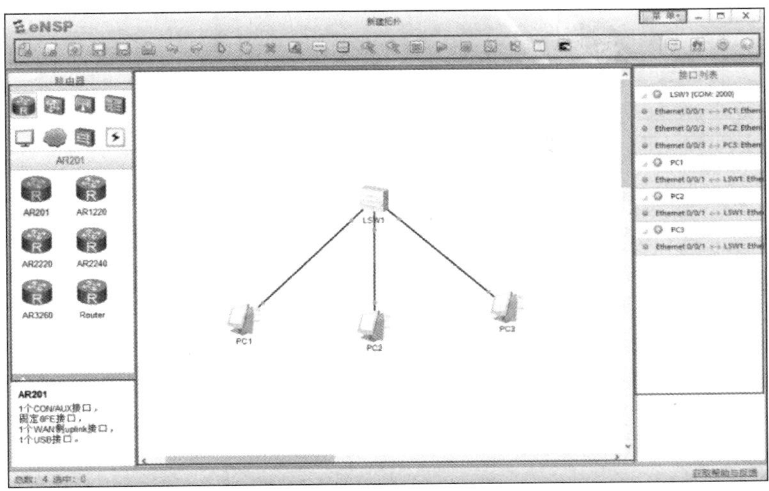

图 2.33　程序主界面

表 2.1　主界面各区域功能介绍

序号	界面区域名	区域功能描述
1	主菜单	提供“文件”“编辑”“视图”“工具”“考试”“帮助”菜单
2	工具栏区	提供常用的工具，如新建拓扑、打印等
3	网络设备区	提供设备和网线，供选择到工作区域
4	工作区域	在此区域创建网络拓扑
5	设备接口区	显示拓扑中的设备和设备已连接的接口

2．基本参数设置

在主界面中选择“工具→选项”，在弹出的对话框中设置软件的基本参数，如图 2.34 所示。

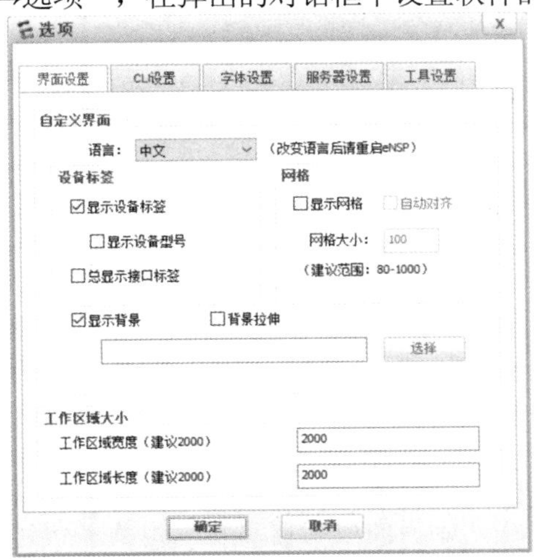

图 2.34　基本参数设置

在“界面设置”选项卡中可以设置拓扑中元素的显示效果，如是否显示设备标签和型号、是否显示背景。在“工作区域大小”区域可设置工作区域的宽度和长度。

在“CLI 设置”选项卡中可以设置命令行中的信息保存方式。当选中“记录日志”单选按

钮时，设置命令行的显示行数和保存位置。当命令行界面(CLI)内容行数超过“显示行数”中的设置值时，系统将自动保存超过行数的内容到“保存路径”中指定的位置。

在“字体设置”选项卡中可以设置命令行界面和拓扑描述框的字体、字体颜色、背景色等参数。

在“服务器设置”选项卡中可以设置服务器端参数。

在“工具设置”选项卡中可以指定“引用工具”的具体路径。

3. 设备常用的命令

设备常用的命令介绍如表 2.2 所示。

表 2.2 设备常用的命令介绍

序号	命令/模式	功能描述
1	用户模式<>	进入系统视图默认的基本模式，权限稍低，能执行的命令有限
2	系统视图[ ]	在用户模式下输入 system-view 命令可以进入系统视图
3	quit	退出当前设置
4	Ctrl+z	快速退出到用户模式
5	display	查看配置信息或运行状态
6	sysname	更改设备名称
7	save	保存配置信息
8	命令+?	查看帮助命令

2.5.3 组建对等网络

1. 学习目标

- 掌握 eNSP 模拟器的基本设置方法。
- 掌握使用 eNSP 搭建简单的端到端网络的方法。
- 掌握在 eNSP 中使用 Wireshark 捕获 IP 报文的方法。

2. 实践环境

一台具有独立功能的计算机，华为 eNSP 模拟器。

3. 实践内容

熟悉华为 eNSP 的使用方法，用两台终端系统建立一个简单的端到端对等网络，配置基本的网络参数，使用 eNSP 自带的抓包软件 Wireshark 捕获网络中的报文，以便更好地理解网络的工作原理。

4. 实践步骤

步骤 1：启动 eNSP 后，在初始界面单击窗口右上角的“新建拓扑”按钮，创建一个新的实践场景，如图 2.35 所示。

步骤 2：在左侧面板顶部，在显示的终端设备中，选中“PC”图标，拖动两台 PC 到工作区域中，如图 2.36 所示。

步骤 3：在左侧面板中部，在显示的媒介中，选中“Copper”图标，此时光标代表一个连接器。单击任一台终端设备，会显示该模拟设备包含的所有端口。选择“Ethernet 0/0/1”选项，连接此端口。单击另外一台设备并选择“Ethernet 0/0/1”选项作为该连接的终点，此时，两台设备间的连接完成。连线两端显示两个红点，表示该连线连接的两个端口都处于 Down 状态，如图 2.37 所示。

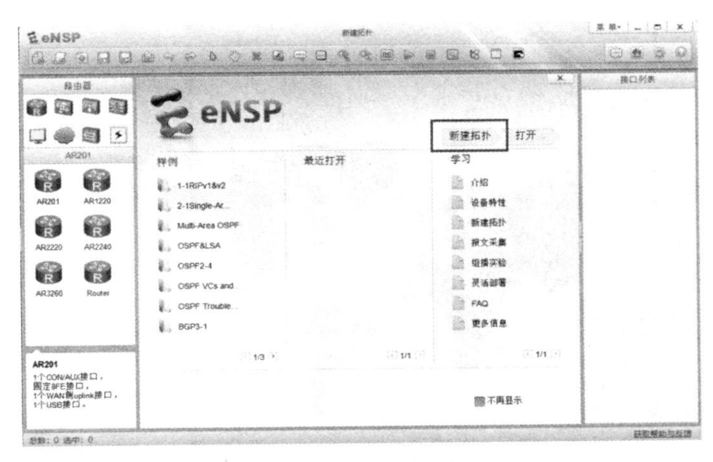

图 2.35　新建拓扑

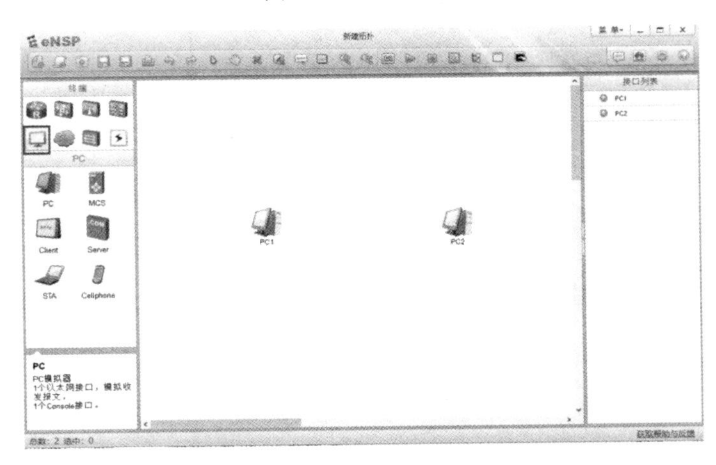

图 2.36　选择终端

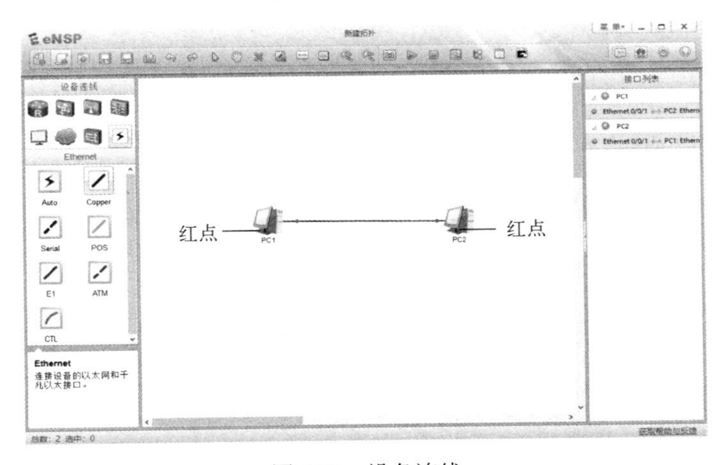

图 2.37　设备连线

步骤 4：右击“PC1”图标，在弹出的属性菜单中选择“设置”选项，查看该设备的系统配置信息。窗口中包含“基础配置”“命令行”“组播”“UDP 发包工具”“串口”5 个选项卡，分别用于不同需求的配置。在“命令行”选项卡中可以看到设备未启动，如图 2.38 所示。

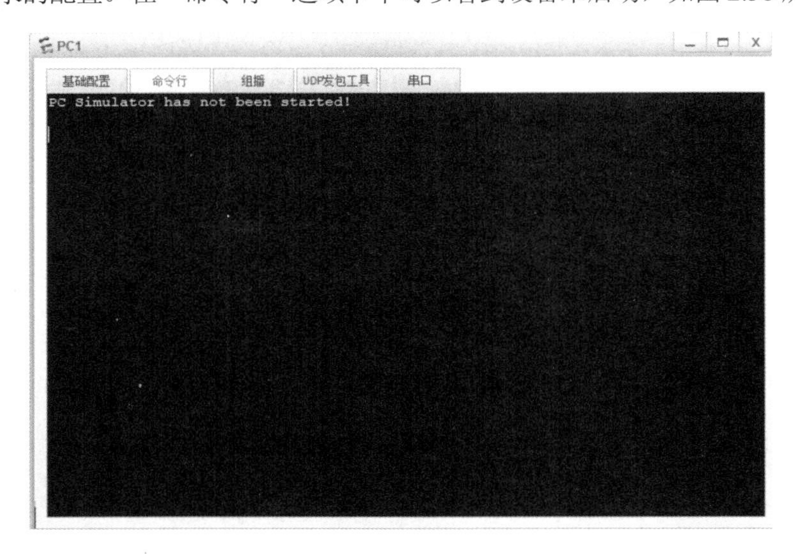

图 2.38　系统配置

步骤 5：启动设备。启动设备有两种方式：一是右击任一台设备，在弹出的菜单中，选择“启动”选项，启动该设备。二是拖动光标选中多台设备后右击，在弹出的菜单中，选择“启动”选项，启动所有设备，如图 2.39 所示。

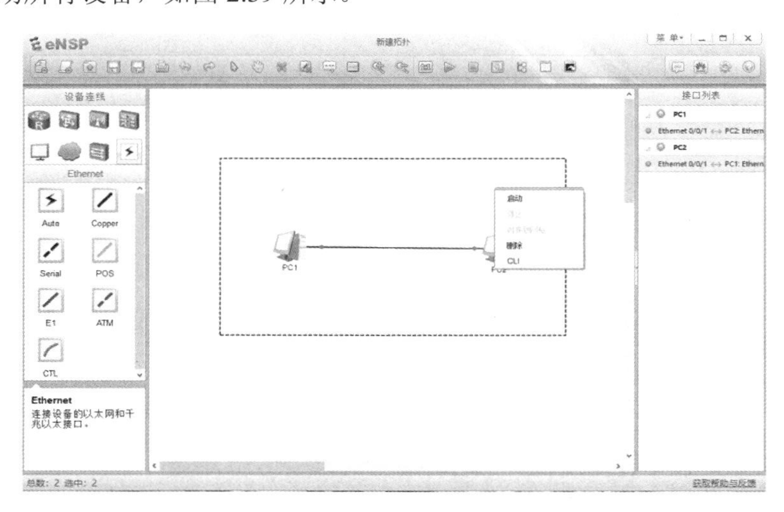

图 2.39　启动所有设备

步骤 6：配置参数。选择“基础配置”选项卡，在“主机名”文本框中输入主机名称。在“IPv4 配置”区域，选中“静态”单选按钮。在“IP 地址”文本框中输入 IP 地址。建议按照图 2.40 配置 IP 地址及子网掩码。配置完成后，单击窗口右下角的“应用”按钮。使用相同步骤配置 PC2，建议将 PC1 和 PC2 的 IP 地址配置为 192.168.1.1 和 192.168.1.2，子网掩码配置为 255.255.255.0。

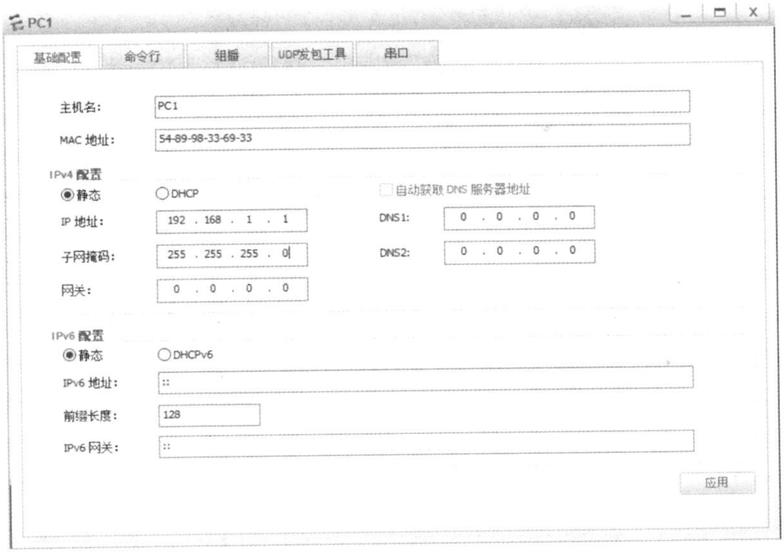

图 2.40 配置参数

步骤 7：选中设备并右击，在弹出的菜单中选择“数据抓包”选项后，会显示设备上可用于抓包的接口列表。从列表中选择需要被监控的接口，如图 2.41 所示。接口选择完成后，Wireshark 抓包工具会自动激活，捕获选中接口所收发的所有报文。如需监控更多接口，重复上述步骤，选择不同接口即可，Wireshark 将会为每个接口激活不同实例来捕获报文。

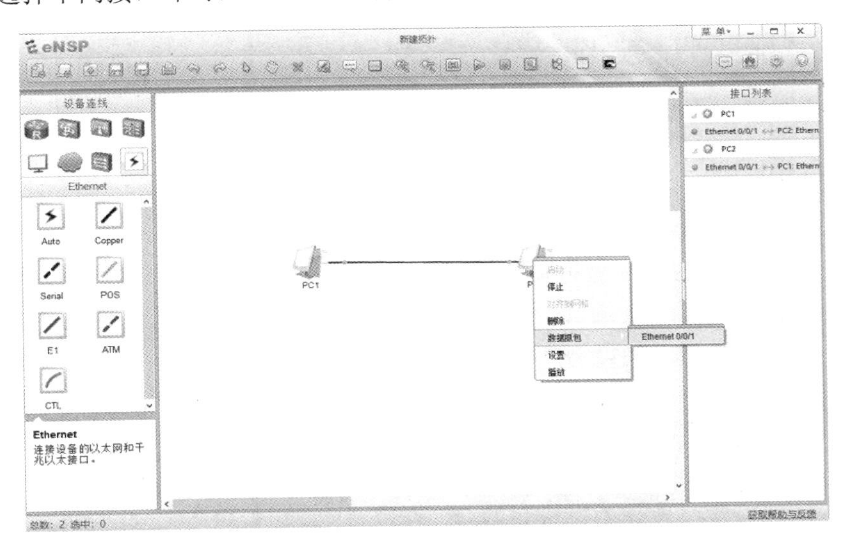

图 2.41 数据抓包

步骤 8：生成接口流量。根据被监控设备的状态，Wireshark 可捕获选中接口上产生的所有流量，生成抓包结果。在本实践中，需要先通过测试来产生流量后，再观察抓包结果。在 PC1 的命令行中使用 ping 命令发送 ICMP 报文，并测试其与 PC2 的连通性，如图 2.42 所示。

步骤 9：查看捕获的报文。生成流量之后，通过 Wireshark 捕获报文并生成抓包结果。生成的流量会在 Wireshark 界面中显示，包含发送的和接收的报文，如图 2.43 所示。

```
PC1
基础配置 命令行 组播 UDP发包工具 串口
Welcome to use PC Simulator!

PC>

PC Simulator has not been started!

Welcome to use PC Simulator!

PC>ping 192.168.1.2

Ping 192.168.1.2: 32 data bytes, Press Ctrl_C to break
From 192.168.1.2: bytes=32 seq=1 ttl=128 time=32 ms
From 192.168.1.2: bytes=32 seq=2 ttl=128 time=31 ms
From 192.168.1.2: bytes=32 seq=3 ttl=128 time=31 ms
From 192.168.1.2: bytes=32 seq=4 ttl=128 time=32 ms
From 192.168.1.2: bytes=32 seq=5 ttl=128 time=31 ms

--- 192.168.1.2 ping statistics ---
  5 packet(s) transmitted
  5 packet(s) received
  0.00% packet loss
  round-trip min/avg/max = 31/31/32 ms

PC>
```

图 2.42　测试连通性

```
Capturing from Standard input - Wireshark
File Edit View Go Capture Analyze Statistics Telephony Tools Help
Filter:                                   Expression... Clear Apply
No.  Time      Source              Destination         Protocol Info
  1 0.000000  HuaweiTe_33:69:33   Broadcast           ARP      Who has 192.168.1.2?  Tell 192.168.1.1
  2 0.016000  HuaweiTe_71:66:e8   HuaweiTe_33:69:33   ARP      192.168.1.2 is at 54:89:98:71:66:e8
  3 0.047000  192.168.1.1         192.168.1.2         ICMP     Echo (ping) request  (id=0x9d08, seq(be/le)=1/256, ttl=128)
  4 0.063000  192.168.1.2         192.168.1.1         ICMP     Echo (ping) reply    (id=0x9d08, seq(be/le)=1/256, ttl=128)
  5 1.094000  192.168.1.1         192.168.1.2         ICMP     Echo (ping) request  (id=0x9e08, seq(be/le)=2/512, ttl=128)
  6 1.110000  192.168.1.2         192.168.1.1         ICMP     Echo (ping) reply    (id=0x9e08, seq(be/le)=2/512, ttl=128)
  7 2.125000  192.168.1.1         192.168.1.2         ICMP     Echo (ping) request  (id=0x9f08, seq(be/le)=3/768, ttl=128)
  8 2.141000  192.168.1.2         192.168.1.1         ICMP     Echo (ping) reply    (id=0x9f08, seq(be/le)=3/768, ttl=128)
  9 3.172000  192.168.1.1         192.168.1.2         ICMP     Echo (ping) request  (id=0xa008, seq(be/le)=4/1024, ttl=128)
 10 3.188000  192.168.1.2         192.168.1.1         ICMP     Echo (ping) reply    (id=0xa008, seq(be/le)=4/1024, ttl=128)
 11 4.203000  192.168.1.1         192.168.1.2         ICMP     Echo (ping) request  (id=0xa108, seq(be/le)=5/1280, ttl=128)
 12 4.219000  192.168.1.2         192.168.1.1         ICMP     Echo (ping) reply    (id=0xa108, seq(be/le)=5/1280, ttl=128)

Frame 1: 60 bytes on wire (480 bits), 60 bytes captured (480 bits)
Ethernet II, Src: HuaweiTe_33:69:33 (54:89:98:33:69:33), Dst: Broadcast (ff:ff:ff:ff:ff:ff)
Address Resolution Protocol (request)

0000  ff ff ff ff ff ff 54 89  98 33 69 33 08 06 00 01   ......T. .3i3....
0010  08 00 06 04 00 01 54 89  98 33 69 33 c0 a8 01 01   ......T. .3i3....
0020  ff ff ff ff ff ff c0 a8  01 02 00 00 00 00 00 00   ........ ........
0030  00 00 00 00 00 00 00 00  00 00 00 00               ........ ....

Standard input: <live capture in progre...  Packets: 12 Displayed: 12 Marked: 0  Profile: Default
```

图 2.43　查看报文

步骤 10：Wireshark 界面主要包含 6 个区域，如图 2.44 所示。

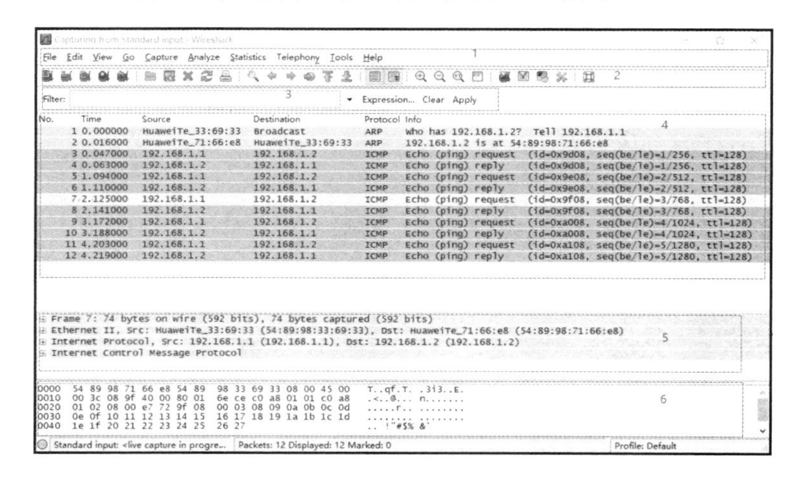

图 2.44　Wireshark 界面介绍

菜单栏：Wireshark 的标准菜单栏。

工具栏：常用功能的快捷图标按钮，提供快速访问菜单中经常用到的项目功能。

Display Filter（显示过滤器）：提供当前显示过滤的方法。

Packet List 面板：显示每个数据包的摘要。

Packet Details 面板：分析数据包的详细信息。

Packet Bytes 面板：以十六进制数和 ASCII 码的形式显示数据包的内容。

步骤 11：过滤报文。Wireshark 程序中包含许多针对所捕获报文的管理功能。过滤是比较常用的功能，可以显示某种特定报文或协议的抓包结果。在菜单栏下面的“Filter”文本框中输入过滤条件，就可以使用该功能，如图 2.45 所示，在文本框中输入“icmp”，按回车键后，将显示捕获的 ICMP 报文结果。

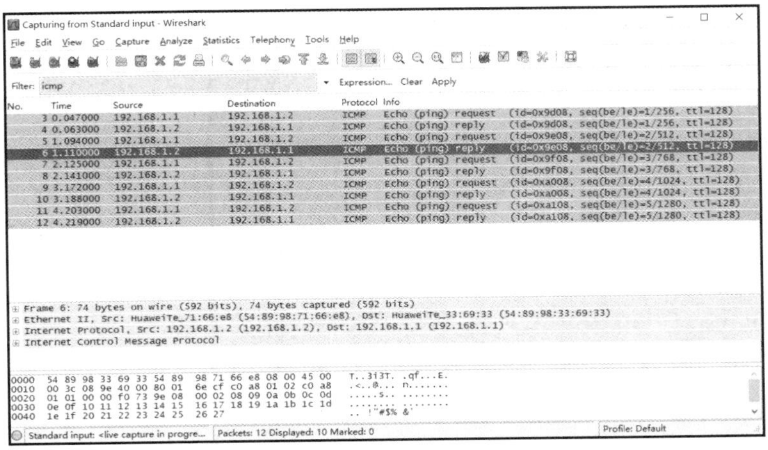

图 2.45　过滤报文

习题

一、选择题

1. 数据传输速率是指(　　)。

   A. 每秒传输的字节数　　　B. 每秒信号变化的次数

   C. 每秒传输的比特数　　　D. 每秒传输的周期数

2. 数据通信系统的三要素主要包括(　　)。

   A. 信源、发送设备和信宿　　　B. 接收设备、信宿和信道

   C. 信源、信宿和信道　　　D. 发送设备、接收设备和信道

3. 数字信号在模拟信道中传输时，发送端和接收端分别需要什么设备？(　　)

   A. 调制器和解码器　　　B. 编码器和译码器

   C. 编码器和解码器　　　D. 调制器和解调器

4. 全双工通信是指(　　)。

   A. 通信双方可以同时进行发送和接收数据

   B. 通信双方都可以发送和接收数据，但不能同时进行

C．信息只能单方向发送

D．通信双方不能同时发送和接收数据

5．按照信号频率来划分信道，将物理信道的总带宽分割成若干个互不干扰的子信道，每个信道传输一路信号的复用方式是（　　）。

A．时分多路复用　　B．频分多路复用

C．波分多路复用　　D．码分多路复用

6．下面哪一种交换方式的实时性最好？（　　）

A．报文交换　　B．数据报分组交换

C．电路交换　　D．虚电路分组交换

二、简答题

1．数据通信的基本概念是什么？

2．数据通信的系统模型包括哪些部分？

3．数据通信的主要技术指标有哪些？

4．什么是串行通信和并行通信？

5．数字数据的编码方式主要有哪些？

6．模拟数据的数字信号编码是如何进行调制的？

7．数据交换技术主要包括什么？

三、操作题

安装华为 eNSP，组建一个对等网，并使用 Wireshark 抓取 ping 包。

第 3 章

计算机网络体系结构

计算机网络是由多个互连节点组成的一个非常复杂的系统，节点间要不断交换数据和控制信息，每个节点必须遵守一整套合理且严谨的结构管理体系，从而有条不紊地交换数据。本章主要介绍计算机网络体系结构、OSI 参考模型、TCP/IP 参考模型、IP 地址及交换机配置实践。

本章主要学习内容：

- 网络协议的概念；
- OSI 参考模型各层功能；
- OSI 参考模型与 TCP/IP 参考模型的区别；
- IP 地址；
- 子网划分及交换机配置。

微课视频

3.1 计算机网络体系结构概述

计算机网络系统通常采用高度结构化的分层设计方法，依靠各层之间的功能组合提供网络通信服务，从而在计算机网络中实现通信必须依靠网络协议。

3.1.1 网络协议

协议就是规则，也是一种通信约定。计算机网络中互相通信的节点必须要遵守事先约定好的一些规则，这些为网络中的数据交换而建立的规则、标准或者约定称为网络协议。为保证计算机网络中大量计算机之间能够正常地交换数据，就必须制定一系列的网络协议。因此，网络协议是计算机网络中一个重要的基本概念。网络协议主要由以下 3 个要素组成。

- 语法。即数据与控制信息的结构或格式，规定通信双方“如何讲”。
- 语义。即需要发出何种控制信息，完成何种动作以及做出何种响应，规定通信双方“讲什么”。
- 同步。即对事件实现顺序的详细说明，规定通信双方之间“先讲什么，后讲什么”。

由此可见，网络协议是计算机网络不可缺少的组成部分。网络协议定义了网络上各种计算机及设备之间互相通信和数据管理、数据交换的整套规则。通过这些规则的定义，网络上的计算机和设备之间才有通信的共同语言。

3.1.2 网络分层模型

1. 实体、层次与接口

计算机网络体系结构采用分层结构，定义和描述了用于计算机及通信设备之间互连的标准和规则的集合，按照这组规则可以方便地实现计算机和设备之间的数据通信。

将分层的思想或方法运用于计算机网络中，就产生了计算机网络的分层模型，如图 3.1 所示。分层模型把系统所要实现的复杂功能分解为若干个层次分明的局部问题，规定每层实现一种相对独立的功能，各个功能层次间进行有机的连接，下层为其上层提供必要的功能服务。

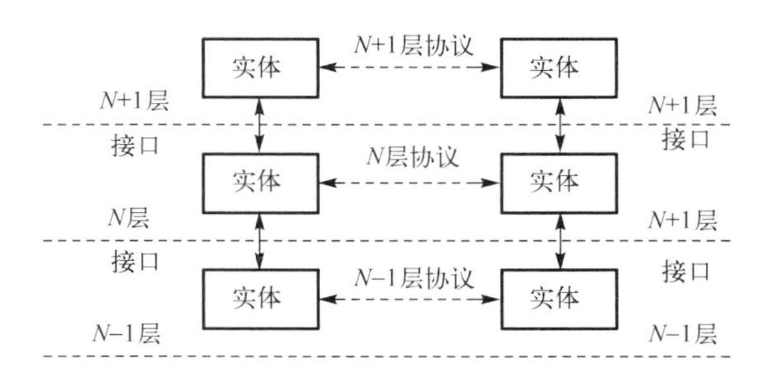

图 3.1 计算机网络的分层模型

计算机网络的分层模型相关概念如下所述。

(1) 实体

实体是指通信时能发送和接收信息的任何软硬件设施。在网络分层模型中，每层都由一些实体组成，这些实体抽象地表示通信时的软件或硬件元素。

(2) 层次

邮政通信系统涉及全国乃至世界各地区的亿万人民之间信件传输的复杂问题，它的解决方法是：将总体要实现的很多功能分配在不同的层次中，每个层次要完成的任务和要实现的过程都有明确的规定；各地区的系统为同等级的层次；不同系统的同等层次具有相同的功能；当高层使用低层提供的服务时，并不需要知道低层服务的具体实现。邮政系统的层次结构与计算机网络层次化的体系结构有很多相似之处。层次结构对复杂问题采取“分而治之”的模块化方法，可以大大降低问题的复杂度。为实现网络中计算机之间的通信，网络分层模型需要把每台计算机互连的功能划分成有明确定义的层次，并规定同层次进程通信的协议及相邻层之间的接口服务。

(3) 接口

接口是同一个节点或节点内相邻层之间交换信息的连接点。在邮政系统中，邮箱就是发信人与邮递员之间规定的接口。同一节点的相邻层之间存在明确规定的接口，低层通过接口向高层提供服务。只要接口不变、低层功能不变，低层功能的具体实现方法就不会影响整个系统的工作。

2. 网络分层的优点

为了降低计算机网络的复杂程度，按照结构化设计方法，计算机网络将其功能划分为若干层。较高层次建立在较低层次的基础上，并为其更高层次提供必要的服务功能，网络中的每层都起到隔离作用，使得低层功能具体实现方法的变更不会影响到高层所执行的功能。计算机网络协议的层次结构具有以下优点。

- 各层之间是相互独立的。某一层不需要知道它的下一层是如何实现的，而仅仅需要知道该层通过层间的接口所提供的服务。
- 灵活性好。当任何一层发生变化时，只要层间接口关系保持不变，则在这层以上或以下的各层就不受影响。此外，还可以对某一层提供的服务进行修改。当不再需要某一层提供的服务时，甚至可以将其取消。
- 结构上可分割开。各层都可以采用最合适的技术来实现。
- 易于实现和维护。这种结构使得实现和调试一个庞大而复杂的系统变得较为容易，因为整个系统已被分解为若干个相对独立的子系统。
- 能促进标准化工作。每层的功能和所提供的服务都已经有了明确的说明。标准化对于计算机网络来说非常重要，因为协议是通信双方共同遵守的约定。

对于网络分层体系结构，其特点是每层都建立在前一层的基础上，较低层只为较高层提供服务。分层结构中各相邻层之间要有一个接口，它定义了较低层向较高层提供的原始操作和服务。

3.1.3　网络体系结构

计算机网络中同层进程通信的协议及相邻层的接口统称为网络体系结构。换句话说，计算机网络的体系结构就是这个计算机网络及其构件所应完成功能的精确定义。可见，体系结构是抽象的，而实现则是具体的，是真正在运行的计算机硬件和软件。

计算机网络是个非常复杂的系统。连接在网络上的两台计算机要实现相互传输文件，在这两台计算机之间就必须有一条传输数据的通路。除此之外，至少还需要完成以下几项工作。

- 发送方计算机必须激活数据通信的通路。所谓“激活”，就是正确发出一些控制信息，保证要传输的计算机数据能在这条通路上正确地发送和接收。
- 要告诉网络，如何识别接收方计算机。
- 发送方计算机必须确认接收方计算机已准备好接收数据。
- 发送方计算机必须清楚接收方计算机的文件管理程序是否已做好接收和存储文件的准备工作。
- 若两台计算机的文件格式不兼容，则至少要有一台计算机能完成格式转换功能。
- 当网络出现差错和意外事故时，如数据传输错误、数据重复或丢失、网络中某个节点故障等，应有可靠的措施保证接收方计算机能够收到正确的文件。

由此可见，相互通信的两台计算机必须高度协调工作，而这种“协调”是相当复杂的。为了简化对复杂网络的研究、设计和分析工作，使网络中不同计算机系统或设备能互相连接和操作，人们提出过多种方法。其中一种是针对网络执行的功能设计一种网络体系结构模型，将庞大而复杂的问题转化为若干较小的局部问题，使复杂问题得到简化；同时，为不同计算机系统之间的互相连接和操作提供相应的规范和标准。

网络体系结构是计算机网络的分层、各层协议、功能和层间接口的集合。不同网络有不同的体系结构，层数、各层名称和功能及各相邻层间的接口都不一样。在任何网络中，每层都是为了向其邻接上层提供服务而设置的，都对上层屏蔽如何实现协议的具体细节，例如，OSI 参考模型相邻层之间的通信如图 3.2 所示。

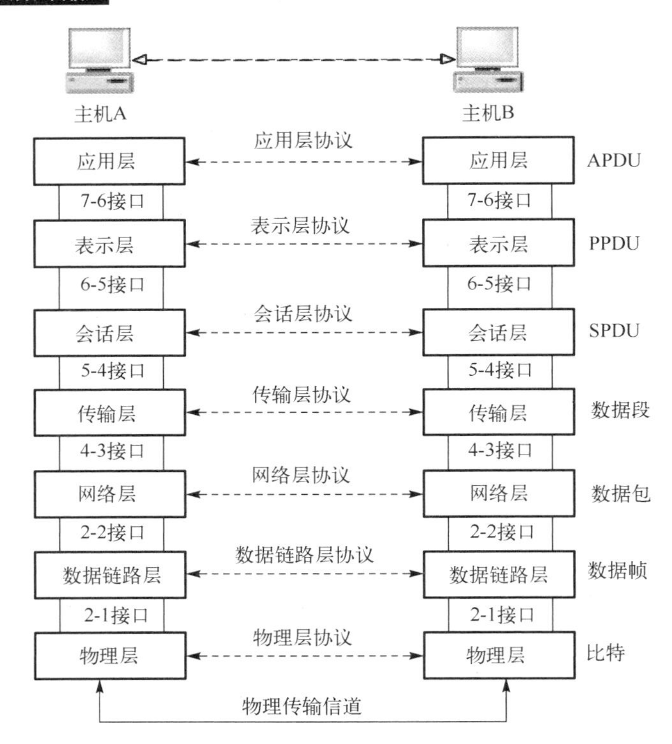

图 3.2　OSI 参考模型相邻层之间的通信

网络体系结构与具体的物理实现无关，即使连接到网络中的主机和终端型号、性能各不相同，只要共同遵守相同的协议，就可以实现相互通信和操作。

3.2　OSI 参考模型

微课视频

3.2.1　OSI 参考模型概述

1974 年，美国 IBM（国际商业机器公司）公司提出了世界上第一个系统网络体系结构(System Network Architecture，SNA)。这个网络标准就是按照分层的方法制定的。但许多厂商纷纷提出了自己产品的体系结构，不同的网络体系结构出现后，同一个公司生产的各种设备都能够轻易地互联成网，但是网络体系结构不同，不同公司的设备很难互相连通，此情况显然有利于一个公司垄断市场。随着全球信息技术的发展，各种计算机系统联网和各种计算机网络的互联成为人们迫切需要解决的问题，开放系统互联基本参考模型(Open System Interconnection Reference Model，OSI 参考模型，简称 OSI/RM)就是在这一背景下被提出并研究的。

为建立一个全球统一标准的网络体系结构，国际标准化组织(International Standards Organization，ISO)于 20 世纪 70 年代成立了信息技术委员会 TC09，专门研究网络体系结构标准化的问题。在综合已有的计算机网络体系结构的基础上，该机构提出了各种计算机在全球范围内互联成网的标准架构，采用分层描述的方法，将整个网络的通信功能划分为 7 层，每层各自完成一定的功能。这是 ISO 提出的一个标准化开放式的计算机网络层次结构模型，“开放”的含义是，任一遵循 OSI 标准的系统可与世界上另一遵循 OSI 标准的系统进行通信。OSI 参考模型定义了开放系统的层次结构、层次之间的相互关系及各层可包含的服务。7 层从下往上分别为物理层、数据链路层、网络层、传输层、会话层、表示层和应用层，如图 3.3 所示。

OSI 参考模型分层的原则如下。

- 每层的功能应是明确的，并且是互相独立的。当某一层的具体实现方法改变时，只要该层与上、下层的接口不变，就不会对相邻层产生影响。
- 层间接口必须清晰，跨越接口的信息量应尽可能小。
- 每层的功能选定都应基于已有的成功经验。
- 当需要不同的通信服务时，可以在一层内再设置两个或者更多的子层次。当不需要该服务时，也可以绕过这些子层次。

OSI 参考模型包括体系结构、服务定义和协议规范 3 级抽象。

- 体系结构：定义了一个 7 层模型，用以进行进程间的通信，并作为一个框架来协调各层标准的制定。
- 服务定义：描述了各层所提供的服务，以及层与层之间的抽象接口和交互用的服务原语。
- 协议规范：精确地定义了应当发送何种控制信息及何种过程来解释该控制信息。

第7层	应用层
第6层	表示层
第5层	会话层
第4层	传输层
第3层	网络层
第2层	数据链路层
第1层	物理层

图 3.3　OSI 参考模型的 7 层

3.2.2　OSI 参考模型各层功能

下面根据图 3.3 从最底层开始介绍 OSI 参考模型各层的主要功能及特征。

1. 物理层(Physical Layer)

物理层是 OSI 参考模型的最底层，传输数据的基本单位是比特(bit)。其作用是建立在传输介质基础上的，利用传输介质传输原始的二进制数据比特流(0 和 1)。发送方发送 1(或 0)时，接收方应当收到 1(或 0)而不是 0(或 1)。物理层并不是指某个物理设备，而是对通信设备和传输介质之间互联接口的描述和规定。因此具体的物理介质并不一定要在 OSI 参考模型的 7 层内，也有人将物理介质当作第 0 层，也就是物理介质的位置位于物理层之下。

物理层的任务就是为它的上一层(数据链路层)提供一个物理连接，以便透明地传输比特流。因此物理层规定了激活、维持、关闭通信端点之间的机械特性、电气特性、功能特性以及过程特性，其特性体现具体如下。

- 机械特性。指明接口所用接线器的形状和尺寸、引线的数目和排列、固定和锁定装置等。这和我们常见的贵重规格电源插头一样，都有严格的标准化规定。
- 电气特性。指明在接口电缆的各信号线上出现电压的范围，就是什么样的电压表示 1 或 0。电气特性规定了物理连接信道上传输比特流时信号的电平、数据编码方式、阻抗及其匹配、传输速率和连接电缆最大距离的限制等。
- 功能特性。指明某信号线上出现的某一电平的意义。就是规定了物理接口各信号线的确切功能和含义，如数据线和控制线的功能等。
- 过程特性。指明对于不同功能的各种可能事件的出现顺序。规定了通信双方的初始连接要如何建立、采用何种传输方式、结束通信时如何解除连接等；规定了使用电路进行数据交换的控制步骤，确保比特流的传输能够完成。

2. 数据链路层(Data Link Layer)

数据链路层简称链路层，位于 OSI 参考模型的第 2 层，传输数据的基本单位是帧(Frame)。

数据链路层在物理层提供的比特流服务的基础上，负责建立、维持和释放两个相邻节点间的数据链路的连接，传输按一定格式组织起来的数据帧。数据链路层采用差错控制与流量控制的方法，将有差错的物理链路改造成无差错的数据链路，提供实体之间可靠的数据传输。

发送方数据链路层将数据封装成帧(包括帧起始标识、目的地、控制段、数据段、帧校验序列和帧结束标识等)，然后按顺序传输帧，并负责处理接收方发回的确认帧。接收方数据链路层检测帧传输过程中产生的问题。在数据传输时，若接收节点检测到所传输的数据有差错，就通知发送方重发此帧，直到此帧准确无误地到达接收方为止。

3. 网络层(Network Layer)

网络层是 OSI 参考模型的第 3 层，也是通信子网的最高层，传输数据的基本单位是包(Packet)，又称分组。负责向传输层提供服务，为传输层的数据传输提供建立、维护和终止网络连接的手段，把上一层传来的数据组织成数据包并在节点之间进行数据交换传输。

网络层的主要功能是通过路由选择算法为数据包通过通信子网选择最适当的路径和转发发数据包，使发送方的数据包能够正确无误地寻找到接收方的路径，并将数据包交给接收方。网络中两个节点之间数据传输的路径可能有很多，将数据从源设备传输到目的设备，在寻找最快捷、花费最低的路径时，必须考虑网络拥塞程度、服务质量、线路的花费和线路有效性等诸多因素。为避免通信子网中出现过多的数据包而造成网络阻塞，需要对流入的数据包数量进行控制。当数据包要跨越多个通信子网才能到达目的地时，还要解决网际互联的问题。

4. 传输层(Transport Layer)

传输层是 OSI 参考模型的第 4 层，传输数据的基本单位是报文段(Segment)。功能是保证不同子网的两台设备间数据包可靠、顺序、无差错地传输。传输层负责处理端对端通信，提供建立、维护和拆除传输连接的功能。

传输层向高层用户提供端到端的可靠、透明的传输服务，提供错误恢复和流量控制，为不同进程间的数据交换提供可靠的传输手段，是网络体系结构中关键的一层。透明的传输，是指在通信过程中传输层对上层屏蔽了通信传输系统的具体细节。

传输层一个很重要的工作是数据的分段和重组，即把一个上层数据分割成更小的逻辑片或物理片。换句话说，发送方在传输层对上层交给它的较大的数据进行分割后，分别交给网络层进行独立传输，从而实现在传输层的流量控制，提高网络资源的利用率；接收方将收到的分段数据重组，还原成原先完整的数据。

传输层的另一个主要功能是将收到的乱序数据包重新排序，并验证所有的分组是否都已收到。

5. 会话层(Session Layer)

会话层是 OSI 参考模型的第 5 层，会话层及其以上各层传输数据的基本单位是信息(Message)。利用传输层提供的端到端的服务，向表示层或会话层提供会话服务。会话层的主要功能是在两个节点间建立、维护和释放面向用户的连接，并对会话进行管理和控制，保证会话数据可靠传输。

会话连接和传输连接之间有 3 种关系。

- 一对一关系，即一个会话连接对应一个传输连接。
- 一对多关系，即一个会话连接对应多个传输连接。

● 多对一关系，即多个会话连接对应一个传输连接。

在会话过程中，会话层需要决定采用全双工或半双工通信。若采用全双工通信，则会话层在对话管理中要做的工作很少；若采用半双工通信，则会话层通过一个数据令牌协调会话，保证每次只有一个用户能够传输数据。

会话层提供同步服务，通过在数据流中定义检查点(Cheek Point)把会话分割成明显的会话单元。当网络故障出现时，从最后一个检查点开始重传数据。

6. 表示层(Presentation Layer)

表示层是 OSI 参考模型的第 6 层。专门负责处理两个通信系统间交换信息的表示方式，为上层用户解决用户信息的语法问题。表示层提供不同信息格式和编码之间的转换，以实现不同计算机系统间的信息交换。除编码外，还包括数组、浮点数、记录、图像、声音等多种数据结构，表示层用抽象的方式来定义交换中使用的数据结构，并且在计算机内部表示法和网络的标准表示法之间进行转换。表示层还负责数据压缩和数据加密。

7. 应用层(Application Layer)

应用层是 OSI 参考模型的第 7 层，是最高层，直接与用户和应用程序打交道，负责对软件提供接口以使程序能够使用网络。应用层不为其他 OSI 层提供服务，只为特定类型的网络应用提供访问 OSI 环境的接口和服务，例如，电子表格程序和文字处理程序，包括为相互通信的应用程序或进程之间建立连接、进行同步，建立关于错误纠正和控制数据完整性过程的协商等。

应用层还包含大量的应用协议，如虚拟终端协议(Telnet)、简单邮件传输协议(SMTP)、简单网络管理协议(SNMP)、域名服务系统(DNS)和超文本传输协议(HTTP)等。

OSI 参考模型在网络技术发展中起到了主导作用，促进了网络技术的发展和标准化。OSI 参考模型本身并非协议标准，主要提出了将网络功能划分为层次结构的建议，以便开发各层协议的标准。在 OSI 参考模型的 7 层中，应用层是最复杂的，所包含的应用层协议也是最多的，有些协议还在研究中。

3.2.3 OSI 参考模型数据传输过程

在计算机网络需要通信的过程中，为实现对应每层的功能，会对数据按本层协议进行协议头和协议尾的数据封装，然后将封装好的数据传输给下一层。

1. OSI 参考模型各层的数据

为使数据分组从源主机发送到目的主机，源主机 OSI 参考模型的每层都要与目的主机的对等层进行通信。在这个过程中，每层协议交换的信息称为协议数据单元(Protocol Data Unit，PDU)，通常在该层的 PDU 前面增加一个单字母的前缀，表示是哪一层数据。即应用层数据称为应用层协议数据单元(Application PDU，APDU)，表示层数据称为表示层协议数据单元(Presentation PDU，PPDU)，会话层数据称为会话层协议数据单元(Session PDU，SPDU)，而传输层数据称为报文段，网络层数据称为数据包，数据链路层数据称为帧，物理层数据称为比特。可见，数据处于 OSI 参考模型的层次不同，名称就不同。

在网络通信中，通过传输某一层的 PDU 到对方同一层(对等层)实现通信。但主机 A 与主机 B 在连入网络前，是不需要有实现从应用层到物理层功能的硬件与软件的。如果它们希望

接入计算机网络，那么就必须增加相应的硬件和软件。一般来说，物理层、数据链路层与网络层大部分可以通过硬件方式实现，而高层基本上是通过软件方式实现。

2. 数据传输过程

OSI 参考模型的数据传输过程包括各层的数据封装过程。发送方向接收方发送数据的过程实际上是数据经过发送方各层封装后从上到下传输到发送方的物理层，然后通过物理传输介质传输到接收方的物理层，再由接收方物理层从下到上依次传递、解封，最后到达接收方。

OSI 参考模型中的数据传输过程包括以下几个步骤，如图 3.4 所示。

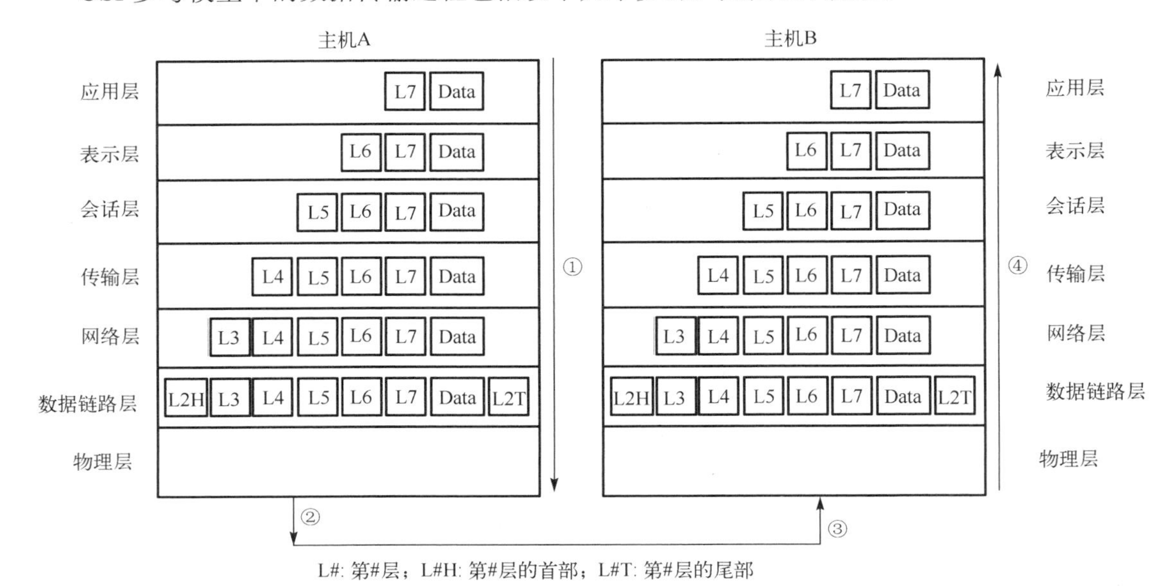

图 3.4 OSI 参考模型中的数据传输过程

- 当主机 A 的应用进程数据传输到应用层时，应用层数据加上本层的控制报头后，组成应用层数据服务单元，然后传输到表示层。
- 表示层接收到这个数据服务单元后，加上本层的控制报头，组成表示层数据服务单元，再传输到会话层。以此类推，直到数据传输到传输层。
- 传输层接收到这个数据服务单元后，加上本层的控制报头，构成了传输层数据服务单元，称为报文段，并传输到网络层。
- 当传输层的报文段传输到网络层时，由于网络层数据服务单元的长度有限，传输层的长报文将被分成多个较短的数据字段，加上网络层的控制报头，构成了网络层数据服务单元，称为数据包，然后再传输到数据链路层。
- 网络层的数据包传输到数据链路层后，加上数据链路层的控制信息，构成了数据链路层数据服务单元，称为数据帧，然后传输到物理层。
- 数据链路层的数据帧传输到物理层后，将以比特流的方式通过传输介质传输出去。

当比特流达到目的节点(主机 B)时，再从物理层依次向上传，每层对各层的控制报头进行处理，将用户数据上交给上层，就是通信子网数据封装与解封。最后将主机 A 的应用进程数据传输到主机 B 的应用进程中。

通过以上数据传输过程得出以下结论。

- 每层的协议为解决对等实体对应层的通信问题而设计，每层的功能通过该层协议规定的控制报头来实现。
- 每层在把数据传输到相邻的下层时，需要在数据前加上该层的控制报头。
- 实际通过物理层传输的数据中，包含着用户数据与多层嵌套的控制报头。
- 多层嵌套的控制报头体现了网络层次结构的思想。
- 尽管主机A应用进程的数据在OSI环境中要经过复杂的处理过程才能传输到主机B的应用进程中，但是对每台主机的应用进程来说，OSI 环境中数据流的复杂处理过程是透明的。主机A的应用进程数据好像是“直接”传输到主机B的应用进程中的，这就是OSI参考模型在网络通信过程中起到的本质作用。

3.3 TCP/IP 参考模型

微课视频

OSI参考模型是一个理想的模型，它的7层协议体系结构的概念清晰，理论也较为完整，但是它既复杂又不实用，实际上，一般具体的网络只涉及其中的几层，各层功能有一定的重复性，效率较低，极少有既具有OSI参考模型的7层又完全遵循OSI参考模型协议族的系统。TCP/IP体系结构就不同，它在不断发展的过程中吸收了OSI参考模型标准中的概念及其特征，得到了非常广泛的应用，已经逐渐占据主导地位。

3.3.1 TCP/IP 参考模型概述

TCP/IP(Transmission Control Protocol/Internet Protocol)是传输控制协议/网际协议的英文缩写，是指一组通信协议所组成的协议族，而传输控制协议(TCP)和网际协议(IP)是最重要的两个协议，这两个协议解决网络互联的问题。它起源于美国ARPANET(阿帕网)，由美国国防部高级研究计划局(DARPA)开发，因它的两个主要协议(TCP和IP)而得名，用于Internet，是发展至今最成功的通信协议。

TCP/IP 协议族是一个工业标准协议套件，这组协议使任何具有网络设备的用户都能访问和共享Internet上的信息。而TCP和IP是两个独立且紧密结合的协议，负责管理和引导数据包文件在Internet上的传输。两者使用专门的报头定义每个报文的内容。TCP负责和远程主机的连接；IP负责寻址，使报文被送到其该去的地方。

TCP/IP参考模型主要有以下特点。

- 开放的协议标准。
- 独立于特定的计算机硬件与操作系统。
- 独立于特定的网络硬件，可以运行在局域网、广域网中，更适用于Internet。
- 统一的网络地址分配方案，使得所有网络设备在Internet中都有唯一的地址。
- 标准化的高层协议，可以提供多种可靠的用户服务。

3.3.2 TCP/IP 体系结构

TCP/IP体系结构的划分和OSI参考模型类似，也采用层次化结构，每层负责不同的通信功能，但是TCP/IP简化了层次设计，只划分了4层，自下往上依次为网络接口层、网络层、传输层和应用层，如图3.5所示。

1．网络接口层

网络接口层又称网络访问层，是 TCP/IP 参考模型的最底层，对应 OSI 参考模型的物理层和数据链路层。TCP/IP 必须运行在多种下层协议上，以便实现端到端的网络通信。网络接口层负责接收从网络层传来的 IP 数据报，并将 IP 数据报通过底层物理网络发送出去，或者从底层物理网络上接收物理帧，抽取出 IP 数据报交给网络层。TCP/IP 标准没有定义具体的网络接口协议，而是提供灵活性，以适应各种网络类型，如 LAN、MAN 和 WAN，这也说明了 TCP/IP 可以运行在任何网络上。

应用层（各种应用层协议，如TELNET, FTP, SMTP等）
传输层（TCP或UDP）
网络层
网络接口层

图 3.5　TCP/IP 体系结构图

2．网络层

网络层是在 Internet 标准中正式定义的第一层，是 TCP/IP 体系结构的关键部分，主要负责生成 IP 数据报、IP 寻址、路由选择、校验数据报有效性、分段和包重组等功能。处理来自传输层的分组，将分组形成 IP 数据报，并为该 IP 数据报进行路径选择，最终将 IP 数据报从源主机发送到目的主机中。网络层在功能上非常类似于 OSI 参考模型的网络层，最常用的协议是 IP，其他一些协议用来协助 IP 的操作。网络层包含以下几个核心协议。

(1) 网际协议(Internet Protocol，IP)

网际协议是 TCP/IP 中的核心协议，规定网络层数据分组的格式。IP 的任务是在主机和网络之间进行相应的寻址和分段传输层的分组为 IP 数据报。IP 在每个发送的 IP 数据报前加入一个控制信息，其中包含了源主机的 IP 地址、目的主机的 IP 地址和其他信息。分组在传输过程中，当两个网络支持传输的分组的大小不相同时，IP 会在发送端对分组进行分割，当接收方接收到 IP 数据报后，IP 再将所有的 IP 数据报重新组合成原始的数据。

IP 是一个无连接的协议。无连接是指主机之间不建立用于可靠通信的端到端的连接，源主机只是简单地将 IP 数据报发送出去，而 IP 数据报可能会丢失、重复、延迟时间长或次序混乱。因此，要实现 IP 数据报的可靠传输，必须要依靠高层的协议或应用程序，如传输层的 TCP。

(2) 因特网控制报文协议(Internet Control Message Protocol，ICMP)

因特网控制报文协议提供网络控制和消息传递功能。ICMP 为 IP 提供差错报告。例如，如果某台设备不能将一个 IP 数据报转发到另一个网络，就向发送 IP 数据报的源主机发送一个消息，并通过 ICMP 解释这个错误。ICMP 能够报告一些普通错误类型，例如，有目标无法到达、阻塞、回波请求和回波应答等。

(3) 地址解析协议(Address Resolution Protocol，ARP)

地址解析协议将逻辑地址解析成物理地址。IP 地址是 Internet 中标识主机的逻辑地址，在封装传输 IP 数据报时，还需要知道彼此的物理地址。采用的是广播的方法。

发送方主机 A 使用 ARP 查找对方主机 B 的物理地址，可以广播一个 ARP 请求报文分组，该报文分组包含接收方主机 B 的 IP 地址。当前网络中的每台主机检查接收到的 ARP 广播报文，判断自己是否为发送方主机 A 所请求的目标，若是，则将自己的物理地址通过 ARP 报文发回给主机 A。当发送方得到接收方的物理地址时，将此地址存入缓存地址中，以备下次发送时使用。

(4) 反向地址解析协议(Reverse Address Resolution Protocol，RARP)

反向地址解析协议将物理地址解析成逻辑地址，采用的也是广播的方法。例如，在无盘工作站启动时，如果只知道本地主机的网络物理地址，而不知道 IP 地址，那么本地主机需要从远程服务器上获取其操作系统的映像，通过向本网络中发送 RARP 报文获得它的 IP 地址。在网络中被授权提供 RARP 服务的计算机称为 RARP 服务器。

当计算机网络中各主机之间要进行通信时，必须要知道彼此的物理地址(OSI 参考模型中数据链路层的地址，又称为 MAC 地址)。ARP 和 RARP 的作用是将源主机和目的主机的 IP 地址与它们的物理地址相匹配。

(5) 因特网组管理协议(Internet Group Management Protocol，IGMP)

IP 只负责网络中点到点的 IP 数据报传输，而点到多点的 IP 数据报传输要依靠 IGMP 来完成，IGMP 主要负责报告主机组之间的关系，以便相关的设备(路由器)可支持多播发送。

3. 传输层

传输层又称为主机至主机层，与 OSI 参考模型的传输层类似，主要负责主机与主机之间的端对端通信。传输层定义了两种协议来支持两种数据的传输方法，即 TCP 和 UDP。

(1) 传输控制协议(Transmission Control Protocol，TCP)

TCP 是面向连接的协议，提供可靠的数据传输。使用三次握手协议建立连接，然后进行数据传输，TCP 把数据流分区成适当长度的报文段。TCP 将源主机应用层的数据分成多个分段，然后将每个分段传输到网络层，网络层将数据封装为 IP 数据报，并发送到目的主机。目的主机的网络层将 IP 数据报中的分段传输给传输层，再由传输层对这些分段进行重组，还原成原始数据，传输给应用层。TCP 协议还要完成流量控制和差错检验的任务，以提供可靠的数据传输。

(2) 用户数据报协议(User Datagram Protocol，UDP)

UDP 是面向无连接的不可靠的传输层协议，比 TCP 要简单很多，而且 UDP 不进行差错检验，必须由应用层的应用程序实现可靠性控制和差错控制，以保证端到端数据传输的正确性。

与 TCP 相比，UDP 虽然显得非常不可靠，但在一些特定的环境下是非常有优势的。例如，在需要发送的信息较短，不值得在主机之间建立一次连接的时候。另外，面向连接的通信通常只能在两台主机之间进行，若要实现多台主机之间的一对多或多对多的数据传输，即广播或多播，就需要使用 UDP。

网络使用 ping 命令来测试两台主机之间的 TCP/IP 通信是否正常。主要原理就是向对方主机发送 UDP 数据包，然后对方主机确认收到数据包，如果数据包到达的消息能够及时反馈，那么证明网络是通的。

4. 应用层

TCP/IP 参考模型的最高层是应用层，没有单独的会话层和表示层。与 OSI 参考模型中的高三层任务相同，用于提供网络服务，如文件传输、远程登录、域名服务和简单网络管理等。应用层为用户提供了一组常用的应用程序，应用程序和传输层协议相配合，完成数据的发送或接收。

应用层中的协议很多，而且一直在开发新的协议。典型的应用层协议主要有以下几种。

- 远程终端协议(TELNET)：利用本地主机作为仿真终端登录到远程主机上运行应用程序。
- 文件传输协议(FTP)：实现主机之间的文件传输。FTP 支持文本文件(如 ASCII 码文件等)和面向字节流的文件。FTP 使用传输层协议 TCP 在支持 FTP 的终端系统间执行文件传

输，因此 FTP 被认为提供了可靠的面向连接的文件传输能力，适合远距离、可靠性较差的线路上的文件传输。

- 简单邮件传输协议(SMTP)：实现主机之间电子邮件的传输。所有操作系统都具有使用 SMTP 收发电子邮件的客户端程序，绝大多数 Internet 服务提供者使用 SMTP 作为其输出邮件服务的协议。SMTP 具有当邮件地址不存在时立即通知用户的能力，并且具有将在一定时间内不可传输的邮件返回发送方的特点。
- 域名系统(DNS)：用于实现主机名与 IP 地址之间的映射。
- 动态主机配置协议(DHCP)：实现对主机地址的分配和配置工作。
- 路由信息协议(RIP)：用于网络设备之间交换路由信息。
- 超文本传输协议(HTTP)：用于 Internet 中客户机与 WWW 服务器之间的数据传输。
- 引导协议(BOOTP)：用于无盘主机或工作站的启动。
- 简单网络管理协议 SNMP：负责网络设备监控和维护，支持安全管理、性能管理等。

3.3.3 OSI 参考模型与 TCP/IP 参考模型的比较

OSI 参考模型与 TCP/IP 参考模型在设计上都采用分层的方法，按照通信功能的分层实现来设计架构，但是在层次划分和使用协议上都有所不同。OSI 参考模型的层次太多，过于庞大和复杂，因而难以实现。TCP/IP 参考模型是在 Internet 发展中逐渐完善的，是一个先有协议应用再总结出的模型，因为它简单、灵活，所以常作为实际的工业标准，OSI 参考模型与 TCP/IP 参考模型的体系结构对比如图 3.6 所示。

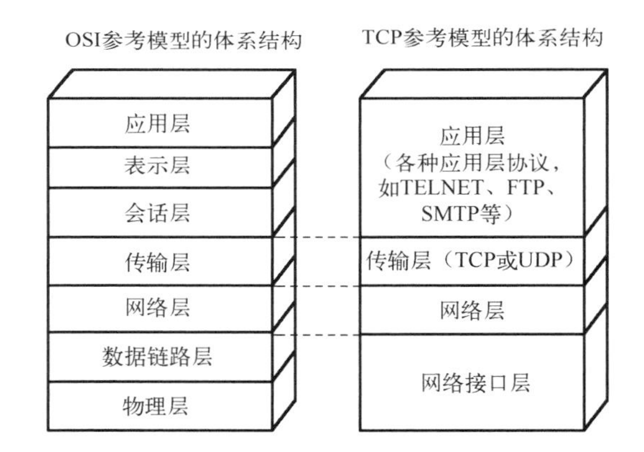

图 3.6　OSI 参考模型与 TCP/IP 参考模型的体系结构对比

下面通过 6 方面阐述 OSI 和 TCP/IP 两个参考模型的差别。

1. 模型设计

OSI 参考模型是在具体协议制定之前设计的，对具体协议的制定进行了约束。因此造成在模型设计时考虑不周全，有时不能完全指导协议某些功能的实现，导致需要对模型进行“修修补补”。而 TCP/IP 参考模型正好相反，协议在先，模型在后，模型实际上是对已有协议的抽象描述。TCP/IP 参考模型不存在与协议匹配的问题。

2. 层数与层间调用关系

OSI 参考模型有 7 层，而 TCP/IP 参考模型只有 4 层。两者都有网络层、传输层和应用层，

但其他层是不同的。另外，TCP/IP参考模型层次之间的调用关系不像OSI参考模型那么严格。OSI参考模型将表示层和会话层单独作为独立层，使整个网络结构复杂、功能冗余，可将它们的功能划分到其他层实现。但是TCP/IP参考模型把功能完全不相同的物理层和数据链路层合并为网络接口层又不利于对模型的理解。在OSI参考模型中，两个实体通信必须涉及下层的实体，下层向上层提供服务，上层通过接口调用下层的服务，层间不能有越级调用关系。而TCP/IP参考模型在保持基本层次结构的前提下，允许越过紧挨着的下层，直接使用更下层提供的服务。

3. 最初设计

OSI参考模型是在其协议被开发之前设计出来的，这意味着它并不是基于某种特定的协议族而设计的。最初只考虑到用一种标准的公用数据网将各种不同的系统互联在一起，更具有通用性。而TCP/IP参考模型正好相反，它是先有协议，模型只是对现有协议的描述，因此协议与模型非常吻合，在设计之初着重考虑不同网络之间的互联问题，并将网际协议IP作为一个单独的重要层次。TCP/IP参考模型不是通用的，它在描述非TCP/IP模型的网络时用处不大。

4. 对可靠性的强调

OSI参考模型认为数据传输的可靠性应由点到点的网络层和端到端的传输层来共同保证，而TCP/IP参考模型分层思想认为可靠性是端到端的问题，应该由传输层来解决。因此，TCP/IP参考模型允许单个链路丢失或数据损坏，网络本身不进行数据恢复，对丢失或损坏数据的恢复是在源节点设备与目的节点设备之间进行的。在TCP/IP网络中，保证可靠性的工作是由主机来完成的。

5. 标准的效率和性能

OSI参考模型作为国际标准，是由多个国家共同努力制定的，标准大而全，效率却低。TCP/IP参考模型并不是作为国际标准开发的，它只是对已有标准的一种概念性描述，设计目的单一，影响因素少，协议简单高效，可操作性强。

6. 市场应用和支持

OSI参考模型在设计之初，人们普遍希望网络标准化，对它寄予厚望，然而迟迟没有成熟的产品推出，妨碍了第三方厂家开发相应的软硬件，进而影响了OSI参考模型在市场上的占有率和未来发展。并且在OSI参考模型出台之前，TCP/IP参考模型就代表着市场主流，而OSI参考模型出台后很长一段时间内不具有可操作性，因此，在信息"爆炸"式增长，网络迅速发展的10多年中，性能差异、市场需求的优势在客观上促使众多的用户选择了TCP/IP参考模型，并使其成了国际标准。

3.4 IP地址

微课视频

整个Internet就是一个单一的逻辑网络，对主机的识别要依靠地址，所以Internet在统一全网的过程中首先要解决地址的统一问题。IP地址就是Internet中的每台主机的每个接口在全世界范围内唯一的32位标识符。它主要功能就是寻址，具备适应各种各样的网络硬件的灵活性，并且对底层网络硬件几乎没有任何要求。

计算机网络通信时，是通过名字查找主机的，名字在网络系统中必须具有唯一性。名字分

为面向机器和面向人类两种，面向机器的名字有物理地址和 IP 地址，而面向人类的名字就是域名。

3.4.1 IP 地址概述

地址用来标识网络中的某个资源，也称为“标识符”。通常标识符分为 3 类：名字、地址和路径。三者分别告诉人们，资源是什么、资源在哪里及怎么去寻找资源。不同的网络所采用的地址编制方法和内容均不相同。

1. 物理地址

Internet 是通过路由器将物理网络互联在一起的虚拟网络。在任何一个物理网络中，各个节点的设备必须都有一个可以识别的地址，这样才能使信息在其中进行交换，这个地址称为物理地址。由于物理地址体现在数据链路层中，因此物理地址也称为硬件(网卡)地址或 MAC 地址。它由生产厂家通过编码烧制在网卡的硬件电路上，不管将网卡拿到任何机器上使用，它的物理地址总是恒定不变的。

物理地址由 48 位二进制数组成(用 12 位十六进制数表示)，前 24 位的二进制数是由 IEEE 分配的地址，后 24 位的二进制数是由网卡生产厂商自己定义的地址，一般是生产的序列号，每个网卡的物理地址都是唯一的。

为了使用户能够方便且快捷地找到需要与其连接的网络设备，首先必须要解决如何识别网络上设备的问题。在网络中，识别设备要依靠地址，对于物理地址，具体有如下几点注意事项。

- 物理地址是物理网络技术的一种体现，对于不同的物理网络，其物理地址的长短、格式各不相同。例如，以太网的 MAC 地址在不同的物理网络中难以寻找，令牌环网地址格式也缺乏唯一性。显然这两种地址管理方式都会给跨网通信设置障碍。
- 物理地址被固化在网络设备中，通常是不能修改的。
- 物理地址属于非层次化的地址，它只能标识出单台设备，而标识不出该设备连接的是哪一个网络。

Internet 采用一种全局通用的地址格式，为全网的每个网络和每台设备分配一个 Internet 地址，以此屏蔽物理地址的差异。IP 的一项重要功能就是专门处理这个问题，换句话说，就是通过 IP 把网络设备原来的物理地址隐藏起来，在网络层中使用统一的 IP 地址，如图 3.7 所示。

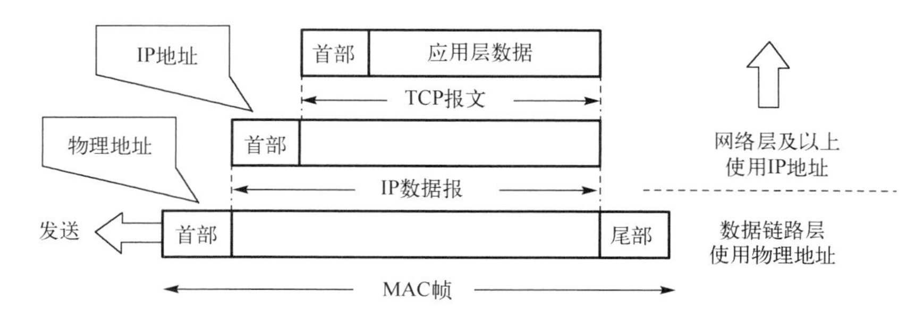

图 3.7 IP 地址与物理地址

2. IP 地址

在网络层中，TCP/IP 参考模型将各种由异构网络设备连接到一起的网络视为一个统一的、抽象的网络。为此，网络层为每个连接在网络上的设备接口都分配了一个全世界独一无二的

32 位标识符作为该设备接口的唯一标识符，该标识符称为 IP 地址。就像人们邮寄快递时上面必须有收件人的地址，快递员才能准确地将快递送到收件人手上。每个 IP 数据报都必须包含目的设备的 IP 地址，信息才能准确地送到目的地。同一设备不可以拥有多个 MAC 地址，可以拥有多个 IP 地址，但在一个网络(局域网 LAN)中，IP 地址是唯一的，不能有相同的 IP 地址。

根据 TCP/IP 规定，IP 地址是由 32 位二进制数(4 字节)组成的，将 32 位二进制数分割成 4 段，每段 1 字节，每字节 8 个二进制数，段与段之间用“.”隔开，例如，“11001011.01001010.11001101.01101111”，就得到了一个合法的 IP 地址。为了让 IP 地址标识更短，也便于用户阅读和记忆，一般将 IP 地址 32 位二进制数转换成对应的十进制数，这种表示法称为“点分十进制表示法”。例如，将上面的 IP 地址转换为十进制数表示，就是“203.74.205.111”，如图 3.8 所示。

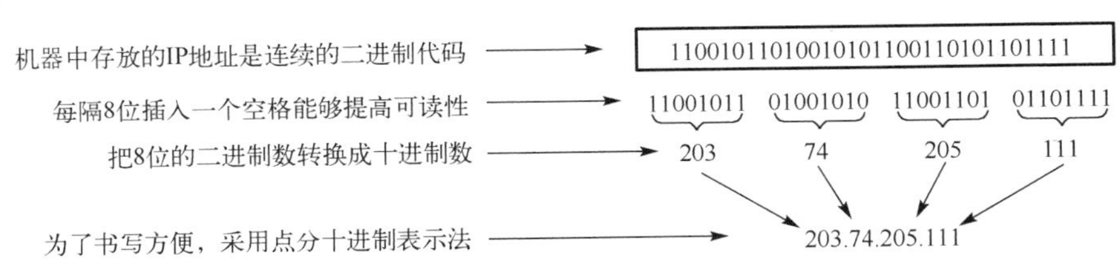

图 3.8　采用点分十进制表示法

3. IP 地址分类

IP 地址用来识别网络上的设备，IP 地址是由网络号(网络地址)和主机号(主机地址)两部分组成的，如图 3.9(a)所示。它们的作用也有所不同。

网络号：用来识别设备所在的网络，网络号位于 IP 地址的前段。当组织或企业申请 IP 地址时(这个 IP 地址就是公网地址，就如座机号码一样)，申请到的这个地址就包含了网络号和主机号。

主机号：主机号位于 IP 地址后段，可用来识别网络上的设备。同一网络上的设备会有相同的网络号，而各设备之间是用主机号来区别的。

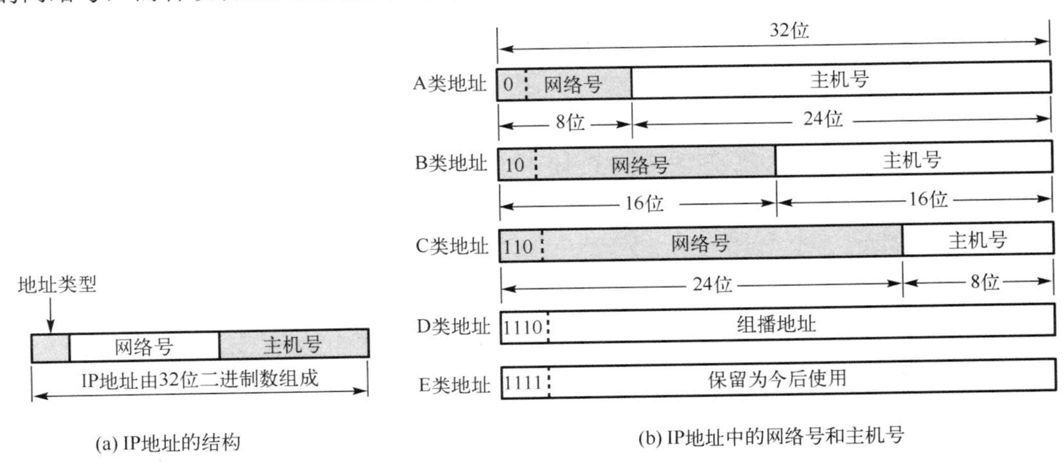

(a) IP地址的结构　　(b) IP地址中的网络号和主机号

图 3.9　IP 地址分类

按照网络规模的大小，IP 地址分为 5 类，即 A 类～E 类，如表 3.1 所示。

表 3.1　IP 地址的分类

类别	网络号格式 (第 1 段 8 位二进制数)	网络号数量	主机号数量	IP 地址的取值范围 (点分十进制表示法)
A 类	0xxxxxxx	2^7-2 最小可用网络号：1 最大可用网络号：126	$2^{24}-2$	1.0.0.1～126.255.255.254
B 类	10xxxxxx	2^{14} 最小可用网络号：128.0 最大可用网络号：191.255	$2^{16}-2$	128.0.0.1～191.255.255.254
C 类	110xxxxx	2^{21} 最小可用网络号：192.0.0 最大可用网络号：223.255.255	2^8-2	192.0.0.1～223.255.255.254
D 类	1110xxxx	前 4 位以 1110 开头，用于组播		224.0.0.0～239.255.255.255
E 类	11110xxx	前 4 位以 11110 开头，为将来使用预留		240.0.0.0～239.255.255.254

根据对表 3-1 的分析，可以得出：A 类地址适用于大型网络，它的第一段表示网络号，网络号长度为 8 位，前导位必须是 0，主机号长度为 24 位。B 类地址适用于中型网络。它的前两段表示网络号，网络号长度为 16 位，前导位必须是 10，主机号长度为 16 位。C 类地址适用于小型网络。它的前三段表示网络号，网络号长度为 24 位，前导位必须是 110，主机号长度为 8 位。D 类地址前导位必须是 1110，主要用于组播。E 类地址前导位必须是 11110，它主要是为将来预留的，用于实验，不用在实际的工作环境中。各类 IP 地址分类情况如图 3.9(b)所示。

4．特殊 IP 地址

(1) 广播地址

网络号数据不变，主机号全为“1”的 IP 地址称为广播地址(或称广播号)，广播地址是指同时向该网络上的所有主机发送报文。广播地址不能分配给主机使用。例如，对 C 类 IP 地址 192.202.200.1 而言，网络号占 24 位，主机号占 8 位，其广播地址为 192.202.200.255，当向这个地址发送信息时，网络号为“192.202.200”的所有主机都能收到该信息的一个副本。

(2) 网络地址

网络号数据不变，主机号全为“0”的 IP 地址称为网络地址，用来代表网络本身。网络地址不能分配给主机使用。如对 B 类 IP 地址 172.20.203.123 而言，网络号和主机号各占 16 位，其网络地址为 172.20.0.0。我们常说的两个 IP 地址是否在同一网段(网络)，就是指这两个 IP 地址的网络地址是否相同。

(3) 环回地址

以 127 开头的 IP 地址(常见的是 127.0.0.1)称为环回地址，用来代表本机，一般用来测试本机的网络协议或网络服务是否配置正确。127.0.0.1 也可以用字符“localhost”来代替。

(4) 私有地址

可以直接在 Internet 上使用的 IP 地址称为公有地址，公有地址全球唯一，由 Internet 的 NIC(因特网信息中心)负责分配。必须向该机构注册申请，才可使用公有地址。除此之外，在局域网中还有一类 IP 地址无须注册申请即可使用，这就是私有地址。私有地址可被任何组织机构随意使用，但只能用于用户组建自己的局域网和内部网时计算机之间的通信，不能够通过其访问 Internet。其地址范围如下。

- A 类：10.0.0.0～10.255.255.255。
- B 类：172.16.0.0～172.31.255.255。
- C 类：192.168.0.0～192.168.255.255。

3.4.2　IP 数据报的格式

网络层位于数据链路层与传输层之间。网络层中包含了许多协议，其中最为重要的就是 IP。网络层提供了 IP 路由功能。IP 数据报的格式是在 IETF RFC 791 中定义的，IP 数据报的格式能够说明 IP 都具有什么功能。IP 是执行一系列功能的软件，它负责决定如何创建 IP 数据报，如何使 IP 数据报通过一个网络。当将数据发送到计算机中时，IP 执行一组任务，当从另一台计算机那里接收数据时，IP 则执行另一组任务。在 TCP/IP 标准中，各种数据格式常常以 32 位(4 字节)为单位来描述。

IP 数据报的完整格式如图 3.10 所示，由此可知，一个 IP 数据报由首部(或头部)和数据两部分组成。首部的第一部分长度是固定的，共 20 字节，是所有 IP 数据报必须具有的。首部信息用于指导网络设备对报文进行路由和分片。同一个网段内的数据转发通过数据链路层即可实现，而跨网段的数据转发需要使用网络设备的路由功能。在首部固定部分的后面是一些可选字段，其长度是可变的。源主机上的 IP 负责创建首部，首部中存在着大量的信息，包括源地址和目的地址，甚至还包含对路由器的指令。IP 数据报在从源主机传输到目的主机的路径上经过每台路由器时都要查看甚至更新首部的某部分。下面介绍 IP 数据报各字段的意义。

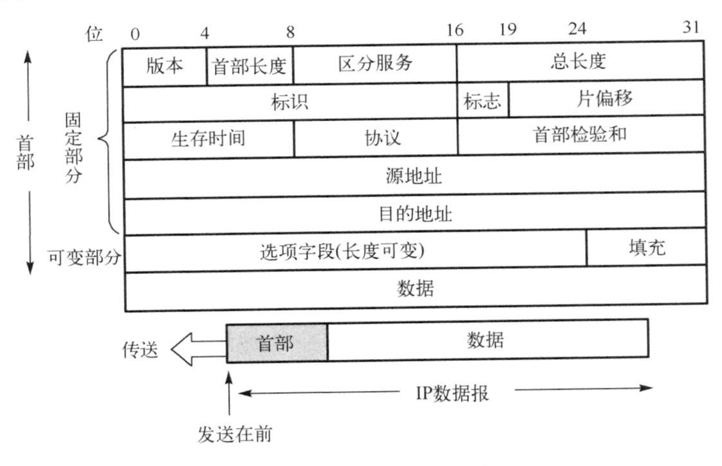

图 3.10　IP 数据报的完整格式

1. IP 数据报首部固定部分

(1) 版本(Version)

占 4 位，表示 IP 数据报版本的信息(即 IP 版本)。目前主流的 IP 协议版本为 4 (即 IPv4)。注意，IPv6 与 IPv4 报文的格式是完全不兼容的，因此通信双方使用的 IP 版本必须一致。

(2) 首部长度(Internet Header Length，IHL)

占 4 位，表示的最大十进制数值是 15。注意，这个字段所表示数的单位是 32 位(即 4 字节)，因此，当 IP 数据报的首部长度为 1111(即十进制数 15)时，首部长度就达到最大值 60 字

节。由于首部的固定长度是 20 字节，因此首部长度字段的最小值是 0101（即十进制数 5）。IP 数据报的首部长度是不固定的，但必须是 4 字节的整数倍，当 IP 数据报的首部长度不是 4 字节的整数倍时，必须利用最后的填充字段加以填充。首部长度字段的值×4=首部的字节数。

(3) 区分服务(Differentiated Service，DS)

占 8 位，用来获得更好的服务，即该字段作用是表示报文在 QoS(Quality of Service，服务质量)中的服务等级，用以区分报文的转发优先级。这个字段在旧标准中称为服务类型，但实际上一直未被使用过。1998 年，这个字段改名为区分服务。只有在使用区分服务时，这个字段才起作用。在一般的情况下都不使用这个字段。

(4) 总长度(Total Length)

占 16 位，用来表示整个 IP 数据报的长度，即首部和数据之和的长度，单位为字节，因此 IP 数据报的最大长度为 65535(2^{16}) 字节。总长度必须不超过最大传输单元(Maximum Transmission Unit，MTU)。

(5) 标识(Identification)

占 16 位，标识了 IP 数据报的计数值。用于 IP 数据报的分片和重组。IP 软件在存储器中维持一个计数器，每产生一个 IP 数据报，计数器的值就加 1，并将此值赋给标识字段。但这个“标识”并不是序号，因为 IP 是无连接的，所以 IP 数据报不存在按序接收的问题。

当 IP 数据报由于长度超过网络 MTU 而必须分片时，这个标识字段的值就会被复制到所有数据报片的标识字段中。相同标识字段的值使分片后的各数据报片最后能在目的节点被正确地重装成原来的数据报。

(6) 标志(Flag)

占 3 位，用于指明分段可能性的标志，目前只有前两位有意义。

- 第 1 位表示没有使用。
- 第 2 位(标志字段中间的一位)是 DF（Don't Fragment)，只有当 DF=0 时才允许分片。当 DF=1 时表示不允许分片。
- 第 3 位(标志字段的最低位)是 MF（More Fragment)，当 MF=1 时表示后面还有分片。当 MF=0 时表示其是最后一个分片。

(7) 片偏移(Fragment Offset)

占 13 位，为实现顺序重组 IP 数据报而赋予每个相连数据报的一个数值。片偏移表示较长的分组在分片后，某片在原分组中的相对位置。也就是说，指出相对于用户数据字段的起点，该片从何处开始。

片偏移以 8 字节为偏移单位。即每个分片的长度一定是 8 字节(64 位)的整数倍。

(8) 生存时间(Time To Live，TTL)

占 8 位，该字段用于表明 IP 数据报在网络中的寿命，可避免环路导致的网络拥塞。由发出数据报的源节点设置这个字段。最初的设计是以秒作为 TTL 值的单位，但随着技术的进步，路由器处理数据报所需时间不断缩短，一般都小于 1 秒，因此现把 TTL 字段功能改为“跳数限制”（名称不变）。

当一个 IP 数据报在 Internet 中传输时，每经过一台路由器，TTL 字段的值就被路由器减 1。如果该字段的值被减至 0，则这个数据报就会被设备直接丢弃。如果没有 TTL 的机制，那么当 Internet 中存在路由环路时，就会导致 IP 数据报在网络中无限循环，无法到达目的节点，从而消耗大量的网络资源。换句话说，环路发生后，所有发往这个目的节点的数据报都会被循环

转发，随着这种数据报逐渐增多，网络将会发生拥塞。

(9) 协议(Protocol)

占8位，用来表示IP数据报的载荷数据的类型，该字段是一个十六进制数。换句话说，就是指出此数据报携带的数据使用何种协议，以便目的主机的网络层将数据部分上交给该协议进行处理。例如，若字段的值是0x01，则表示IP数据报的载荷数据是一个ICMP报文；若该字段的值是0x02，则表示IP数据报的载荷数据是一个IGMP报文；若该字段的值是0x06，则表示IP数据报的载荷数据是一个TCP段；若该字段的值是0x17，则表示IP数据报的载荷数据是一个UDP报文；若该字段的值是0x89，则表示IP数据报的载荷数据是一个OSPF报文等。

(10) 首部校验和(Header Checksum)

占16位，用来对IP数据报的首部进行差错检验。只检验数据报的首部，不检验数据部分。

这是因为数据报每经过一台路由器，路由器都要重新计算一下首部校验和(一些字段，如生存时间、标志、片偏移等都可能发生变化)。不校验数据部分可以减少计算的工作量。这里不采用CRC(Cyclic Redundancy Check，循环冗余校验)而采用简单的计算方法。

(11) 源地址(Source Address)

占4字节，表示产生并发送该IP数据报的设备接口的IP地址。

(12) 目的地址(Destination Address)

占4字节，表示该IP数据报的目的接口的IP地址。

2. IP数据报首部可变部分

IP数据报首部可变部分就是一个选项字段，该字段的长度是可变的，从1字节到40字节不等，取决于所选择的项目。主要用来支持排错、测量及安全等措施，内容很丰富。通过增加首部可变部分的不同选项，可以实现IP数据报的一些扩展功能，添加选项字段之后，若数据报的首部长度不是4字节的整数倍，则必须再填充一些0，以保证整个数据报的首部长度刚好为4字节的整数倍。这就增加了每台路由器处理数据报的开销。实际上这些选项很少被使用。

3.4.3 子网划分

随着信息技术的发展，个人计算机的应用越来越普及，网络计算逐渐成熟，网络的优势也被人们认知，导致网络中的局域网和计算机数量增加，从而导致IP地址严重不够用。早期的计算机网络是一个简单的二级网络结构，这种IP地址分配方案非常不合理，给网络带来严重问题：IP地址资源严重浪费；给每个物理网络分配一个网络号会使路由表变得太大从而使网络性能变差；业务扩展缺乏灵活性。

1. 定义

(1) 子网划分的概念

在20世纪80年代中期，IETF在RFC950和RFC917中针对简单的两层结构IP地址所带来的日趋严重的问题提出了解决方法。在IP地址中增加了一个“子网号”字段，使两级IP地址变成三级IP地址，这种做法叫子网划分(也叫子网寻址、子网络由选择)。即不改变IP地址原来的网络号，把一个网络划分成多个子网，并使用路由设备把它们连接起来，这个网络对外还是一个单独的网络。

(2) 子网掩码

在Internet中，从一个IP数据报的首部无法判断源主机或目的主机所连接的网络是否进行

了子网划分。为了快速确定 IP 地址中的网络号和主机号，以及判断两个 IP 地址是否属于同一网络，人们使用子网掩码找出 IP 地址中的子网部分。

子网掩码的作用是标识主机号所在的网络。子网掩码的标识方式和 IP 地址的标识方式一样，由 32 位二进制数组成，分为 4 段，每段由 8 位二进制数组成，每段之间由“.”分隔，可以采用点分十进制数来表示，也可以采用位数表示。但是，子网掩码本身并不是一个 IP 地址，并且子网掩码必须由若干个连续的“1”后接若干个连续的“0”组成，其中，1 代表网络号部分，0 代表主机号部分，如图 3.11 所示。通过子网掩码可以确定 IP 地址的网络号和主机号。

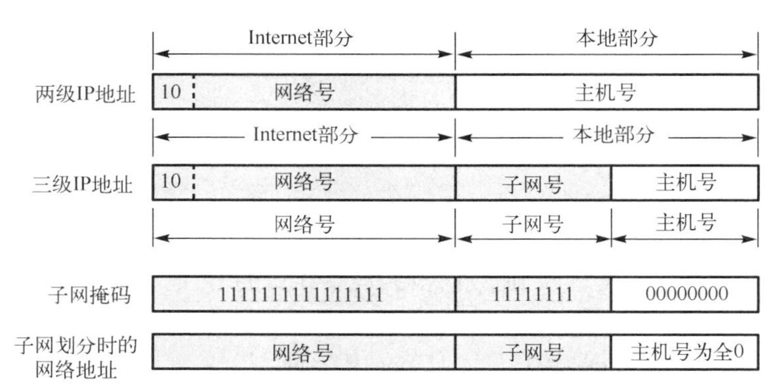

图 3.11　子网 IP 地址结构

通常将子网掩码中“1”的个数称为这个子网掩码的长度。例如，子网掩码 255.0.0.0 的长度为 8，我们在书写时习惯性将 IP 地址放在前面，子网掩码放在后面，中间使用“/”隔开，也常常以子网掩码的长度来代替子网掩码本身。例如，10.1.0.8/255.0.0.0 可以写成 10.1.0.8/8。

2. 子网划分的优势

(1) 减少 IP 地址资源的浪费

如果一个企业拥有许多物理网络，可以将所属的物理网络划分为若干个子网，子网划分是属于一个企业内部的事情。企业利用子网划分技术，可以将一系列相关的设备集成到一个网段，通过网络地址映射(NAT)技术共用一个 IP 地址，信息传输时只需要区分是企业内部网络还是外部网络即可，如此可以减少公网 IP 地址的使用。

(2) 使网络的组织更加灵活

改变子网掩码，可以将网络划分为多个子网，借用一个主机位作为网络位，借用的主机位变成子网位。例如，一个 C 类 IP 地址，默认子网掩码占 24 位，现借用一个主机位，使其变为子网位，一个子网位有两个取值“0”和“1”，因此可划分两个子网，则子网号为 128。

(3) 便于维护和管理

凡是从其他网络发送到本单位某台主机上的 IP 数据报，都根据 IP 数据报的目的地址找到连接在本单位网络上的路由器。利用路由器把子网连接起来，当路由器收到 IP 数据报后，根据目的地址和子网地址找到目的子网，并把 IP 数据报交付给目的主机。而且路由器可以隔离子网间的广播信息，只有需要在子网间传递的数据才被允许经过路由器。

子网划分前后的区别如表 3.2 所示。

表 3.2　子网划分前后的区别

名称	网络地址	子网掩码（十进制）	子网掩码（二进制）
子网划分前	172.16.0.0	255.255.255.0	11111111.11111111.00000000.00000000
子网划分后	172.16.0.0	255.255.192.0	11111111.11111111.11000000.00000000
	172.16.64.0		
	172.16.128.0		
	172.16.192.0		

3．子网划分的方法

子网划分的方法如下。

- 根据需要划分网络中的子网数目，确定子网号至少应向主机号高位借用的位数。即子网划分位数取决于具体的需要，子网号所占的位数越多，可分配给主机号的位数就越少，也就是每个子网所能容纳的主机数就越少。
- 确定实际划分的子网个数、每个子网的可用主机数及子网掩码。
- 列出每个子网的网络号、广播号及可用 IP 地址的范围。

由此可见，事业单位向运营商申请的网络号无法变动，如果要划分子网，就必须向网络的主机号借用前若干位作为子网号，从而增加了网络号的位数。子网划分后 IP 地址由两级 IP 地址（网络号、主机号）变为三级 IP 地址（网络号、子网号和主机号）。

例如，一个 B 类地址“168.98.0.0”，将主机号分为两部分，其中前 3 位作为子网号，剩下的 13 位作为主机号，从主机地址借用了 3 位之后，就可以分割成 8 个子网。当然，主机号长度变短后，所拥有的 IP 地址数量也减少了。原来的 IP 地址 168.98.0.0/16 可以有 2^{16}（65536）个的主机号，而划分子网后，原 IP 地址只有 2^{13}（8192）个主机号。

4．子网掩码的运算

单独的主机号、网络号和子网掩码是不存在任何意义的，给出主机号和子网掩码，可以通过“逻辑与”运算得出网络地址。当一个子网掩码与一个 IP 地址结合使用时，子网掩码中“1”的个数（也就是长度）就表示这个 IP 地址的网络号位数，而“0”的个数则表示这个 IP 地址主机号的位数。如果将一个子网掩码与一个 IP 地址进行逐位“逻辑与”运算，那么所得的结果便是该 IP 地址所在网络的网络地址。但是需要将地址（十进制数）转换成二进制数之后再进行运算。

例如，一个 192.168.1.1 的 IP 地址，假设其子网掩码为 255.255.255.0，我们可以通过“逻辑与”的运算方法得知这个 IP 地址所在的网络地址为 192.168.1.0，详情如表 3.3 所示。

表 3.3　IP 地址和子网掩码运算过程

名称	第一字节	第二字节	第三字节	第四字节
IP 地址	11000000	10101000	00000001	00000001
子网掩码	11111111	11111111	11111111	00000000
逻辑与结果	11000000	10101000	00000001	00000000
网络地址	192	168	1	0

根据 RFC 文档的规范要求，子网划分应遵循以下规定。

- 由于网络号全为“0”代表本地网络，因此网络号中的子网号不能全为“0”。

- 由于网络号全为“1”代表本网络的广播地址，因此网络号中的子网号不能全为“1”。

根据子网划分的要求，划分子网需要满足以下条件。

- 划分出来的子网号至少要有两位，不能只借 1 位。
- 划分出来子网号后，剩下的主机号不能少于两位。

如果一个网络不划分子网，那么该网络的子网掩码就使用默认子网掩码。默认子网掩码中“1”的位置和 IP 地址中的网络号位置正好对应。由此可知，三类地址的默认子网掩码分别是：A 类地址的默认子网掩码是 255.0.0.0；B 类地址的默认子网掩码是 255.255.0.0；C 类地址的默认子网掩码是 255.255.255.0。

5．子网划分后的子网掩码

下面通过一个例子来说明子网划分的过程，结果如表 3.4 所示。

案例：某个企业申请到一个 C 类地址 203.74.205.0/24，由于企业的业务需要，网络管理员需要将内部网络分成 4 个独立的子网。网络管理员该如何划分？

分析：如果要给网络划分子网，首先要给每个子网配置一个网络号，这就需要确定子网数和每个子网能容纳的最大主机数量。有了这些信息才可以定义子网掩码、网络号及主机号的范围。

根据子网划分要求，具体操作过程如下。

- 确定子网号的位数。根据企业网络管理需求，需要 4 个子网，利用子网划分方法，创建子网的个数。如果借用主机号前 3 位作为子网号，那么可以形成 8 个子网，减去子网地址（全“0”和全“1”），还剩 6 个子网，刚好符合企业 4 个子网的要求。
- 确定主机号的位数。由于从主机号中划分了 3 位作为子网号，可以得出主机号的长度是 5=8–3，因此得出主机数量是 $30=2^5-2$。
- 确定子网掩码。确定子网地址的长度后，可知子网掩码是：255.255.255.224，即 11111111.11111111.11111111.11100000。
- 确定每个子网的网络地址。由分析可知子网号的取值。

表 3.4　IP 地址子网划分情况表

序号	子网号	网络号	子网掩码	可用主机数量
1	000	N/A	N/A	N/A
2	001	203.74.205.32	255.255.255.224	30
3	010	203.74.205.64	255.255.255.224	30
4	011	203.74.205.96	255.255.255.224	30
5	100	203.74.205.128	255.255.255.224	30
6	101	203.74.205.160	255.255.255.224	30
7	110	203.74.205.192	255.255.255.224	30
8	111	N/A	N/A	N/A

3.4.4　IPv6 地址

IP 是互联网的核心协议。前面介绍的 IP 地址为 IPv4 地址，IPv4 提供了 2^{32}（约 43 亿）个 IP 地址。IPv4 地址是在 20 世纪 70 年代末期设计的，在早期主要用于大学、科研机构和政府。

但从20世纪90年代中期开始，随着互联网的快速发展和规模急剧扩张，尤其是近年来移动互联网、物联网的快速推进，到2011年2月，IPv4地址已经耗尽了，ISP（Internet Server Provider，互联网服务提供商）已经无法再申请到新的IP地址块了。我国在2014年到2015年也逐步停止了向新用户和应用分配IPv4地址，同时全面开始部署IPv6，于是IPv6应运而生。IPv6是IPv4的升级版本，其地址长度从IPv4的32位增加到了128位。

1. IPv6的特点

IPv6的主要特点如下。

(1) 更大的地址空间

IPv6地址的长度是128位，可提供的地址数目是2^{128}（约3.4×10^{38}）个，这是IPv4地址数目的2^{96}倍。目前全球网络设备和终端只占其极少的一部分。IPv6有足够的地址空间可以满足今后的发展所用，在可预见的将来，即使为所有移动设备、家电等都分配一个IP地址也足够使用，不会再出现地址空间不足的问题。

(2) 报文处理效率更高

IPv6使用了新的协议首部格式，尽管其首部更大，但格式比IPv4首部简单，基本首部的处理速率更快，且极大提高了数据在网络中的路由效率。

(3) 良好的扩展性

IPv6在基本首部后添加了扩展首部，使得在基本首部之后还可以附加不同类型的扩展首部，为定义可选项和新功能提供了灵活性，为以后支持新的应用提供了可能，可以很方便地实现功能扩展，并允许和IPv4的过渡期共存。

(4) 路由选择效率更高

IPv4地址的平面结构导致路由表变得越来越大，而IPv6充足的选址空间与网络前缀使得大量的连续地址块可以被分配给网络服务提供商和其他组织，从而实现骨干路由器上路由条目的汇总，缩小路由表的大小，提高路由选择的效率。

(5) 支持地址自动配置

在IPv6中，主机支持IPv6地址的自动配置，这种即插即用式的自动配置地址方式不需要人工干预，不需要架设DHCP（Dynamic Host Configuration Protocol，动态主机配置协议）服务器，使得网络的管理更加方便和快捷，可显著降低网络维护成本。

(6) 对QoS的更好支持

服务质量指一个网络能够利用各种基础技术，为指定的网络通信提供更好服务的能力，是网络的一种安全机制，是解决网络延迟和阻塞等问题的一种技术。IPv4对网络服务质量的考虑并不多，而IPv6允许对网络资源进行预分配，支持实时传输多媒体信息的要求，保证一定的带宽。在IPv6中，新定义了一个8位的业务流类别和一个20位的流标签，它能使网络中的路由器对属于一个流的数据包进行识别并提供特别处理。有了标签后，路由器可以不打开传输的内层数据包就可以识别流，不影响数据的传输效率。

(7) 更高的安全性

IPv4在设计之初并没有考虑到安全性问题，后来开发了IPSec协议作为IPv4的一个可选扩展协议，但是安全性在IPv6中是必需的，已经被内置。即IPv6采用安全扩展首部，支持IPv6协议的节点自动支持IPSec，使加密、验证和VPN（Virtual Private Network，虚拟专用网）的实施变得更加容易，这种嵌入式安全性配合IPv6的全球唯一性，使得IPv6能够提供端到端的安

全服务。IPSec 主要功能是在网络层对分组提供加密和鉴别等安全服务，主要通过认证和加密两种机制来实现。

(8) 内置的移动性

IPv6 采用了路由扩展首部和目的地址扩展首部，使得 IPv6 提供了内置的移动性，IPv6 节点可任意改变在网络中的位置，但仍然保持现有的连接。IPv6 为用户提供了可移动的 IP 服务，让用户可以在世界各地使用同样的 IPv6 地址，非常适合未来无线上网技术发展的要求。

2. IPv6 数据报结构

IPv6 数据报由两大部分组成，即基本首部和后面的有效载荷(也叫净负荷)。有效载荷允许有零个或多个扩展首部，其后面是数据部分，如图 3.12 所示。但是，所有的扩展首部并不属于 IPv6 数据报的首部。

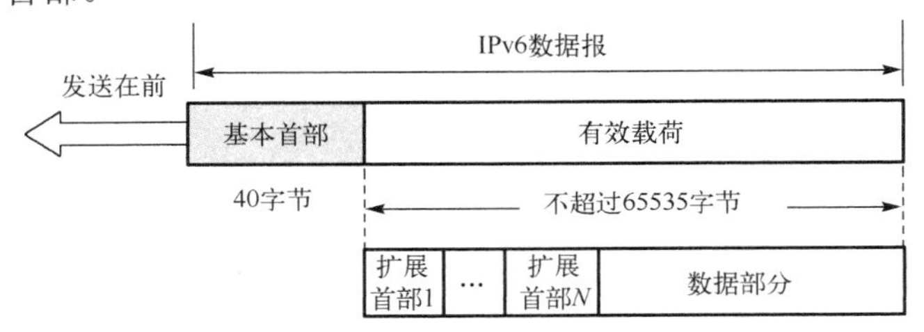

图 3.12　IPv6 数据报结构

IPv6 的地址长度为 128 位，是 IPv4 地址长度的 4 倍。IPv4 的点分十进制表示法不再适用，IPv6 采用十六进制表示法。

IPv6 将首部长度变为固定的 40 字节，称为基本首部。其把首部中不必要的功能取消了，使得 IPv6 首部的字段数减少到 8 个。

IPv6 基本首部结构如图 3.13 所示。

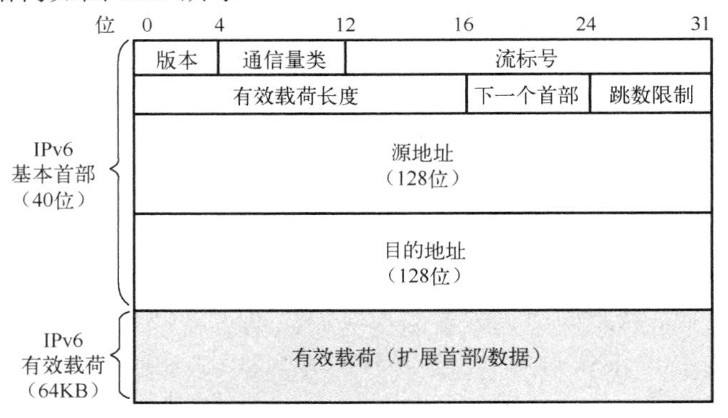

图 3.13　IPv6 基本首部结构

3. IPv6 地址的类型

IPv6 数据报的目的地址可以是以下 3 种基本类型地址之一。

- 单播(Unicast)：传统的点对点通信。
- 组播(Multicast)：一点对多点的通信。
- 任播(Anycast)：这是 IPv6 增加的一种类型。任播的目的地是一组计算机，但数据报在交付时只交付给其中的一个，通常是距离最近的一个。

4．IPv6 地址表示方法

IPv6 有以下 3 种地址表示方法。

(1) 冒分十六进制表示法

格式为 X:X:X:X:X:X:X:X，其中每个 X 表示地址中的 16 位，以十六进制数表示，例如，ABCD:EF01:2345:6789:ABCD:EF01:2345:6789。在这种表示法中，每个 X 的前导 0 是可以省略的。例如，2001:0DB8:0000:0023:0008:0800:200C:417A →2001:DB8:0:23:8:800:200C:417A。

(2) 0 位压缩表示法

在某些情况下，一个 IPv6 地址中间可能包含很长的一段 0，可以把连续的一段 0 压缩为“::”。但为保证地址解析的唯一性，地址中“::”只能出现一次，例如，

FF01:0:0:0:0:0:0:1101→FF01::1101

0:0:0:0:0:0:0:1→::1

0:0:0:0:0:0:0:0→::

(3) 内嵌 IPv4 地址表示法

为了实现 IPv4～IPv6 互通，IPv4 地址会嵌入 IPv6 地址中，此时地址常表示为：X:X:X:X:X:X:d.d.d.d，前 96 位地址采用冒分十六进制表示法表示，最后 32 位地址则使用 IPv4 的点分十进制表示法表示，::192.168.0.1 与::FFFF:192.168.0.1 就是两个典型的例子。

5．IPv4 向 IPv6 过渡

由于现在整个互联网规模越来越大，规定从某一天起所有的路由器一律都改用 IPv6 显然是不可行的，因此向 IPv6 过渡只能采用逐步演进的办法，同时还必须使新安装的 IPv6 系统能够向后兼容。即 IPv6 系统必须能够接收和转发 IPv4 分组，并且能够为 IPv4 分组选择路由。下面介绍 IETF 研究的 3 种 IPv4 向 IPv6 过渡的技术。

(1) 隧道技术

这种技术能将一种协议的数据报封装到另一种协议中。这种技术的要点就是在隧道入口处将整个 IPv6 数据报封装在 IPv4 数据报中，将 IPv6 的全部报文当作 IPv4 的载荷，从而实现利用 IPv4 网络完成 IPv6 节点间通信的目的。在 IPv4 数据报中，源地址和目的地址分别是隧道入口和出口处的 IPv4 地址。此技术的实现过程分为 3 个步骤：

- 封装，在隧道起点处创建 IPv4 首部并将 IPv6 数据报装入新的 IPv4 数据报中；
- 解封，由隧道终点移去 IPv4 首部，还原初始的 IPv6 数据报并传输给目的节点；
- 隧道管理，由隧道起点维护隧道的配置信息。

(2) 网络地址转换/协议转换技术（Network Address Translation-Protocol Translation，NAT-PT）

网络地址转换/协议转换技术可以实现纯 IPv6 节点和纯 IPv4 节点之间的通信。借助于 NAT-PT 协议转换服务器，将网络层的协议头进行 IPv6 和 IPv4 之间的转换。而网络地址转换是指让 IPv4 网络中的主机可以用 IPv4 地址来标识 IPv6 网络中的一台主机，同理 IPv6 地址标识 IPv4 中的一台主机，从而使得两种网络中的主机能够互相识别对方。此技术的优点是简单易行；缺点是资源消耗过大，服务器的负担较重。

(3) 双栈策略

双栈策略是指在完全过渡到 IPv6 之前，使一部分主机或路由器装有双协议栈（一个 IPv4 和一个 IPv6）。也就是说，双协议栈主机（或路由器）既能够和 IPv6 的系统通信，又可以和 IPv4

的系统通信。那么双协议栈节点就必须能够同时支持32位和128位的IP地址，并且可以同时接收和发送两种类型的IP数据报。在当前的过渡期中，双协议栈用得较为广泛，也构成了其他过渡技术的基础。

IPv6是公认的未来IP技术，但是它的部署需要一个平滑的过渡期。各种过渡技术都有其优缺点，在实施时需要根据自身的客观情况选取合适的过渡技术。现存的各种网络情况命名实现IPv4向IPv6的转换相当昂贵，无论是路由器、交换机还是服务器、软件和TCP/IP协议栈，都需要升级，升级后依然还会存在各种问题，因此IPv4和IPv6会共存相当长的时间。

3.5 交换机配置实践

微课视频

早期的局域网（LAN）技术是基于总线型结构的，如果在某时间点有多个节点同时试图发送信息，那么它们将产生冲突。而且从任意一个节点发出的信息都将被发送到其他节点，从而导致形成广播,并且所有的主机都共享一条传输通道，无法控制网络中的信息安全。这种网络构成了一个冲突域，网络中计算机数量越多，冲突就越严重，网络效率也就越低。同时，该网络也是一个广播域，当网络中发送信息的计算机数量变多时，广播流量将会耗费大量带宽。因此，传统局域网不仅面临冲突域和广播域太大两大难题，而且无法保障传输信息的安全。

在传统局域网中，每个网段可以是一个工作组或者子网，多个逻辑工作组之间通过相互连接的交换机或路由器交换数据。如果一个工作组中的节点要转到另一个工作组中去，需要将节点从一个网段中撤出，连接到另一个网段上，甚至需要重新进行布线。逻辑工作组的组成受节点所在网段物理位置的限制。

3.5.1 VLAN概述

随着网络中计算机的数量越来越多，传统的以太网络开始面临冲突严重、广播泛滥及安全性无法保障等问题。为扩展传统LAN，以接入更多计算机，同时避免冲突的恶化，出现了网桥和二层交换机，它们能有效隔离冲突域。

网桥和交换机采用交换的方式将来自入端口的信息转发到出端口上，解决了共享网络中的冲突问题。但是，当采用交换机进行组网时，广播域和信息安全的问题依旧存在。为限制广播域的范围，减少广播流量，需要在没有二层互访需求的主机之间进行隔离。路由器是基于三层IP地址信息来选择路由和转发数据的，其连接两个网段时可以有效抑制广播报文的转发，但成本较高。因此，人们设想在物理局域网上构建多个逻辑局域网，即虚拟局域网（Virtual Local Area Network，VLAN）。

1．虚拟局域网的定义

利用以太网交换机可以很方便地实现VLAN。通过在交换机上配置VLAN，可以实现在同一个VLAN内的用户进行二层互访，而不同VLAN间的用户被二层隔离。这样既能隔离广播域，又能提升网络的安全性。在IEEE 802.1Q标准中，对VLAN的定义为：VLAN是由一些局域网网段构成的与物理位置无关的逻辑组，而这些网段具有某些共同的需求。每个VLAN的帧都有一个明确的标识符，指明发送这个帧的计算机属于哪一个VLAN。

2. 虚拟局域网的优点

(1) 减少网络管理开销

传统以太网中相当一部分网络开销是由于增加、删除、移动更改网络用户等而引起的。每当一个新的节点加入局域网时，会有一系列端口分配、地址分配、网络设备重新配置等网络管理任务产生。使用 VLAN 技术后，这些问题都被简单化了。例如，位置的改变只需要简单地将节点插入另一个交换机端口并对该端口进行配置即可完成。

(2) 控制广播活动

广播在每个网络中都存在。广播的频率依赖于网络应用类型、服务器类型、逻辑段数目及网络资源的使用方法。

大量的广播可能形成广播风暴，导致整个网络瘫痪，因此必须要采取一些措施来预防广播带来的问题。利用 VLAN 将网络分割成多个逻辑的广播域，广播数据能够被有效隔离，减少了 VLAN 中的通信量。VLAN 的使用在保持了交换机良好性能的同时，也使网络免受潜在广播风暴的危害，如图 3.14 所示。

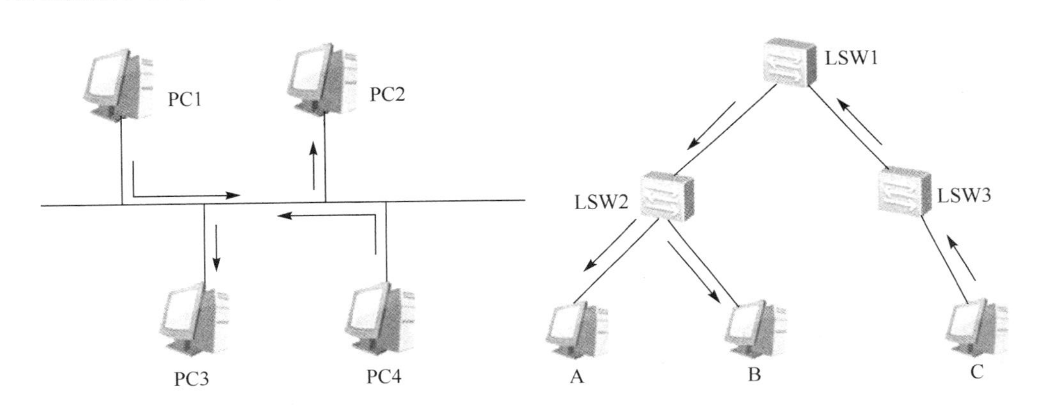

图 3.14　广播风暴

(3) 提供较好的网络安全性

传统的共享式以太网存在一个非常严重的安全性问题——容易被穿透。网络规模越大，安全性就越差。利用 VALN 将局域网分成多个广播域，可将 VLAN 中的广播流量限制在 VLAN 内部，内部节点间的通信不会影响到其他 VLAN 的节点，降低数据窃听的可能性，从而提高网络的安全性。

3. 虚拟局域网的特征

VLAN 的特征如下。

- 不同的 VLAN 之间是不能通信的，即便在同一个子网中也不可以。
- 交换机所有的端口都属于 VLAN 1，并且 VLAN 1 是不能删除的。
- 若多个 VLAN 需要通过交换机的某一个端口，则这个端口的模式应该为 Trunk 模式（干道模式）。一般情况下，交换机与交换机之间使用 Trunk 模式连接。
- 一个端口只能属于一个 VLAN，VLAN 中的成员端口不受地理位置的限制。终端设备与交换机之间采用 Access 模式（接入模式）连接。

3.5.2 VLAN 划分

基于交换式的以太网要划分虚拟局域网，常见的 VLAN 划分有如下 5 种方法。

1. 基于端口的划分

根据交换机的端口编号来划分 VLAN，这是最常用也是最有效的一种 VLAN 划分方法。通过为交换机的每个端口配置不同的 PVID(Port-base VLAN ID，基于端口的 VLAN ID)，将不同端口划分到 VLAN 中，每个组构成一个虚拟网，相当于一个独立的 VLAN 交换机。

这种划分方法的优点是定义 VLAN 成员时非常简单，只需将所有的端口都定义为相应的 VLAN 组即可，适用于任何大小的网络；缺点是如果某用户离开了原来的端口到了一个新交换机的某个端口，就必须重新定义。

2. 基于 MAC 地址的划分

根据主机网卡的 MAC 地址划分 VLAN。此划分方法需要网络管理员提前配置网络中的主机 MAC 地址和 VLAN ID 的映射关系。它实现的机制就是每一块网卡都对应唯一的 MAC 地址，VLAN 交换机跟踪属于 VLAN MAC 的地址。由于网卡是和主机绑定在一起的，因此这种划分方式的 VLAN 允许网络用户从一个物理位置移动到另一个物理位置，并自动保留其所属 VLAN 的成员身份。

这种 VLAN 划分方法最大的优点是当用户的物理位置移动时，不用重新配置 VLAN，因为它是基于用户的，而不是基于交换机的端口。缺点是当初始化时，所有的用户都必须进行配置，如果有几百个甚至上千个用户，配置非常烦琐，通常适用于小型局域网。另外，使用此划分方法也将导致交换机执行效率降低，因为每台交换机的端口都可能存在很多个 VLAN 组的成员，保存了许多用户的 MAC 地址，查询起来相当不容易。对于使用笔记本计算机的用户来说，他们的网卡可能会经常更换，那么 VLAN 就必须重新配置。

3. 基于 IP 组播的划分

IP 组播实际上也是一种 VLAN 的定义，即认为一个 IP 组播就是一个 VLAN。这种划分的方法是将 VLAN 扩大到了广域网，此方法具有更大的灵活性，容易通过路由器进行扩展，主要适用于不在同一地理范围内的广域网用户，不适合局域网，主要原因是效率不高。

使用 IP 组播的划分方法可以动态建立 VLAN，当具有多个 IP 地址的组播数据帧要传输时，先动态建立 VLAN 代理，代理再与多个 IP 节点组成 VLAN。组建 VLAN 时，网络通过广播信息通知各节点，若有节点响应，则将节点加入该 VLAN 中。IP 组播 VLAN 有很强的动态性和极大的灵活性，可以跨越路由器形成 WAN 连接。

4. 基于协议的划分

根据数据帧的协议类型(或协议族类型)、封装格式来分配 VLAN ID。网络管理员需要首先配置协议类型和 VLAN ID 之间的映射关系。用户可以在网络内部自由移动，但其 VLAN 成员身份仍然保留不变。

这种方法的优点是当用户的物理位置改变时，不需要重新配置所属的 VLAN，可以根据协议类型来划分 VLAN。而且此方法不需要附加的帧标签来识别 VLAN，可以减少网络的通信量。这种方法的缺点是效率低，因为检查每个数据包的网络层地址是需要消耗时间的，一般的交换机芯片都可以自动检查网络上数据包的以太网帧头，但要让芯片能检查 IP 帧头，需要更高的技术，同时也更费时。这与各个厂商的实现方法有关。

5．基于策略的划分

使用几个条件的组合来分配 VLAN 标签，这些条件包括 IP 子网、端口和 IP 地址等。只有当所有条件都匹配时，交换机才为数据帧添加 VLAN 标签。另外，每一条策略都是需要手工配置的。

以上介绍了 5 种不同的 VLAN 划分方法，从理论上说，VLAN 划分的方法不止这些，因为划分 VLAN 的原则既灵活又多变，并且某一种划分方法还可以是另外若干种划分方法的某种组合。目前，基于端口的 VLAN 划分在实际的网络中应用得最为广泛。

3.5.3　VLAN 配置

1．实践任务描述

某企业把内网部署成一个大的局域网，其中二层交换机 S1 放置在一楼，一楼办公区的部门有 IT 部和人事部；二层交换机 S2 放置在二楼，二楼办公区的部门有市场部和财务部。由于交换机组成的是一个广播网，因此交换机连接的所有计算机都能互相通信。但是为了数据的安全性，企业的策略是不同部门之间的计算机不能互相通信，同一部门的计算机才可以互相访问。因此需要在交换机上划分不同的 VLAN，并将连接计算机的交换机端口配置成 Access 端口，划分到对应的 VLAN 中。

2．准备工作

(1) 实践任务分析

该企业的局域网中共有 2 台交换机，设置了 4 个部门，领导希望 4 个部门的计算机只能在本部门之间互相通信，部门与部门之间的计算机信息传输做隔离，从而提高数据的安全性。假设企业有 5 台计算机，实训管理员根据 VLAN 的特征，决定对 4 个部门的计算机分别创建 VLAN 来实现数据的隔离。

(2) 网络拓扑

本实践的网络拓扑图如图 3.15 所示。

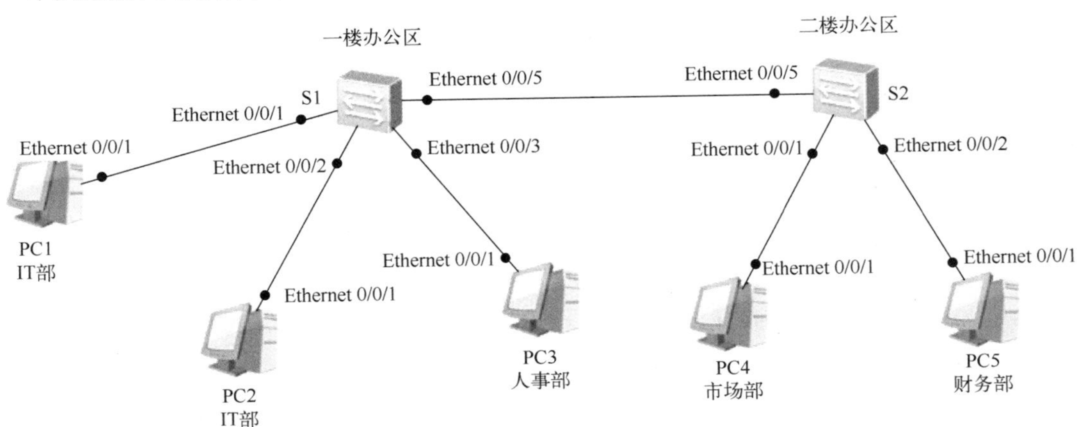

图 3.15　实践网络拓扑图

(3) 网络拓扑编址

本实践的网络拓扑编址如表 3.5 所示。

表 3.5　网络拓扑编址

设备	端口	IP 地址	子网掩码	默认网关
PC1	Ethernet 0/0/1	192.168.1.1	255.255.255.0	N/A
PC2	Ethernet 0/0/1	192.168.1.2	255.255.255.0	N/A
PC3	Ethernet 0/0/1	192.168.1.3	255.255.255.0	N/A
PC4	Ethernet 0/0/1	192.168.1.4	255.255.255.0	N/A
PC5	Ethernet 0/0/1	192.168.1.5	255.255.255.0	N/A

3. 实施步骤

(1)基本 IP 编址

根据表 3.5 的编址情况完成 PC 的基本 IP 地址配置，并使用 ping 命令检测各直连链路的连通性。在设备没有完成划分 VLAN 之前，各 PC 之间都能互通(属于默认 VLAN 1)。

- PC1 的 IP 地址配置。画好拓扑图后，选中 PC1 并右击，在弹出的快捷菜单中选择“设置”选项，在弹出的窗口中设置 PC1 的 IP 地址、子网掩码，网关直接使用默认即可，如图 3.16 所示。

图 3.16　PC1 的 IP 地址配置

PC2～PC5 的 IP 地址配置同理，这里不再做详细介绍。

- 测试没有划分 VLAN 之前的互通性。这里以 PC1 与 PC2 和 PC5 的 ping 测试为例，其余省略，测试结果如图 3.17 所示，互相之间是连通的。

(2)配置 VLAN

除默认 VLAN 1 外，其他 VLAN 需要通过命令的方式手工创建。创建 VLAN 方式有两种，一种是使用 vlan 命令一次创建单个 VLAN；另一种是使用 vlan batch 命令一次创建多个 VLAN。

将拓扑图上的所有设备全选并开启，在已创建的拓扑图上右击交换机 S1，在弹出的快捷菜单中选择“CLI”选项(或者直接双击交换机 S1 打开配置窗口)，进行 S1 的 VLAN 划分设置。

修改设备名称，并进入 S1。

```
<Huawei>sys
[Huawei]sysname s1
```

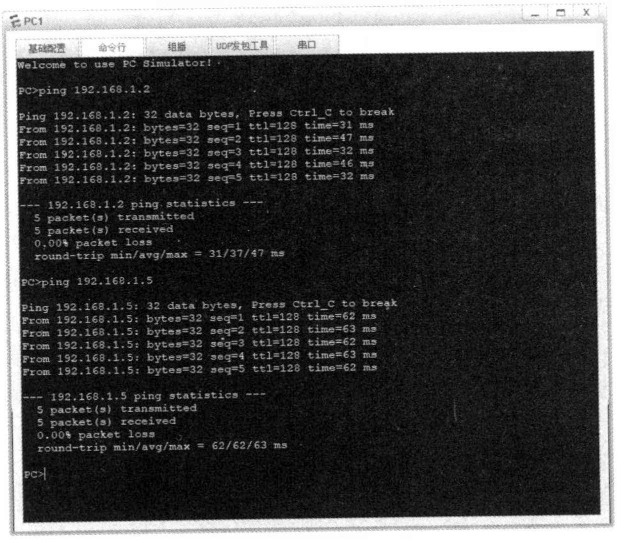

```
PC1
基础配置 命令行 组播 UDP发包工具 串口
Welcome to use PC Simulator!

PC>ping 192.168.1.2

Ping 192.168.1.2: 32 data bytes, Press Ctrl_C to break
From 192.168.1.2: bytes=32 seq=1 ttl=128 time=31 ms
From 192.168.1.2: bytes=32 seq=2 ttl=128 time=47 ms
From 192.168.1.2: bytes=32 seq=3 ttl=128 time=32 ms
From 192.168.1.2: bytes=32 seq=4 ttl=128 time=46 ms
From 192.168.1.2: bytes=32 seq=5 ttl=128 time=32 ms

--- 192.168.1.2 ping statistics ---
  5 packet(s) transmitted
  5 packet(s) received
  0.00% packet loss
  round-trip min/avg/max = 31/37/47 ms

PC>ping 192.168.1.5

Ping 192.168.1.5: 32 data bytes, Press Ctrl_C to break
From 192.168.1.5: bytes=32 seq=1 ttl=128 time=62 ms
From 192.168.1.5: bytes=32 seq=2 ttl=128 time=63 ms
From 192.168.1.5: bytes=32 seq=3 ttl=128 time=62 ms
From 192.168.1.5: bytes=32 seq=4 ttl=128 time=63 ms
From 192.168.1.5: bytes=32 seq=5 ttl=128 time=62 ms

--- 192.168.1.5 ping statistics ---
  5 packet(s) transmitted
  5 packet(s) received
  0.00% packet loss
  round-trip min/avg/max = 62/62/63 ms

PC>
```

图 3.17　划分 VLAN 前的测试结果

在 S1 上使用 vlan batch 命令一次创建 VLAN 10 和 VLAN 20。

```
[s1]vlan batch 10 20 ##同时创建两个 VLAN
```

配置完成后，使用 display vlan 命令查看详细信息。

```
<s1>display vlan
The total number of vlans is : 3
--------------------------------------------------------------------------------
U: Up;          D: Down;            TG: Tagged;          UT: Untagged;
MP: Vlan-mapping;                   ST: Vlan-stacking;
#: ProtocolTransparent-vlan;        *: Management-vlan;
--------------------------------------------------------------------------------
VID  Type    Ports
--------------------------------------------------------------------------------
1    common  UT:Eth0/0/1(U)      Eth0/0/2(U)      Eth0/0/3(U)      Eth0/0/4(D)
                Eth0/0/5(U)      Eth0/0/6(D)      Eth0/0/7(D)      Eth0/0/8(D)
                Eth0/0/9(D)      Eth0/0/10(D)     Eth0/0/11(D)     Eth0/0/12(D)
                Eth0/0/13(D)     Eth0/0/14(D)     Eth0/0/15(D)     Eth0/0/16(D)
                Eth0/0/17(D)     Eth0/0/18(D)     Eth0/0/19(D)     Eth0/0/20(D)
                Eth0/0/21(D)     Eth0/0/22(D)     GE0/0/1(D)       GE0/0/2(D)

10   common
20   common

VID  Status  Property      MAC-LRN Statistics Description
--------------------------------------------------------------------------------
1    enable  default       enable  disable    VLAN 0001
10   enable  default       enable  disable    VLAN 0010
20   enable  default       enable  disable    VLAN 0020
```

S2 的 VLAN 30 和 VLAN 40 的配置方法与 S1 同理，这里不再做介绍。S1 和 S2 配置后的运行结果如图 3.18 所示。

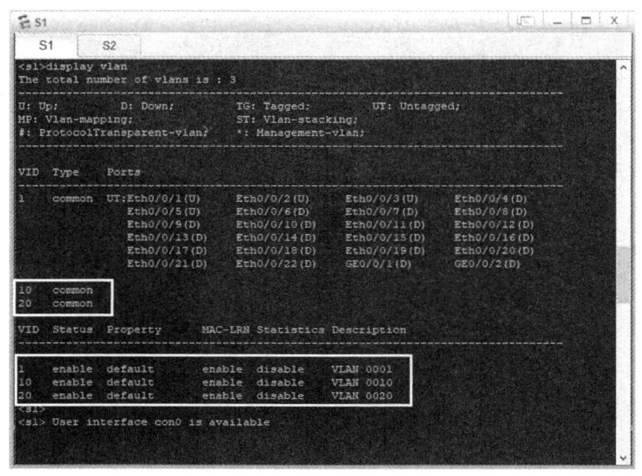

(a) S1 运行结果

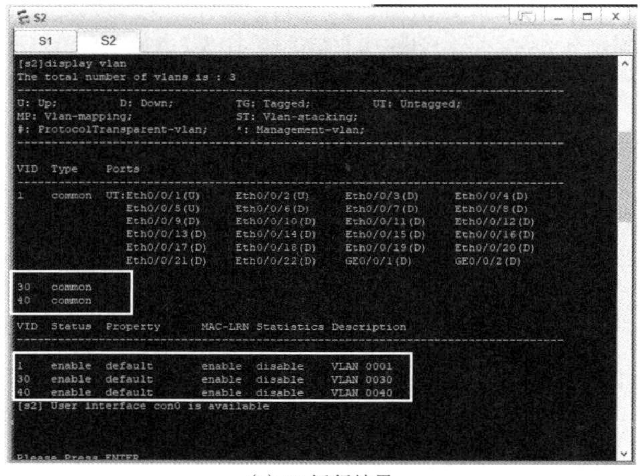

(b) S2 运行结果

图 3.18　S1 和 S2 配置后运行结果

通过以上的运行结果可以看出，S1 和 S2 已经成功创建了相对应的 VLAN，但是并没有任何端口加入所创建的 VLAN 中，默认情况下交换机上的所有端口都属于 VLAN 1。下面我们对交换机上的端口进行 VLAN 划分，具体如下。

（3）配置 Access 端口

通过拓扑图，使用 port link-type access 命令配置 S1 和 S2 交换机上所有连接 PC 的端口类型为 Access，并使用 port default vlan 命令配置端口的默认 VLAN 并将它们加入对应的 VLAN 中。在默认情况下，所有端口的默认 VLAN ID 都为 1。

下面根据拓扑图的设计，对连接在 S1 上的 Ethernet 0/0/1～Ethernet 0/0/3 端口进行 VLAN 划分，具体如下。

```
[s1]interface Ethernet0/0/1
[s1-Ethernet0/0/1]port link-type access
```

```
[s1-Ethernet0/0/1]port default vlan 10
[s1-Ethernet0/0/1]interface Ethernet0/0/2
[s1-Ethernet0/0/2]port link-type access
[s1-Ethernet0/0/2]port default vlan 10
[s1-Ethernet0/0/2]interface Ethernet0/0/3
[s1-Ethernet0/0/3]port link-type access
[s1-Ethernet0/0/3]port default vlan 20
```

对连接在 S2 上的 Ethernet 0/0/1 和 Ethernet 0/0/2 端口进行 VLAN 划分，具体如下。

```
[s2]interface Ethernet0/0/1
[s2-Ethernet0/0/1]port link-type access
[s2-Ethernet0/0/1]port default vlan 30
[s2-Ethernet0/0/1]interface Ethernet0/0/2
[s2-Ethernet0/0/2]port link-type access
[s2-Ethernet0/0/2]port default vlan 40
```

配置完成之后，查看 S1 和 S2 的相关配置信息，如图 3.19 所示。

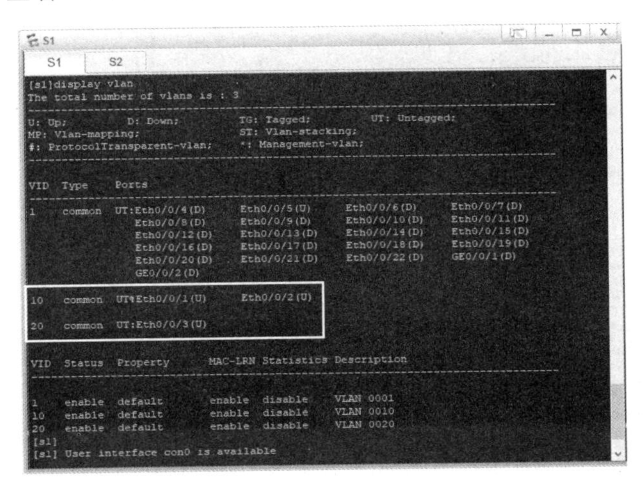

(a) 查看 S1 端口划分

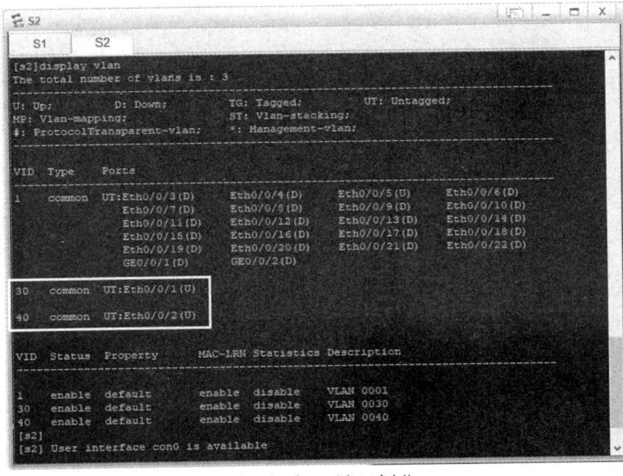

(b) 查看 S2 端口划分

图 3.19　查看 S1 和 S2 的相关配置信息

根据查看结果，两台交换机上连接的 PC 端口已加入对应所属部门划分的 VLAN 中。

(4)实践效果验证

在交换机上将不同端口加入各自不同的 VLAN 之后，属于同一个 VLAN 的端口处于同一个广播域，PC 之间可以直接进行通信。不在同一个 VLAN 中的端口处于不同的广播域，PC 之间不能正常直接通信。实践完成后，最终网络拓扑图如图 3.20 所示。

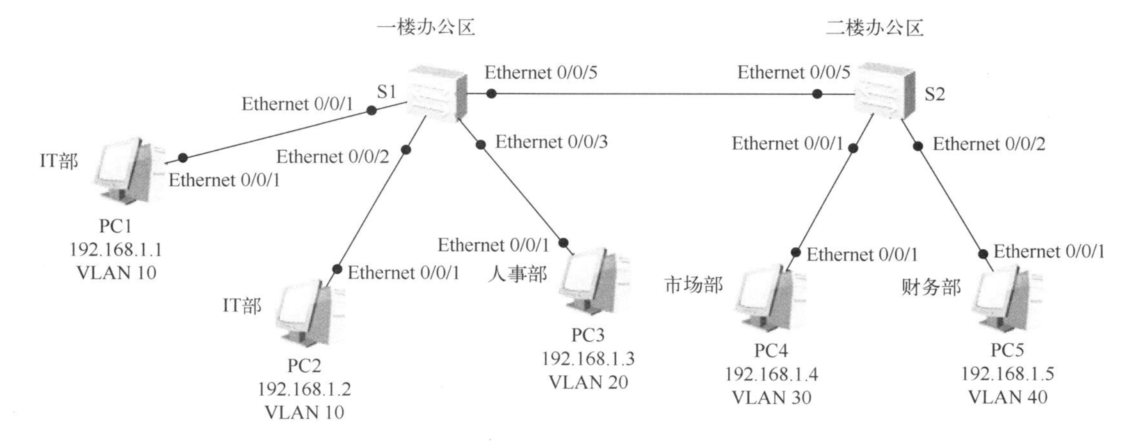

图 3.20　最终网络拓扑图

使用 ping 命令测试 PC1 与 PC2、PC3、PC5 的连通性，运行结果如图 3.21 所示。

图 3.21　PC1 测试的结果

以上测试显示，在本实践环境中，只有IT部的两台PC属于同一个VLAN(PC1和PC2)，能直接进行通信，其他部门的PC由于不属于同一个VLAN，因此无法通信。

3.5.4 拓展知识

VXLAN(Virtual eXtensible Local Area Network，虚拟可扩展的局域网)是一种Overlay技术(一种网络架构上叠加的虚拟化技术模式)，通过三层的网络来搭建虚拟的二层网络。Overlay技术在现有的物理网络之上构建一个虚拟网络，上层应用只与虚拟网络相关，其大体框架是在对基础网络不进行大规模修改的条件下，实现应用在网络上的承载，并能与其他网络业务分离，且以基于IP的基础网络技术为主。

随着大数据、云计算的兴起以及虚拟化技术的普及，VLAN技术的弊端逐渐显现出来，具体表现为以下3方面。

- 许多大数据、云计算公司采用单台物理设备虚拟多台虚拟机的方式来进行组网，随着应用模块的增加，对支持VLAN数目的要求也在提升，IEEE 802.1Q标准中最多支持4094个VLAN的能力已经无法满足需求。
- 公有云提供商的业务要求将实体网络租借给多个不同的用户，这些用户对网络的要求有所不同，不同用户租借的网络有很大的可能会出现IP地址、MAC地址的重叠，传统的VLAN仅仅解决了同一链路层网络广播域隔离的问题，并没有解决网络地址重叠的问题，因此需要一种新的技术来保证在多个租户网络中存在地址重叠的情况下依旧能有效通信。
- 虚拟化技术的出现增加了交换机的负担，对于大型的数据中心，单台交换机必须支持数十台以上主机的通信连接才能满足应用需求，虚拟化技术使得单台主机可以虚拟化出多台虚拟机同时运行，每台虚拟机都会有唯一的MAC地址。因此，为保证集群中所有虚拟机可以正常通信，交换机必须保存每台虚拟机的MAC地址，从而导致交换机中的MAC表异常庞大，影响了交换机的转发性能。

VXLAN是解决这些问题的一种方案。目前VXLAN的报文首部占24位，可以支持2^{24}个VNI(VXLAN中通过VNI来识别，相当于VLAN ID)。VXLAN提供和VLAN相同的2层网络服务，但比VLAN有更大的扩展性和灵活性。

习题

一、简答题

1. 计算机网络为什么采用层次结构？
2. IP地址中的网络地址和主机地址有什么作用？
3. 子网划分的作用是什么？如何划分子网？
4. VLAN主要作用是什么？如何划分VLAN？

二、操作题

根据本章的实践环节，完成VLAN的划分和配置，并将两主机的交换机端口配置成Access端口。

第4章 局域网技术

20 世纪 80 年代以来，随着计算机硬件价格的不断下降，用户共享需求的增强，局域网技术得到了飞速发展。局域网的应用非常广泛，本章主要介绍局域网的体系结构、标准、介质访问控制方法，网络互联的设备，路由协议的原理及路由器配置，其中重点阐述了以太网的运行原理。

本章主要学习内容：

- 局域网的特点、体系结构及常见标准；
- 介质访问控制方法；
- 以太网的帧格式；
- 网络互联技术；
- 路由技术及路由器配置。

4.1 局域网组网技术

微课视频

局域网是一个在有限地理范围内（如一间机房、一座大楼、一个学校、一个公司内，覆盖范围一般不超过 10km）应用的网络，它将有限地理范围内的各种计算机、外部设备和网络连接设备连在一起，从而实现有限地理范围内网络的数据传输和资料共享。

局域网起源于 20 世纪 70 年代，随着网络技术的发展和微型计算机的普及，用户共享需求不断增强，局域网技术得到了迅猛发展并日渐成熟，局域网协议和标准也逐渐完善。局域网技术对计算机信息系统的发展影响深远，不仅广泛应用于办公自动化、企业信息管理等领域，而且在金融、交通、军事、教育、商业应用等方面也发挥着重要的作用。随着局域网技术的不断发展，它在相关领域所起到的作用越来越大。在局域网技术的发展过程中，衍生出了众多的局域网类型，按照不同的分类方法，可以将局域网分为以下类型。

- 按网络传输介质分类，可以分为有线局域网（LAN）和无线局域网（WLAN）。有线局域网常用的传输介质有双绞线、同轴电缆、光纤等，其中双绞线是当前有线局域网中最常用的传输介质；无线局域网的传输介质有微波、红外线、蓝牙和无线电波等，其中无线电波是当前无线局域网中最常用的传输介质。
- 按网络拓扑结构分类，可以分为总线型、星形、环形、树形、混合型等。其中星形网络是当前局域网中最常见的一种拓扑结构。
- 按介质访问控制方式分类，可以分为以太网（Ethernet）、令牌环网（Token Ring）、光纤分布式数据接口（Fiber Distributed Data Interface，FDDI）网、异步传输模式（Asychronous Transfer Mode， ATM）网等，其中以太网是当前应用最为普遍的局域网。

- 按信息的交换方式分类，可以分为共享式局域网和交换式局域网。共享式局域网以集线器(Hub)为中心，数据以广播的方式在网络内传输，各节点共享公共的传输介质；交换式局域网的核心设备是交换机，交换机上的每个节点独占传输通道，不存在冲突问题，且多个端口之间可以建立多个并发连接，大大提高数据传输速率。

4.1.1　局域网的特点

局域网是一种连接各种通信设备的网络，为各种通信设备提供信息交换的路径。虽然局域网是在有限地理范围内的组网技术，但其应用范围及数量远远超过了广域网。局域网同广域网相比，主要特点如下：

- 覆盖地理范围小，一般不超过 10km。通常分布在一座办公大楼或集中的建筑群内，为单个集体所有，如学校、工厂、企事业单位等，各节点距离一般较短。
- 传输速率高、延时低、误码率低。由于局域网的通信线路较短，因此数据传输快，其传输速率一般为 10Mbit/s～100Mbit/s，甚至能达到 1000Mbit/s，传输时延在几毫秒到几十毫秒之间，误码率一般在 10^{-12}～10^{-9} 之间。
- 支持多种传输介质。在局域网中，既可以采用双绞线、光纤、同轴电缆等有线传输介质，也可以采用无线电波、微波等无线传输介质。
- 便于搭建、管理与维护。由于局域网的覆盖地理范围小，一般由企业或部门所有，由专业人员统一搭建并管理，因此网络的搭建、管理和维护都十分方便。另外局域网内部软件针对性强，便于批量安装、统一管理。
- 价格低廉。由于局域网覆盖地理范围小，通信线路短，因此通信设备价格相对较低，且以价格低廉的计算机为联网对象，局域网的性价比相对较高。

4.1.2　局域网的体系结构

局域网是一种通信网，只涉及有关通信的功能。由于局域网基本上采用共享信道的技术，因此可以不设立单独的网络层。不同局域网技术的区别主要体现在物理层和数据链路层，当这些不同的局域网需要在网络层实现互联时，可以借助其他已有的网络层协议，如 IP 等。OSI 参考模型是针对广域网设计的，而局域网的拓扑结构不同，传输介质各异，各节点共享网络公共信道，将其应用于局域网时就必须解决各节点争用共享传输介质的问题，OSI 参考模型的数据链路层不具备解决局域网中各节点争用共享信道的能力。为解决这个问题，同时与 OSI 参考模型保持一致，在将 OSI 参考模型应用于局域网时，会将数据链路层划分为两个子层，即逻辑链路控制(Logic Link Control，LLC)子层和介质访问控制(Media Access Control，MAC)子层。MAC 子层负责处理局域网中各节点对传输介质的争用问题，不同的网络拓扑结构可以采用不同的 MAC 方法。LLC 子层屏蔽了各种 MAC 子层的具体实现，将其改造成统一的 LLC 界面，从而向网络层提供统一的服务。OSI 参考模型与局域网参考模型的对应关系如图 4.1 所示。

局域网参考模型将工作重心集中于 OSI 参考模型最低两层的功能，即物理层和数据链路层，其主要功能如下。

1. 物理层

物理层用于在通信线路上传输二进制比特流，主要作用是确保在一段物理链路上正确传输二进制数据，完成数据的发送与接收、时钟同步、解码与编码等功能。一对物理层实体能确认

两个 MAC 子层实体间同等层比特单元的交换，其主要任务是描述传输介质接口的一些特性，如接口的机械特性、电气特性、功能特性和规程特性等。

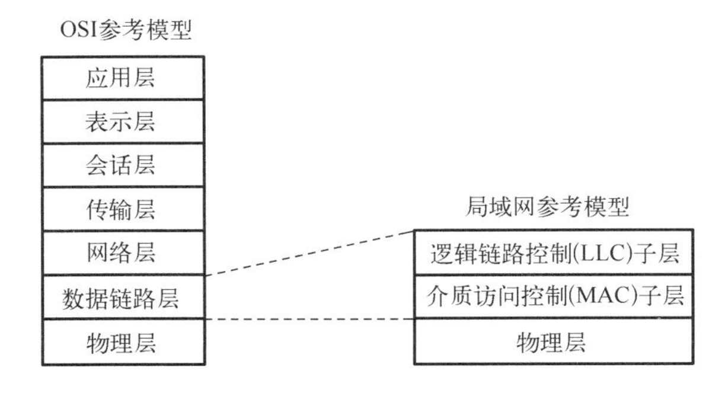

图 4.1　OSI 参考模型与局域网参考模型的对应关系

2. 数据链路层

数据链路层把数据封装成数据帧传输，实现数据帧的顺序控制、差错控制和流量控制，使不可靠的链路变得可靠。数据链路层的主要作用是通过数据链路层协议，在不可靠的传输信道上实现可靠的数据传输，负责帧的传输管理和控制。IEEE 802 标准把局域网的数据链路层分为两个子层：MAC 子层和 LLC 子层，如图 4.2 所示。

(1) MAC 子层

MAC 子层的功能与传输介质有关，负责在物理层的基础上进行无差错通信，维护数据链路的功能，并为 LLC 子层提供服务，对不同的局域网类型要求都是不同的，如以太网、令牌总线(Token Bus)网和令牌环网。MAC 子层进行信息分配，解决信道争用的问题，其主要功能如下。

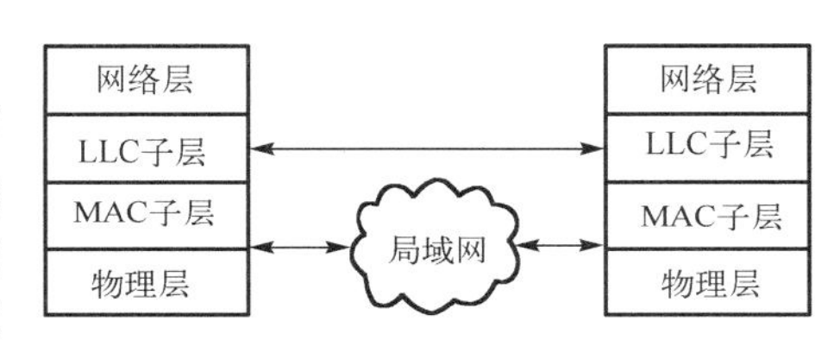

图 4.2　数据链路层的两个子层

- 当发送数据时，负责把 LLC 帧组装成 MAC 帧，MAC 帧中包含地址和差错校验字段。
- 当接收数据时，对接收到的 MAC 帧进行拆卸，并执行地址识别和 CRC(Cyclic Redundancy Check，循环冗余校验)功能。
- 管理和控制对局域网传输介质的访问。

在局域网中，硬件地址又称为物理地址或 MAC 地址(这种地址用在 MAC 帧中)，是局域网上每台计算机网卡的地址。IEEE 802 标准为局域网规定了一种 48 位的全球地址。IEEE 的注册管理委员会 RAC(Registration Authority Committee)是局域网全球地址的法定管理机构，负责分配地址字段的前三字节(高 24 位)，OUI(Organizationally Unique Identifier)作为机构的唯一标识符，世界上要生产局域网网卡的厂家，都必须获得由这三字节构成的一个号，称为“厂商代码”。地址字段中的后三字节(低 24 位)由供应商自行分配，称为扩展标识符(Extended Identifier)，MAC 地址格式如图 4.3 所示。可见，用一个地址号可以生成 2^{24} 个不同的地址。当生产网卡时，这种 6 字节的 MAC 地址被固化在网卡的 ROM(Read Only Memory，只读存储器)中。

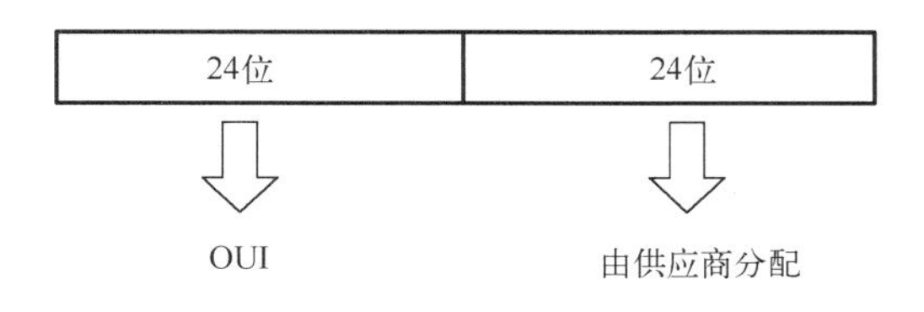

图 4.3　MAC 地址格式

当主机发送 MAC 帧时，主机将源站 MAC 地址和目的站 MAC 地址填入 MAC 帧的首部，与发

送该 MAC 帧的主机处在同一网段上的其他主机，均试图接收这个 MAC 帧。

- 若该 MAC 帧给出的目的 MAC 地址是一个单播地址，则与 MAC 帧所给出的目的 MAC 地址相同的某台主机接收该 MAC 帧。
- 若该 MAC 帧给出的目的 MAC 地址是一个广播地址，则与发送该 MAC 帧的主机处在同一网段上的所有主机都接收该 MAC 帧。
- 若该 MAC 帧给出的目的 MAC 地址是一个多播地址，则具有该多播地址的多台主机接收该 MAC 帧。

可见，主机发出的 MAC 帧包括以下 3 种。

- 单播帧：收到帧的 MAC 地址与本节点硬件地址相同。
- 组播帧：发送给一部分节点的帧。
- 广播帧：发送给所有节点的帧(全 1 地址)。

所有网卡都至少能够识别前两种帧，即能够识别单播和广播地址。有的网卡可以用编程的方法识别多播地址。操作系统启动时，网卡初始化，使网卡能够识别某些多播地址。

2. LLC 子层

LLC 子层的功能与传输介质无关，不针对特定的传输介质，它对各种类型的局域网而言都是相同的。该子层用来建立、维持和释放数据链路，隐蔽各种局域网之间的差别，并向网络层提供统一格式的逻辑服务接口。LLC 子层的主要功能包括帧的发送与接收、连接管理(建立和释放连接)、差错控制、顺序控制及流量控制等，并为网络层提供面向连接和无连接两类服务。

为满足特定的可靠性及效率方面的需要，IEEE 802.2 规定了 3 种不同类型的 LLC 服务。

- 类型 1：不确认的无连接服务。信息帧在 LLC 子层实体间交换，无须在对等层实体之间事先建立逻辑链路。对这类帧既不确认，也无任何流量控制或差错恢复功能。
- 类型 2：连接方式服务。任何信息帧在交换前，必须事先在一对 LLC 子层实体间建立逻辑链路，信息帧依次发送，并提供流量控制或差错恢复功能。
- 类型 3：确认的无连接服务。

4.1.3 局域网的标准

美国电子和电气工程师协会(IEEE)1980 年成立了 802 委员会，专门为局域网和城域网制订标准。经过多年的努力，IEEE 802 委员会制定了具体的局域网模型和标准，称为 IEEE 802 标准。IEEE 802 标准已被 ANSI(American National Standards Institute，美国国家标准学会)采纳为美国国家标准，随后又被 ISO 采纳为国际标准，称为 ISO 802 标准。

IEEE 802 委员会认为，局域网只是一个通信网，不存在路由选择的问题，因此不需要网络层，即只需要物理层和数据链路层；局域网的种类繁多，各类局域网的介质访问控制方法也各不相同，因此有必要将局域网进一步分解为更细更易管理的子层；且局域网中存在多种传输介质和网络拓扑，对应的介质访问控制方法就有多种。因此 IEEE 802 委员会决定采纳以上几个建议，从而制定了 IEEE 802 系列标准。广泛使用该标准的有以太网、令牌环网、无线局域网等，这一系列标准中的每个子标准都由委员会中的一个专门工作组负责，IEEE 802 系列标准内部关系如图 4.4 所示。

IEEE 802 系列标准分成几部分，802.1 标准对这一组标准做了介绍并定义了接口原语；802.2 标准描述了数据链路层的上部，制定了 LLC 协议；802.3、802.4、802.5 分别描述了 3 个

局域网标准：载波监听多点接入/碰撞检测（Carrier Sense Multiple Access/Collision Detected，CSMA/CD）、令牌环和令牌总线标准。IEEE 802 局域网标准一览表如表 4.1 所示。

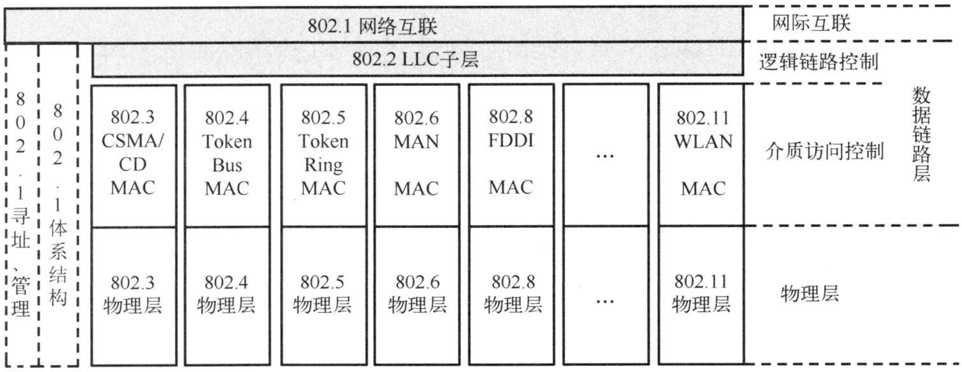

802.1 网络互联　　网际互联
802.2 LLC子层　　逻辑链路控制
802.1寻址、管理　802.1体系结构
802.3 CSMA/CD MAC　802.4 Token Bus MAC　802.5 Token Ring MAC　802.6 MAN MAC　802.8 FDDI MAC　…　802.11 WLAN MAC　　介质访问控制
802.3物理层　802.4物理层　802.5物理层　802.6物理层　802.8物理层　…　802.11物理层　　物理层
数据链路层

图 4.4　IEEE 802 系列标准内部关系图

表 4.1　IEEE 802 局域网标准一览表

IEEE 标准	功能	IEEE 标准	功能
802.1	定义局域网体系结构、寻址、网络互联和网络管理等	802.12	100Base-VG 高速网络访问控制方法和物理层技术规范
802.2	LLC 子层协议	802.3ac	虚拟局域网以太帧扩展协议
802.3	CSMA/CD 访问控制方法和物理层技术规范	802.3ab	1000Base-T 媒体接入控制方式和物理层规范
802.4	令牌总线访问控制方法和物理层技术规范	802.3ae	10Gbit/s 以太网技术规范
802.5	令牌环访问控制方法和物理层技术规范	802.3u	100Base-T 访问控制方法和物理层技术规范
802.6	城域网访问控制方法和物理层技术规范	802.3z	基于光缆和短距离铜介质的 1000Base-X 访问控制方法和物理层规范
802.7	宽带局域网访问控制方法和物理层技术规范	802.1Q	虚拟桥接以太网技术规范
802.8	光纤局域网网络标准，FDDI（光纤分布式数据接口）访问控制方法和物理层技术规范	802.13	交互式电视网规范
802.9	综合话音/数据（V/D）局域网标准	802.14	线缆、调制解调器规范
802.10	局域网网络安全标准	802.15	个人局域网网络标准和规范
802.11	无线局域网访问控制方法和物理层技术规范	802.16	宽带无线局域网访问控制子层与物理层标准

随着局域网技术的不断发展，新的协议还在陆续地补充到 IEEE 802 标准中。在以上标准中，IEEE 802.3 标准是在以太网的基础上制定的，符合 IEEE 802.3 标准的局域网称为以太网；IEEE 802.5 标准是在美国 IBM 公司推出的令牌环网的基础上制定的，符合 IEEE 802.5 标准的局域网称为令牌环网。以太网和令牌环网是最常见的局域网，关于它们的详细介绍将在后续章节中具体展开。

4.1.4　介质访问控制方法

局域网采用广播通信方式，各用户共享传输介质，为保证每个用户不发生冲突，各节点在使用共享信道进行数据传输时必须遵循某种传输规则或协议，这种规划或协议称为局域网的介质访问控制方法。

介质访问控制方法主要解决介质使用权的算法或控制问题，以及如何使网络中众多的用户能够合理且方便地共享传输介质资源，从而实现对网络传输信道的合理分配。介质访问控制方法主要有两方面的内容：一是要确定网络上每个节点能够将信息发送到介质上的特定时刻；二是要解决如何对共享介质访问和利用加以控制。

局域网常用的介质访问控制方法有：CSMA/CD 介质访问控制方法、环形结构的令牌环介质访问控制方法和令牌总线介质访问控制方法。其中 CSMA/CD 和令牌总线主要用于总线型局域网，令牌环主要用于环形局域网。以太网的 CSMA/CD 技术已经超越了其他两种类型，成为目前应用最广泛的局域网标准。IEEE 802.3 标准规定了 CSMA/CD 介质访问控制方法和物理层技术规范，采用 IEEE 802.3 标准的典型局域网是以太网。

1. CSMA/CD

CSMA/CD 是一种适用于总线型结构的随机争用型分布式介质访问控制方法，由 IEEE 802.3 局域网标准进行定义。CSMA/CD 起源于 ALOHA 网(世界上最早的无线电计算机通信网)，它将所有的设备都直接连接到一条物理信道上，所有的节点共享信道，节点以帧的形式发送数据，帧中包含了目的节点地址和源节点地址，帧在信道上是以广播方式传输的，所有连接在信道上的设备都能检测到该数据帧。每个节点根据帧的目的地址决定接收或丢弃该帧，当目的节点检测到该帧的目的地址与本节点地址相同时，就接收该帧，否则丢弃。共享信道的通信原理如图 4.5 所示。

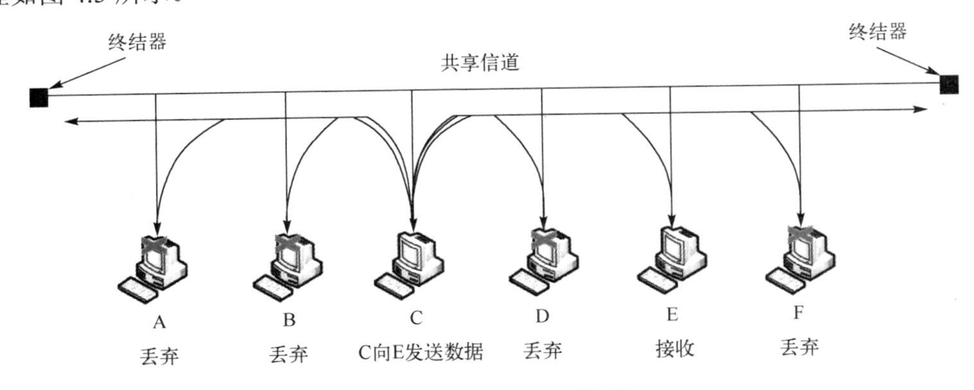

图 4.5　共享信道的通信原理

总线上同一时刻只能有一台计算机发送数据，否则会在信道上造成帧的重叠而产生数据冲突。所有节点都是随机发送数据的，如果在同一个时刻所有节点都需要争用信道，那么必然会发生冲突，CSMA/CD 正是为解决这种冲突而制定的。

CSMA/CD 的工作要点可简单地概括为"先听后发，边发边听，冲突停止，随机延迟后重发"。CSMA/CD 的中文含义包含 3 部分，即载波监听、多点接入、碰撞检测，"多点接入"实际上是指网络结构是总线型网络，许多计算机节点以多点接入的方式连接在一根总线上，该协议的实质是"载波监听"和"碰撞检测"。CSMA/CD 工作流程如图 4.6 所示。

(1) 载波监听

在采用 CSMA/CD 介质访问控制方法的网络中，任意一个节点在发送数据前，首先要检测总线，对介质进行监听，以确定是否有其他节点在发送数据。若监听到总线空闲，没有其他工作节

点发送数据，则立即抢占总线进行数据发送。否则，该节点要按一定的算法等待一段时间，然后再争取发送权。由于通道存在传输时延，因此可能第一个节点的信号还未到达目的地，另一个节点监听到信道处于空闲状态，就立即开始发送数据帧而导致冲突，从而导致载波监听发生碰撞，如图 4.7 所示。当网络负载很重时，传输延迟的存在会使冲突增多，网络效率降低。另外，总线处于空闲的某个瞬间，如果总线上两个或两个以上的工作站同时都想发送数据，可能瞬间都检测到总线空闲，都认为可以发送数据，同时发送而导致冲突。可见，即使采用载波监听的方法，总线上发生冲突也是难以避免的。

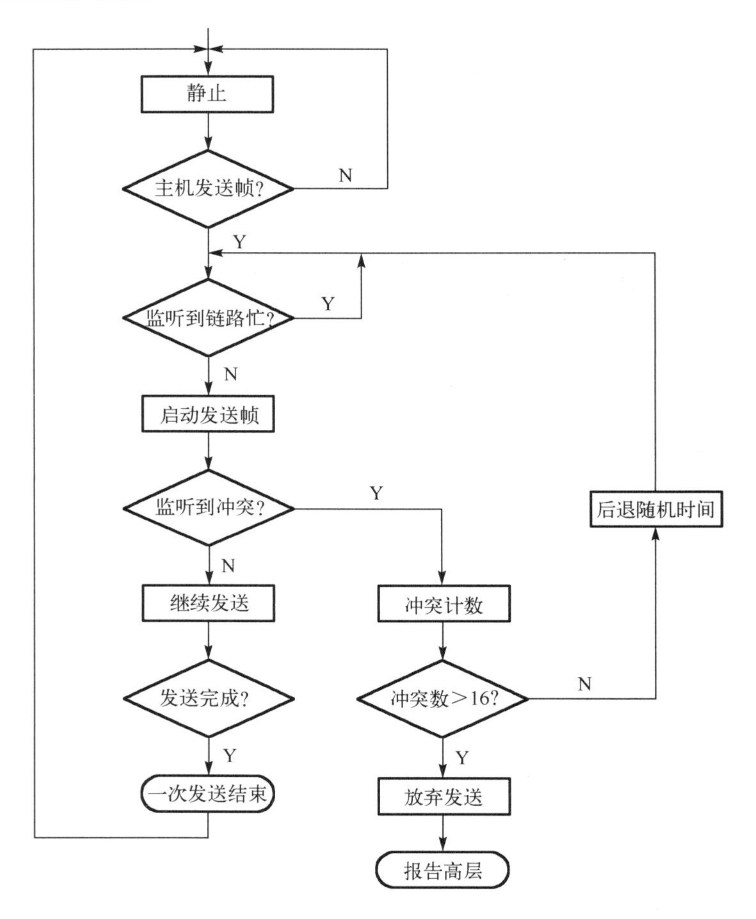

图 4.6　CSMA/CD 工作流程

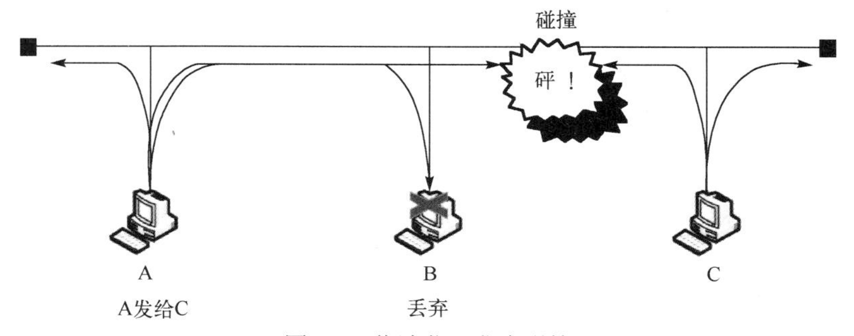

图 4.7　载波监听发生碰撞

(2) 碰撞检测

碰撞检测也称为冲突检测，即“边发送边监听”，每个节点在发送帧的同时检测冲突是否发生。节点一边发送数据，一边从共享介质上接收数据，将发出的数据与接收的数据按位比较。若一致，则说明没有冲突；否则说明已发生冲突。一旦遇到冲突，就立即停止发送，并向总线发出一连串阻塞信号，让总线所有节点都知道冲突已发生并停止传输。碰撞检测可降低信道因冲突而造成的传输浪费。

在采用CSMA/CD协议的总线局域网中，各节点通过竞争方法抢占信道的访问权，出现冲突后使用二进制指数退避算法来确定重传的时机进行数据重传，以使得重传后数据再次发生冲突的概率降低。因此，节点从准备发送数据到成功发送数据的时间不能确定，不适合对传输时延要求较高的实时性数据。在每个时刻，总线上只能有一路传输信号，但可以在不同的方向上传输，因此CSMA/CD是一种半双工传输方式。

CSMA/CD的主要优点是每个节点都处于平等地位去竞争传输介质，实现的算法简单；网络维护方便，增删节点容易；当负载较少(节点少或信息发送不频繁)时，要发送数据的节点可以立即获得对介质的访问权，执行发送操作，效率较高。缺点是不具有某些场合要求的优先权；当负载重时，容易出现冲突，使传输效率和有效带宽降低；不确定的等待时间和延迟可能在过程控制应用中产生严重问题；只能在负载不太重的局域网中使用。

2．令牌环

令牌环是一种适用于环形网络结构的分布式介质访问控制方法，由IEEE 802.5局域网标准进行定义。与CSMA/CD的争用型介质访问控制方法不同的是，令牌环是一种确定型的介质访问控制方法，它的访问基础是令牌。令牌实际是一种特殊格式的帧，本身并不包含任何数据信息，仅用于控制信道，在环形拓扑中，令牌在信道上的各节点中依次传递，只有拿到令牌的节点才能发送数据，确保同一时刻只有一个节点能够独占信道。当所有节点都空闲时，令牌绕环进行传递，当有节点想要发送数据时必须等待令牌，当数据帧在环形网络中传输时，网络中没有令牌，其他节点想发送数据必须等待，因此在令牌环中不会发生数据碰撞。

令牌环在物理上是由一系列的环接口和各接口间的点对点链路构成的闭合环路，各节点通过环接口连接到网络上，令牌和数据帧沿着环单向流动。令牌环的主要工作过程如下。

(1) 截获令牌并且发送数据帧

当所有节点都不需要发送数据时，令牌由各个节点沿固定的顺序单向传递。若某个节点需要发送数据，则需要等待令牌的到来。当空闲令牌传到该节点时，修改令牌帧中的标志，使其变为“忙”状态；去掉令牌的尾部，加上数据，成为数据帧，发送给下一个节点。每个节点有一个令牌控制计时器，控制令牌在该节点的持有时间。

(2) 接收与转发数据

数据帧每经过一个节点，该节点比较数据帧中的目的地址，若目的地址与本节点地址不同，则转发出去；若相同，则将数据帧复制一份到本节点的计算机中，同时在帧的尾部设置已经复制的标志，然后继续向下一个节点转发。

(3) 取消数据帧并且重发令牌

由于环形网络在物理上是个闭环，一个帧可能在环中不停地流动，因此必须清除。当数据帧通过闭环重新传到发送节点时，发送节点不再转发，而是检查发送是否成功。若发现数据帧

没有被复制(传输失败)，则重发该数据帧；若发现传输成功，则清除该数据帧，并且释放新的令牌继续在环上转发。

假设A站想向C站发送数据，其工作原理如图 4.8 所示，可以简单地描述如下。

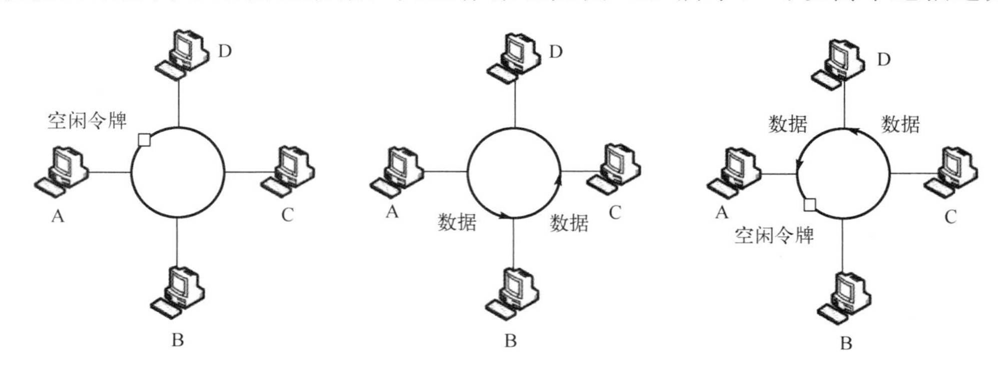

图 4.8　令牌环工作原理

- A站有数据发送，等待令牌到达A站并截获令牌。
- A站将数据发送到环上，C站接收到数据并进行地址对比后，发现数据是发给自己的，便复制一份该数据帧到本地，并在帧上做好“已复制”的标志继续将该帧发送至环上。
- A站收到数据帧后，回收所发数据，并释放令牌，将空令牌发送至环上。

令牌环的主要优点在于其访问方式具有可调整性和确定性，且每个节点具有相同的访问控制权。它的主要缺点是环路维护复杂，一旦环上某个节点出现故障会导致整个网络瘫痪。

3．令牌总线

CSMA/CD采用用户访问总线时间不确定的随机介质访问控制方法，具有结构简单，轻负载时时延较小等优点，但当网络负载较重时，由于冲突增多，因此网络吞吐率下降、传输时延增加、性能明显下降。而令牌环介质访问环控制方法在负载较重时利用率高，且由于环形网络中每个节点的转发器都具有比特流整形再生作用，因此远距离传输并不会影响网络性能。但令牌环介质访问控制方法复杂且可靠性无法保障。令牌总线是在综合了CSMA/CD及令牌环两种介质访问控制方法的基础上形成的一种介质访问控制方法，由IEEE 802.4局域网标准定义。令牌总线的结构如图 4.9 所示。

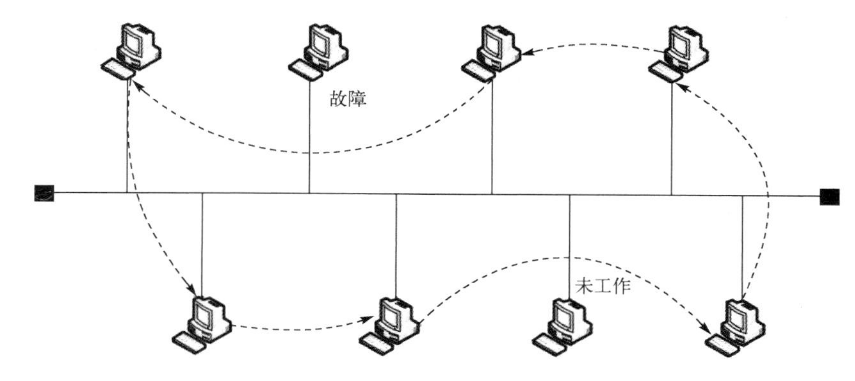

图 4.9　令牌总线的结构

令牌总线在结构上将总线上各节点组成一个逻辑环。从物理结构上看，其是一个总线结构

的局域网，但在逻辑结构上构成了环形结构的局域网，即令牌总线局域网的物理连接构成总线结构，各节点的逻辑关系是环形结构。网络上各节点按一定顺序形成一个逻辑环，每个节点在环中均有一个指定的逻辑位置，末节点的下一个节点就是首节点(首尾相连)，每个节点都了解其先行节点和后继节点的地址，总线上各节点的物理位置与逻辑位置无关。

和令牌环一样，节点只有取得令牌，才能发送帧，与之不同的是，令牌总线结构上的令牌在逻辑环上(而非物理环上)依次循环传递，即在令牌总线网中，令牌传递的次序与总线上物理位置无关，是沿逻辑环上的顺序传递的。

令牌总线介质访问控制方法有以下特点。

- 能确保在总线上不会产生冲突。只有持有令牌的节点才获得对介质的临时控制权。
- 节点具有公平的访问权，通过限定每个节点发送帧的最大长度来保证逻辑环上任何一个节点持有令牌的时间是有限的。允许设置优先级，优先级高的帧可优先发送。
- 必须配置相应的算法，如令牌传递算法、逻辑环初始化、节点插入算法和节点删除算法等，以完成环的初始化、加入环路、退出环路和恢复等操作。

除总线型网络外，星形网络、树形网络也可以组成逻辑环。事实上，网络中令牌的传递是按逻辑环进行的，而数据的传输是按物理结构在两个节点之间直接进行的。

在令牌总线网中，数据帧的传递有直接通路，不需要中间节点的转接，传输时延比令牌环网短。令牌总线网无冲突，在网络负载增加的前提下，比 CSMA/CD 竞争总线方式的系统效率高。令牌总线介质访问控制方法的响应时间和访问时间都具有确定性，还可以引入优先权，实时性比 CSMA/CD 要好。但令牌总线介质访问控制方法的算法复杂，需要完成大量的环维护工作，包括环初始化、新节点加入环、节点从环中撤出、环恢复和优先级服务，成本较高。

4．CSMA/CD 与令牌环、令牌总线的比较

在共享介质访问控制方法中，CSMA/CD 与令牌环、令牌总线应用广泛。从网络拓扑结构看，CSMA/CD 与令牌总线都是针对总线型结构的局域网设计的，而令牌环是针对环形拓扑结构的局域网设计的。

与令牌环和令牌总线确定型的介质访问控制方法比较，CSMA/CD 介质访问控制方法有以下几个特点。

- CSMA/CD 介质访问控制方法算法简单，易于实现。
- CSMA/CD 是一种用户访问总线时间不确定的随机竞争总线的控制方法，适用于对数据传输实时性要求不严格的应用环境，如办公自动化等。
- CSMA/CD 在网络通信负荷较低时表现出较好的吞吐率与延迟特性。

与 CSMA/CD 随机型的介质访问控制方法比较，令牌环、令牌总线介质访问控制方法有以下几个特点。

- 在令牌环、令牌总线介质访问控制方法中，网络节点两次获得令牌之间的最大时间间隔是确定的，适用于对数据传输实时性要求较高的环境，如生产过程控制领域等。
- 令牌环、令牌总线介质访问控制方法在网络通信负荷较重时表现出很好的吞吐率与较低的传输时延，适用于通信负荷较重的环境。
- 令牌环、令牌总线介质访问控制方法需要复杂的环维护功能，实现较困难。

4.2 以太网技术

微课视频

以太网用于搭建从最小到最大、从最简单到最复杂的网络，它连接家用计算机和其他家用设备，连接支持服务器和台式机的有线网络，还连接支持智能手机、笔记本计算机、平板计算机的无线网络。以太网提供的网络连接构成了覆盖全球的互联网，它将互联网连接到了办公室及千家万户。

4.2.1 以太网的发展历史

以太网历史悠久，对以太网前身技术的首次描述出现在 1973 年 5 月。自此，尽管计算机经历了多次重大变革，但网络技术始终采用以太网。这是因为以太网一直以来都在不断改进、提高性能，来适应计算机领域的快速更迭。在此过程中，以太网逐渐成为世界上应用最广泛的网络技术。

以太网是在 20 世纪 70 年代初期诞生的，1973 年，施乐（Xerox）公司 PaloAlto 研究中心推出并实现了最初的以太网。1979 年，Xerox、Intel 和 DEC（Digital Equipment Corporation）公司联合起来组成一个多公司的联盟，致力于制定一个开放的以太网标准，使任何公司都可以使用这个标准。

1980 年 9 月，由美国 Xerox、Intel 和 DEC 组成的 DIX 联盟发布了第一个 10Mbit/s 的以太网标准，即 DIX 版本的以太网标准。1982 年 11 月，DIX 联盟发布了第二个版本的以太网标准，即 Ethernet II 标准。

1983 年 6 月，IEEE 802.3 工作组通过了第一个以太网标准——10Base5 标准，并由 IEEE 标准委员会于 1985 年正式发布，即 IEEE 802.3-1985。

初期的以太网采用的是基于同轴电缆的总线型拓扑，每台计算机通过同一根总线电缆发送以太网信号，使用 CSMA/CD 技术在共享介质上传输数据。但随着联网的计算机越来越多，早期同轴电缆传输介质固有的问题变得越来越尖锐。在建筑物中安装同轴电缆是一项艰巨的任务，使计算机连接这些电缆更是一个挑战。20 世纪 80 年代末期，由 SynOptics Communications 公司发明的首个使用无屏蔽双绞线作为传输介质的产品 LattisNet 问世，这意味着当时建筑物中已经大量部署的双绞线可以用于计算机网络，用户不需要再另外安装同轴电缆。借助这项技术，以太网系统可以搭建在更可靠的星形拓扑上，使所有计算机都连接到一个中心点上，星形拓扑更易搭建、管理，也更易检修。使用双绞线是以太网的一次重大变革，或者说是以太网的一次再造。双绞线以太网扩大了以太网的使用范围，使以太网市场进入迅速发展时期。

1990 年 9 月，基于电话双绞线作为传输介质的 10Base-T 标准发布，即 IEEE 802.3i 标准。通过引用高可靠、低成本的电话线路，在建筑物中构建出可覆盖整座大楼的双绞线系统。随后，按照结构化布线标准进行布线的双绞线以太网成为应用最广的网络技术。这些网络系统可靠、易于搭建、管理，且排查修复故障迅速。

1993 年，基于光纤电缆作为传输介质的 10Base-F 标准发布，即 IEEE 802.3j 标准。

1995 年，基于光纤和非屏蔽双绞线作为介质的 100Base-TX、100Base-T4、100Base-FX 标准发布，即 IEEE 802.3u 标准，标志着支持 100Mbit/s 速率的快速以太网时代的来临。

1997 年，基于全双工工作模式的 IEEE 802.3x 标准发布。

1998 年，基于光纤和非屏蔽双绞线作为传输介质的 1000Base-X 标准发布，即 IEEE 802.3z

标准。同年，基于 VLAN 的 IEEE 802.3ac 标准发布。

2002 年，基于光纤作为传输介质的 10Gbit/s 速率的以太网标准 IEEE 802.3ae 发布。

2006 年，基于非屏蔽双绞线作为传输介质的 10Gbit/s 速率的以太网标准 IEEE 802.3an 发布。

2010 年，基于光纤电缆和短程同轴电缆作为传输介质的 40Gbit/s 和 100Gbit/s 速率的以太网标准 IEEE 802.3ba 发布。

自 20 世纪 80 年代早期的 10Mbit/s 以太网成为世界首个计算机网络公开标准开始，以太网已经走过了漫长的历程。以太网系统不断升级，以提供更灵活、更可靠的电缆连接，不断适应传输速率提升带来的网络流量，并增加更多功能来满足日益复杂的网络系统需求。以太网在应对这些挑战的同时，保持了基本不变的结构和运作方式，并维持着合理的成本和基本的稳定性，且不断创新来满足新需求，这些是以太网成功的关键。

4.2.2　以太网的帧格式

常用的以太网帧格式有两种，第一种是 20 世纪 80 年代初提出的 DIX v2 格式，即 Ethernet II 格式。Ethernet II 后来被 IEEE 802 标准接纳，并写进了 IEEE 802.3x-1997 的 3.2.6 节。第二种是 1983 年提出的 IEEE 802.3 格式。这两种格式的主要区别在于，Ethernet II 格式中包含一个类型（Type）字段，标识以太帧处理完成之后将被发送到哪个上层协议进行处理，在 IEEE 802.3 格式中，同样的位置是长度（Length）字段。目前，以太网中大多数的数据帧使用的是 Ethernet II 格式，本节只介绍 Ethernet II 格式。

Ethernet II 格式非常简单，由 5 个字段构成，分别是目的地址、源地址、类型、数据和帧校验序列（Frame Check Sequence，FCS），如图 4.10 所示。

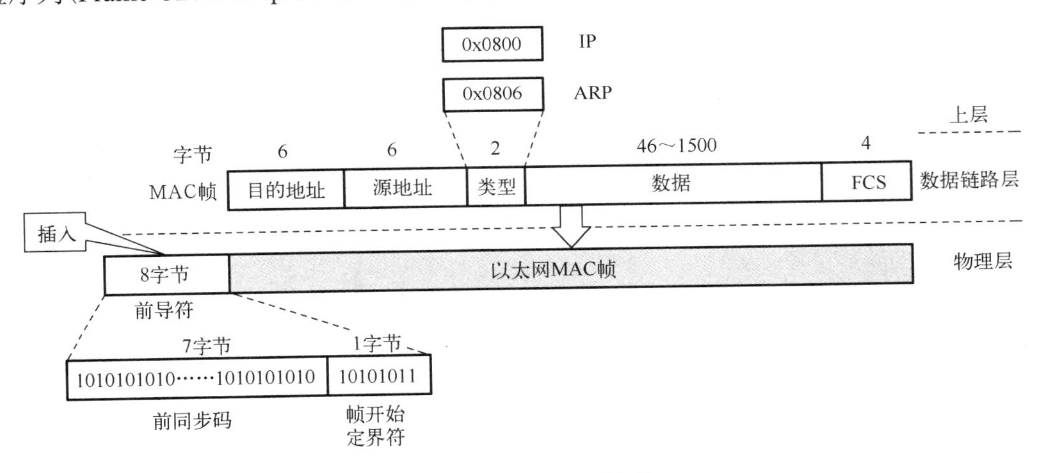

图 4.10　Ethernet II 格式

Ethernet II 格式中各字段说明如下。

- 目的地址。目的地址填入的是帧的接收者的物理地址，即接收端的 MAC 地址，其字段长度为 6 字节。
- 源地址。源地址填入的是帧的发送者的物理地址，即发送端的 MAC 地址，其字段长度为 6 字节。
- 类型。类型用于标识上层使用协议，以便把收到的 MAC 帧的数据交给上层对应的协议处理，其字段长度为 2 字节。例如，图中给出的两种协议，类型字段取值为 0x0800

的帧代表封装的是 IP 数据报;类型字段取值为 0x0806 的帧代表封装的是 ARP(Address Resolution Protocol，地址解析协议)报文。

- 数据，该字段长度为 46～1500 字节，若数据的字段长度小于 46 字节，则需在数据后面加入一个整数字节的填充字段，以保证以太网帧长度不小于 64 字节。
- 帧校验序列，该字段长度为 4 字节，采用循环冗余校验码(CRC)，用于校验帧在传输过程中有无差错，CRC 主要对目的地址、源地址、类型及数据字段进行校验，前导符不在校验的范围内。

由图 4.10 可以看出，在物理层的传输介质上实际传输的要比 MAC 帧多 8 字节，这是因为在以太网这种异步传输模式下，当一个节点刚开始接收 MAC 帧时，由于适配器的时钟尚未与到达的比特流达到同步，因此 MAC 帧最前面的若干位就无法被接收，从而使整个的 MAC 帧成为无用帧。为使接收端能迅速实现位同步，从 MAC 子层向下传到物理层时还要在帧的前面加入 8 字节(由硬件生成)的前导符，该前导符由两个字段组成。第一个字段是 7 字节的前同步码，由 1 和 0 交替构成，形成 7 个由二进制数组成的序列字段 10101010，它的作用是使接收端的适配器在接收 MAC 帧时能迅速调整其时钟频率，使它和发送端的时钟同步，即实现位同步。第二个字段是帧开始界定符，定义为 10101011，表示 MAC 帧即将到来，请适配器注意接收。

4.2.3 以太网的分类

以太网是应用最广泛的局域网技术，随着电子技术的发展，以太网的速率也不断提升，根据数据传输速率的不同，以太网分为标准以太网(10Mbit/s)、快速以太网(100Mbit/s)、吉比特以太网(1000Mbit/s)、10 吉比特以太网(10Gbit/s)和 100 吉比特(100Gbit/s)以太网。

1. 标准以太网

标准以太网是最早期的以太网，其数据传输速率为 10Mbit/s，也称为传统以太网。这种以太网的组网方式非常灵活，既可以使用由粗同轴电缆、细同轴电缆组成的总线型拓扑，也可以使用由双绞线组成的星形拓扑，还可以同时使用同轴电缆、双绞线和光纤组成混合网络，其物理层标准如图 4.11 所示。

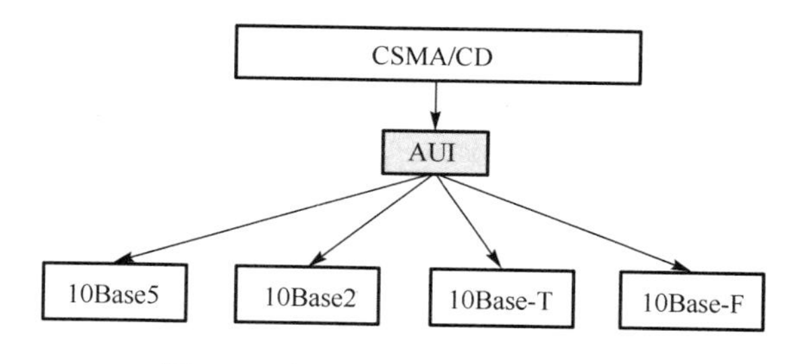

图 4.11　标准以太网的物理层标准

以太网遵循 IEEE 802.3 标准，使用 CSMA/CD 技术共享信道，是一种基带系统，采使用曼彻斯特编码，通过检测通道上的信号存在与否来实现载波检测。

IEEE 802.3 标准有 4 种正式的 10 Mbit/s 以太网物理层标准：

- 10Base5：粗同轴电缆以太网标准。
- 10Base2：细同轴电缆以太网标准。

- 10Base-T：双绞线以太网标准。
- 10Base-F：光缆以太网标准。

在以上标准中，10 表示数据的传输速率是 10Mbit/s，Base 表示基带传输，5 和 2 分别表示每一段的最大长度为 500m 和 200m，T 和 F 分别表示传输介质是双绞线和光纤。常见的几种标准以太网的物理层标准如表 4.2 所示。

表 4.2　标准以太网的物理层标准

特性	10Base5	10Base2	10Base-T	10Base-F
传输介质	50Ω 粗同轴电缆	50Ω 细同轴电缆	双绞线	光纤
传输方法	基带	基带	基带	基带
最大网段长(m)	500	185	100	2000
段节点数	100	30	—	33
网络拓扑结构	总线型	总线型	星形	星形
编码技术	曼彻斯特编码	曼彻斯特编码	曼彻斯特编码	曼彻斯特编码
标准	IEEE 802.3-1985	IEEE 802.3a	IEEE 802.3i	IEEE 802.3j

(1) 10Base5

10Base5 是最早的以太网，也是最早的局域网，其数据传输速率为 10Mbit/s，采用总线型拓扑结构，使用阻抗为 50Ω 的粗同轴电缆(0.4 英寸，即 1.016cm)作为干线，在电缆的终端上安装终结器(50Ω)用于匹配，以克服信号反射及传输错误。每段干线上最多可接入 100 个工作站，每段干线电缆的最大长度为 500m，可以通过中继器进行信号的放大与再生，以延长传输距离，最多允许加入 4 个中继器连接 5 段干线，因此最大网络干线长度可达 2500m，连接的 5 个网段中只允许 3 个网段连接工作站，其余 2 个网段只用来扩充网络距离，中继器连接的整个网络构成 1 个冲突域，这就是 5-4-3-2-1 中继规则。

50Ω 粗同轴电缆与工作站之间通过收发器及收发器电缆进行连接。收发器有 3 个端口，一个端口用一根收发器电缆连接工作站，另外两个端口连接粗电缆。收发器的主要功能如下。

- 经收发器电缆从工作站得到数据向同轴电缆发送，从同轴电缆接收的数据经收发器电缆发送给计算机。
- 检测在同轴电缆上发生的数据帧的冲突。
- 当收发器或所连接的计算机出故障时，保证同轴电缆不受其影响。

用粗同轴电缆组网时，硬件设置上必须注意：若要直接与网卡相连，网卡必须带有 AUI(Attachment Unit Interface)端口；用户采用外部收发器与网络主干线连接；外部收发器与工作站之间用 AUI 电缆连接。10Base5 结构如图 4.12 所示。

粗同轴电缆价格昂贵，连接也很不方便，在 IEEE 802.3 标准中使用得不多，现在已经很少使用了。

(2) 10Base2

10Base2 使用阻抗为 50Ω 的细同轴电缆(0.2 英寸，即 0.508cm)作为干线，其数据传输速率为 10Mbit/s，作为 10Base5 的替代方案，它降低了 10Base5 的安装成本和复杂性，将 10Base5 的收发器功能移动网卡上，省去了收发器及收发器电缆，并使用 BNC(Bayonet Navy Connector)连接器和 T 型接头实现细同轴电缆和工作站网卡之间的连接。

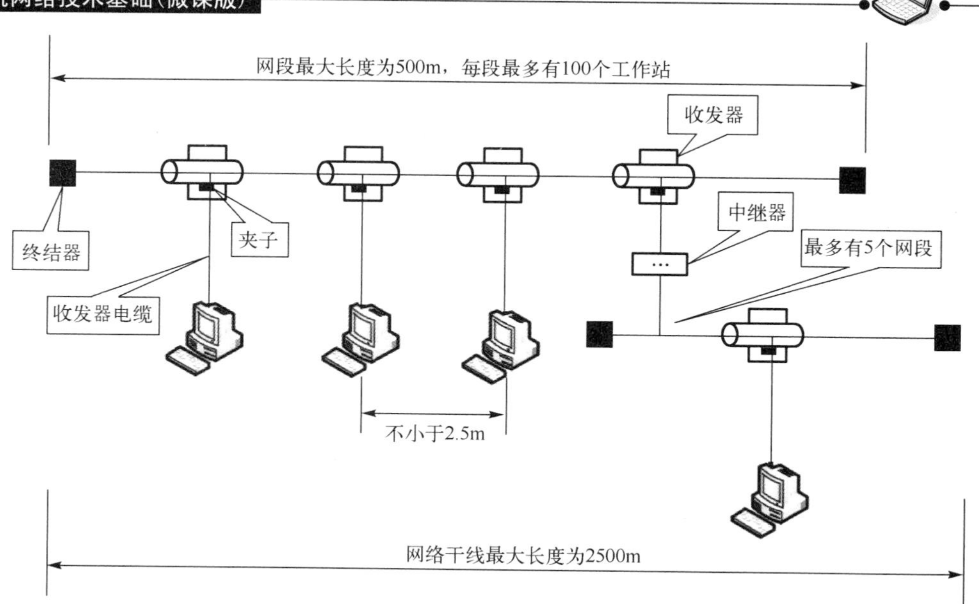

图 4.12　10Base5 结构

10Base2 主干线电缆的最大长度为 185m，每段最多可接纳 30 个工作站。BNC 连接器连接同轴电缆。中继器用于再生信号，延伸传输距离，最多允许加入 4 个中继器连接 5 段干线，仅允许在 3 段干线上接工作站，即同 10Base5 一样使用 5-4-3-2-1 中继规则。网络干线最大长度可达 1km。

使用细同轴电缆联网时应注意：网卡要带有 BNC 接口；工作站通过 BNC-T 型连接器连入网络；主干线两端必须安装 50Ω 的 BNC 终结器，网络拓宽范围时要用中继器。10Base2 结构如图 4.13 所示。

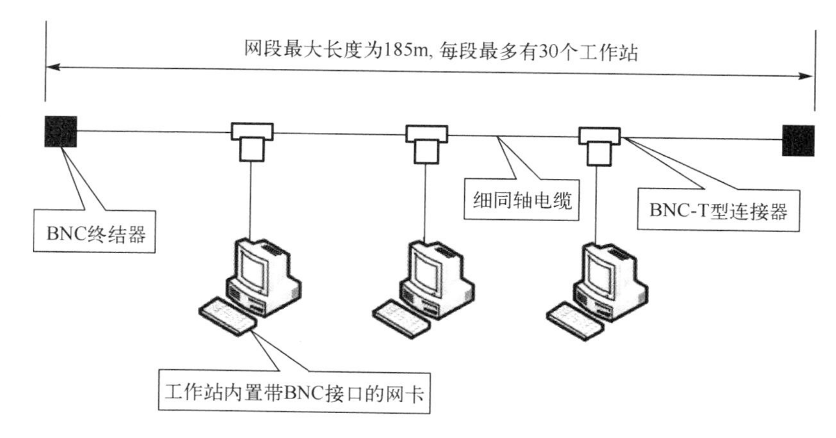

图 4.13　10Base2 结构

（3）10Base-T

继 10Base-5 和 10Base-2 后，20 世纪 80 年代后期出现了 10Base-T。10Base-T 采用星形网络拓扑，以双绞线作为传输介质。在双绞线以太网中，每个工作站必须安装一块能连接双绞线的网卡，网卡内置收发器，每个工作站通过双绞线集中连接到集线器上。集线器的作用类似于一个转发器，它接收来自一条线路上的信号并向其他所有线路转发，尽管从物理上其看是一个星形网络，但在逻辑上仍然是一个总线型网络，各个节点仍然共享逻辑总线，仍使用 CSMA/CD 工作机制进行介质访问控制。使用集线器构建的以太网仍属于同一冲突域。

一个集线器有多个端口，每个端口通过 RJ-45 连接器与工作站上的网卡相连，连接时使用的传输介质是双绞线。集线器上的每个端口都具有接收和发送数据的功能，当某端口接收到数据时，这个端口会将接收到的数据转发给其他所有端口，进而转发给其他所有工作站。当多个端口都接收到数据时，则认为线路发生冲突，集线器随即发送干扰信号，集线器本质是一个多端口的转发器。

10Base-T 的数据传输速率为 10Mbit/s，集线器与网卡之间、集线器之间的最长距离均为 100m。集线器数量最多为 4 个，即任意两节点之间的距离不超过 500m。常见的集线器有 4 端口、8 端口、16 端口、24 端口、32 端口等类型，当网络中节点数量较多、端口不够用时，可通过集线器级联或堆叠来扩充端口。10Base-T 结构如图 4.14 所示。

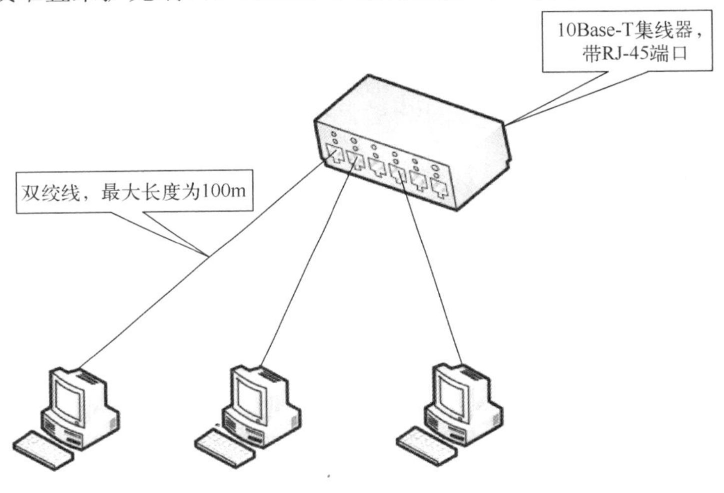

图 4.14　10Base-T 结构

(4) 10Base-F

10Base-F 使用光纤作为传输介质，通常用于远距离网络的连接。采用两根 62.5/125μm 多模光纤，收发各一根，光纤的一端与光收发器连接，另一端与网卡连接。10Base-F 以太网采用星形拓扑；光收发器内置在网卡中时，光纤通过 ST 或 SC 接头与网卡连接；光纤与其他介质可使用介质转换器进行转换，介质转换器是可连接不同介质的中继器。

2. 快速以太网

随着技术的不断发展，10Mbit/s 的速率已不能满足人们的通信要求，1995 年，IEEE 颁布了快速以太网标准 IEEE 802.3u，快速以太网 100Base-T 由标准以太网 10Base-T 发展而来，它保持了与传统以太网相同的以太网帧格式，且保持了传统以太网中的 CSMA/CD 介质访问控制方法，但其速率提高了 10 倍，可支持 100Mbit/s 的数据传输速率，并且支持共享式与交换式两种使用环境，在交换式以太网环境中可以实现全双工通信。

(1) 快速以太网的体系结构

IEEE 802.3u 标准在 LLC 子层使用 IEEE 802.2 标准，在 MAC 子层使用 CSMA/CD 介质访问控制方法，其在物理层做了一些必要的调整，定义了新的物理层标准，介质专用接口（Media Independent Interface，MII）将 MAC 子层与物理层分隔，使得物理层在实现 100Mbit/s 速率时

所使用的传输介质和信号编码方式的变化不会影响 MAC 子层。快速以太网的体系结构如图 4.15 所示。

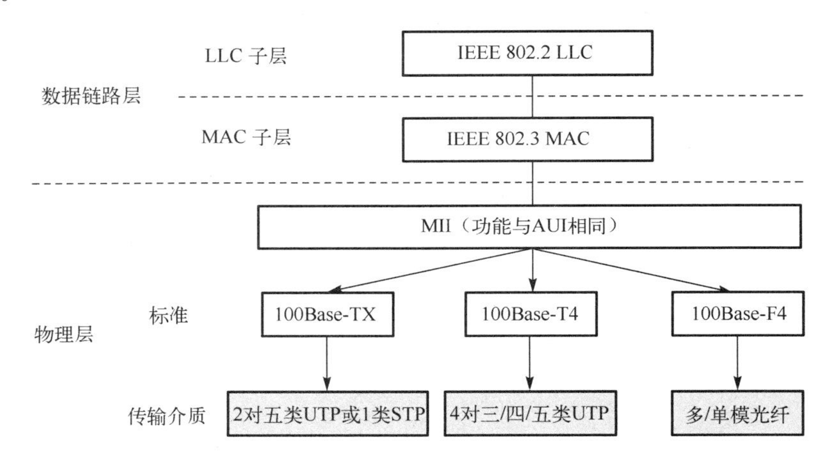

图 4.15 快速以太网的体系结构

(2) 快速以太网的主要特点

快速以太网的数据传输速率是传统以太网的 10 倍，因此快速以太网中的桥接器、路由器和交换机都与传统以太网不同，它们具有更快的数据传输速率和更小的时延。

快速以太网的主要特点如下。

- 协议采用与 10Base-T 相似的层次结构，其中 LLC 子层完全相同，但在 MAC 子层与物理层之间采用了与传输介质无关的接口。
- 数据帧格式与 10Base-T 相同，介质访问控制方式仍然采用 CSMA/CD，传输介质采用非屏蔽双绞线和光纤，数据传输速率为 100Mbit/s。
- 采用星形拓扑，网络节点间最大距离为 205m。
- 采用 FDDI/CDDI 的标准信号设计方案，即 4B/5B 编码技术，在技术上与 CDDI 保持兼容，不使用曼彻斯特编码。
- 使用自适应网卡，完全兼容 10Base-T，能够自动识别 10Mbit/s 和 100Mbit/s，可在 10Mbit/s 和 100Mbit/s 环境下混合使用。
- 支持全双工通信，若要扩展传输距离，需使用网桥或交换机级联。

(3) 快速以太网的标准

为支持各种传输介质，快速以太网定义了 100Base-T4、100Base-TX、100Base-FX 这 3 种不同的物理层标准，不同的标准如表 4.3 所示。

表 4.3 快速以太网的物理层标准

标准	传输介质	网段最大长度(m)	特性	优点
100Base-T4	4 对三/四/五类 UTP	100	100Ω	可以使用 3 类 UTP
100Base-TX	2 对五类 UTP	100	100Ω	支持全双工通信
	2 对 STP	100	150Ω	
100Base-FX	1 对单模光纤	40000	8/125μm	支持全双工、远距离通信
	1 对多模光纤	2000	62.5/125μm	

3．吉比特以太网

吉比特以太网(Gigabit Ethernet，GE，也称千兆位以太网)是一种新型高速局域网。随着多媒体技术、高性能计算机和视频应用等的不断发展，用户对局域网的带宽提出了更高的要求；同时，100Mbit/s 快速以太网也对主干网、服务器的带宽提出了更高的要求。1998 年 6 月，IEEE 802 委员会正式制定了吉比特以太网的标准 IEEE 802.3z。

(1) 吉比特以太网的体系结构

吉比特以太网标准是对以太网技术的再次扩展，其数据传输速率为 1000Mbit/s，即约 1Gbit/s，吉比特以太网基本保持了原有以太网的 CSMA/CD 协议、帧结构和帧长，向下和以太网、快速以太网完全兼容，原有的 10Mbit/s 的标准以太网或 100Mbit/s 的快速以太网可以方便地升级到吉比特以太网。

IEEE 802.3z 标准在 LLC 子层使用 IEEE 802.2 标准，在 MAC 子层使用 CSMA/CD 介质访问控制方法(IEEE 802.3 标准)，在物理层定义了千兆介质专用接口(Gigabit Media Independent Interface，GMII)，该接口将 MAC 子层与物理层分开，使得物理层在实现 1000Mbit/s 速率时所用的传输介质和信号编码方式的变化不会影响 MAC 子层。吉比特以太网标准包括支持光纤传输的 IEEE 802.3z 标准和支持铜缆传输的 IEEE 802.3ab 标准两大部分，其体系结构如图 4.16 所示。

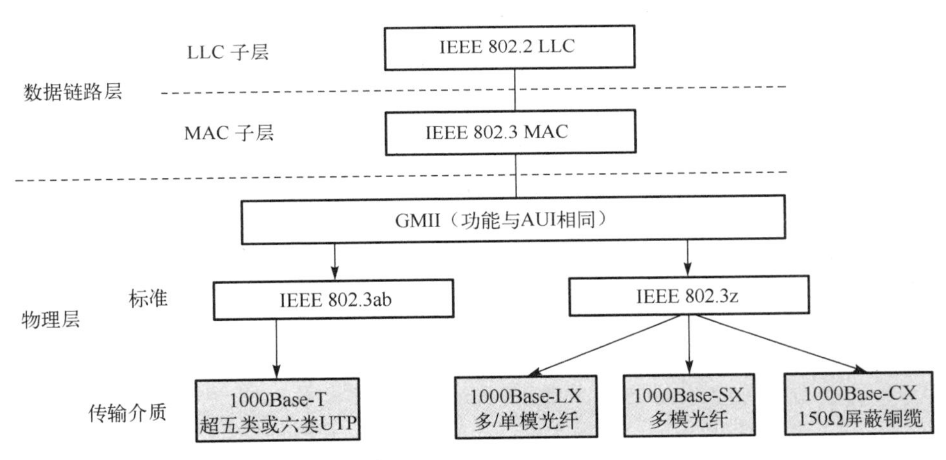

图 4.16　吉比特以太网的体系结构

(2) 吉比特以太网的主要特点

吉比特以太网标准包括两大部分，每部分都有其各自的特点。

IEEE 802.3z 标准的特点：

- 允许在 1Gbit/s 环境下以全双工或半双工模式进行工作。
- 允许使用 IEEE 802.3 标准规定的帧格式。
- 在半双工模式下使用 CSMA/CD 协议，而在全双工方式不使用 CSMA/CD 协议。
- 与 10Base-T 和 100Base-T 技术向下兼容。

IEEE 802.3ab 标准的特点：

- 支持 MAC 帧，与 10Base-T 和 100Base-T 技术向下兼容。
- 很多的 1000Base-T 产品都支持 100Mbit/s、1000Mbit/s 自动协商功能，因此 1000Base-T 可以直接在快速以太网中升级实现。

- 1000Base-T 是一种高性能技术，它每传输 10Gbit 数据，其中错误位不会超过 1 个(误码率低于 11^{-10}，与 100Base-T 的误码率相当)。

(3) 吉比特以太网的标准

吉比特以太网支持多种传输介质，对应不同的物理层标准，如表 4.4 所示。

表 4.4　吉比特以太网的物理层标准规范

标准	传输介质	网段最大长度(m)	特性
1000Base-SX	50μm 多模光纤	550(全双工)	短波长激光
	62.5μm 多模光纤	2750(全双工)	
1000Base-LX	9μm 单模光纤	550(全双工)	长波长激光
	50μm、62.5μm 多模光纤	3000(全双工)	
1000Base-CX	同轴电缆	25	—
1000Base-T	五类 UTP	100	—

(4) 吉比特以太网的组网应用

吉比特以太网可作为现有网络的主干网，也可在高带宽(高速率)的应用场合中(如医疗图像或 CAD 的图形等)用来连接计算机和服务器。吉比特以太网交换机可以直接与多个图形工作站相连，也可作为 100Mbit/s 以太网的主干网，与百兆比特或吉比特交换机相连，然后再和大型服务器连接在一起，它可以很容易的实现 FDDI 主干网的升级。吉比特以太网的应用示例如图 4.17 所示。

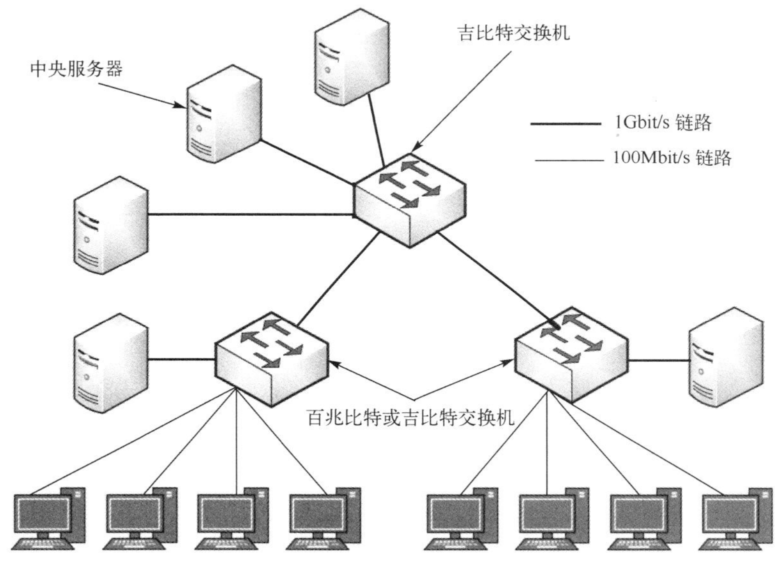

图 4.17　吉比特以太网的应用示例

4. 10 吉比特和 100 吉比特以太网

10 吉比特以太网的数据传输速率为 10Gbit/s，不仅再次扩展了以太网的带宽和传输距离，而且将以太网从局域网领域渗透到城域网。10 吉比特以太网采用 IEEE 802.3ae、IEEE 802.3ak、IEEE 802.3an 标准，仍然保持以太网的帧格式，有利于网络升级改造及与低速率的以太网之间的互联互通。

(1) 10吉比特以太网的体系结构

10吉比特以太网的体系结构与吉比特以太网类似，但它既支持局域网也支持广域网，局域网与广域网物理层的数据传输速率不同，局域网的数据传输速率是10Gbit/s，而广域网的数据传输速率是9.58464Gbit/s。两种速率的物理层共用一个MAC子层，MAC子层的工作速率是按10Gbit/s设计的。因此，10吉比特以太网采用一种调整策略，通过10G介质专用接口(10 Gigabit Media Independent Interface，10GMII)，将MAC子层的工作速率降低到9.58464Gbit/s，使其能与物理层的数据传输速率匹配。

10吉比特以太网与以太网原有技术有很大不同，主要表现在物理层实现方式、帧格式、工作速率及适配策略等方面。

(2) 10吉比特以太网的主要特点

10吉比特以太网的主要特点如下。

- 保持了IEEE 802.3帧格式不变。
- 保持了IEEE 802.3帧长度不变，包括最小帧长和最大帧长。
- 既支持星形网络拓扑结构，又支持点到点连接和星形结构相结合。
- 只工作在全双工模式下，不存在信道争用的问题，不再使用CSMA/CD协议，故传输效率大大提高。
- 定义了两种物理层标准，即局域网PHY标准和广域网PHY标准，使用局域网PHY标准时支持的数据传输速率是10Gbit/s，使用广域网PHY标准支持9.59Gbit/s的数据传输速率，且支持光纤通道技术速率体系SONET/SDH的OC-192/STM-64的标准。
- 不支持自动协商，自动协商功能虽然能方便用户，但在实际使用中被证明是造成连接性障碍的主要原因，去除自动协商简化了故障的查找。
- IEEE 802.3ae标准仅使用光缆作为传输介质，使用单模光纤进行长距离传输，以便能够在广域网和城域网的范围内工作。

(3) 10吉比特以太网的标准

10吉比特以太网采用IEEE 802.3ae、IEEE 802.3ak、IEEE 802.3an标准，根据每种标准支持的传输介质不同，对应有不同的物理层标准，如表4.5所示。

表4.5 10吉比特以太网的物理层标准

标准	传输介质	网段最大长度	特性
10GBase-SR	光纤	300m	多模光纤(0.85μm)
10GBase-LR	光纤	10km	单模光纤(1.3μm)
10GBase-ER	光纤	40km	单模光纤(1.3μm)
10GBase-CX4	铜缆	15m	使用4对双芯同轴电缆
10GBase-T	铜缆	100m	使用4对6A类UTP双绞线

以太网的发展速度很快，继10吉比特以太网之后，40吉比特/100吉比特以太网的标准IEEE 802.3ba-2010于2010年6月公布。表4.6给出了40吉比特/100吉比特以太网的物理层标准。

同10吉比特以太网类似，40吉比特/100吉比特以太网仍然保持了以太网的帧格式及IEEE 802.3标准规定的以太网的最小和最大帧长，且只工作在全双工模式下，不使用CSMA/CD协议。

表 4.6　40 吉比特/100 吉比特以太网的物理层标准

40 吉比特以太网标准	100 吉比特以太网标准	物理层特性
40GBase-KR4	—	在背板上传输至少超过 1m
40GBase-CR4	100GBase-CR10	在铜缆上传输至少超过 7m
40GBase-SR4	100GBase-SR10	在多模光纤上传输至少 100m
40GBase-LR4	100GBase-LR4	在单模光纤上传输至少 10km
—	100GBase-ER4	在单模光纤上传输至少 40km

4.3　网络互联

微课视频

4.3.1　网络互联概述

网络互联是指将两个及两个以上的分布在不同地理位置的通信网络通过一定的方法，用一种或多种网络通信设备相互连接起来，以构成更大的网络系统，从而实现不同网络中的用户相互通信和资源共享。

1．网络互联的类型

互联的网络可以是同种类型的网络，也可以是不同类型的网络，以及运行不同网络协议的各种设备和系统。根据互联的计算机网络类型，网络互联大致可以分为以下 3 种主要形式。

(1) 局域网与局域网互联

局域网与局域网互联是最常见的一种网络互联类型，常用于公司或单位内部网络用户数量较多时。若单个网段上的计算机数量较多，则会使通信效率明显下降，需要增设网段以分担通信负荷，因此产生了不同局域网段之间的互联问题，一个单位的内部网络通常存在多个局域网。

局域网与局域网互联常用的互联设备有集线器、二层交换机和路由器。

集线器用于不同局域网的连接，实现的是多个局域网的合并，不具有减小冲突域和隔离广播域的作用。

二层交换机用于不同局域网的连接，也可以实现多个局域网的合并，虽然扩大了广播域，但可以减小冲突域，配合使用 VLAN 技术，可以在一定程度上隔离广播域。

路由器用于不同局域网的连接，可实现真正意义上的局域网互联，既可以减小冲突域，又可以隔离广播域。

随着网络技术的发展，一个单位内部往往存在多个局域网。路由器端口数量有限且路由速率较慢等问题限制了网络的规模和访问速率，三层交换机应运而生。三层交换机兼具路由和交换功能，其最重要的目的是加快大型局域网内部的数据交换速率，其所具有的路由功能也是为这一目的服务的，具有路由转发速率快、端口数据多等特点，越来越受到大中型局域网用户的青睐。

局域网与局域网互联时，一般要求速率高、覆盖面积较小，往往由用户自己铺设或租用专用线路来实现。

(2) 局域网与广域网互联

局域网与广域网互联是目前常见的网络互联类型之一，是用户接入互联网的重要方法，它可以将局域网内部的主机接入广域网，扩大数据通信的联通范围，扩大的范围可以超越城市甚至国界，形成世界范围内的数据通信网络。

局域网与广域网互联常用的互联网设备有路由器和网关。同时，在局域网与局域网互联的场景中，当互联的局域网分布的地理位置范围过大时，就可以借助于广域网技术进行互联，因此也形成了局域网与广域网互联模式。

(3) 广域网与广域网互联

广域网与广域网互联可以形成更大的广域网，一般在政府的通信部门或国际组织间进行，常用的互联设备有路由器和网关。若互联的广域网为异种广域网，则互联设备还需支持异种广域网的协议和介质。

2. 网络互联的层次

网络互联具有很强的层次性，不同层次的互联所解决的问题和实现方式都不一样，依据网络的层次模型，当两个网络互联时，要选择一个相同的协议层作为互联的基础。在 OSI 参考模型中，可将互联层次分为物理层、数据链路层、网络层和传输层及以上高层，层次不同，所使用的互联设备也不一样，包括中继器、集线器、网桥、交换机、路由器、网关等，OSI 参考模型不同层次所使用的互联设备对应关系如图 4.18 所示。

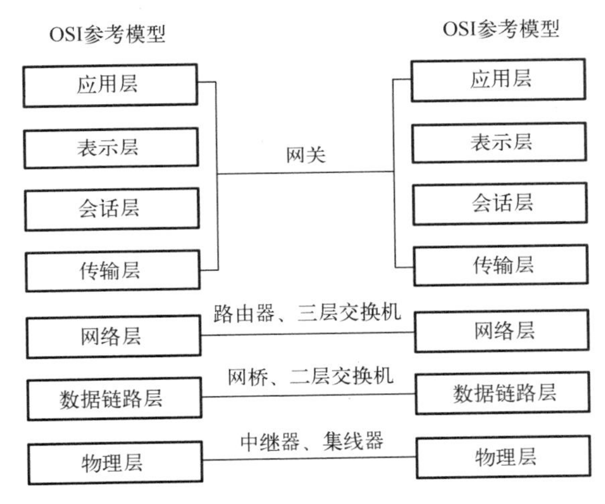

图 4.18 OSI 参考模型不同层次所使用的互联设备对应关系

(1) 物理层互联

物理层是以比特流的形式传输数据信息的，其主要目的是通过在不同的传输介质中转换和传输数据以扩大网络的传输范围。物理层互联主要是指将分布在不同地理范围内的各局域网互联，它要求所连接的各网络的数据传输速率和数据链路层协议必须相同。常见的物理层互联设备有中继器和集线器，中继器的主要作用是信号的放大与再生，以便延伸局域网的长度。

(2) 数据链路层互联

数据链路层是以帧为单位传输数据信息的，主要对数据帧进行数据接收、地址过滤和存储转发，可以实现多个网络系统之间的数据交换。常见的数据链路层互联设备有网桥和二层交换机。

(3) 网络层互联

网络层互联主要解决路由选择、拥塞控制、差错处理和分段技术等问题。常见的网络层互联设备有路由器、三层交换机。

当网络层互联时，网络层及其下层的协议既可以相同也可以不同，若网络层协议相同，则互联主要解决路由选择的问题，若网络层协议不同，则还需要解决不同协议间的相互转换问题，

需要使用多协议路由器。

(4) 传输层及以上高层互联

传输层及以上高层解决的是端到端通信的问题，由于它们没有统一的标准协议，因此高层互联是非常复杂和多样化的，但高层互联的核心是实现不同协议间的转换，为不同网络体系间提供互联接口。高层的互联设备是网关，网关的种类很多，但高层互联使用的网关大部分是应用层网关。

4.3.2 网络互联设备

网络互联设备是实现网络互联的关键，是网络通信环境的底层支撑，也是实现网络数据传输的基础。常见的网络互联设备有中继器、集线器、网桥、交换机、路由器和网关等。本节将简要介绍各网络互联设备的基础功能及使用。

1. 中继器

中继器(Repeater)又称为转发器，工作在 OSI 参考模型中的物理层中，是局域网互联用到的最简单的设备。由于存在损耗，因此信号在物理线路上传输的过程中会随着信道的增长而衰减，中继器的主要功能是信号的放大与再生，完成信号的复制、调整和放大还原，避免信号失真带来的接收错误，延长信号的传输距离。

中继器的主要优点是安装简单、使用方便、价格相对低廉，不仅可以起到扩展网络范围的作用，还能将不同传输介质的网络连接在一起。但中继器不具有差错检测和纠正功能，也不能隔离冲突，通过中继器连接在一起的网络逻辑上是同一网络。中继器的工作原理如图 4.19 所示。

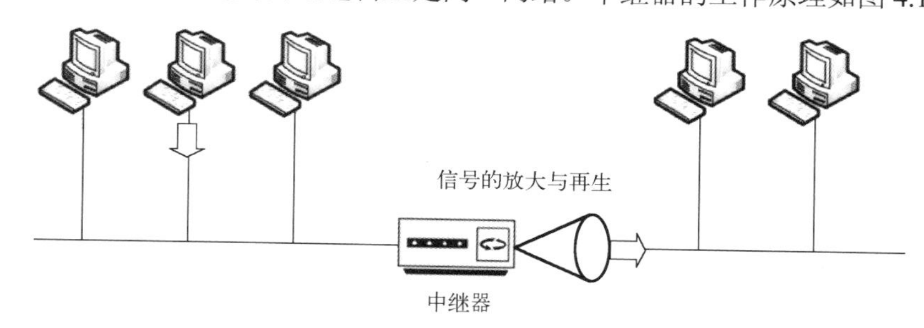

图 4.19 中继器的工作原理

2. 集线器

集线器是一个多端口的中继器(转发器)，工作在 OSI 参考模型中的物理层中。集线器具有多个端口，可以采用星形拓扑以自身为中心连接网络节点，对接收到的信号进行放大与再生，以延长信号的传输距离。如前所述，集线器一般有 4 端口、8 端口、16 端口、24 端口、32 端口几种类型，通过这些端口为相应数量的计算机提供中继功能。

集线器在传统以太网中应用最为广泛，传统以太网是典型的广播式局域网，集线器以“广播”的形式传输数据。当一个节点要将数据发送给另一个节点时，集线器会将信息广播给其他所有节点。其他所有节点接收到这条广播信息后，对信息进行检查，若发现该数据是发给自己的，则接收，否则不予理睬。

集线器是一种共享式设备，无论它有多少个端口，这些端口都共享同一信道，且同一时刻只有两个端口能通信，它工作在半双工模式下。在以太网中解决信道争用问题采用本章 4.1.4

节所描述的 CSMA/CD 介质访问控制方法。随着网络中节点数量的增多，网络的效率势必会大大降低，因此采用集器线组网的节点数量不宜过多。随着网络交换技术的发展，集线器正逐步被交换机所取代。集线器的工作原理如图 4.20 所示。

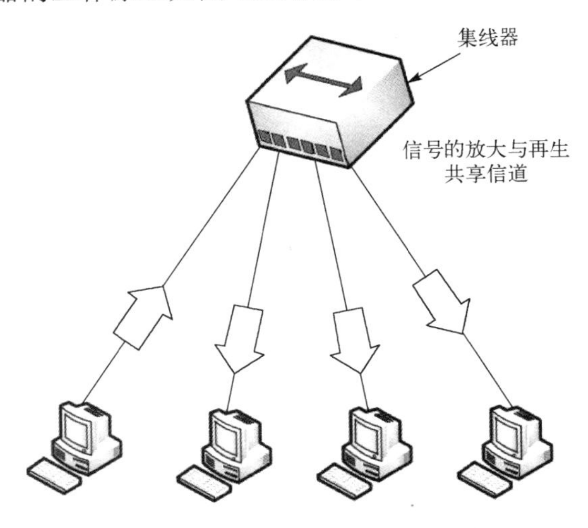

图 4.20　集线器的工作原理

3. 网桥

网桥(Bridge)又称为桥接器，工作在 OSI 参考模型中的数据链路层中。在使用集线器连接的网络拓扑中，当网络中节点数量增多时，网络的效率及性能急剧下降，因此必须对网络进行分段，以减少每段网络中的用户量和信息量，网桥就是一种可以对网络进行分段的设备。

网桥在数据链路层对数据帧进行存储转发，根据数据帧的目的地址处在哪一网段对其进行转发和过滤。使用网桥连接的网段从逻辑上看是一个网络，即网桥可以将两个以上独立的物理网络连接在一起，组成一个逻辑局域网。

(1) 网桥的工作原理

网桥的内部结构中有站表，用于存放各节点地址和对应端口的映射关系。站表是通过网桥的自学习功能逐步建立起来的，故当网桥加入网络中时，不需要人工配置站表，其工作原理图图 4.21 所示。

当网桥收到节点发来的数据帧时，会将数据帧的源地址与站表中的数据进行比较，若源地址不在站表中，则将源地址与收到该数据帧的端口号的映射写入站表。

网桥对收到的数据帧的目的地址与站表中的数据进行比较，若目的地址不在站表中，则网桥将该数据帧广播出去；若目的地址在站表中，则比较目的地址对应的端口号与源地址对应的端口号是否一致，若一致，则直接丢弃该数据帧，若不一致，则接收该数据帧并将其从目的地址对应的端口转发出去。

(2) 网桥的分类

按网桥的产品特性，可以使用不同的分类方式对网桥进行分类。

按照连接局域网距离的不同，可以将网桥分为本地网桥和远端网桥。

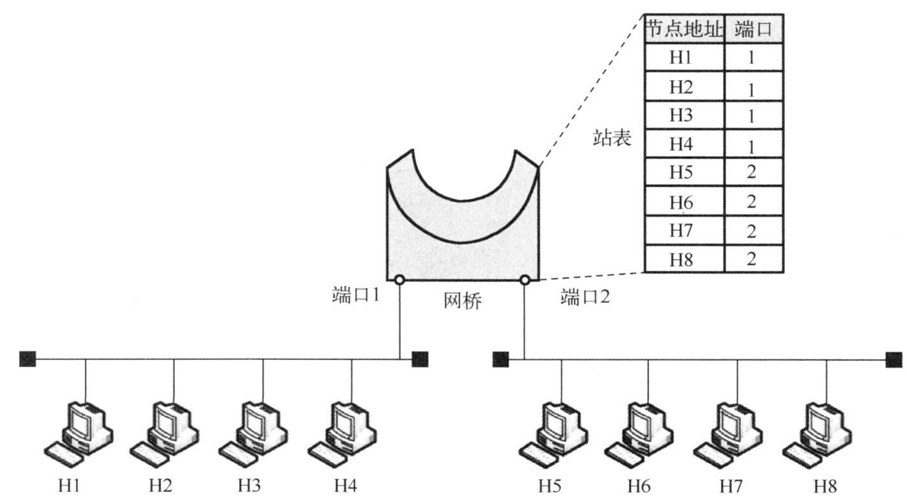

图 4.21　网桥的工作原理

本地网桥在同一区域中为多个局域网段提供直连功能，而远程网桥则需要通过电信线路将分布在不同区域的局域网段互联。

按照网桥的转发策略的不同，可以将网桥分为透明网桥和源路由网桥。

透明网桥对节点完全透明，用户感觉不到它的存在，也无法对网桥进行寻址，所有的路由选择全部由网桥自己处理，当网桥接入网络后，它能自动初始化并通过自学习的功能完善路由配置。

源路由网桥由发送数据帧的源节点负责路由选择。网桥假定每个节点在发送数据帧时，都已经清楚地知道发往各个目的节点的路由，源节点在发送数据帧时将详细的路由信息放在帧的首部，网桥只是按要求进行处理。

透明网桥一般用于连接以太网段，而源路由网桥则一般用于连接令牌环网段。

(3) 网桥的优缺点

网桥对数据帧的处理是通过存储转发实现的，相比于集线器而言既有优点也有缺点，其优点如下。

- 使用网桥进行互联克服了物理限制，这意味着构成局域网的数据站总数和网段数很容易扩充。
- 网桥纳入存储转发功能可使其适应于连接使用不同 MAC 协议的两个局域网，构成一个不同局域网连在一起的混合网络环境。
- 网桥的中继功能仅仅依赖于 MAC 帧的地址，因此对高层协议完全透明。
- 网桥将一个较大的局域网分成段，有利于改善可靠性、可用性和安全性。

网桥的缺点有：由于网桥在执行转发前先接收帧并进行缓冲，因此其与中继器相比会引入更多时延。由于网桥不提供流控功能，因此在流量较大时其有可能过载，从而造成帧的丢失。

随着技术的发展，网桥现已被具有更多端口且能隔离冲突域的交换机所取代。

4．交换机

交换机(Switch)也是网络中的一种集线设备，其本质是一个多端口的网桥。以交换机为主要连接设备的网络称为交换式网络，解决了以集线器为主要连接设备的共享式网络通信效率低、网络带

宽不足和网络不易扩展等问题，从根本上改变了传统的网络结构，解决了带宽瓶颈的问题。

作为一种交换式设备，交换机工作在 OSI 参考模型中的数据链路层中，是一种基于 MAC 地址识别且能封装及转发数据帧的网络互联设备。交换机的每个端口能为与之相连接的节点提供专用的带宽，使每个节点独享信道。交换机式以太网的结构如图 4.22 所示。

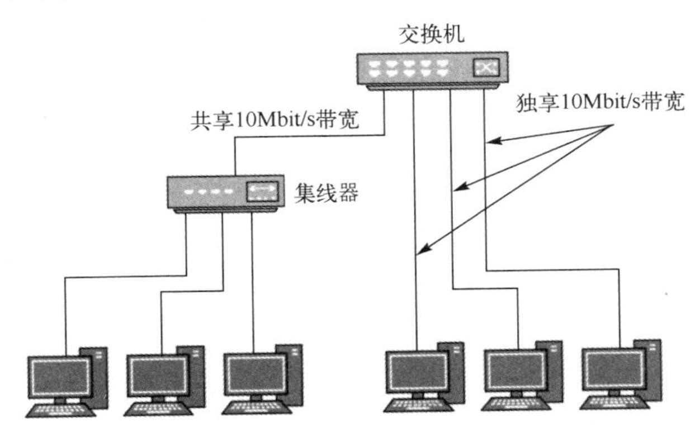

图 4.22 交换机式以太网的结构

(1) 交换机的工作原理

交换机内部有一张类似于网桥站表功能的MAC地址表，用于记录接入交换机节点的MAC地址与端口号的映射。MAC 地址表的映射可以通过以下两种方式生成。

- 手工配置(静态MAC地址表)，即通过配置命令手工指定MAC地址和端口的对应关系。
- 动态学习获得(动态 MAC 地址表)，交换机通过查看接收的每个数据帧来学习生成该表。

手工配置 MAC 地址表会占用管理员大量的时间，且当网络拓扑发生变化时无法及时更新，因此通常情况下交换机是通过动态学习获得 MAC 地址表的。交换机转发数据帧的原则如下。

- 在收到数据帧后，查找 MAC 地址表，若查找到数据帧目的 MAC 地址的映射，则从该映射所对应的端口转发出去。
- 若在MAC地址表中查不到数据帧目的MAC地址的映射，则向所有其他端口广播该数据帧。

MAC 地址表的学习过程如下。

- 在初始情况下，交换机的 MAC 地址表是空的。
- 当交换机收到工作站发来的第 1 个数据帧后，由于 MAC 地址表中没有数据帧目的 MAC 地址的映射条目，因此向所有端口转发该数据帧，同时将该数据帧的源 MAC 地址和接收该数据帧的端口映射写入 MAC 地址表。
- 后续当收到其他数据帧时，交换机仍然会检查 MAC 地址表，若 MAC 地址表中有数据帧目的 MAC 地址对应的映射，则根据映射规则从对应的端口单播转发数据帧，若没有，则向其他所有端口广播数据帧，将该数据帧的源 MAC 地址和接收该数据帧的端口映射写入 MAC 地址表，直至所有端口和对应的 MAC 地址映射都学习完成，便进入稳定的转发状态，交换机的 MAC 地址表学习结果如图 4.23 所示。

需要指出的是，通过交换机自动学习到的 MAC 地址条目有默认的老化时间，通常是 300 秒，从一个地址记录加入 MAC 地址表后开始计时，如果在老化时间内各端口未收到源 MAC 地址为该 MAC 地址的数据帧，那么，这些 MAC 地址映射将从动态 MAC 地址表中被删除。静态 MAC 地址表不受地址老化时间的影响。

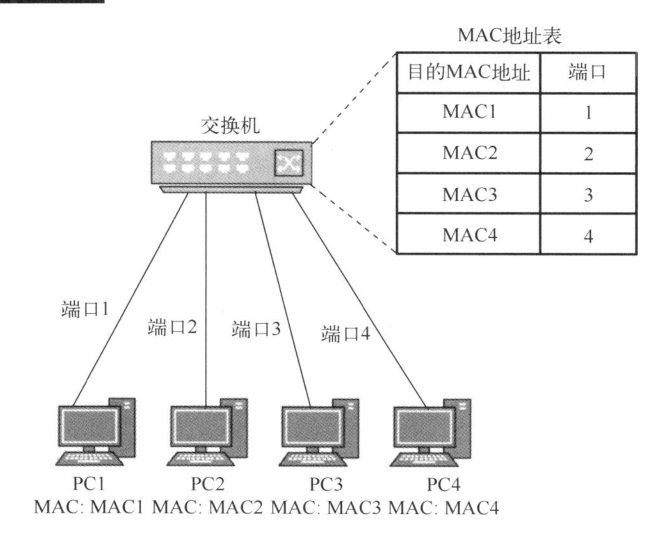

图 4.23　交换机的 MAC 地址表学习结果

(2) 交换机的转发方式

交换机的转发方式可以分为直接交换、存储转发交换和改进的直接交换 3 类。

- 直接交换：交换机边接收边检测，一旦检测到目的 MAC 地址字段，就将数据帧传输到相应的端口中，不检测数据帧是否出错。差错检测由节点主机完成。这种交换方式延迟时间短，但缺乏差错检测能力，不支持不同输入/输出速率端口之间的数据转发。
- 存储转发交换：交换机首先完整地接收数据帧，并对数据帧进行差错检测。若接收数据正确，则根据目的 MAC 地址确定输出端口号，将数据帧转发出去。这种交换方式具有差错检测能力，支持不同输入/输出速率端口之间的数据转发，但交换延迟时间较长。
- 改进的直接交换：是前两种数据转发方式的结合。当接收到数据帧的前 64 字节后，判断数据帧的首部字段是否正确，若正确，则转发出去。对于短数据，交换延迟时间与直接交换方式比较接近；对于长数据，由于只对数据帧首部的主要字段进行差错检测，交换延迟时间缩短。

(3) 交换机的特点

交换机的特点如下。

- 端口独享带宽。端口速率为 100Mbit/s 的交换机每个端口连接的线路都独享 100Mbit/s 带宽，可以使用全双工的通信模式，提高了网络性能。
- 多用户可以点对点通信。允许同时建立多对收、发信道。提高了每个节点的平均占用带宽能力，并提供网络整体的集合带宽。
- 端口速率可灵活配置。交换机允许节点按照自身需求灵活配置端口速率，且支持端口自适应配置。
- 方便管理。交换机支持 VLAN 技术，以软件的方式划分逻辑工作组，便于管理网络中的设备。
- 兼容传统网络设施。交换机可以和集线器搭建的网络基础设施兼容，从共享式以太网过渡到交换式以太网时可替代集线器，实现网络的无缝连接。

5．三层交换机

交换机虽然分割了以太网的冲突域，但整个网络仍然处于同一广播域中，使用 VLAN 技术可以分割以太网的广播域，限制广播信息流，但 VLAN 之间无法通信。随着 VLAN 互访需求的不断增加。单纯使用路由器来实现互访，不但路由器的端口数量有限且价格昂贵，从而增加了局域网的建设成本，而且路由器对 IP 分组的转发是通过软件方式实现的，速率较慢，从而限制了网络的规模和访问速率。

基于这种情况，三层交换机应运而生，三层交换机是为 IP 设计的，端口类型简单，拥有很强的二层包处理能力，非常适用于大型局域网内的数据路由与交换，它既可以工作在协议第三层替代或完成部分传统路由器的功能，又几乎具有第二层交换的速率，且价格相对便宜。经过多年的发展，三层交换机已成为接入骨干网中的重要设备。

三层交换机的工作原理如下：三层交换机兼具交换及路由的功能，内部有路由表及 MAC 地址表。当接收到一个数据包时，三层交换机对数据包进行分析，判断该数据包中的目的 IP 地址与源 IP 地址是否属于同一网段，若两个 IP 地址属于同一网段，则直接通过二层交换模块转发数据包；若两个 IP 地址不在同一网段，则将该数据包交给三层路由模块。三层路由模块在收到数据包后，首先在内部路由表中查看该数据包的目的 MAC 地址与目的 IP 地址间是否存在对应关系，若存在对应关系，则转回二层交换模块进行转发；若没有对应关系，则三层路由模块对数据包进行路由处理，将该数据包的 MAC 地址与 IP 地址映射记录添加到内部路由表中，然后再将数据包交给二层交换模块进行转发。

三层交换机的路由模块没有采用路由器的最长地址掩码匹配的方法，而是使用了精确的地址匹配方法处理，这样有利于硬件实现快速查找。它采用了高速缓存的方法，将经常使用的主机路由放到了硬件查找表中，只有在高速缓存中无法匹配的项目才会通过软件转发，因此大大地提高了局域网的访问速率。

6．路由器

路由器工作在 OSI 参考模型中的网络层中，是进行网络互联的关键设备。它可以将各种局域网和广域网连接在一起，构成大型的交换网络。从宏观角度出发，可以认为通信子网是由路由器组成的网络，可以通过复杂的路由选择算法实现不同类型(如以太网、令牌环网、ATM 网、FDDI 网)的局域网互联。路由器也可用来实现局域网与广域网、广域网与广域网互联。路由器具有很强的异种网互联能力，互联的两个网络最低两层协议可以互不相同，路由器通过驱动软件端口使其在第三层得到统一。从应用上看，路由器有内部路由器与边界路由器之分。内部路由器的主要作用是将不同的网段连接起来，或对不同网络操作系统上运行的不同协议进行转换，以实现异构互通。边界路由器以同步方式或异步方式通过专线、公共网接入 Internet，或实现局域网到局域网的连接。

(1) 路由器的功能

路由器的功能如下。

- 地址映射。路由器在网络层实现互联，它根据 IP 数据报的目标 IP 地址转发数据报，在转发过程中实现网络地址与子网物理地址间的映射。
- 数据转换。路由器可以互联不同类型的网络等。不同类型网络所传输数据的帧格式和大小不相同，把数据从一种类型的网络传输到另一种类型的网络中时，必须进行帧格式转换。例如，路由器把一个以太网和一个令牌环网连接在一起，当这两个网络交换

信息时，需要进行数据帧格式的转换。当以太网上的主机发送数据时，用以太网的帧格式对IP数据报进行封装，发送到路由器中；路由器在转发帧之前，根据端口所在的网络类型将数据封装成令牌环网的帧格式进行传输。路由器需要解决数据帧的分段和重组问题。

- 路由选择。在路由器互联的各个网络间传输数据时，需要进行路由选择。每台路由器组织一个独立的路由表，根据路由表选择最佳路径进行转发。对IP数据报的每个目的网络，路由表给出应该送往的下一个路由器地址，以及到达目的主机的步数。
- 更强的隔离功能。可以根据路由器地址和协议类型，或根据网络号、主机网络地址、子网掩码、数据类型来监控、拦截和过滤信息，以提高网络的安全性能。
- 流量控制。路由器具有很强的流量控制能力，可以采用优化的路径算法均衡网络负载，从而有效地控制拥塞，避免拥塞造成网络性能的下降。
- 提高网络的安全保密性。路由器连接的网络是彼此独立的子网，独立的子网便于网络的管理，也提高了网络的安全和保密性。在路由器上还可以实现防火墙技术等。

(2)路由器的工作原理

路由器的主要工作是为经过路由器的每个IP数据报寻找一条最佳传输路径，并将该IP数据报传输到目的主机中。为了完成这项工作，路由器内部会维护一张路由表，路由表中会详细记录每条路由的目的地址、子网掩码、路由条目的优先级、路由开销、路由信息的来源、输出端口、下一跳IP地址信息，路由表项各字段的作用如表4.7所示。

表4.7 路由表项各字段的作用

路由表项字段	作用
目的地址	标识IP数据报的目的地址或者目的网络
子网掩码	与目的地址一起标识目的主机或者路由器所在的网段的地址
路由条目的优先级	标识路由加入路由表的优先级。可能到达一个目的地有多条路由，但是优先级的存在让它们先选择优先级高的路由进行转发
路由开销	当到达一个目的地的多条路由优先级相同时，路由开销最小的将成为最优路由
路由信息的来源	路由表可以由管理员手动建立(静态路由表)，也可以由路由选择协议自动建立并维护
输出端口	说明IP数据报将从该路由器哪个端口转发
下一跳IP地址信息	说明IP数据报要经过的下一台路由器

路由表中路由分为3类。

- 数据链路层协议发现的路由(是直连路由)。
- 静态路由。
- 动态路由协议发现的路由。

路由器在收到数据报后，会查找路由表，若路由表中存在到目的IP地址的路由，则根据对应路由条目的输出端口和下一跳IP地址信息，将其从路由器的端口转发至下一跳；若不存在到目的IP地址的路由，但存在默认路由，则直接交由默认路由转发，否则直接丢弃该数据报。

7. 网关

网关(Gateway)又称网间连接器、协议转换器。网关在网络层以上实现网络互联，是复杂的网络互联设备，仅用于两个高层协议不同的网络互联。网关既可以用于广域网互联，也可以用于局域网互联。网关是一种承担转换重任的计算机系统或设备，使用在通信协议、数据格式

或语言不同，甚至体系结构完全不同的两种系统之间，网关是一个翻译器，是当数据从一个网发送到另一个网时要经过“协商”的设备。与网桥只是简单地转发数据不同，网关对接收到的数据要重新打包，以适应目的系统的需求。

网关工作在 OSI 参考模型的传输层及以上的所有层中，它是通过重新封装数据来使它们能够被另一种系统处理的，因此网关还必须能够同各种应用进行通信，包括建立和管理会话、传输及解析数据等。事实上，现在的网关已经不能完全归为一种网络硬件，可以概括为能够连接不同网络的软件和硬件的结合产品。

按照不同的标准可以将网关分成不同的类型。

按连接网络划分为局域网/主机网关、局域网/局域网网关和 Internet/局域网网关。

- 局域网/主机网关：局域网/主机网关主要在大型计算机系统和个人计算机之间提供连接服务。
- 局域网/局域网网关：这种网关与局域网/主机网关很类似，不同的是这种网关主要用于连接多个使用不同网络协议或数据传输格式的局域网。目前大多数网关都是属于这种网关。
- Internet/局域网网关：这种网关主要用于局域网和 Internet 间的访问和连接控制。

按产品功能划分为数据网关、应用网关和安全网关。

- 数据网关：数据网关通常在多个使用不同网络协议及数据传输格式的网络间提供数据转换功能。
- 应用网关：应用网关是在使用不同数据传输格式的环境中，进行数据翻译功能的专用系统。
- 安全网关：安全网关是各种提供系统（或者网络）安全保障的硬件设备或软件的统称，它是各种技术的有机结合，保护范围为从低层次的协议数据到高层次的具体应用。

网关连接不同体系的网络结构时，只能针对某一特定应用而言，不可能有通用的网关，因此网关一般只适用于某一特定应用系统的协议转换。

4.3.3 路由协议

路由协议一般使用路由选择算法来生成路由表信息。路由协议分为静态路由协议和动态路由协议。静态路由协议由管理员手动建立所有的路由表项，其特点是配置简单且开销较小，但不能及时适应网络环境的变化，只适用于简单的小型网络。动态路由协议可以根据收到的路由更新信息，动态地计算路由并更新路由条目，其特点是能很好地适应网络环境的变化，但实现比较复杂且开销较大，故适用于复杂的大型网络。

互联网采用的路由协议主要是动态路由协议，基于以下两方面的原因，互联网采用分层次的路由协议。

- 互联网的规模非常庞大，连接的路由器非常多，若让每台路由器都记录所有的路由信息，则路由表会变得非常庞大且处理路由信息时也会耗费大量的时间与资源，且这些路由器在进行路由信息交换时必然会占用大量的网络带宽。
- 出于安全方面的考虑，所有企业在接入互联网时并不希望外界知道自己内部的路由信息及所使用的路由协议。

因此，互联网把整个网络划分为许多较小的自治系统（Autonomous System，AS）。自治系统是由单一实体进行控制和管理的路由器的集合。一个自治系统中的所有路由器必须相互连

接，运行相同的路由协议，在自治系统内部的路由更新被认为是可信和可靠的。一个自治系统对其他自治系统表现出的是单一的、一致的路由选择策略。目前根据自治系统对路由协议进行分类，大致可以为内部网关协议和外部网关协议，自治系统与路由协议分类的关系如图 4.24 所示。

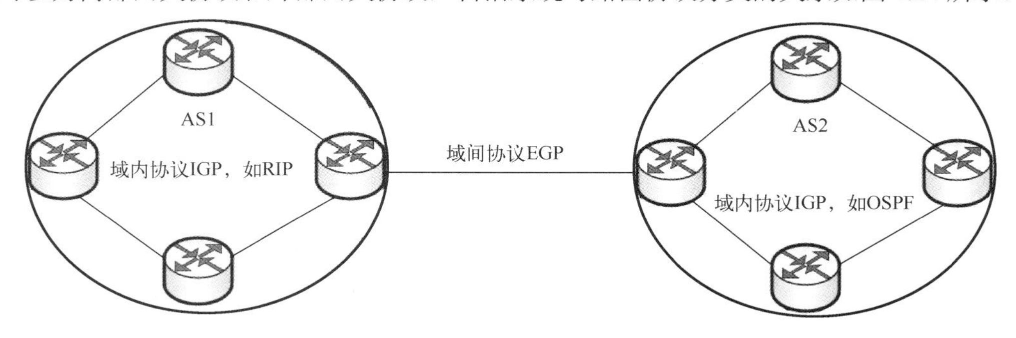

图 4.24　自治系统与路由协议分类的关系

- 域内协议，即内部网关协议(Interior Gateway Protocol，IGP)，具体的协议有多种，包括 RIP、OSPF 和 IS-IS 等。
- 域间协议，即外部网关协议(Exterior Gateway Protocol，EGP)，只有一种，即 BGP。

IGP 被用在一个自治系统内部的路由器上，主要用于计算自治系统内部的路由；EGP 被用在多个自治系统之间的路由器上，用于计算不同自治系统之间的路由。本节主要介绍内部网关协议 RIP 及 OSPF，这两种协议都是分布式路由协议，它们的共同点是运行路由协议的每台路由器都要不间断地和其他路由器交换路由信息，直到最终完成全网络由信息的交换，形成路由表。

1．RIP

RIP(Routing Information Protocol)，即路由信息协议，是一种分布式的基于距离矢量的路由选择协议，其最大的优点是简单。RIP 基于“距离”即“跳数”判定最优路由，每经过一台路由器，跳数就加 1，它认为好的路由就是到目的路由器跳数最少的路由，且允许的最大跳数为 15 跳，跳数为 16 时就认定路由不可达，因此 RIP 只适用于小型网络互联。

RIP 的基本工作原理是相邻的路由器之间周期性地交换路由表，路由器根据接收到的信息建立自己的路由表，再将路由表传递到其相邻路由器中，各路由器根据接收到的路由表信息更新自己的路由表。RIP 工作原理如图 4.25 所示。

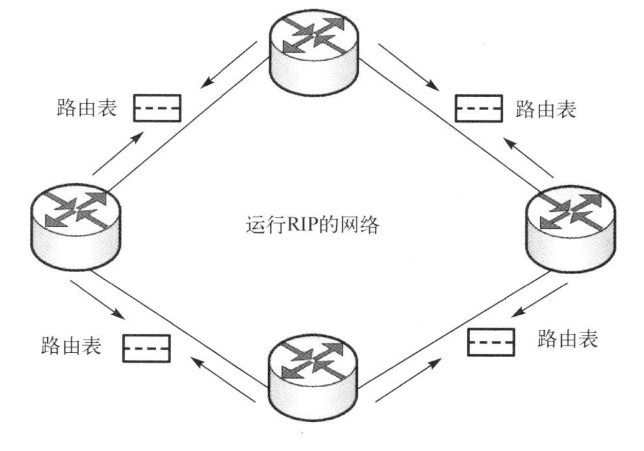

图 4.25　RIP 工作原理

RIP 的特点包含以下 3 方面。

- 仅相邻路由器之间交换路由信息。
- 路由器交换的信息是当前路由器的所知的全部信息，即当前的路由表，实际是到所有网络的距离及下一跳。

● 路由信息周期性的交换，如每隔 30s 交换一次。当网络拓扑结构发生变化时，路由器也及时地向相邻路由器通告这一拓扑结构的变化。

2. OSPF

OSPF(Open Shortest Path First)，是基于链路状态的协议。其与 RIP 不一样的地方在于，所有运行 OSPF 的路由器交换链路状态信息，形成链路状态数据库(Link State Database，LSDB)，然后通过算法生成各自的最短路径树，每台路由器再根据各自的最短路径树计算出路由表，OSPF 工作原理如图 4.26 所示。

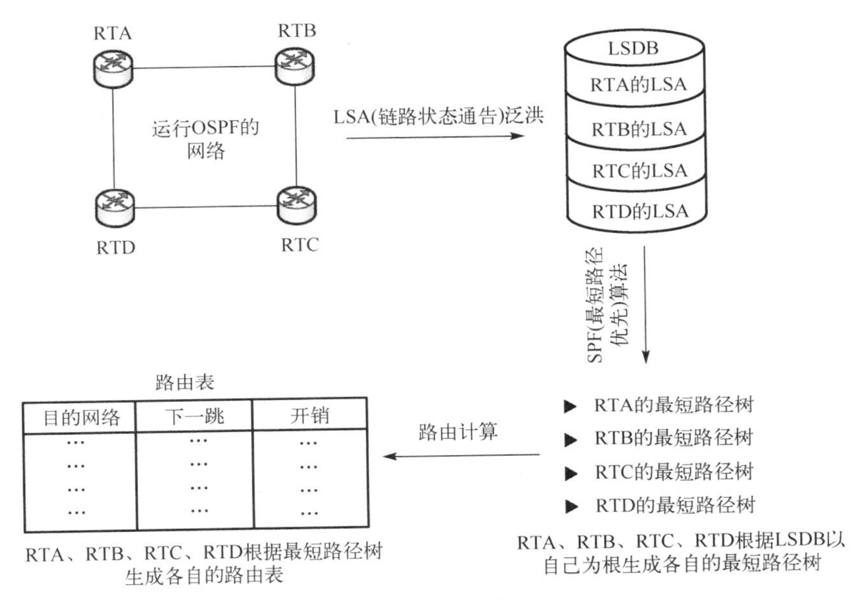

图 4.26　OSPF 工作原理

与 RIP 相比，OSPF 的特点如下。

● OSPF 向本区域内的所有路由器发送自己的路由信息，这个过程称为泛洪。
● OSPF 交换的是与本路由器相邻的所有路由器的链路状态(Link State)信息，即本路由器与哪些路由器相邻，以及该链路的距离、时延、带宽等。
● 只有当链路状态发生变化时，路由器才向其他所有路由器泛洪链路状态通告信息。

RIP 仅使用跳数作为度量值，而 OSPF 使用更多的参数作为度量值，很明显比 RIP 仅使用跳数来判断路由的效果要好得多，因此在路由表中，通过 OSPF 学习到的路由表项优先级比通过 RIP 学习到的路由表项要高。

4.4　路由器配置实践

4.4.1　静态路由与默认路由的配置

1. 实践任务描述

微课视频

本任务模拟小型企业组网，某小型企业网络内部只有 3 台路由器，通过配置静态路由实现企业内部网络的互联，同时为简化配置，在末梢网络可以通过指定默认路由简化路由器的配置。

2. 准备工作

(1) 实践任务分析

某企业网络中有R1、R2、R3共3台路由器，其中R1和R3分别连接主机PC1和PC2，要求能实现PC1和PC2之间的正常通信。由于网络拓扑结构简单，要求使用静态路由和默认路由来实现，因此可以在R1、R2、R3上配置静态路由实现全网通信，R1、R3作为末稍网络的出口路由器，访问外部网络的下一跳和输出端口均相同，故可以通过默认路由替代静态路由以简化路由条目，同样可以实现全网通信。

(2) 网络拓扑

本实践的网络拓扑图如图4.27所示。

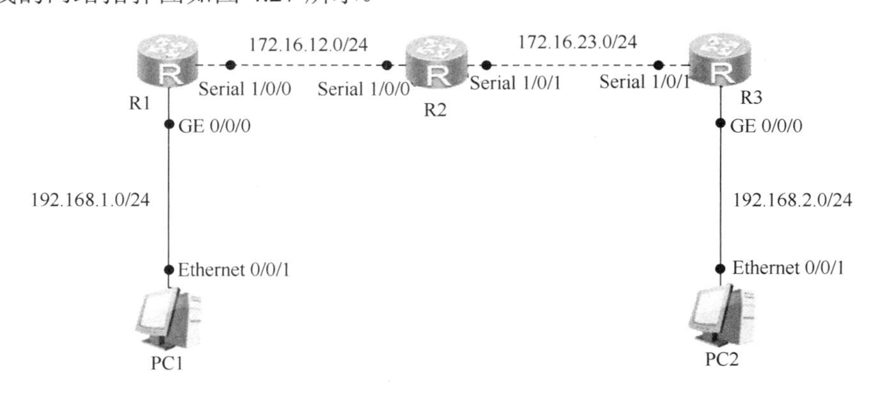

图4.27　静态路由与默认路由的配置实践网络拓扑图

(3) 网络拓扑编址

本实践的网络拓扑编址如表4.8所示。

表4.8　静态路由与默认路由的配置实践网络拓扑编址

设备	端口	IP地址	子网掩码	默认网关
R1（AR1220）	GE 0/0/0	192.168.1.254	255.255.255.0	N/A
	Serial 1/0/0	172.16.12.1	255.255.255.0	N/A
R2（AR1220）	Serial 1/0/0	172.16.12.2	255.255.255.0	N/A
	Serial 1/0/1	172.16.23.2	255.255.255.0	N/A
R3（AR1220）	Serial 1/0/1	172.16.23.3	255.255.255.0	N/A
	GE 0/0/0	192.168.2.254	255.255.255.0	N/A
PC1	Ethernet 0/0/1	192.168.1.1	255.255.255.0	192.168.1.254
PC2	Ethernet 0/0/1	192.168.2.1	255.255.255.0	192.168.2.254

3. 实施步骤

(1) 基本IP编址

根据表4.8完成各设备各端口的IP地址配置，并使用ping命令检测各直连链路的连通性。这里仅给出PC1和R1的端口IP地址配置过程及连通性测试实例，其余各设备配置与之类似。

PC1的IP地址配置：组建好网络拓扑后，选中PC2并右击，在弹出的快捷菜单中选择“设置”选项，在弹出的窗口中输入 PC1 的 IP 地址、子网掩码及网关后单击右下角的“应用”按钮，如图 4.28 所示。

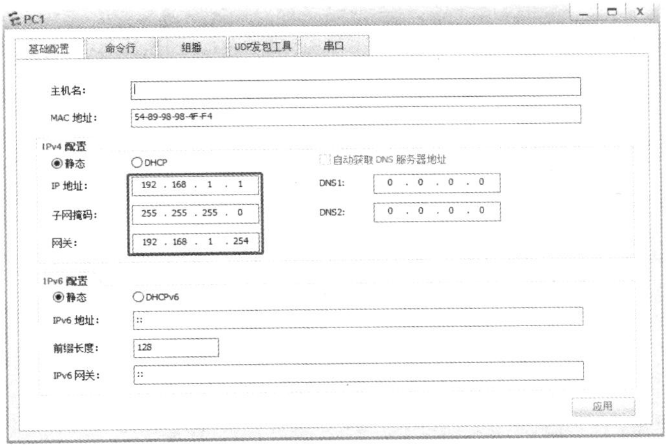

图 4.28　PC1 的 IP 地址配置

路由器 R1 端口的 IP 地址配置：组建好网络拓扑后，开启 R1 的电源，进入端口模式，配置表 4.8 所示的 IP 地址等信息。

```
[R1]interface GigabitEthernet 0/0/0
[R1-GigabitEthernet0/0/0]ip address 192.168.1.254 255.255.255.0
[R1]interface Serial 1/0/0
[R1-Serial1/0/0]ip address 172.16.12.2 255.255.255.0
```

测试直连网段的连通性。

```
<R1>ping -c 1 192.168.1.1
Ping 192.168.1.1: 56  data bytes, Press Ctrl_C to break
Reply from 192.168.1.1: bytes=56 Sequence=1 ttl=128 time=20 ms

--- 192.168.1.1 ping statistics ---
   1 packet(s) transmitted
   1 packet(s) received
   0.00% packet loss
   round-trip min/avg/max = 20/20/20 ms
```

(2) 配置静态路由

代码如下：

```
[R1]ip route-static 192.168.2.0 255.255.255.0 172.16.12.2
[R1]ip route-static 172.16.23.0 255.255.255.0 172.16.12.2

[R2]ip route-static 192.168.1.0 255.255.255.0 172.16.12.1
[R2]ip route-static 192.168.2.0 255.255.255.0 172.16.23.3

[R3]ip route-static 192.168.1.0 255.255.255.0 172.16.23.2
[R3]ip route-static 172.16.12.0 255.255.255.0 172.16.23.2
```

配置完成后，R1 的静态路由表如图 4.29 所示。R2、R3 的路由表查看命令类似，此处省略。

```
<R1>display ip routing-table
Route Flags: R - relay, D - download to fib
------------------------------------------------------------------------------
Routing Tables: Public
         Destinations : 13        Routes : 13

Destination/Mask    Proto   Pre  Cost      Flags NextHop         Interface

      127.0.0.0/8   Direct  0    0           D   127.0.0.1       InLoopBack0
      127.0.0.1/32  Direct  0    0           D   127.0.0.1       InLoopBack0
127.255.255.255/32  Direct  0    0           D   127.0.0.1       InLoopBack0
    172.16.12.0/24  Direct  0    0           D   172.16.12.1     Serial1/0/0
    172.16.12.1/32  Direct  0    0           D   127.0.0.1       Serial1/0/0
    172.16.12.2/32  Direct  0    0           D   172.16.12.2     Serial1/0/0
  172.16.12.255/32  Direct  0    0           D   127.0.0.1       Serial1/0/0
    172.16.23.0/24  Static  60   0          RD   172.16.12.2     Serial1/0/0
    192.168.1.0/24  Direct  0    0           D   192.168.1.254   GigabitEthernet
0/0/0
  192.168.1.254/32  Direct  0    0           D   127.0.0.1       GigabitEthernet
0/0/0
  192.168.1.255/32  Direct  0    0           D   127.0.0.1       GigabitEthernet
0/0/0
    192.168.2.0/24  Static  60   0          RD   172.16.12.2     Serial1/0/0
255.255.255.255/32  Direct  0    0           D   127.0.0.1       InLoopBack0
```

图 4.29　R1 的静态路由表

(3) 实践效果验证

全网所有路由表都生成后，测试 PC1 与 PC2 的连通性。

```
PC>ping 192.168.2.1

Ping 192.168.2.1: 32 data bytes, Press Ctrl_C to break
From 192.168.2.1: bytes=32 seq=1 ttl=125 time=16 ms
From 192.168.2.1: bytes=32 seq=2 ttl=125 time=31 ms
From 192.168.2.1: bytes=32 seq=3 ttl=125 time=31 ms
From 192.168.2.1: bytes=32 seq=4 ttl=125 time=31 ms
From 192.168.2.1: bytes=32 seq=5 ttl=125 time=16 ms

--- 192.168.2.1 ping statistics ---
  5 packet(s) transmitted
  5 packet(s) received
  0.00% packet loss
  round-trip min/avg/max = 16/25/31 ms
```

通过以上运行结果可以看出，在配置静态路由表后，PC1 和 PC2 可以实现正常通信。

(4) 修改 R1 和 R3 的静态路由为默认路由

从 R1 和 R3 的静态路由表可以看出，两个静态路由表项的下一跳和输出端口均一致，即访问其他网络均从一个出口转发，因此可以仅配置一条默认路由，以简化路由器的配置。默认路由的配置与静态路由类似，只不过要将目的地址置为全 0，表示匹配所有网络。

```
[R1]ip route-static 0.0.0.0 0.0.0.0 172.16.12.2
[R1]undo ip route-static 192.168.2.0 255.255.255.0 172.16.12.2
[R1]undo ip route-static 172.16.23.0 255.255.255.0 172.16.12.2
```

```
[R3]ip route-static 0.0.0.0 0.0.0.0 172.16.23.2
[R3]undo ip route-static 192.168.1.0 255.255.255.0 172.16.23.2
[R3]undo ip route-static 172.16.12.0 255.255.255.0 172.16.23.2
```

可以先配置默认路由，再删除静态路由表项，以避免网络在修改路由条目时出现通信中断。配置完成后，PC1 和 PC2 仍可以实现正常通信。

4．拓展知识

浮动静态路由是一种特殊的静态路由，通过配置去往同一目的网段但优先级不同的静态路由条目，来实现在正常情况下使用优先级高的静态路由进行路由寻路，但当优先级高的路由所在的链路出现故障时，优先级低的路由所在的链路就会被启用，从而实现网络冗余与路由备份。

4.4.2　OSPF 动态路由协议的配置

微课视频

1．实践任务描述

本任务模拟企业组网，某企业网络内部现分市场部、研发部和工程部 3 个部门，网络通过路由器互联，考虑到公司未来可能会增加新的部门和分公司等，公司决定在路由器上部署 OSPF 实现公司内部网络的互联，且现在所有的路由器都属于骨干区域。

2．准备工作

(1) 实践任务分析

3 个部门分别通过 R1、R2、R3 连接各部门内部主机， R1、R2 和 R3 分别连接主机 PC1、PC2 和 PC3，要求各部门之间能正常通信，同时考虑到未来的网络扩展，在路由器 R1、R2、R3 上配置 OSPF，由于本实践中只有一个 OSPF 区域，因此必须将该区域指定为骨干区域。

(2) 网络拓扑

本实践的网络拓扑图如图 4.30 所示。

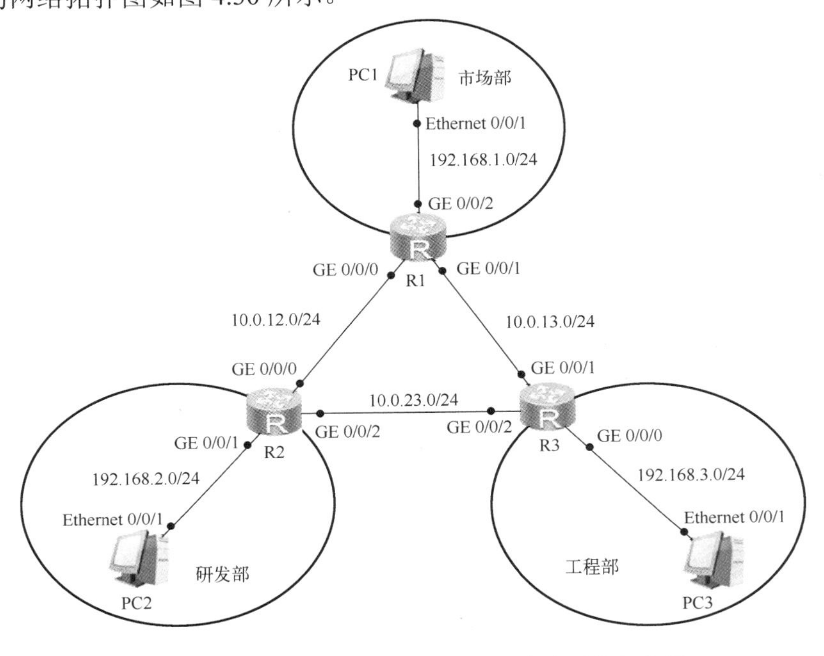

图 4.30　OSPF 动态路由协议的配置实践网络拓扑图

(3)网络拓扑编址

本实践的网络拓扑编址如表 4.9 所示。

表 4.9 OSPF 动态路由协议的配置实践网络拓扑编址

设备	端口	IP 地址	子网掩码	默认网关
R1(AR2220)	GE 0/0/0	10.0.12.1	255.255.255.0	N/A
	GE 0/0/1	10.0.13.1	255.255.255.0	N/A
	GE 0/0/2	192.168.1.254	255.255.255.0	N/A
R2(AR2220)	GE 0/0/0	10.0.12.2	255.255.255.0	N/A
	GE 0/0/1	192.168.2.254	255.255.255.0	N/A
	GE 0/0/2	10.0.23.2	255.255.255.0	N/A
R3(AR2220)	GE 0/0/0	192.168.3.254	255.255.255.0	N/A
	GE 0/0/1	10.0.13.3	255.255.255.0	N/A
	GE 0/0/2	10.0.23.3	255.255.255.0	N/A
PC1	Ethernet 0/0/1	192.168.1.1	255.255.255.0	192.168.1.254
PC2	Ethernet 0/0/1	192.168.2.1	255.255.255.0	192.168.2.254
PC3	Ethernet 0/0/1	192.168.3.1	255.255.255.0	192.168.3.254

3. 实施步骤

(1)基本 IP 编址

基本 IP 地址按照表 4.9 中所描述的内容进行配置，此处省略。各设备的 IP 地址配置完成后，需测试各直连网段的连通性。

(2)配置单区域 OSPF 网络

配置 OSPF 时要通过 OSPF 进程号进入 OSPF 视图进行配置，由于 OSPF 是一个可以支持多区域的协议,因此在运行时需要指定区域并进入区域视图通告所有的网段。若只有一个区域，则必须将区域号指定为骨干区域，即将 area id 指定为 0。

```
[R1]ospf 1                                          //指定 OSPF 进程号为 1
[R1-ospf-1]area 0                                   //指定 OSPF 区域号为 0
[R1-ospf-1-area-0.0.0.0]network 192.168.1.0 0.0.0.255     //通告网段
[R1-ospf-1-area-0.0.0.0]network 10.0.12.0 0.0.0.255
[R1-ospf-1-area-0.0.0.0]network 10.0.13.0 0.0.0.255

[R2]ospf 1
[R2-ospf-1]area 0
[R2-ospf-1-area-0.0.0.0]network 192.168.2.0 0.0.0.255
[R2-ospf-1-area-0.0.0.0]network 10.0.12.0 0.0.0.255
[R2-ospf-1-area-0.0.0.0]network 10.0.23.0 0.0.0.255

[R3]ospf 1
[R3-ospf-1]area 0
[R3-ospf-1-area-0.0.0.0]network 192.168.3.0 0.0.0.255
[R3-ospf-1-area-0.0.0.0]network 10.0.23.0 0.0.0.255
[R3-ospf-1-area-0.0.0.0]network 10.0.13.0 0.0.0.255
```

(3) 检查 OSPF 单区域的配置结果

R1 的路由表如图 4.31 所示。从 R1 的路由表可以看出，R1 已建立到所有网段的路由，并且由于 R1、R2、R3 通过环路连接，因此 R1 到 R2 与 R3 之间的网段 10.0.23.0 存在两条负载均衡的路由，其余路由器的路由表查看与 R1 类似，此处省略。

```
<R1>dis ip routing-table
Route Flags: R - relay, D - download to fib
------------------------------------------------------------------------------
Routing Tables: Public
         Destinations : 16       Routes : 17

Destination/Mask    Proto   Pre  Cost      Flags NextHop         Interface

      10.0.12.0/24  Direct  0    0           D   10.0.12.1       GigabitEthernet
0/0/0
      10.0.12.1/32  Direct  0    0           D   127.0.0.1       GigabitEthernet
0/0/0
    10.0.12.255/32  Direct  0    0           D   127.0.0.1       GigabitEthernet
0/0/0
      10.0.13.0/24  Direct  0    0           D   10.0.13.1       GigabitEthernet
0/0/1
      10.0.13.1/32  Direct  0    0           D   127.0.0.1       GigabitEthernet
0/0/1
    10.0.13.255/32  Direct  0    0           D   127.0.0.1       GigabitEthernet
0/0/1
      10.0.23.0/24  OSPF    10   2           D   10.0.12.2       GigabitEthernet
0/0/0
                    OSPF    10   2           D   10.0.13.3       GigabitEthernet
0/0/1
      127.0.0.0/8   Direct  0    0           D   127.0.0.1       InLoopBack0
      127.0.0.1/32  Direct  0    0           D   127.0.0.1       InLoopBack0
127.255.255.255/32  Direct  0    0           D   127.0.0.1       InLoopBack0
    192.168.1.0/24  Direct  0    0           D   192.168.1.254   GigabitEthernet
0/0/2
  192.168.1.254/32  Direct  0    0           D   127.0.0.1       GigabitEthernet
0/0/2
  192.168.1.255/32  Direct  0    0           D   127.0.0.1       GigabitEthernet
0/0/2
    192.168.2.0/24  OSPF    10   2           D   10.0.12.2       GigabitEthernet
0/0/0
    192.168.3.0/24  OSPF    10   2           D   10.0.13.3       GigabitEthernet
0/0/1
255.255.255.255/32  Direct  0    0           D   127.0.0.1       InLoopBack0
```

图 4.31　R1 的路由表

(4) 实践效果验证

分别测试 PC1 与 PC2 与 PC3 的连通性，结果均可以正常通信。其余设备之间亦可正常通信，测试过程与之类似，此处省略。

```
PC>ping 192.168.2.1

Ping 192.168.2.1: 32 data bytes, Press Ctrl_C to break
Request timeout!
From 192.168.2.1: bytes=32 seq=2 ttl=126 time=16 ms
From 192.168.2.1: bytes=32 seq=3 ttl=126 time=16 ms
From 192.168.2.1: bytes=32 seq=4 ttl=126 time=16 ms
From 192.168.2.1: bytes=32 seq=5 ttl=126 time=16 ms

--- 192.168.2.1 ping statistics ---
  5 packet(s) transmitted
  4 packet(s) received
  20.00% packet loss
```

```
    round-trip min/avg/max = 0/16/16 ms

  Ping 192.168.3.1: 32 data bytes, Press Ctrl_C to break
  From 192.168.3.1: bytes=32 seq=1 ttl=126 time=31 ms
  From 192.168.3.1: bytes=32 seq=2 ttl=126 time=16 ms
  From 192.168.3.1: bytes=32 seq=3 ttl=126 time=16 ms
  From 192.168.3.1: bytes=32 seq=4 ttl=126 time<1 ms
  From 192.168.3.1: bytes=32 seq=5 ttl=126 time=32 ms

  --- 192.168.3.1 ping statistics ---
    5 packet(s) transmitted
    5 packet(s) received
    0.00% packet loss
    round-trip min/avg/max = 0/19/32 ms
```

4. 拓展知识

为了提高网络的安全性，OSPF 还支持报文认证功能，只有通过认证的报文才能接收，不能通过认证的报文则直接丢弃，不能建立 OSPF 邻居关系。

OSPF 支持两种认证方式，即区域认证和接口认证。使用区域认证时，属于同一区域的所有路由器在该区域下的认证模式和认证口令都必须一致。使用端口认证时，只需要在端口所连接的链路两端的邻居之间配置相同的认证模式和认证口令，故端口认证比区域认证更加灵活，因此优先级也更高，即若同时配置了区域认证和端口认证，路由器优先使用端口认证建立 OSPF 邻居关系。

习题

一、简答题

1. 请简述局域网的体系结构。
2. 以太网的 CSMA/CD 介质访问控制方法的原理是什么？
3. 以太网的 CSMA/CD、令牌环及令牌总线 3 种介质访问控制方法有什么区别？
4. 请简述网桥与交换机的工作原理，并简述二者之间的区别与联系。
5. 路由器的工作原理是什么？

二、操作题

1. 根据 4.4.1 节的内容，完成静态路由的配置。
2. 根据 4.4.2 节的内容，完成 OSPF 动态路由协议的配置。

第5章 广域网技术

广域网是一种跨地区的数据通信网络，所覆盖的地理范围为从几十千米到几千千米。它能连接多个城市、国家或横跨几个大洲，并能实现远距离通信。广域网一般使用电信运营商提供的设备及网络作为信息传输平台，涉及的技术较多且复杂，通常只涉及 OSI 参考模型的下 3 层。Internet 是全球最大的、最典型的广域网，随着其普及和发展，Internet 应用的广度和深度都在不断加强。

本章主要介绍广域网的连接技术及常见的广域网协议的原理及配置。

本章主要学习内容：

- 广域网的基本概念及特点；
- 常见的广域网连接技术；
- 高级链路控制（HDLC）协议的原理及配置；
- 点到点协议（PPP）的原理及配置；
- 帧中继（FR）协议的原理及配置。

微课视频

5.1 广域网的基本概念

广域网又称远程网，它的通信子网主要使用分组交换技术。广域网的通信子网可以利用公用分组交换网、卫星通信网和无线分组交换网，将分布在不同地区的局域网或计算机系统互联起来，达到资源共享的目的。

通常广域网的数据传输速率比局域网低，信号的传播时延比局域网大得多。广域网的典型数据传输速率是从 56kbit/s 到 155Mbit/s，现在已有 622Mbit/s、2.4Gbit/s 甚至更高速率的广域网，传播时延仅为几毫秒到几百毫秒（使用卫星信道时）。

5.1.1 广域网的特点

广域网的主要特点如下。

- 广域网主要提供面向通信的服务，支持用户使用计算机进行远距离的信息交换。
- 广域网覆盖范围广，通信距离为从几千米到几千千米，需要考虑的因素也较多，如介质的成本、线路的冗余、介质带宽的利用和差错处理等。
- 广域网是一种跨地区的数据通信网络，一般使用电信运营商提供的设备作为信息传输平台，由其负责搭建、管理和维护，并向全社会提供面向通信的有偿服务，存在服务流量统计和计费的问题。

- 广域网技术主要对应OSI参考模型的下3层，即物理层、数据链路层和网络层。
- 广域网的管理和维护比局域网困难，且没有固定的拓扑结构，通常使用高速光缆作为传输介质。

5.1.2 广域网的术语

常用的广域网术语主要有以下几个。

- 用户驻地设备(Customer Premises Equipment，CPE)，即用户方拥有的设备，位于用户驻地一侧，如路由器、交换机、用户PC等。
- 分界点(Demarcation Point)，分界点明确指出了网络服务提供商(Internet Service Provider，ISP)职责的终点和用户职责的起点，它通常是最靠近电信的设备，由电信公司拥有并负责安装。从分界点设备到CPE的电缆连接由用户负责管理，通常是连接到通道服务单元/数据服务单元(CSU/DSU)或ISDN的接口。
- 中心局(Central Office，CO)，将用户的网络连接到ISP(互联网服务提供商)的交换网络，有时被称为呈现点(Point of Presence，POP)。
- 本地环路(Local Loop)，连接分界点到CO的最近交换局。
- 长途网络(Toll Network)，它是广域网ISP网络中的中继线，包含大量的归ISP所有的交换机和设备。

熟悉这些术语对理解广域网技术至关重要。

5.1.3 广域网的连接方式

广域网的连接方式主要有两类，一类是专线连接，另一类是交换连接，其中交换连接又分为电路交换与分组交换两种方式，广域网的连接方式如图5.1所示。

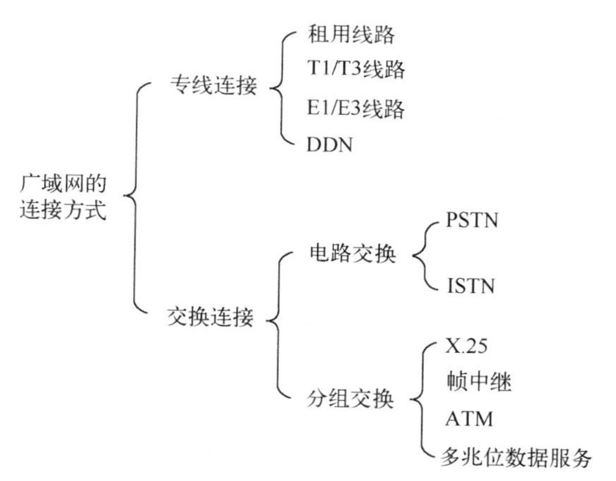

图5.1 广域网的连接方式

1. 专线连接

专线连接也称为线路租用。它是电信运营商为用户的两个点提供的专用连接通道，是一种点对点、永久式的专用物理通道，对要求持续、稳定的信息流传输的应用环境，如对商业网站、园区间的核心连接或主干网络连接等来说，专线连接不失为一种好的选择。

在专线连接方式中，ISP利用其通信子网中的传输设备和线路，为用户配置一条专用的通信线路，专线既可以是模拟的，也可以是数字的，用户通过自身设备的串口短距离连接接入设备，再通过接入设备跨越一定的距离连接运营商通信网络。专线连接示意图如图5.2所示。

图5.2 专线连接示意图

通信设备的物理接口分为DCE（Data Communications Equipment）和DTE（Data Terminal Equipment），运营商通信网络为用户提供的接入设备称为DCE，DCE通常处于主动位置，为用户提供网络通信服务的接口，并提供用于同步数据通信的时钟信号。客户端的用户设备称为DTE，通常处于被动位置，接收线路时钟，获得网络通信服务。

在专线连接方式中，通信线路的速率由运营商确定，因此专线连接方式的主要特点如下。

- 用户独占一条永久性、点到点的固定线路。
- 线路速率固定，由用户向运营商租用，用户在租用的过程中独享网络带宽。
- 专线由运营商负责维护和管理，部署简单、通信可靠、传输时延小。
- 专线的资源利用率低，对于突发性信息流传输往往处于过载状态。
- 点对点的结构不够灵活，若要实现多个用户之间的互联，则需要为每对用户建立专线，费用极其昂贵。

数字数据网（Digital Data Network，DDN）是电信部门向用户提供的一种高速通信业务，它利用数字通道提供半永久性的连接电路，是一种中高速、高质量的点到点、点到多点的数字专用电路。DDN是一种面向用户的数字传输技术，采用时分多路复用技术，将支持数字信息高速传输的光纤通道划分为一系列的子信道，例如，将2.048Mbit/s的光纤信道划分为32路64kbit/s的子信道，可以分配给32个用户使用。DDN是一条支持用户数据点到点高速传输的通道，用户可以向电信部门定时租用独占子信道。DDN的基本速率为64kbit/s，用户租用的信道速率应为64kbit/s的整数倍。DDN本身不提供对任何通信协议的支持，在DDN信道上使用何种通信协议由用户自行决定。DDN的特点是传输速率快，传输时延小，支持数据、图像、声音等多种业务，网络运行管理简便，没有任何检错、纠错功能。DDN适用于大数据量的传输业务。

DDN存在两个缺点：首先，由于采用固定信道方式，因此不能进行动态复用，在数据量不大的情况下利用率较低；其次，由于采用点到点的通信，若要与多个节点通信则需要多个DDN端口，使入网的端口数增多。

2. 电路交换

由于专线的费用过于昂贵，用户希望能够使用一种按需建立连接的方式来实现不同地区局域网的连接，因此产生了电路交换。电路交换是广域网常用的一种交换方式。在交换网络中，远程端点之间通过呼叫建立连接，在连接建立期间，电路由呼叫方和被呼叫方专用。经呼叫方建立的连接属于物理层链路，只提供物理层承载服务，在两个端点之间传输二进制比特流，数据传输完毕后即释放连接。电路交换必须经过建立连接、通信、释放连接3个步骤。其操作过程与普通的电话拨号过程非常相似，电路交换示意图如图5.3所示。

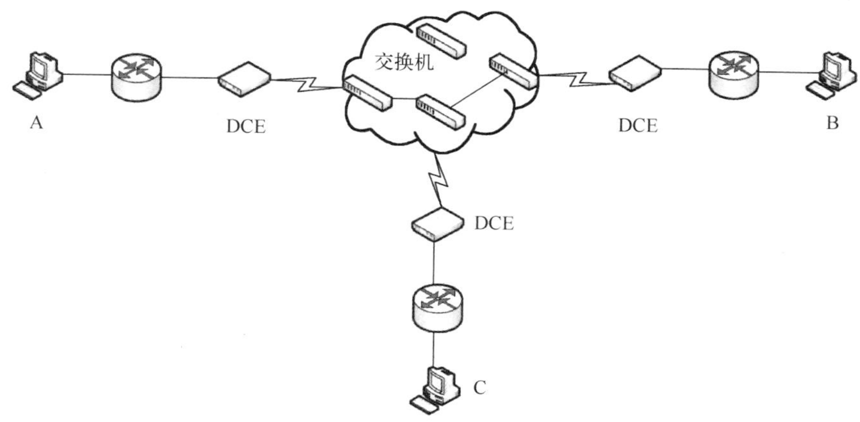

图 5.3 电路交换示意图

采用电路交换方式时，不必对用户数据进行任何修正或解释，且传输时延小。但是，在电路交换方式中用户所占带宽固定，线路利用率低。

电路交换技术的通信网络典型应用是公共交换电话网(Public Switched Telephone Network，PSTN)和综合业务数字网(Integrated Services Digital Network，ISDN)。

PSTN 提供的模拟拨号服务是基于标准电话线路的电路交换服务，是一种最普遍的传输服务，用来作为连接远程端点的方法。PSTN 的典型应用有：远程端点和本地局域网之间互联，远程用户拨号上网和用作专用线路的备份线路。

由于模拟电话线路是针对话音频率(300～3400Hz)优化设计的，因此通过模拟线路传输的速率被限制在 56kbit/s 以内，且模拟电话线路的通信质量无法得到保证，线路的噪声也将直接影响数据传输速率。

ISDN 是典型的同步拨号线路，当有需要时才提供广域网接入，而不是提供永久电路。与异步拨号线路相比，ISDN 提供相对多的带宽，同时利用一根数字电话线来传输数据、语音及其他的负载流量。ISDN 通常作为备份链路和负载分担等提供远程接入。

ISDN 提供两种类型的服务：基本速率接口(Basic Rate Interface，BRI)和基群速率接口(Primary Rate Interface，PRI)。BRI 有 2 个 B 信道和 1 个 D 信道，2 个 B 信道都用于传输数据，最大速率可达 128kbit/s；D 信道用来传输呼叫和中断信号。PRI 用于北美和日本的 T1 有 23 个 B 信道，用于欧洲和其他地方的 E1 有 30 个 B 信道。PRI 只有 1 个 D 信道，同样也用于传输呼叫和中断信号。

3. 分组交换

分组交换是在计算机技术发展到一定程度时产生的，是为了充分利用物理线路的一种广域网连接方式，分组交换在每个分组的前面加一个分组头，其中包含发送方和接收方的地址，并由分组交换机根据每个分组的地址，将分组数据转发至目的地，这一过程称为分组交换。

分组交换也是广域网上经常使用的交换技术。在分组交换方式中，用户可以通过运营商网络共享一条点对点链路，在设备之间进行数据分组的传输。分组交换主要采用统计复用技术在多台设备之间实现电路共享，将一条数据链路复用成多个逻辑信道，最终构成一条主叫、被叫用户之间的信息传输通路，即虚电路连接。由于采用复用技术，因此分组交换方式的线路利用率高，但实时性较差。

分组交换的基本业务包含交换虚电路（Switched Virtual Circuit，SVC）和永久虚电路（Permanent Virtual Circuit，PVC）两种。交换虚电路类似于电话电路，两个数据终端要通信时，先用呼叫程序建立虚电路，然后传输数据，通信结束后拆除虚电路，释放通信线路资源。永久虚电路类似于专线，为分组网内在申请合同有效期内的两个数据终端之间提供永久逻辑连接，无须建立与拆除虚电路，在数据传输阶段则与交换虚电路一致。

分组交换的本质是"存储转发"，它兼具了电路交换与报文交换的优点，比电路交换的电路利用率高，比报文交换的传输时延小、交互性更好。

X.25、FR（Frame Relay，帧中继）、ATM（Asynchronous Transfer Mode）及交换式多兆比特数据服务（Switched Multi-megabit Data Service，SMDS）等都采用分组交换技术。具体介绍如下。

- X.25：使用最早的分组交换协议标准，多年来一直作为用户网络和分组交换网络之间的接口标准。分组交换网络动态地对用户传输的信息流分配带宽，有效地解决了突发性、大信息流的传输问题。分组交换网络同时可以对传输的信息进行加密和有效的差错控制。虽然各种差错检测和相互之间的确认应答浪费了一些带宽，增加了报文传输时延，但对早期可靠性较差的物理传输线路来说，X.25 仍然是一种提高报文传输可靠性的有效手段。随着光纤越来越普遍地作为传输介质，传输出错的概率越来越小，重复地在数据链路层和网络层实施差错控制，不但显得冗余，且浪费带宽，增加报文传输时延。由于 X.25 分组交换网络是在早期低速、高出错率的物理链路基础上发展起来的，其特性已不适应目前高速远程连接的要求。目前，X.25 一般只在传输费用要求少、远程传输速率要求不高的广域网环境中使用。
- FR：由分组交换技术发展而来的一种技术，比 X.25 协议提供的功能少。由于在节点实现的功能少，因此可以达到较高的吞吐量。按照帧中继方案，纠错所需要的用户数据帧重传仅以端到端的方式在用户终端之间进行，帧中继系统仅执行基于 CRC 的差错检查，丢弃出错的帧不再继续传输。帧中继系统没有帧流量控制和分组级的复用功能。采用帧中继技术，可以为用户传输高吞吐量、低时延的数据。由于传输介质采用光纤，因此广域网的传输质量得到很大的提高，使得简化分组交换技术成为可能。帧中继协议只包括物理层和数据链路层，不包括网络层，采用统计复用技术，对突发数据有很好的响应，可以简化网络拓扑，降低硬件成本。帧中继的用户速率可以达到 2Mbit/s，未来可以达到 DS3（45Mbit/s）。基于中国电信历史发展的原因，帧中继只在少数地区有一定的实验网，资费政策也不确定，只能在帧中继发展起来后使用。
- ATM：一种基于信元中继的技术，用于组建大型高容量广域网络的干线。ATM 将先进的 QoS 机制融入其规范，通过虚拟通道可靠地支持可管理的数据流。当应用程序要求更高的带宽时，ATM 能够调节其他形式的数据，以便允许带宽要求更高的数据能够畅通无阻地通过网络进行传输。ATM 除了具有越来越高的带宽，最直接的优点就是在同一个平台上把语音和基于局域网的通信融为一体。因此，对于使用语音和视频的网络服务来说，ATM 是最佳选择。
- 交换式多兆比特数据服务：被设计用来连接多个局域网。由 Bellcore 在 20 世纪 80 年代开发，90 年代早期开始在一些地区实施。与 ATM 密切相关，最大带宽可达 44.736Mbit/s，典型的传输介质包括双绞线对称电缆和光纤，应用不是很广，费用相对较高。

5.2 HDLC 协议

微课视频

在专线和电路交换方式的点到点连接中，运营商提供的线路属于物理层，要想很好地利用这些物理线路，需要在数据链路层定义一些协议，以建立端到端的数据链路。数据链路层协议基本可以分为两类：面向字符型的和面向比特型的。最早出现的数据链路层协议是面向字符型的协议，其特点是利用已定义好的一种标准编码（如 ASCII 码、EBCDIC 码）的一个子集来执行通信控制功能。面向字符型的协议规定链路上以字符为单位发送，链路上传输的控制信息也必须由若干指定的控制字符构成。缺点是通信线路利用率低、可靠性较差、不易扩展等。面向比特型的协议具有更高的灵活性和效率，逐渐成为数据链路层的主要协议。

HDLC（High-level Date Link Control，高级数据链路控制）是一种面对比特型的传输控制协议，由 ISO/IEC13239 提出，于 2002 年修订，2007 年再次讨论后定稿，用来实现远程用户间的资源共享和信息交互。HDLC 支持全双工通信，采用比特填充的成帧技术，以滑动窗口协议进行流量控制，最大的特点是数据不必是规定字符集，对任何一种比特流，均可以实现透明的传输。在链路上传输信息时采用连续发送的方式，发送一信息帧后，不用等待对方的应答即可发送下一帧，直到接收端发出请求重发某一信息帧时，才中断原来的发送。

5.2.1 HDLC 协议的帧格式

在通信领域中，HDLC 协议的应用非常广泛，其工作方式可以支持全双工、半双工传输，支持点到点、点到多点结构，支持交换型、非交换型信道。完整的 HDLC 帧由标志字段（Flag）、地址字段（Address）、控制字段（Control）、信息字段（Information）、帧校验序列字段（FCS）等组成，其帧格式如图 5.4 所示。

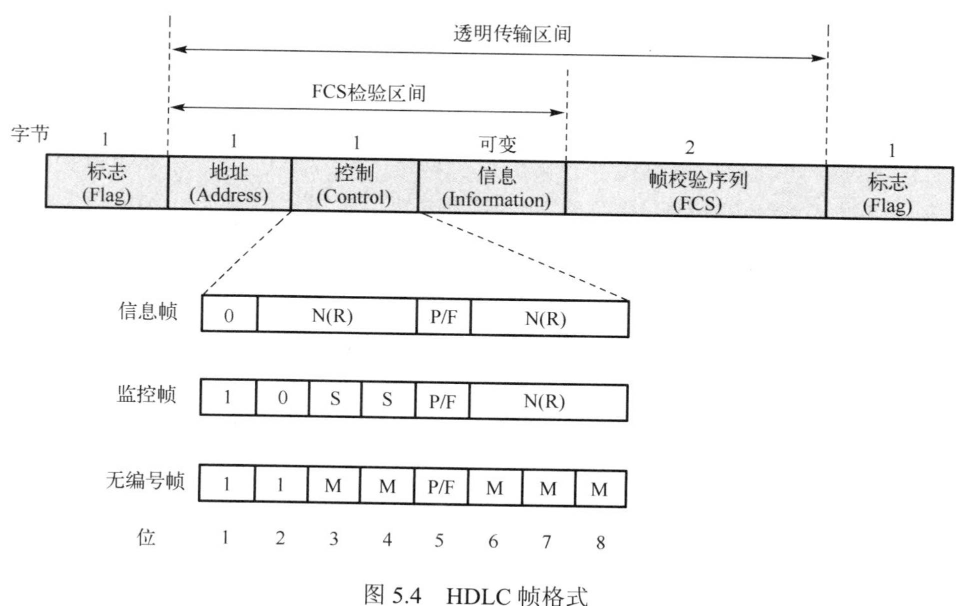

图 5.4　HDLC 帧格式

标志字段为 01111110，用以标识帧的开始与结束，同时可用来进行帧同步，也可以作为帧与帧之间的填充字符。标志不能出现在帧的内部，以免引起歧义。为了保证标志的唯一性，

同时兼顾帧内数据的透明性，采用零比特填充法来解决。

零比特填充法，即在发送端发送数据时，若数据字段中出现 5 个连续的“1”，则在第 5 个“1”的后面自动插入 1 个“0”，这样数据就不会被标志字段混淆。当接收端接收数据时，检查比特序列，若发现有 5 个连续的“1”，则将其后的“0”删除，恢复原始的数据信息。

地址字段占 1 字节，携带的是地址信息，全“1”为广播地址，全“0”则为无效地址。

控制字段占 1 字节，用于构成各种命令及响应，以便对链路进行监视与控制，是 HDLC 协议的关键部分。发送方利用控制字段通知接收方来执行约定的操作；相反，接收方用该字段作为对命令的响应，报告已经完成的操作或状态的变化。

控制字段中 2 位表示帧的传输类型，标识 HDLC 的 3 种类型：信息帧(Information，I 帧)、监控帧(Supervision，S 帧)和无编号帧(Unsigned，U 帧)，无编号帧简称 U 帧。第 1 位是“0”，为信息帧，用于传输有效信息或数据；第 1、2 位是“10”，为监控帧，用于差错控制和流量控制，监控帧不带信息字段，只有 6 字节即 48 位；第 1、2 位是“11”，为无编号帧，用于提供对链路的建立、拆除及多种控制功能。

信息字段可以包含任意长度的二进制数，其上限由 FCS 字段或通信节点的缓存容量来决定，目前用得较多的是 1000～2000 位，而下限可以是 0，即无信息字段，因此其长度没有具体规定。监控帧中不能有信息字段。

帧检验序列字段可以使用 2 字节 CRC 对两个标志字段之间的内容进行校验，所校验的范围是从地址字段的第一位起，到信息字段的最后一位。

目前，HDLC 协议的功能已固化在大规模集成电路中。用户只要了解协议的功能和集成电路的使用方法，在构成一个通信系统后，就可方便地实现计算机之间的通信了。

5.2.2　HDLC 协议的特点

ISO 制定的 HDLC 协议是一种面向比特的通信规则。HDLC 协议传输的信息单位为帧。作为面向比特的同步数据控制协议的典型，HDLC 协议具有如下特点。

- 不依赖于任何一种字符编码集。
- 数据报文可透明传输，用于透明传输的零比特填充法易于硬件实现。
- 全双工通信，不必等待确认可连续发送数据，有较高的数据链路传输效率。
- 所有帧均采用 CRC 校验，并对信息帧进行编号，可防止漏收或重收，传输可靠性高。
- 传输控制功能与处理功能分离，具有较高的灵活性和较完善的控制功能。

5.3　PPP

微课视频

5.3.1　PPP 的特点

1．PPP 概述

PPP(Point-to-Point Protocol，点到点协议)是一个工作于数据链路层的广域网协议，是 TCP/IP 网络中最重要的点到点协议，在 PPP、HDLC 和 FR(Frame Relay)三种数据链路层协议中占有绝对的优势。

PPP 处于 TCP/IP 参考模型的第 2 层，是同等单元之间传输数据包的简单的数据链路层协

议，提供全双工操作，按照顺序传输数据包。PPP 主要用来在支持全双工的同步、异步链路上进行点到点之间的数据传输，具有错误检测、支持多种协议、允许在连接时协商 IP 地址、支持身份认证等功能，在目前的网络中得到了普遍应用，如利用 Modem 拨号上网就是使用 PPP 实现主机与网络连接的。

PPP 由 IETF 在 1992 年制订，经过 1993 年和 1994 年的修订，现在的 PPP 在 1994 年已成为互联网的正式标准（RFC 1661）。

2．PPP 的组成

PPP 主要由 3 部分组成。

（1）封装

PPP 既支持面向字节的异步链路，也支持面向比特流的同步链路。PPP 提供了一种封装多协议数据报的方法，IP 数据报就可以封装在 PPP 帧的信息字段中，这个信息字段的长度受到最大传输单元（Maximum Transmission Unit，MTU）的限制。

（2）链路控制协议（Link Control Protocol，LCP）

为适应多种多样的链路类型，PPP 定义了链路控制协议。LCP 既可以自动检测链路环境，如是否存在环路，又可以协商链路参数，如最大数据包长度、使用何种认证协议等，在 RFC 1661 中定义了 11 种类型的 LCP 分组。与其他数据链路层协议相比，PPP 的一个重要特点是可以提供认证功能，链路两端可以协商使用何种认证协议来实施认证过程，只有在认证成功之后才会建立连接。

（3）网络控制协议（Network Control Protocol，NCP）

PPP 定义了一组网络控制协议，每个 NCP 对应了一种网络层协议，用于协商网络层地址等参数，例如，IPCP 用于协商控制 IP，IPXCP 用于协商控制 IPX 等。

3．PPP 的优点

PPP 有如下优点。

- PPP 既支持同步传输又支持异步传输，而 X.25、FR 等数据链路层协议仅支持同步传输，SLIP（Serial Line IP）仅支持异步传输。
- PPP 具有很好的扩展性，例如，当需要在以太网链路上承载 PPP 时，PPP 可以扩展为 PPPoE。
- PPP 提供了 LCP，用于各种链路层参数的协商。
- PPP 提供了各种 NCP（如 IPCP、IPXCP），用于各网络层参数的协商，更好地支持了网络层协议。
- PPP 提供了认证协议 CHAP（Challenge-Handshake Authentication Protocol，询问握手认证协议）、PAP（Password Authentication Protocol，密码认证协议），更好地保证了网络的安全性。
- 无重传机制，网络开销小，速率快。

5.3.2 PPP 的帧格式

PPP 的帧格式如图 5.5 所示。

PPP 信息帧首部包括以下 4 部分。

- 标志字段：长度为 1 字节，用于比特流的同步，与在 HDLC 协议中的作用一致，都是

用来标识一个帧的开始，其值为二进制数 01111110。

- 地址字段：长度为 1 字节，其值始终为二进制数 11111111，表示网络中所有节点都能够接收帧。
- 控制字段：长度为 1 字节，取值为二进制数 00000011，表明是无序号帧。
- 协议字段：长度为 2 字节，标识网络层协议数据域的类型。典型的字段值有 0xC021（代表 LCP 报文），0xC023（代表 PAP 报文），0xC223（代表 CHAP 报文）。

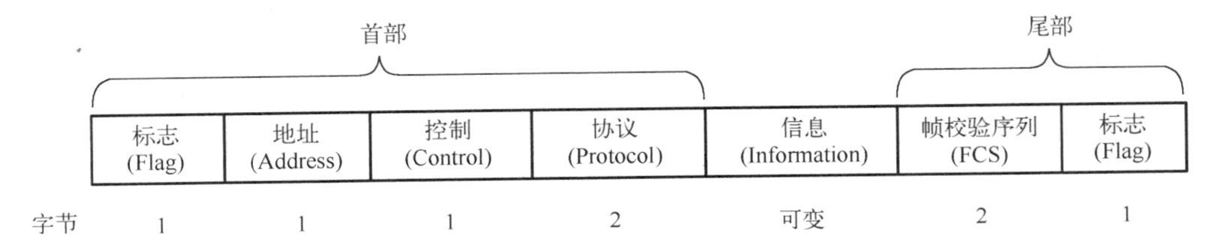

图 5.5 PPP 的帧格式

PPP 信息帧尾部包括以下两部分。

- 帧校验序列字段：长度为 2 字节，用于校验数据的完整性。
- 标志字段：长度为 1 字节，其值为二进制数 01111110。采用 HDLC 表示方法，用于表示一个帧的结束。

若 PPP 帧封装的是 IP 数据报信息，则其长度不能超过 1500 字节。

5.3.3 PPP 的工作流程

PPP 的工作流程如图 5.6 所示，具体工作流程如下。

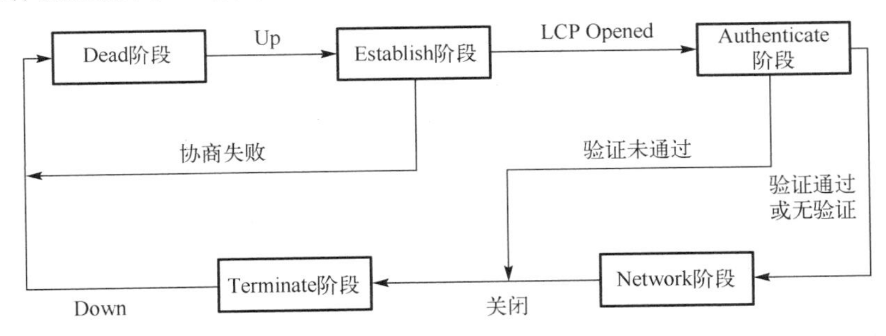

图 5.6 PPP 的工作流程

- Dead 阶段也称为物理层不可用阶段。当通信双方的两端检测到物理线路激活时，就会建立一条物理连接，并从 Dead 阶段迁移至 Establish 阶段，即链路建立阶段。
- 在 Establish 阶段，PPP 链路进行 LCP 参数协商。协商内容包括最大接收单元（Maximum Receive Unit，MRU）、认证方式、魔术字（Magic Number）等选项。LCP 参数协商成功后会进入 LCP Opened 状态，表示底层链路已经建立，若协商失败，则直接进入 Dead 阶段。
- 在多数情况下，链路两端的设备需要经过 Authenticate（认证）阶段后才能够进入网络层（Network）阶段。PPP 链路在默认情况下是不要求进行认证的。若要求认证，则在链路建立阶段必须指定认证协议。认证方式是在链路建立阶段由双方进行协商的，常见的有 PAP 和 CHAP 两种认证方式。

- 在 Network 阶段，PPP 链路进行 NCP 协商。通过 NCP 协商来选择和配置一个网络层协议并进行网络层参数协商。只有相应的网络层协议协商成功后，该网络层协议才可以通过这条 PPP 链路发送报文。
- NCP 协商成功后，PPP 链路将保持通信状态。在 PPP 运行过程中，可以随时中断连接，例如，物理链路断开、认证失败、超过定时器时间、管理员通过配置关闭连接等动作都可能导致链路进入 Terminate 阶段。
- 在 Terminate 阶段，如果所有的资源都被释放，通信双方将回到 Dead 阶段，直到通信双方重新建立 PPP 连接。

5.4 FR 协议

微课视频

FR 即帧中继，由国际电信联盟(ITU)、美国国家标准委员会(AESC)和帧中继论坛共同制定，于 1992 年问世，不久后得到了快速发展。PPP、HDLC、X.25、FR、ATM 都是常见的广域网技术。PPP 和 HDLC 是采用点到点连接技术，而 X.25、FR 和 ATM 则属于分组交换技术，FR 和 ATM 都属于快速分组交换技术，主要区别在于 FR 网络中传输的帧长是可变的，而 ATM 网络中帧(信元)的长度是固定的。本节主要介绍 FR 协议的原理及帧格式。

5.4.1 FR 协议的工作原理

X.25 协议主要描述如何在 DTE 和 DCE 之间建立虚电路、传输分组、建立链路、传输数据、拆除链路、拆除虚电路，同时进行差错控制、流量控量、情况统计等。

FR 协议是在 X.25 协议的基础上发展起来的一种快速分组交换技术，是改进版的 X.25 协议，仅实现物理层和数据链路层核心层的功能，将流量控制、差错控制等留给智能终端去完成，大大简化了节点之间的协议，缩短了处理时间，提高了数据传输通道的利用效率。它在控制层面上提供了虚电路的管理、带宽管理和防止阻塞等功能。与传统的电路交换相比，它可以对物理电路实行统计时分复用，即在一个物理连接上可以复用多个逻辑连接，实现了带宽的复用和动态分配，有利于多用户、多速率的数据传输，充分利用了网络资源，帧中继网络如图 5.7 所示。

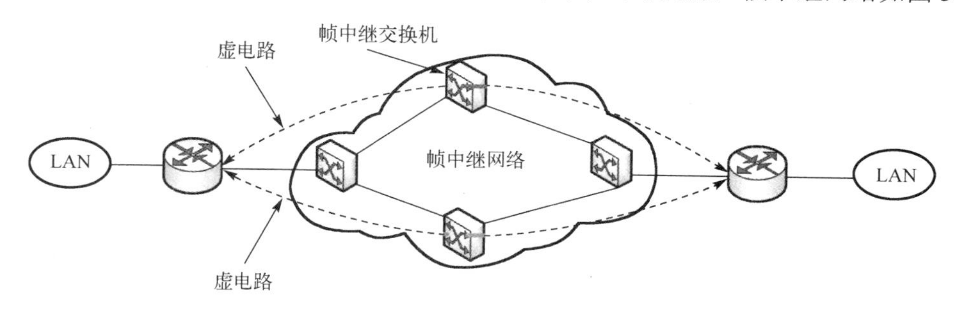

图 5.7 帧中继网络

帧中继是一种面向连接的技术，在通信之前必须建立连接，DTE 之间建立的连接称为虚电路。帧中继虚电路有两种类型：永久虚电路和交换虚电路。目前在帧中继中使用最多的方式是永久虚电路方式。每条虚电路采用数据链路连接标识符(Data Link Connection Identifier，DLCI)来进行标识。DLCI 只在本地接口和与之直接相连的对端接口有效，不具有全局有效性，即在帧中继网络中，不同的物理接口上相同的 DLCI 并不表示同一个虚电路。

普通分组交换网与帧中继网络存储转发过程的对比如图 5.8 所示。图 5.8 左边演示了普通分组交换网的存储转发过程，每个节点在收到一个数据帧后，都需要向前一个节点发送确认帧，目的端在收到数据帧后，除了向前一节点发送确认帧，还要向源端逐节点发送确认帧，而源端在收到目的端发回的确认帧后，还要再次向目的端逐节点发送对该确认帧的确认。图 5.8 右边演示了帧中继网络的存储转发过程，即中间节点只转发数据帧而不发送确认帧，只有在目的端收到数据帧后，才向源端发送端到端的确认帧，中间节点仅转发该确认帧。因此帧中继网络在数据传输过程中省略了很多过程，大大缩短了节点间的时延，提高了转发效率。

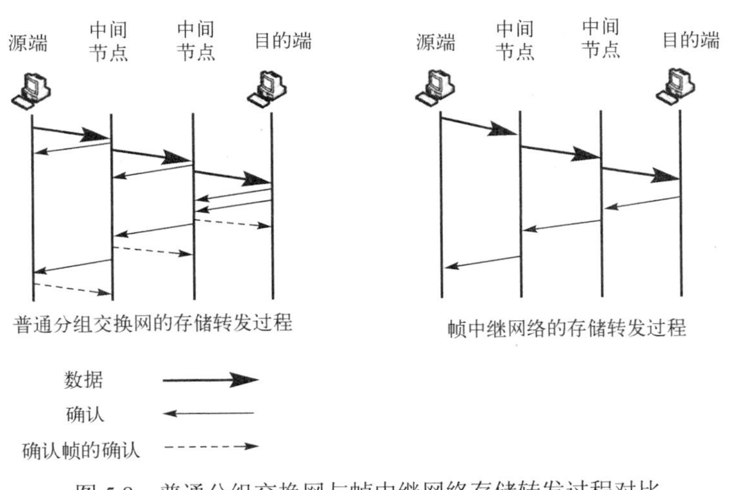

图 5.8　普通分组交换网与帧中继网络存储转发过程对比

5.4.2　FR 协议的特点

FR 协议的特点如下。

- 对应 OSI 参考模型中的物理层和数据链路层，并提供部分网络层的功能。
- 采用现代物理层设施，如光纤和数字传输线路，传输误码率低，为终端设备提供了高速的广域网连接。
- 组网方式灵活可靠，提供永久虚电路和交换虚电路，采用统计时分复用技术，在一个物理连接上可以复用多个逻辑连接，减少了用户入网所需的端口数量。
- 简化了差错控制、确认重传、流量控制、拥塞避免等处理过程，缩短了响应时间，提高了网络性能。
- 带宽管理可以实现按需分配，用户支付一定的费用购买“承诺信息速率”，当产生突发性数据时，在网络允许的范围内可以实现更高的速率。
- 网络改造成本低，只需要对现有的数据网络上的硬件设备稍做修改，进行软件升级即可实现，操作简单、方便、用户接入费用相应减少。

根据 FR 协议的特点可知，帧中继网络适合大文件、突发性业务的传输，多个低速率线路的利用，以太局域网的互联。

5.4.3　FR 协议的帧格式

FR 协议的帧格式与 HDLC 协议的帧格式类似，最大的区别在于 FR 帧没有控制字段，原

因在于 FR 协议的逻辑连接中只携带用户数据，并没有帧的序号，也不进行流量控制和差错控制。FR 的帧格式如图 5.9 所示。

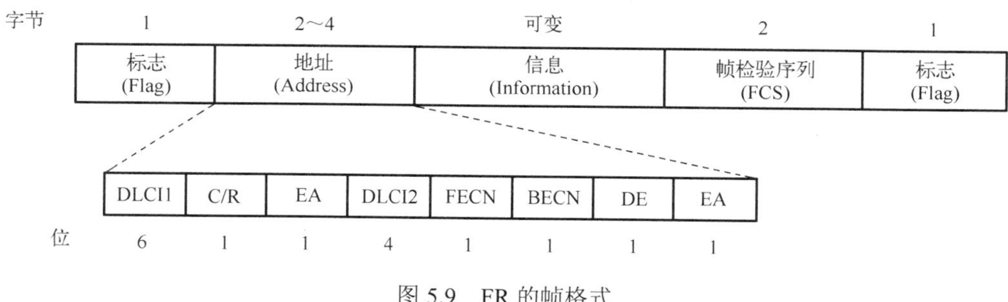

图 5.9　FR 的帧格式

标志字段：同 HDLC 和 PPP 类似，占 1 字节，其值为 01111110，用于标识一个 FR 帧的开始和结束，通过零比特填充法来确保该字段的唯一性。

地址字段：一般为 2 字节，必要时可扩展到 3～4 字节。

- DLCI：数据链路连接标识符。第 1 字节的前 6 位构成 DLCI 的第一部分。DLCI 的第二部分使用第 2 字节的前 4 位，这些位是标准所定义的 10 比特数据链路连接标识符的一部分。必要时可扩展为 16 位或 23 位。DLCI 主要用于标识永久虚电路、呼叫控制等。
- C/R：命令/响应。C/R 位允许高层识别帧是命令还是响应。FR 协议不用。
- EA：扩展地址。EA 位表明当前字节是否是地址的最后一字节，主要用于标记扩展地址，当 EA 值为 0 时，表示下一字节仍是地址；为 1 时，表示地址结束。对于 2 字节的地址，EA 的高位为 0，低位为 1。
- FECN：前向显式拥塞通知。该位可以由所经过路径中的任何一台交换机来设置，当值为 1 时，表示在帧传输的方向上出现了拥塞，它通知目标节点发生了拥塞。
- BECN：后向显式拥塞通知。该位为 1 时，表示在帧传输相反的方向上出现了拥塞，它通知发送方发生拥塞。
- DE：丢弃资格。该位指明帧的优先级。在紧急情况下，交换机可能需要抛弃一些帧来缓和瓶颈并防止网络由于过载而崩溃。当 DE 值为 0 时，表示此帧为高优先级帧，尽量不要丢弃这个帧；当 DE 值为 1 时，表示此帧是低优先级帧，必要时可丢弃。该位可由帧的发送方设置，或由网络中任何一台交换机来设置。

信息字段：该字段的长度可变，用于封装用户数据，如 IP 数据报。

帧校验序列字段：占 2 字节，使用 16 位 CRC 进行校验，以检测数据的完整性。

新的技术诸如 MPLS(Multi Protocol Label Switching，多协议标签交换)等的大量涌现，使得帧中继网络的部署逐渐减少。另外，若企业必须使用运营商的帧中继网络服务，则企业管理员必须具备在企业边缘路由器上配置和维护帧中继的能力。

5.5　企业广域网配置实践

微课视频

5.5.1　实践任务描述

本任务模拟企业网络场景，公司各分部分别采用 HDLC 协议和 PPP 连接总公司路由器，从而实现公司总部与各分部之间的相互访问。

5.5.2　准备工作

1．实践任务分析

某公司的分部路由器均连接到公司总部路由器中，其中分部 1 的 PC1 通过路由器 R1 连接到总部路由器 R2 中，总部 PC2 直接连接到总部路由器 R2 中，分部 2 的 PC3 通过路由器 R3 连接到总部路由器 R2 中。R1 与 R2、 R3 与 R2 之间均运行串行链路，R1 与 R2 之间使用 PPP 进行封装，R2 与 R3 之间使用 HDLC 协议进行封装。R1 与 R3 分别设置默认路由指向 R1，使公司总部与分部之间能相互访问。

2．网络拓扑

本实践的网络拓扑图如图 5.10 所示。

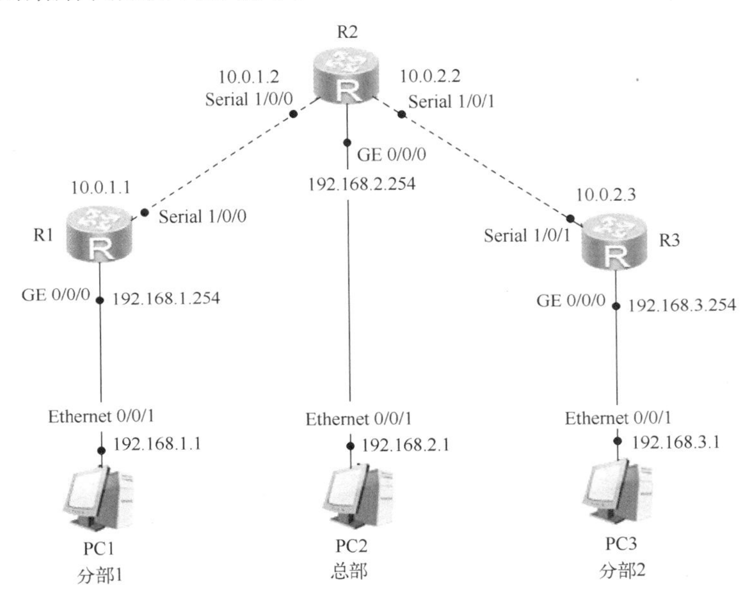

图 5.10　企业广域网配置实践网络拓扑图

3．网络拓扑编址

本实践的网络拓扑编址如表 5.1 所示。

表 5.1　企业广域网配置实践网络拓扑编址

设备	端口	IP 地址	子网掩码	默认网关
R1（AR1220）	GE 0/0/0	192.168.1.254	255.255.255.0	10.0.1.2
	Serial 1/0/0	10.0.1.1	255.255.255.0	10.0.1.2
R2（AR1220）	GE 0/0/0	192.168.2.254	255.255.255.0	N/A
	Serial 1/0/0	10.0.1.2	255.255.255.0	N/A
	Serial 1/0/1	10.0.2.2	255.255.255.0	N/A
R3（AR1220）	GE 0/0/0	192.168.3.254	255.255.255.0	10.0.2.2
	Serial 1/0/1	10.0.2.3	255.255.255.0	10.0.2.2
PC1	Ethernet 0/0/1	192.168.1.1	255.255.255.0	192.168.1.254
PC2	Ethernet 0/0/1	192.168.2.1	255.255.255.0	192.168.2.254
PC3	Ethernet 0/0/1	192.168.3.1	255.255.255.0	192.168.3.254

5.5.3 实施步骤

1. 基本 IP 编址

根据表 5.1 完成各设备各端口的基本 IP 地址配置，并使用 ping 命令检测各直连链路的连通性。这里仅给出 PC2 和 R2 端口的 IP 地址配置过程及连通性测试实例，其余设备配置与之类似。

(1) PC2 的 IP 地址配置

组建好拓扑后，选中 PC2 并右击，在弹出的快捷菜单中选择“设置”选项，在弹出的窗口中输入 PC2 的 IP 地址、子网掩码及网关后单击右下角的“应用”按钮，如图 5.11 所示。

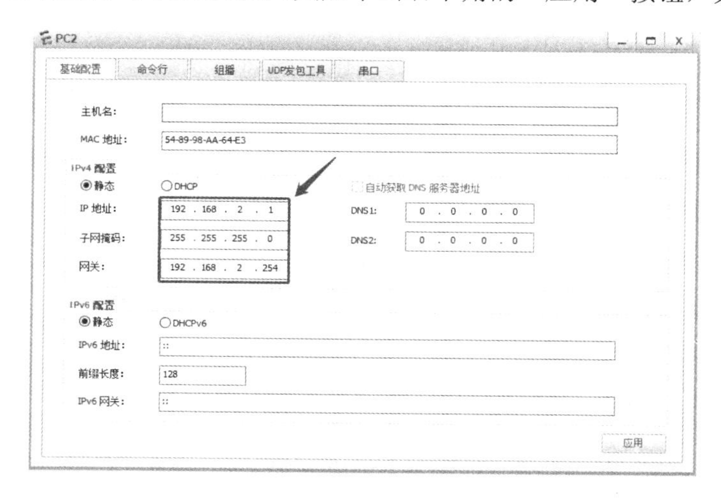

图 5.11 PC2 的 IP 地址配置

(2) 路由器 R2 端口的 IP 地址配置

组建好拓扑后，开启 R2 的电源，进入端口模式，配置如表 5.1 所示的 IP 地址等信息。

```
[R2]interface Serial 1/0/0
[R2-Serial1/0/0]ip address 10.0.1.2 255.255.255.0
[R2]interface Serial 1/0/1
[R2-Serial1/0/1]ip address 10.0.2.2 255.255.255.0
[R2]interface GigabitEthernet 0/0/0
[R2-GigabitEthernet0/0/0]ip address 192.168.2.254 255.255.255.0
```

(3) 测试直连网段的连通性

代码如下：

```
<R2>ping -c 1 192.168.2.1
Ping 192.168.2.1: 56  data bytes, press CTRL_C to break
Reply from 192.168.2.1: bytes=56 Sequence=1 ttl=128 time=20 ms

  --- 192.168.2.1 ping statistics ---
    1 packet(s) transmitted
    1 packet(s) received
    0.00% packet loss
round-trip min/avg/max = 20/20/20 ms
```

其余网段的配置与连通性测试与 PC2 和 R2 类似。

2. 配置 PPP

若串口链路默认封装的是 PPP，则可以直接在 R1 和 R2 上通过端口信息进行查看，若不是，则可以在端口模式下通过 link-protocol ppp 命令将封装协议修改为 PPP。

```
<R2>display interface s1/0/0
Serial1/0/0 current state : UP
Line protocol current state : UP
……
Internet Address is 10.0.1.2/24
Link layer protocol is PPP
LCP opened, IPCP opened
……
```

3. 配置 HDLC 协议

在 R2 和 R3 的 Serial 1/0/1 端口上分别使用 link-protocol hdlc 将数据链路层协议修改为 HDLC。

```
[R2]interface Serial 1/0/1
[R2-Serial1/0/1]link-protocol hdlc
Warning: The encapsulation protocol of the link will be changed. Continue? [Y/N]:Y

[R3]interface Serial 1/0/1
[R3-Serial1/0/1]link-protocol hdlc
Warning: The encapsulation protocol of the link will be changed. Continue?
[Y/N]:Y
```

4. 配置默认路由与静态路由

在 R1 和 R3 上分别配置默认路由指向出口网关，并在 R2 上配置目的网段为 PC1 所在网络的静态路由，下一跳指向 R2，目的网段为 PC3 所在网络的静态路由，下一跳指向 R3。

```
[R1]ip route-static 0.0.0.0 0.0.0.0 10.0.1.2

[R3]ip route-static 0.0.0.0 0.0.0.0 10.0.2.2

[R2]ip route-static 192.168.1.0 255.255.255.0 10.0.1.1
[R2]ip route-static 192.168.3.0 255.255.255.0 10.0.2.3
```

5. 实践效果验证

配置完成后，测试 PC1、PC2、PC3 三者之间的连通性，发现均可以连通。

```
PC>ping 192.168.2.1

Ping 192.168.2.1: 32 data bytes, Press Ctrl_C to break
From 192.168.2.1: bytes=32 seq=1 ttl=126 time=15 ms
……

--- 192.168.2.1 ping statistics ---
  5 packet(s) transmitted
  5 packet(s) received
```

```
  0.00% packet loss
  round-trip min/avg/max = 0/15/31 ms

PC>ping 192.168.3.1

Ping 192.168.3.1: 32 data bytes, Press Ctrl_C to break
From 192.168.3.1: bytes=32 seq=2 ttl=125 time=31 ms
……

--- 192.168.3.1 ping statistics ---
5 packet(s) transmitted
  5 packet(s) received
  0.00% packet loss
  round-trip min/avg/max = 0/15/31 ms
```

5.5.4 拓展知识

PPP之所以能成为广域网中应用广泛的协议，主要原因在于它能够提供认证功能，这对于网络高速发展且网络安全需求较高的现代网络来说是极其重要的。PPP可以提供PAP和CHAP两种认证方式，更好地保证了网络的安全。

PAP为两次握手验证协议，使用明文密码验证，验证过程仅在链路建立阶段进行。当链路建立阶段结束后，用户名和密码将由被验证方重复地在链路上发送给验证方，直到验证通过或者终止连接。PAP是一种不安全的验证协议，一是因为PAP验证密码是以明文的形式在链路上发送的，二是因为用户名和密码在链路建立阶段结束后被验证方在链路上反复发送，很容易在被截获后被非法利用。

CHAP为三次握手验证协议，它只在网络上传输用户名，而不传输密码，因此安全性比PAP要高。CHAP是在链路建立阶段开始时就完成的，在链路建立阶段完成后的任何时间内都可以再次验证。其验证过程如下：当链路建立阶段完成后，验证方发送一个challenge报文给被验证方；challenge报文被验证方经过一次Hash算法计算后，给验证方返回一个值；验证方对经过Hash算法生成的值和被验证方返回的值进行比较，若两者一致，则验证通过后进入网络层阶段，否则验证失败，连接终止。

习题

一、简答题

1．试比较电路交换与分组交换的区别。
2．HDLC协议的特点有哪些？
3．请简述PPP的工作流程。
4．请简述FR协议的工作原理。
5．试比较HDLC、PPP、FR三种帧格式的区别。

二、操作题

根据5.4节的内容，完成HDLC协议及PPP的配置。

第6章 软件定义网络及网络功能虚拟化

随着云计算技术的应用越来越广泛，人们建立了大量的数据中心，数据中心内部网络的管理是当前较为棘手的问题。在计算机网络领域中，近年来，软件定义网络(Software Defined Network，SDN)是与云计算技术共同发展的技术及应用热点。本章将从软件定义网络的产生及发展开始，介绍软件定义网络及网络功能虚拟化(Network Function Virtualization，NFV)等知识。

本章主要学习内容：

- SDN的产生及发展历程；
- SDN的相关标准及开源项目；
- SDNR的架构；
- SDN面临的挑战；
- NFV的基本概念；
- 熟练掌握OpenDaylight的安装；
- 熟练使用搜索引擎对SDN、NFV等相关知识进行查询。

6.1 SDN概述

微课视频

传统计算机网络的建设依赖大量的网络设备(如交换机、路由器、防火墙等)，在设备中包含与网络协议相关的系统及软件。网络工程师负责配置各种策略，他们需要手动地将这些高层策略转换为低层的配置命令，这些繁杂的任务通常只能通过有限的工具完成，使得网络管理控制和性能调优等任务变得极为困难，且容易出错。

6.1.1 SDN的产生背景

传统的网络是典型的分布式网络。通常在二层网络中，通过广播的方式传输设备之间的可达信息；在三层网络中，设备之间通过标准路由协议传输拓扑信息。这些模式要求每台设备必须使用相同的网络协议，以保证不同厂商的不同设备之间可以实现相互通信。

为了适应不同的需求和场景，传统网络的发展也越来越复杂。部署一个传统网络往往需要用到很多协议，由于标准协议中往往存在一些未明确的地方，因此各厂商的协议实现有差异。传统网络以单台设备为单位，以命令行的方式进行管理，网络管理和业务调度效率低下，运维成本高。

随着业务的飞速发展，用户对网络的需求日新月异，一旦原有的基础网络无法满足新的需求，就需要上升到协议制定与修改的层面，就会导致网络设备更新换代的成本极其昂贵且周期极其漫长。传统网络面临的主要问题如图6.1所示。

为解决传统网络发展滞后、运维成本过高的问题，服务提供商开始探索新的网络架构，希望能够将控制面（操作系统和各种软件）与硬件解耦，实现底层操作系统、基础软件协议及增值业务软件的开发设计，在这个背景下，软件定义网络（SDN）诞生了。

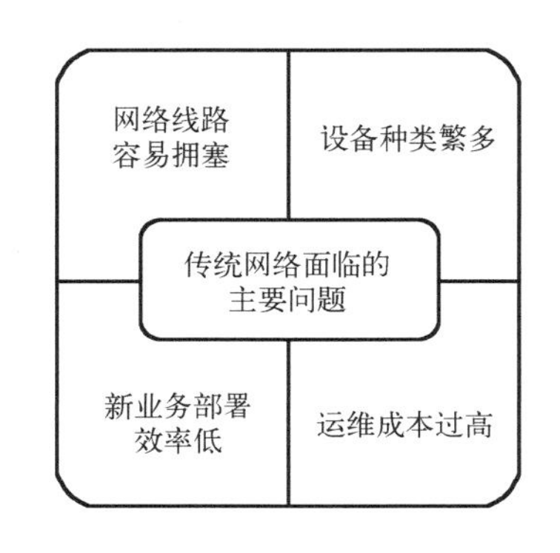

图 6.1　传统网络面临的主要问题

SDN 早期诞生于美国的斯坦福大学，2006 年斯坦福大学以 Nick McKeown 教授为首的研究团队提出了 OpenFlow 的概念，用于校园网络的实验创新。2008 年，Nick McKeown 教授等人发表了题为 *OpenFlow*: *Enabling Innovation in Campus Networks* 的论文，首次详细地介绍了 OpenFlow 的概念，阐述了 OpenFlow 的工作原理，并列举了 OpenFlow 的几大典型应用场景。2009 年，基于 OpenFlow 为网络带来的可编程特性，SDN 的概念被提出，同年，OpenFlow 发布了可用于商业化产品的 1.0 版本，自此 SDN 的概念获得了学术界和工业界的广泛认可和大力支持。

2011 年 3 月，开放网络基金会（Open Network Foundation，ONF）成立，主要致力于推动 SDN 架构、技术的规范和发展工作。2011 年 12 月，第一届开放网络峰会（Open Networking Summit）在北京召开，此次峰会邀请了国内外在 SDN 方面先行的企业介绍其在 SDN 方面的成功案例；同时世界顶级互联网、通信网络与 IT 设备集成商共同探讨了如何实现在全球数据中心部署基于 SDN 的硬件和软件，为 OpenFlow 和 SDN 在学术界和工业界做了很好的介绍和推广。2012 年 4 月，ONF 发布了 SDN 白皮书——*Software Defined Networking*: *The New Norm for Networks*，其中的 SDN 三层模型获得了业界广泛认同。

自 2012 年开始，SDN 完成了从实验技术向网络部署的重大跨越，德国电信等运营商开始开发和部署 SDN，谷歌宣布其主干网络已经全面运行在 OpenFlow 上，并且通过 10G 网络链接分布在全球各地的 12 个数据中心，使广域线路的利用率从 30%提升到接近饱和。从而证明了 OpenFlow 不再仅仅是停留在学术界的一个研究模型，其已经完全具备了可以在产品环境中应用的技术成熟度。

2012 年，国家 863 项目“未来网络体系结构和创新环境”获得科技部批准，该项目提出了未来网络体系结构创新环境（Future Internet Innovation Environment，FINE）。FINE 体系结构将支撑各种新型网络体系结构和 IPv6 新协议的研究实验。

2012 年底，AT&T、英国电信（BT）、德国电信、Orange、意大利电信、西班牙电信公司和 Verizon 联合发起成立了网络功能虚拟化产业联盟，旨在将 SDN 的理念引入电信业。该联盟由 52 家网络运营商、电信设备供应商、IT 设备供应商及技术供应商组建。

2013 年 4 月，思科、IBM 联合微软、Big Switch、博科、思杰、戴尔、爱立信、富士通、英特尔、瞻博网络、NEC、惠普、红帽和 VMware 等公司与 Linux 基金会合作，发起成立了 Open Daylight 项目，开发 SDN 控制器、南向与北向 API 等软件，旨在打破各大厂商对网络硬件的垄断，驱动网络技术创新力，使网络管理更容易、更廉价。

经过多年的发展，SDN 在计算机网络领域中逐渐被大家接受，SDN 的目标是支持动态可编程的网络配置，提高网络性能和管理效率，使网络服务能够像云计算一样提供灵活的定制能力。SDN 将网络设备的转发面与控制面解耦，通过控制器负责网络设备的管理、网络业务的编排和业务流量的调度，相较于传统网络具有成本低、集中管理、灵活调度等优点。

6.1.2　SDN 的技术路线

在传统的网络设备中，控制平面和数据平面部署在相同的物理硬件上。一个网络设备的内部体系结构具有 3 种操作平面，如图 6.2 所示。

- 管理平面：通过 Web 界面或 CLI 处理外部用户交互和身份认证，以及日志管理任务和配置。
- 控制平面：负责管理内部设备操作、运行路由交换协议、提供引导设备引擎发包的指南，并将情况反馈给管理平面。
- 数据平面：根据控制平面定义的协议、算法及转发表等，实现数据的转发功能。

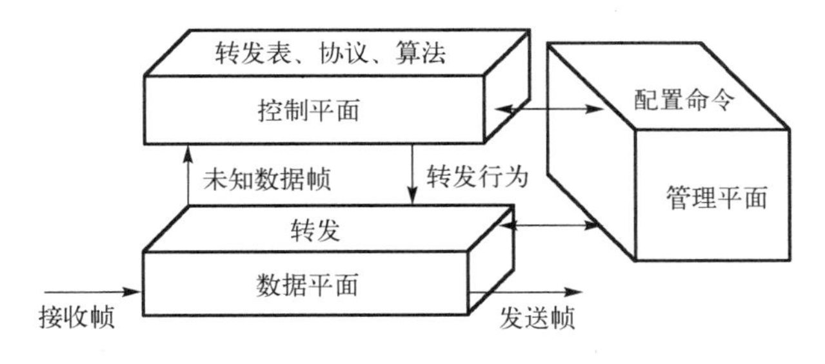

图 6.2　网络设备内部体系结构的 3 种操作平面

从前面的内容中可以得知，SDN 的理念是将网络设备的控制和转发功能解耦，使网络设备的控制平面可直接编程，将网络服务从底层硬件设备中抽象出来。SDN 网络设备模型与传统网络设备模型的对比如图 6.3 所示。

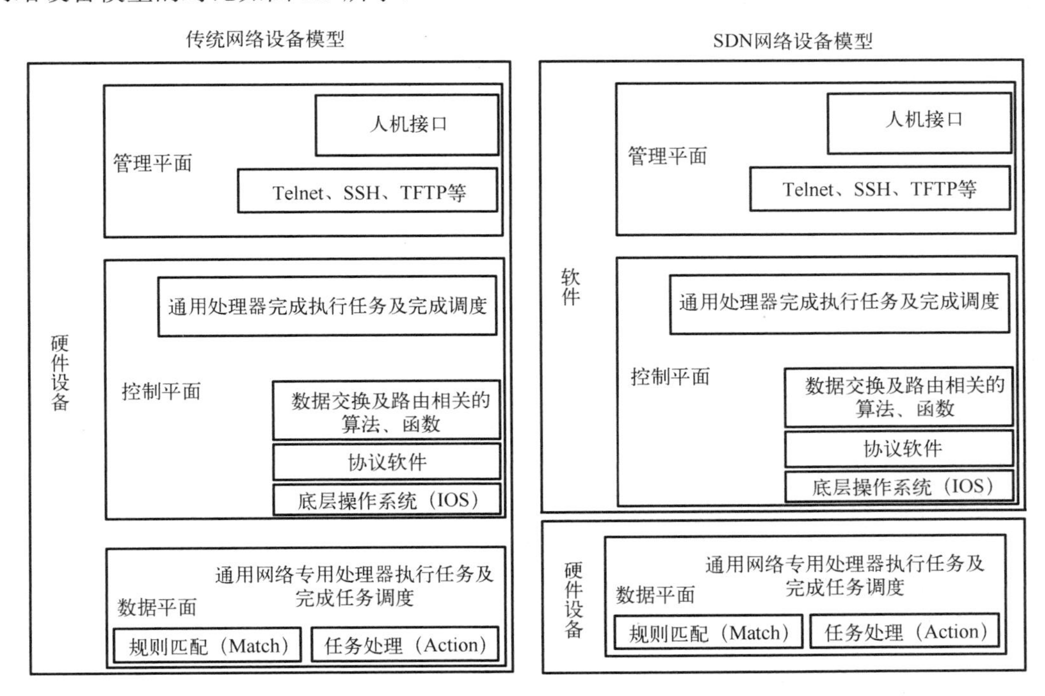

图 6.3　SDN 网络设备模型与传统网络设备模型的对比

在 SDN 的技术路线中，早期主要强调将控制平面从网络设备中分离，用户希望能够将各

类厂商的网络设备变为简单的通用型设备，方便实现网络功能的自定义，达到降低网络搭建与维护的成本。但在 SDN 的发展过程中，由于底层协议的复杂性、软件开发投入等多方面原因，厂商逐渐转向了以自动化运维为主要目标，弱化控制面剥离的 SDN 技术路线。

网络设备的厂商主张将操作系统及大部分的软件仍放在硬件设备上进行，保持原有的网络设备形态，通过控制器实现与硬件设备、网络配置管理工具的对接，由控制器在管理平面的维度完成对硬件设备的统一管理和业务编排。软件 SDN 模型和硬件 SDN 模型的对比如图 6.4 所示。

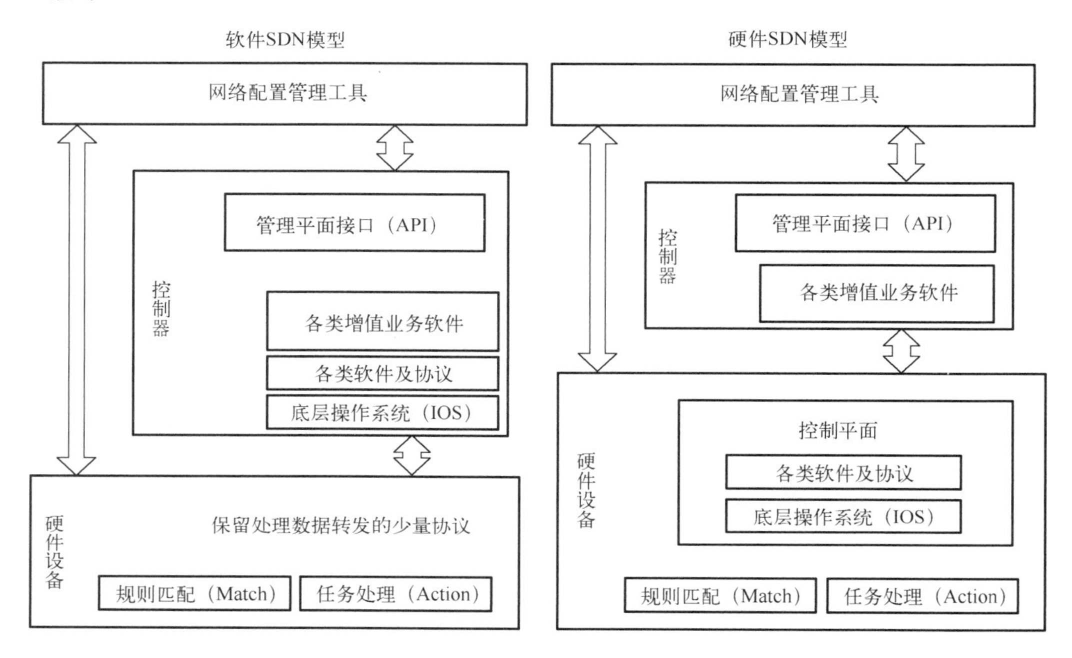

图 6.4　软件 SDN 模型和硬件 SDN 模型的对比

6.1.3　SDN 的架构

SDN 是一种新的网络方法，在物理上分离了网络控制平面和数据平面。在基于 SDN 的网络中引入了新的组件，称为控制器，以集中的方式管理多台设备。SDN 通常在现有网络的基础上进行重构，未来新的服务或者升级网络程序将被部署到 SDN 控制器上，用户可以实现快速部署网络。

SDN 最基本的功能是实现控制平面和数据平面的分离。控制平面建立用于创建转发表项和被数据平面转发数据的本地数据集。存储在网络拓扑中的数据集称为路由信息库(Routing Information Base，RIB)，RIB 通常需要与网内其他实例的信息交换保持一致(无环路)。基于 RIB 创建转发表，转发表条目通常称为转发信息库(Forward Information Base，FIB)，FIB 需要在设备的控制平面和数据平面之间进行镜像映射，以保证转发行为与路由决策一致。数据平面的主要功能是根据 RIB 创建的 FIB 实现数据的高速转发。在一个典型的 SDN 中，网络智能在控制器上逻辑集中，它使得在逻辑控制上可以实现全局设计和操作(作为集中应用而不是分布式系统)。从图 6.3 和图 6.4 中可知，SDN 架构包含 3 层结构，分别如下。

- 转发层(基础架构层)：包括物理网络设备、以太网交换机和路由器。提供可编程、高速的硬件和软件，这符合行业标准。
- 控制层：包括一个逻辑上集中的 SDN 控制器，它保持一个全局的网络视图。它需要通过明确定义的应用层接口和标准协议对网络进行综合管理和网络设备进行监控。
- 应用层：包括专注于网络服务扩展的解决方案，这些解决方案主要是与 SDN 控制器通信的软件应用程序。

1．转发层

转发器和连接转发器的线路构成基础转发网络作为转发层，这一层负责执行用户数据的转发，其转发过程中所需要的转发表项则是由控制层生成的。转发表项可以是二层或者三层转发表项。该层和控制层之间通过南向接口交互。转发层一方面上报网络资源信息和状态，另一方面接收控制层下发的转发信息。

2．控制层

控制层是系统的控制中心，负责网络的内部交换路径和边界业务路由的生成，并负责处理网络状态变化事件。它的实现实体就是 SDN 控制器，也是 SDN 架构下最核心的部件。其核心功能是实现网络内部交换路径计算和边界业务路由计算。控制层的接口主要提供南向及北向接口，分别实现控制层和转发层、控制层和应用层的交互。

SDN 控制器提供的两个接口，通常称为南向接口和北向接口。提供南向接口的主要目的是解决控制层和转发层之间的数据交流问题，当前主流的南向协议有 OpenFlow、SNMP(Simple Network Management Protocol，简单网络管理协议)、PCEP(Path Computation Element Communication Protocol，路径计算单元通信协议)等。北向接口设计的目的是实现一个网络业务接口，通过这个开放的网络业务接口为应用层的各类 App 提供统一的网络业务服务，包括 L2VPN(二层虚拟网)、IP 转发等业务。从应用层的角度看，底层网络通过 SDN 控制器处理后，相当于一个典型的黑盒，应用层不再需要关心底层网络的实现细节，常见的北向协议有 YANG、NETCONF(网络配置协议)等。SDN 控制器的南北向接口示意图如图 6.5 所示。

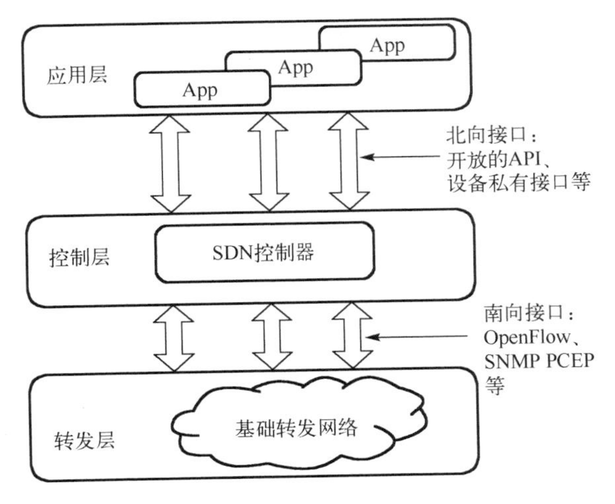

图 6.5　SDN 控制器的南北向接口示意图

3．应用层

应用层主要对接用户的各种上层应用程序，此类应用程序（App）称为协同层应用程序，典型的协同层应用程序包括 OSS（Operation Support System）、OpenStack 等。OSS 负责整网的业务协同，OpenStack 在数据中心负责网络、计算、存储的协同。当然还有一些其他的协同层应用程序，如安全 App、网络业务 App 客户端等。该层和控制层之间通过北向接口交互，例如，RESTful、NETCONF、其他私有的 API 等。

6.1.4　SDN 的主要应用场景

1．网络业务创新

SDN 通过在原有的网络架构中增加一个集中式的控制器，使网络得以简化且能够支持新业务的快速拓展。其原理是通过软件化的 SDN 控制器提升网络可编程能力，将原有网络架构中 3 个平面的功能进行了重新分配。

在传统网络架构中，一项新业务上线需要需求方、供应商等多方经过多轮会商，完成需求提出、标准讨论和定义、开发商开发标准协议，然后在网络上升级所有的网络设备，往往需要经过数年才能完成。软件化的 SDN 控制器能够实现快速网络创新，SDN 架构可以将新业务的上线速度从几年提升到几个月甚至更快，同时，软件化的平台方便业务的上下架，若某项新开发的业务被判定为没有应用价值，则可以快速下线，节约大量的设备淘汰等成本。

2．简化网络部署

SDN 架构采用集中控制，网络内部的路径计算和建立全部由控制器完成，控制器完成网络路径的计算后，下发给转发器执行，不需要其他额外的协议，因此在被 SDN 控制器控制的网络内部，很多协议可以忽略，例如，LDP（Label Distribution Protocol，标签分发协议）、MBGP（Multicast Border Gateway Protocol，网络组播边界网关协议）、PIM（Protocol Independent Multicast，协议无关组播协议）等。未来大量的传统东西向协议会消失，而南北向控制协议（如 OpenFlow 等）则会不断地演进来满足 SDN 架构需求。

3．设备无关性

系统集成一般分为垂直集成和水平集成。垂直集成，通常是指针对某个业务系统，由单个厂商供应全套的软硬件设施、设备及技术支持等。水平集成，通常是指把某个业务系统水平分工，每个厂家都完成产品的一个部件，有的集成商把它们集成起来销售。水平分工有利于系统各部分的独立演进和更新，促进竞争，促进各个部件的采购价格降低。因此，在 SDN 架构中，采用标准化的控制器和转发器之间的接口。网络设备将成为通用的白盒式硬件，有利于网络业务系统由垂直集成向水平集成转变。

4．自动化运维

在传统的网络架构中，网络设备是闭环系统，大部分的网络设备还是基于 CLI 命令行的，而近年来新发布的硬件系统支持多数 PCEP、NETCONF 等。因此，在 SDN 架构中，SDN 控制器可以通过这些 API 完成网络业务的部署，提供各种网络服务，如 L2VPN（二层虚拟网）、L3VPN（三层虚拟网）等，自行屏蔽网络内部细节，提供网络业务自动化能力。

5. 网络调优

在传统的网络架构中，路径选择算法通常采用最短路径算法，它容易导致网络上某个最短路径的流量非常拥挤，其他非最短路径的利用率偏低。在 SDN 架构中，可以直接通过控制器完成业务路径的计算，直接建立数据链路的隧道，不再需要 RSVP（资源预约协议）等，不仅能进行流量路径动态调整，提升网络利用率，还能够解决传统网络中因多个业务次序导致的依赖问题。

6.2 SDN 的标准与开源项目

微课视频

6.2.1 SDN 标准化的相关组织

1. ONF

开放网络基金会（Open Networking Foundation，ONF）是一个由运营商主导的非营利性联盟，ONF 是推动 SDN 理念最活跃的组织之一。同时，OpenFlow 标准也是由 ONF 组织定义的。ONF 通过应用研究、开发、宣传和教育，推动网络基础设施和运营商商业模式的转型。ONF 提供了一个开放的、协作的、社区化管理的社区，通过网络分解、白盒经济、开源软件和软件定义标准来构建解决方案，以彻底改变运营商行业。ONF 有许多合作伙伴及成员，如 AT&T、谷歌、微软等，ONF 的部分合作伙伴及成员如图 6.6 所示。

图 6.6　ONF 的部分合作伙伴及成员

2. IETF

国际互联网工程任务组（The Internet Engineering Task Force，IETF）是一个公开性质的大型民间国际团体，汇集了与互联网架构和互联网顺利运作相关的网络设计者、运营者、投资人和研究人员。IETF 成立于 1985 年底，是全球互联网最具权威的技术标准化组织，主要负责互联网相关技术规范的研发和制定，当前绝大多数国际互联网技术标准均出自 IETF。

在 IETF 中，早期有两个与 SDN 相关的研究项目组，分别是转发与控制分离工作组和应用层流量优化工作组，前者主要涉及需求、框架、协议、转发单元模型、MIB（Management Information Base，管理信息库）等，后者主要通过为应用层提供更多的网络信息来完成应用层

的流量优化，用于判断的参数包括最大带宽、最少跨域、最低成本等。同时，IETF 还着手制定 I2RS 标准，I2RS 标准的核心思想是在目前传统网络设备路由及转发系统的基础上开放新的接口来与外部控制层通信，外部控制层通过设备反馈的事件、拓扑变化、流量统计等信息动态地下发路由状态、策略等到各设备上。

3. ITU-T

国际电信联盟电信标准分局（International Telecommunication Union Telecommunication Standardization Sector，ITU-T）设置在日内瓦国际电联总部，它是国际电信联盟管理下的专门制定电信标准的分支机构。ITU-T 各研究组汇集了来自世界各地的专家，他们的工作是制定被称为"ITU-T 建议书"的国际标准。这些国际标准是全球信息通信技术（Information and Communications Technology，ICT）基础设施的定义要素。标准对 ICT 的互联互通起着至关重要的作用，无论我们是进行语音、视频通信，还是进行数据信息交换，标准均可确保各国的 ICT 网络和设备使用相同的语言，从而实现全球通信。在 SDN 相关的标准方面，ITU-T 与 ONF 合作，定义了 SDN 环境和相关架构等内容，用于在运营商网络中运行。

4. ETSI

欧洲电信标准化协会（European Telecommunications Standards Institute，ETSI）是由欧洲共同体（欧共体）委员会在 1988 年批准建立的一个非营利性的电信标准化组织，ETSI 标准化领域主要涉及电信业，并涉及与其他组织合作的信息及广播技术领域。在 SDN 方面，ETSI 主要参与了 NFV 标准化的制定工作。

6.2.2 开源及社区项目

1. OpenDaylight

OpenDaylight（ODL）是 Linux 基金会负责管理的开源项目，开源 SDN 项目的主要厂商都参与了 ODL 项目，在开发方面，ODL 使用 Java 语言编程。ODL 可以向各类终端用户和客户开放，提供一套基于 SDN 开发的模块化、可扩展、可升级，不仅支持 OpenFlow 协议，还支持 BGP（Border Gateway Protocol，边界网关协议）、PCEP 等其他多种协议的控制器框架，目的是推动 SDN 技术的创新实施和透明化。在 ODL 中，采用集中式的控制平面，南向接口支持 OpenFlow、BGP-LS、PCEP 等协议，北向接口支持如 YANG、NETCONF 等协议。采用 ODL 的好处是可以加快服务和 SDN 部署，并降低网络运营成本。在不改变网络现有结构的情况下，用户可以参与和获取到最新的技术，也加快了运营商的网络改革。

ODL 创建了一个完整的开源 SDN 解决方案，ODL 控制器平台被设计为一个高度模块化和基于插件的中间件（Middleware），提供网络在各种情况下使用的应用。ODL 的模块化是通过 Java OSGi 框架实现的，控制器由许多 Java OSGi 捆绑在一起提供所需要的控制功能，OSGi 解决了组件之间的隔离问题，ODL 通过 YANG 工具直接生成业务管理的整体框架。ODL 的开放源代码许可证允许用于商业产品，因此普通的用户或设备厂商都可以直接采用 ODL 源代码。

ODL 控制器在设计的时候遵循以下 6 个基本的架构原则。

- 运行时模块化和扩展化（Runtime Modularity and Extensibility）：支持在控制器运行时进行服务的安装、删除和更新。

- 多协议的南向支持（Multiprotocol Southbound）：南向支持多种协议，支持OpenFlow、NETCONF、SNMP、PCEP等标准协议，同时支持私有化接口。
- 服务抽象层（Service Abstraction Layer）：南向多种协议对上提供统一的北向服务接口，保证上下层模块之间的调用可以相互隔离，屏蔽南向协议差异，为上层功能模块提供一致性服务。
- 开放的可扩展北向API（Open Extensible Northbound API）：通过REST或者函数调用方式，提供可扩展的应用API，两者提供了一致的功能。
- 支持多租户、切片（Support for Multi-tenancy/Slicing）：允许网络在逻辑上（或物理上）划分成不同的切片或租户，控制器的部分功能和模块可以管理指定切片，控制器根据所管理的分片来呈现不同的控制观测面。
- 一致性聚合（Consistent Clustering）：提供细粒度复制的聚合和确保网络一致性的横向扩展（Scale-out）。

2. ONOS

开放网络实验室（Open Networking Lab，ON.Lab）是一个非营利性组织，由来自斯坦福大学和加州大学伯克利分校的SDN发明者和领导者成立，以促进开源社区开发的工具和平台发展，其于2014年12月发布了开源SDN开放网络操作系统（Open Network Operating System，ONOS）。ONOS使用Java及Apache实现了首款开源SDN操作系统，主要面向服务提供商（ISP）和企业骨干网。ONOS是根据ISP的特点和需求进行架构设计的，ONOS提供了分布式的控制平面，可以使ISP根据现有的网络情况，设计出大规模、高可用性、高可靠性、高性能、安全及灵活的网络架构。因此，ONOS更符合运营商面向未来的业务与网络发展的战略要求，能够端到端地支撑运营商从广域网到数据中心的业务按需、实时、自动化的部署，以及资源分配和优化调整需求。

3. ODL与ONOS对比

ODL和ONOS两者都是当前主流的SDN控制器，但是两者存在一定的区别，其中ODL侧重于协调BGP等传统网络与新型的OpenFlow、SDN等网络的共同发展，因此，ODL更受思科、Juniper等设备厂商的欢迎，这些传统的网络设备厂商参与的程度更高。而ONOS侧重于在性能和集群方面提高网络的可用性和扩展性，其受众面更倾向于ISP，因此更多电信运营商参与ONOS项目。

6.3　SDN面临的挑战

微课视频

6.3.1　可靠性

区别于传统的网络架构，SDN是以集中式的控制器为核心的网络。在传统网络中，每台路由器都独立地计算路由条目。网络中的每台路由器收集链路状态信息作为路由算法的材料来计算到达特定目的地的最短路径。任何网络拓扑的改变都会触发路由器泛洪新的链路状态信息并重新计算路由。因此，传统网络在故障时具有自动收敛性，网络拥有最高的可靠性。而在SDN中，网络收敛取决于SDN控制器，它作为网络的核心部件来集中管理网络，容易出现单点故障的情形。通常，SDN控制器主要的可靠性问题包括以下4方面，如图6.7所示。

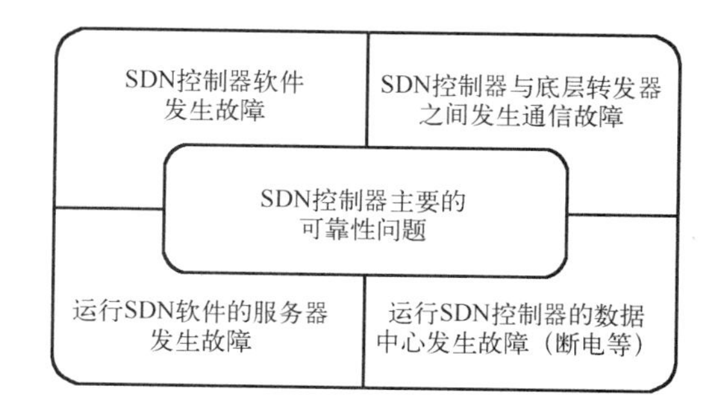

图 6.7　SDN 控制器主要的可靠性问题

针对上述可靠性问题，可以通过服务器冗余、双机热备、异地冗余等方案解决，从而提高 SDN 控制器的可靠性。

6.3.2　性能

在 SDN 中，性能指标主要包括网络容量指标和时间指标。

网络容量指标是指在部署 SDN 控制器的数据中心需要支持百万级以上的开发虚拟交换机(Open vSwitch，OVS)，在数据中心互联(Datacenter Center Interconnect，DCI)及骨干网(Metro/Core)的应用场景中，要求每个 SDN 控制器能管控 2000 台以上的设备，在 IP 化无线接入网(IP Radio Access Network，IPRAN)的应用场景中，要求每个 SDN 控制器能够管控 20000 台设备。

时间指标是指网络故障的收敛时间。在传统网络中，当出现网络故障时，总收敛时间是路由器检测到故障，并发送故障通知整个网络，本地路由器计算路由和本地路由更新时间之和。由于网络架构不同，在 SDN 中，所有的转发器使用 OpenFlow 协议通过南向接口和控制器相互通信，因此控制器具有网络的全局拓扑，当 SDN 故障时，总收敛时间是检测到故障，转发器发送故障通知控制器，控制器计算路由，并向转发器更新路由的时间之和。两种网络架构的故障收敛时间计算有差异，而 SDN 性能指标中的时间指标，要求在部署 SDN 控制器的情况下，当网络故障时，其收敛时间优于传统网络，或与传统网络下的故障收敛时间基本相当。

6.3.3　开放性

SDN 网络架构采用开放标准，具有与厂商无关的特性，它简化了网络的设计和维护操作，提供了开放的 API 接口，具备了可编程的能力。SDN 中的智能化管理功能被集中到基于软件的控制器中，部署在控制层中，并且将转发硬件从控制逻辑中分离，把网络设备变成了简单的数据包转发设备，简化了新型协议和应用的部署，直接进行网络的虚拟化和管理，同时能够把各种中间构件整合到软件实现的控制中，通过开放的 API 调用网络能力，实现了类似操作系统加应用程序的灵活功能架构。

SDN 的开放性，让研究机构及创业者轻松地在网络中实验和测试新的想法，从而提升网络技术的开发和部署速度，方便个人和组织独自解决内部网络的问题，但是由于 SDN 的开放性及开源等特点，个人用户在技术支持方面也存在一定的难度。开放式接口允许来自不同厂商的设备加入，容易引起不同厂商之间的恶意竞争。

6.4　NFV 技术概述

微课视频

6.4.1　NFV 技术概述

网络功能虚拟化（NFV）是指融合云计算技术和虚拟化技术，通过软件来安装、控制、操作运行在通用硬件上的网络功能，将传统电信设备的软件与硬件解耦，基于通用计算、存储、网络设备实现电信网络功能，提升管理和维护效率，增强系统灵活性，使新一代网络业务拥有更好的伸缩性和自动化能力。

NFV 主要由电信运营商联盟提出，为加速部署新的网络服务，运营商倾向于放弃笨重昂贵的专用网络设备，转而使用标准的 IT 虚拟化技术来拆分网络功能模块，如 DNS（域名系统）、NAT（网络地址映射）、Firewall（防火墙）等。

欧洲电信标准化协会定义了 NFV 的标准架构，如图 6.8 所示。

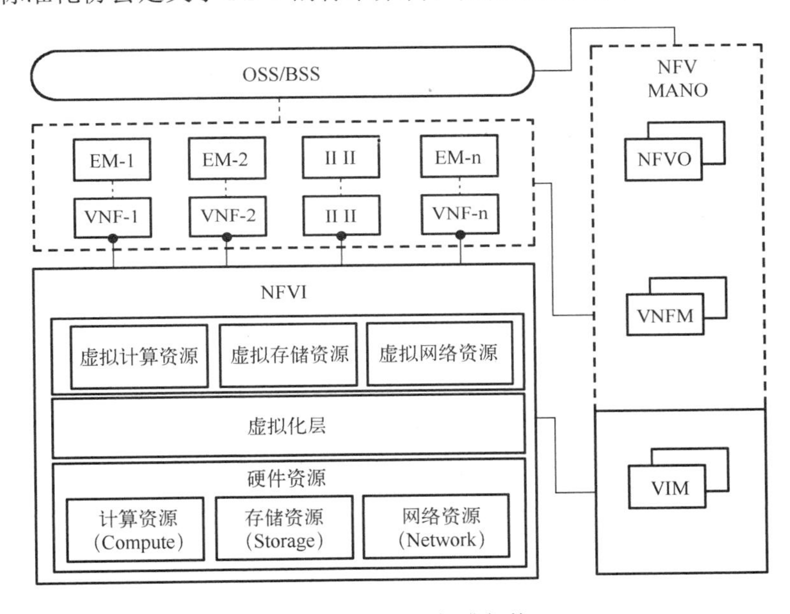

图 6.8　NFV 的标准架构

图 6.8 中包括 NFV 基础设施（NFV Infrastructure，NFVI）、NFV 网络的管理编排控制器（Management and Orchestration，MANO）和虚拟网络功能模块（Virtual Network Function，VNF），三者是标准架构中顶级的概念实体。

NFVI 包含了虚拟化层及物理资源，虚拟化层可以使用通用的虚拟机监视器（Hypervisor）或容器管理系统，如 Docker 及 vSwitch 等，物理资源如 COTS 服务器、交换机、存储设备等。NFVI 可以跨越若干物理位置进行部署，此时为这些物理站点提供数据连接的网络也称为 NFVI 的一部分。为了兼容现有的网络架构，NFVI 的网络接入点要能够跟其他物理网络互联互通。NFVI 是一种通用的虚拟化层，所有的虚拟资源应该在一个统一共享的资源池中，不应该特殊对待某些运行其上的虚拟网络功能模块。

MANO 提供了 NFV 的整体管理和编排功能，向上接入运营支撑系统（Operation Support System，OSS）和业务支撑系统（Business Support System，BSS），由 NFV 编排管理组件（NFV

Orchestrator，NFVO)和 VNF 管理组件(VNF Manager，VNFM)及虚拟化基础设施管理器(Virtualized Infrastructure Manager，VIM)组成。

VIM 在 NFV 架构中，控制着 VNF 的虚拟资源分配，如虚拟计算资源、虚拟存储资源和虚拟网络资源。在 NFV 架构中，可以将 OpenStack、VMware 等产品作为 VIM，实现资源的有效管理。

VNFM 用于管理 VNF 的生命周期，如管理上线、下线，进行状态监控等，VNFM 通常基于虚拟网络功能描述(VNF Describe，VNFD)来管理 VNF。

NFVO 用于管理网络业务(Network Service，NS)的生命周期，协调网络业务生命周期的管理、协调 VNF 生命周期的管理、协调 NFVI 各类资源的管理，以确保所需各类资源与连接的优化配置。

VNF 是指具体的虚拟网络功能模块，提供某种网络服务，利用 NFVI 提供的基础设施部署在虚拟机、容器或者 bare-metal 物理机中。相对于 VNF，传统的基于硬件的网络元件可以称为 PNF(Physical Network Function)。VNF 和 PNF 能够单独或者混合组网，构成服务链(Service Chain)，提供特定场景下所需的端对端(End to End，E2E)网络服务。

6.4.2 SDN 与 NFV 的关系

从前面的章节中可以发现，SDN 和 NFV 实现的关键技术都不同程度采用了云计算、虚拟化等技术，两者的相似之处主要体现在以下方面。

- 都以实现网络虚拟化为目标，实现物理设备的资源池化。
- 都提升了网络管理和业务编排效率。
- 都希望通过界面操作或编程语言来进行网络编排。

虽然两者之间也逐渐形成了融合的趋势，但是两者的设计初衷和架构依然存在一定的区别，从在两者的适用范围看，SDN 与 NFV 最明显的区别在于 SDN 处理的是 OSI 参考模型中的第 2～3 层，NFV 处理的是第 3～7 层，如图 6.9 所示。

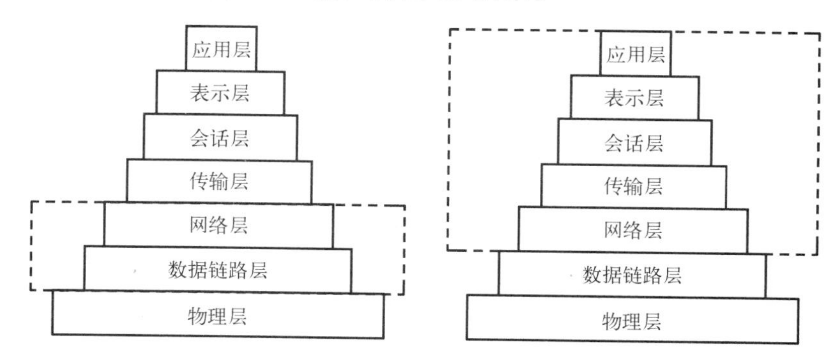

图 6.9 SDN 与 NFV 处理的 OSI 参考模型层次对比图

同时，SDN 主要优化网络基础设施架构，如以太网交换机、路由器和无线网络等。NFV 主要优化网络的功能，如负载均衡、防火墙、广域网优化控制器等。SDN 与 NFV 的区别如表 6.1 所示。

表 6.1　SDN 与 NFV 的区别

比较项目	SDN	NFV
起源	起源于园区网络	起源于运营商
概念	解耦数据平面和控制平面，实现可编程的网络控制，并提供自动化运维等功能	将网络功能与传统的网络设备进行解耦，实现网络功能的虚拟化
目标	网络设备可编程化，实现集中式管理，简化设备管理	采用统一的硬件设备替代或分离专用网络设备，降低运营成本
关键	采用开放的可编程接口，由控制平面提供决策，底层硬件仅负责数据转发	采用虚拟化技术手段，实现硬件转发的功能不再依赖特定的硬件设备
应用	优化网络基础设施	优化网络功能，如 QoS 等
标准化组织	ONF	ETSI

6.5　OpenDaylight 部署实践

微课视频

6.5.1　实践任务描述

在 OpenDaylight 部署实践任务中，我们将以 OpenDaylight 的碳版本（Carbon）为例，完成 SDN 控制器监测功能的演示。相应的实践任务将在 VMware Workstation（威睿工作站）虚拟机中完成。

微课视频

本实践任务采用 Ubuntu 22.04 作为底层的操作系统环境，Ubuntu 22.04 是 Ubuntu 当前的长期支持版本（Long Term Support，LTS），操作系统的安装过程在网上有许多教程，在此就不再赘述。操作系统安装完成后，在 Ubuntu 中安装 OpenDaylight 所需的 JDK（Java Development Kit，Java 程序开发工具包）等运行环境及 mininet 等组件，然后完成 OpenDaylight 与 mininet 的连接，最后演示 SDN 控制器的监测功能。

6.5.2　准备工作

1．虚拟机准备

微课视频

由于 OpenDaylight 及其他关联的组件在使用过程中需要较多的资源，因此在虚拟化软件中自行安装 Ubuntu 时，需要设置虚拟机的资源，建议内存为 8～16GB 为宜，硬盘为 120GB，CPU 为 2～4 个核心。本书配套资源中提供了已经安装的 Ubuntu 22.04 虚拟机，读者下载、解压文件后，用 VMware WorkStation 15 以上的版本启动该虚拟机，即可使用。

2．网络设置

为避免其他网络环境的影响，建议在实践过程中，将虚拟机的网络环境设置为 NAT 模式。同时，为安装运行环境及 mininet 等组件，需要保障虚拟机能连接到 Internet 上。

3．OpenDaylight 软件

本实践任务以 OpenDaylight 的碳版本为实践环境。读者登录 OpenDaylight 官网下载碳版本的软件包“distribution-karaf-0.6.0- Carbon.tar.gz”保存即可。若 OpenDaylight 官方更新调整了下载目录，则可以选择“Archived Releases”选项，选择对应版本链接，进入下载地址。

6.5.3 实施步骤

1. 启动虚拟机

将虚拟机解压，启动 VMware Workstation 工具后，加载虚拟机，如图 6.10 所示。

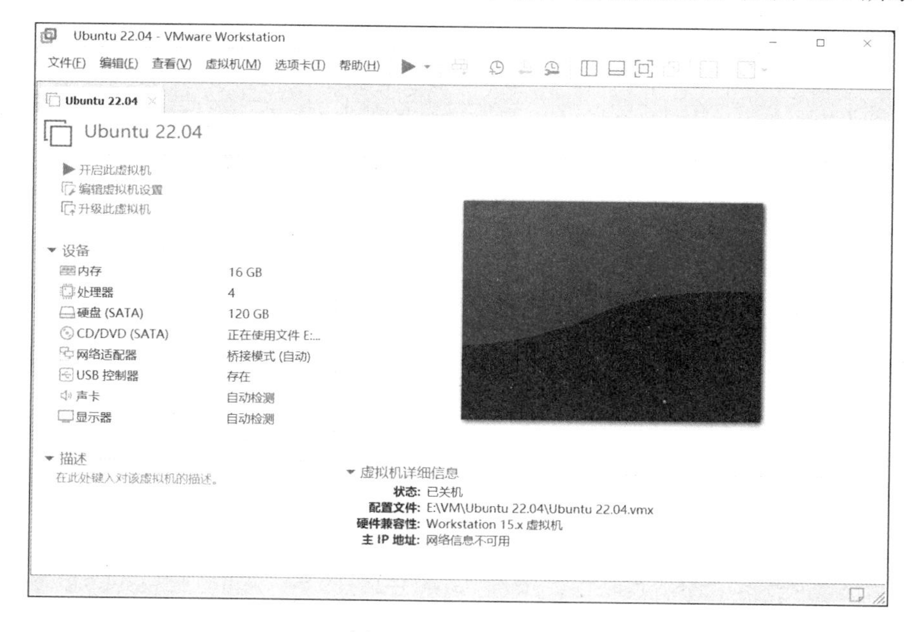

图 6.10 加载虚拟机

然后，单击左上角的“开启此虚拟机”按钮，存放虚拟机的默认目录是“E:\VM”，若不是该目录，则会出现如图 6.11 所示的提示，单击“我已复制该虚拟机”按钮，启动虚拟机即可。在安装制作此虚拟机模板时，设定了自动登录，在正常开启后，系统会直接进入虚拟机桌面，如图 6.12 所示。本实践使用的虚拟机，登录的账号名称设定为“ubuntu”，同时设定了简单的密码为“ubuntu”，在后续的使用中，建议在启动终端后，执行“sudo passwd”命令，将密码修改为复杂、安全的密码，如图 6.13 所示。

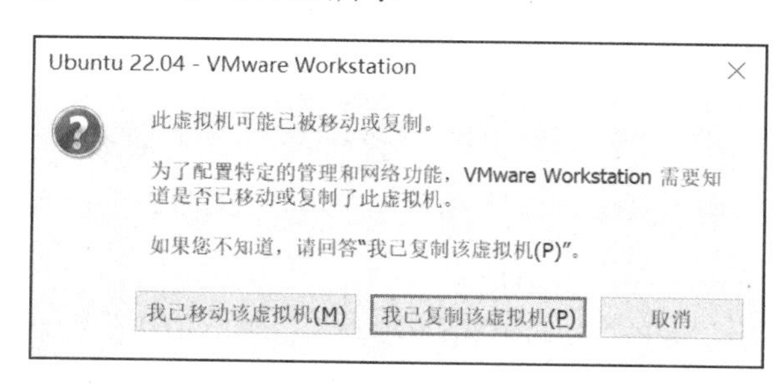

图 6.11 确认启动虚拟机

2. Ubuntu 基本设置

启动 Ubuntu 后，可以适当调整屏幕的分辨率及缩放比例，以适配 4K 等高分屏的宿主机。在桌面空白处右击，在弹出的快捷菜单中选择“显示设置”选项，调整屏幕设置，如图 6.14 所示。

活动
5月3日 11：54
zh
主目录

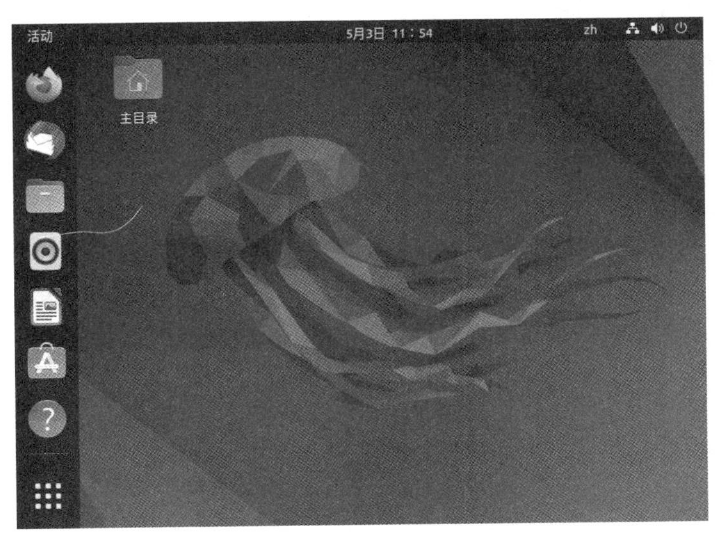

图 6.12　进入虚拟机桌面

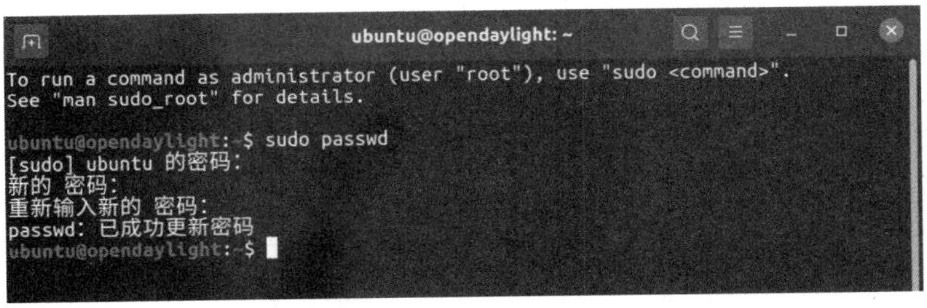

ubuntu@opendaylight: ~
To run a command as administrator (user "root"), use "sudo <command>".
See "man sudo_root" for details.
ubuntu@opendaylight:~$ sudo passwd
[sudo] ubuntu 的密码:
新的 密码:
重新输入新的 密码:
passwd: 已成功更新密码
ubuntu@opendaylight:~$

图 6.13　修改密码

活动
5月3日 11：58
zh
主目录
新建文件夹
粘贴
Select All
图标排序
排序方式...
在文件管理器中打开桌面
在终端中打开
更改背景...
Desktop Icons Settings
显示设置

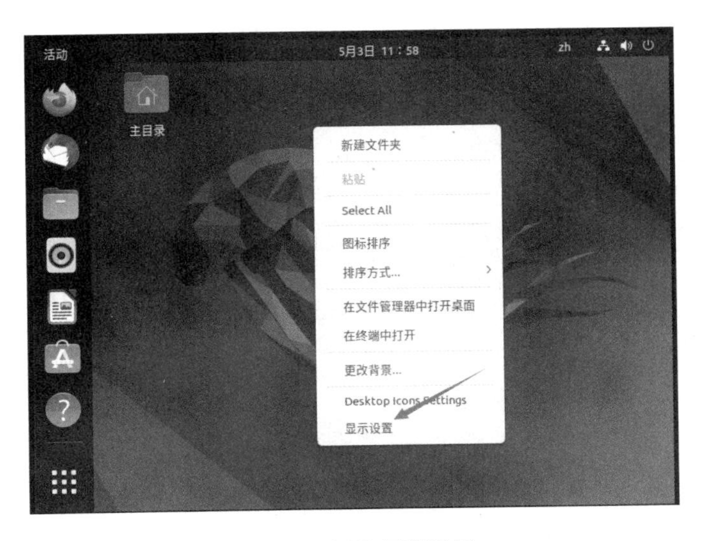

图 6.14　调整屏幕设置

在弹出的对话框中完成 3 个步骤，如图 6.15 所示，即可设定新的分辨率及缩放比例，适配高分屏的宿主机，然后在弹出的对话框中，选择“保留更改”选项，完成调整，如图 6.16 所示。

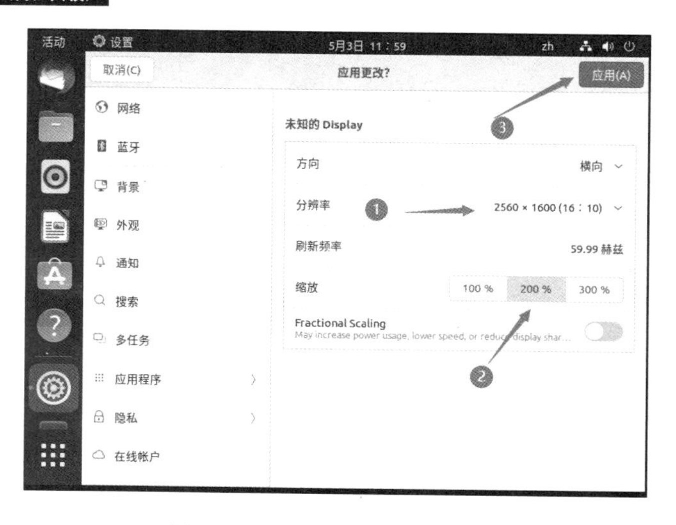

图 6.15　设定分辨率及缩放比例

默认安装的 Ubuntu 采用了节电策略，若在操作系统的桌面上如果没有任何操作，则操作系统会在 5 分钟内锁定，需要重新登录。当安装某些组件需要较长时间时，容易出现需要多次登录的情况，因此，可以在设定屏幕后调整息屏时间，在设置中心的左侧，选择“电源”选项，打开电源设置，如图 6.17 所示。然后打开息屏设置，如图 6.18 所示，在弹出的下拉列表中选择合适的息屏时间即可，本实践选择为“5 分钟”，如图 6.19 所示，然后单击设置程序右上角的“关闭”按钮，完成设定。

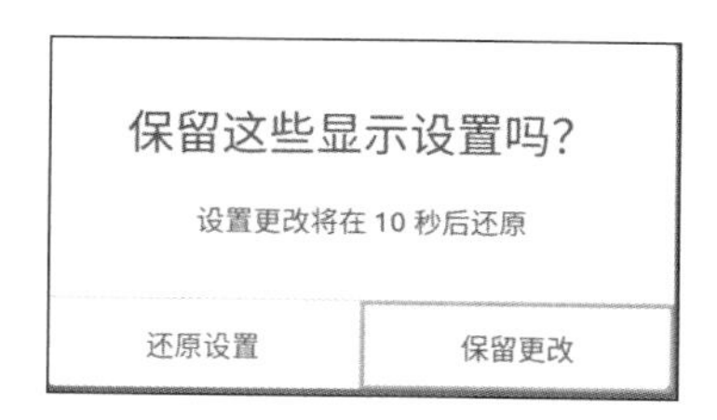

图 6.16　保留更改

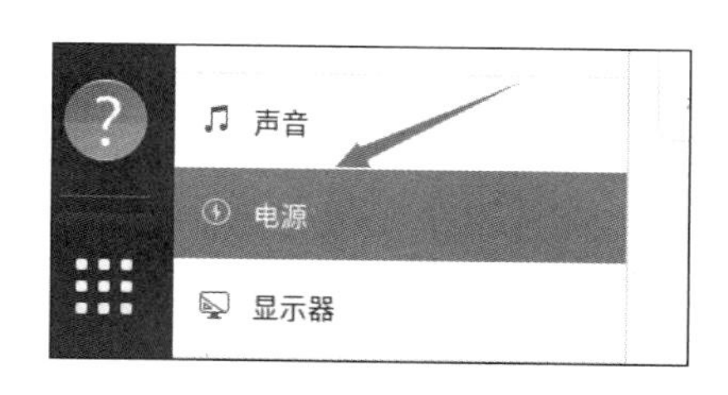

图 6.17　打开电源设置

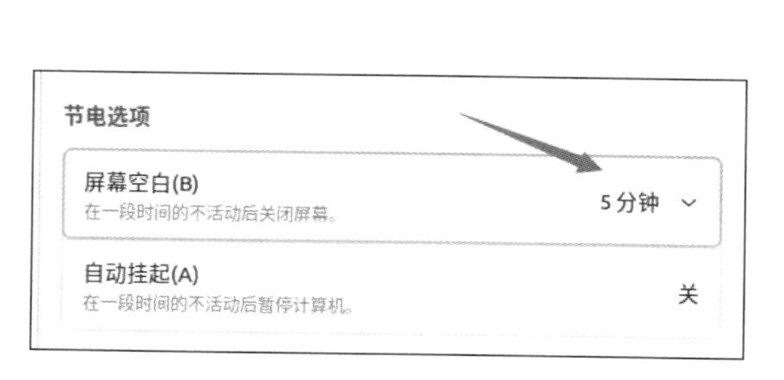

图 6.18　打开息屏设置

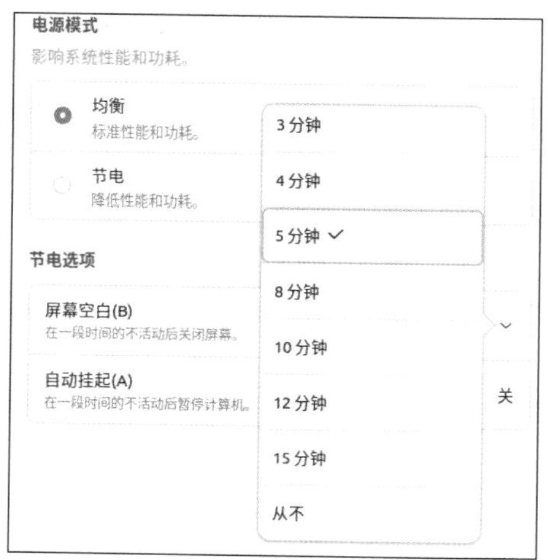

图 6.19　选择合适的息屏时间

如果还有其他需要调整设定的选项，可以单击桌面左下角的按钮，再次打开“设置”程序，按需调整，如图 6.20 所示。

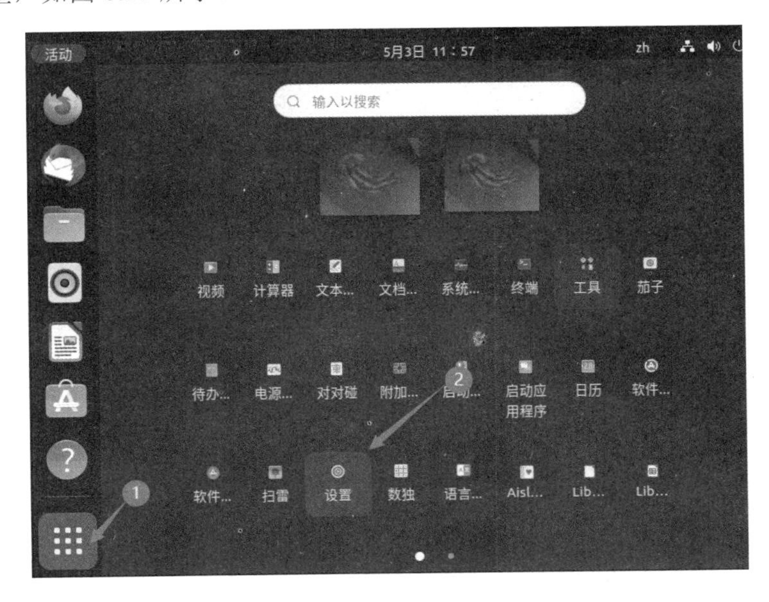

图 6.20　打开设置程序

3. 启动终端

在桌面空白处右击，在弹出的快捷菜单中选择“在终端打开”选项，启动终端。或者单击桌面左下角的按钮，在显示的应用程序中，选择“终端”程序，启动终端如图 6.21 所示。

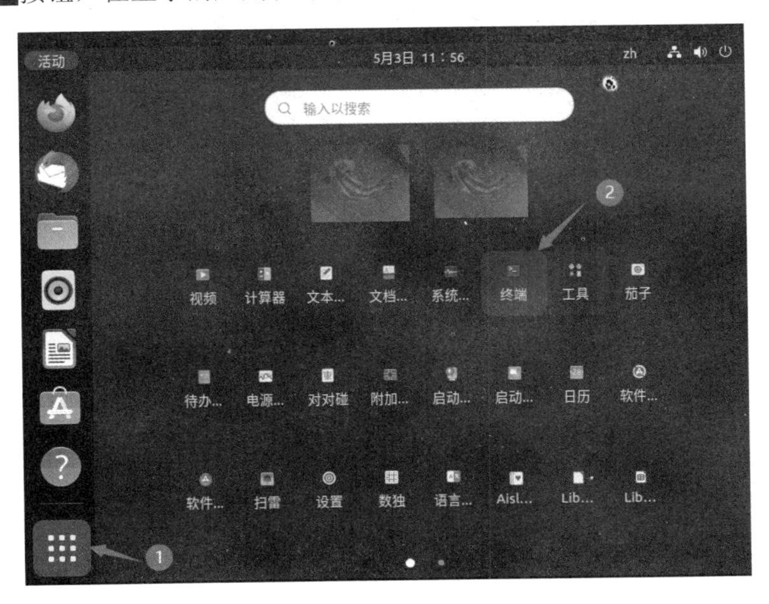

图 6.21　启动终端

由于受到 Ubuntu 中安全策略的限制，非 root 用户的管理员在执行管理相关的命令时，需要使用 sudo 功能，启动终端后，弹出如图 6.22 所示的提示，相应修改当前用户密码的命

令，参见图 6.13。在默认情况下，使用 sudo 命令在输入一次密码后，当次输入的密码默认可以持续 15 分钟。

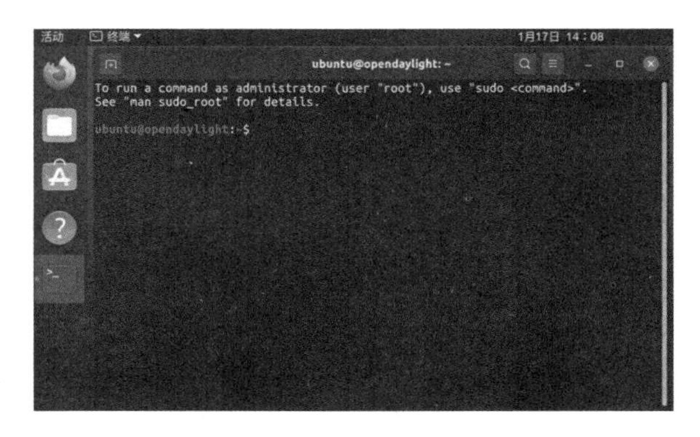

图 6.22　启动终端弹出的提示

4．apt 命令的用法

在 Ubuntu 中，通常使用 apt 工具实现软件的安装、更新、卸载等操作。apt 工具的基本用法如图 6.23 所示。由于 apt 是管理命令，在执行安装等操作时，需要使用 sudo 命令去执行具体的操作功能。例如，在安装软件时，需要执行类似“sudo apt install XX 软件”格式的命令。

```
ubuntu@opendaylight:~$ apt
apt 2.0.2 (amd64)
用法： apt [选项] 命令

命令行软件包管理器 apt 提供软件包搜索，管理和信息查询等功能。
它提供的功能与其他 APT 工具相同（像 apt-get 和 apt-cache），
但是默认情况下被设置得更适合交互。

常用命令：
  list - 根据名称列出软件包
  search - 搜索软件包描述
  show - 显示软件包细节
  install - 安装软件包
  reinstall - 重新安装软件包
  remove - 移除软件包
  autoremove - 卸载所有自动安装且不再使用的软件包
  update - 更新可用软件包列表
  upgrade - 通过 安装/升级 软件来更新系统
  full-upgrade - 通过 卸载/安装/升级 来更新系统
  edit-sources - 编辑软件源信息文件
  satisfy - 使系统满足依赖关系字符串

参见 apt(8) 以获取更多关于可用命令的信息。
程序配置选项及语法都已经在 apt.conf(5) 中阐明。
欲知如何配置软件源，请参阅 sources.list(5)。
软件包及其版本偏好可以通过 apt_preferences(5) 来设置。
关于安全方面的细节可以参考 apt-secure(8).
                                本 APT 具有超级牛力。
```

图 6.23　apt 工具的基本用法

在执行 apt 工具的安装等操作之前，通常建议先执行“sudo apt update”命令，同步 Ubuntu 的最新安装源，将最新的软件包列表下载到本地缓存中。然后根据需要，决定是否执行“sudo apt upgrade”命令，完成操作系统的更新升级。

5．安装各类组件

(1) openjdk

①安装 openjdk

OpenDaylight 的碳版本，要求安装 openjdk 1.8 以上的版本。在安装 openjdk 时，需要先同步 Ubuntu 的最新安装源，如图 6.24 所示。

```
ubuntu@opendaylight: ~
ubuntu@opendaylight:~$ sudo apt update
[sudo] ubuntu 的密码:
命中:1 http://cn.archive.ubuntu.com/ubuntu focal InRelease
命中:2 http://security.ubuntu.com/ubuntu focal-security InRelease
命中:3 http://cn.archive.ubuntu.com/ubuntu focal-updates InRelease
命中:4 http://cn.archive.ubuntu.com/ubuntu focal-backports InRelease
正在读取软件包列表... 完成
正在分析软件包的依赖关系树
正在读取状态信息... 完成
有 501 个软件包可以升级。请执行 'apt list --upgradable' 来查看它们。
ubuntu@opendaylight:~$
```

图 6.24　同步 Ubuntu 最新的安装源

openjdk 1.8 版本的软件名称为“openjdk-8-jdk”，在安装时，建议同时安装 Java 的运行环境，即 JRE 软件包，其名称为“openjdk-8-jre”，参考命令如图 6.25 所示，在 apt 命令后面，增加了“-y”选项，使命令在执行过程中，对所有需要交互回答 Yes/No 的问题统一回复为 Yes。JDK 及 JRE 安装成功后的界面如图 6.26 所示。

```
ubuntu@opendaylight: ~
ubuntu@opendaylight:~$ sudo apt -y install openjdk-8-jdk openjdk-8-jre
正在读取软件包列表... 完成
正在分析软件包的依赖关系树
正在读取状态信息... 完成
将会同时安装下列软件:
  ca-certificates-java fonts-dejavu-extra java-common libatk-wrapper-java libatk-wrapper-java-jni
  libice-dev libpthread-stubs0-dev libsm-dev libx11-6 libx11-dev libxau-dev libxcb1-dev
  libxdmcp-dev libxt-dev openjdk-8-jdk-headless openjdk-8-jre-headless x11proto-core-dev
  x11proto-dev xorg-sgml-doctools xtrans-dev
建议安装:
  default-jre libice-doc libsm-doc libx11-doc libxcb-doc libxt-doc openjdk-8-demo
  openjdk-8-source visualvm icedtea-8-plugin fonts-ipafont-gothic fonts-ipafont-mincho
  fonts-wqy-microhei fonts-wqy-zenhei
下列【新】软件包将被安装:
  ca-certificates-java fonts-dejavu-extra java-common libatk-wrapper-java libatk-wrapper-java-jni
  libice-dev libpthread-stubs0-dev libsm-dev libx11-dev libxau-dev libxcb1-dev libxdmcp-dev
  libxt-dev openjdk-8-jdk openjdk-8-jdk-headless openjdk-8-jre openjdk-8-jre-headless
  x11proto-core-dev x11proto-dev xorg-sgml-doctools xtrans-dev
下列软件包将被升级:
  libx11-6
升级了 1 个软件包，新安装了 21 个软件包，要卸载 0 个软件包，有 500 个软件包未被升级。
需要下载 43.5 MB/44.1 MB 的归档。
解压缩后会消耗 162 MB 的额外空间。
```

图 6.25　安装 JDK 及 JRE

```
ubuntu@opendaylight: ~
Updating certificates in /etc/ssl/certs...
0 added, 0 removed; done.
Running hooks in /etc/ca-certificates/update.d...

done.
done.
正在处理用于 sgml-base (1.29.1) 的触发器 ...
正在设置 x11proto-dev (2019.2-1ubuntu1) ...
正在设置 libxau-dev:amd64 (1:1.0.9-0ubuntu1) ...
正在设置 libice-dev:amd64 (2:1.0.10-0ubuntu1) ...
正在设置 libsm-dev:amd64 (2:1.2.3-1) ...
正在设置 libxdmcp-dev:amd64 (1:1.1.3-0ubuntu1) ...
正在设置 x11proto-core-dev (2019.2-1ubuntu1) ...
正在设置 libxcb1-dev:amd64 (1.14-2) ...
正在设置 libx11-dev:amd64 (2:1.6.9-2ubuntu1.2) ...
正在设置 libxt-dev:amd64 (1:1.1.5-1) ...
ubuntu@opendaylight:~$
```

图 6.26　JDK 及 JRE 安装成功后的界面

②调整 JDK 配置

安装 openjdk 后，如果在启动 OpenDaylight 时提示无法执行，那么可以参考以下几个步骤，调整添加 JDK、JRE 相关的环境变量。

- 步骤 1：启动终端。

● 步骤 2：执行“sudo gedit /etc/profile”命令，打开系统环境配置文件，如图 6.27 所示。

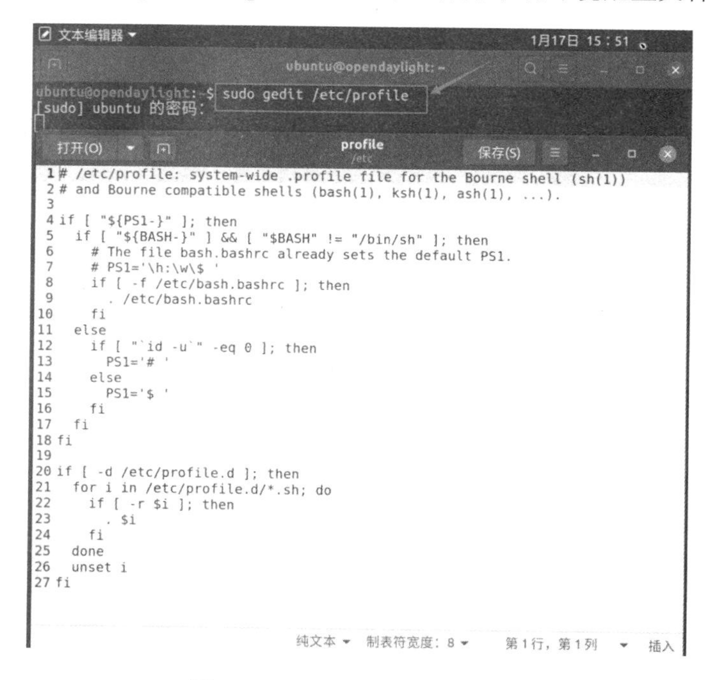

图 6.27 打开系统环境配置文件

● 步骤 3：在/etc/profile 文件的末尾，添加第 28～31 行的内容，添加 Java 环境设定，如图 6.28 所示。

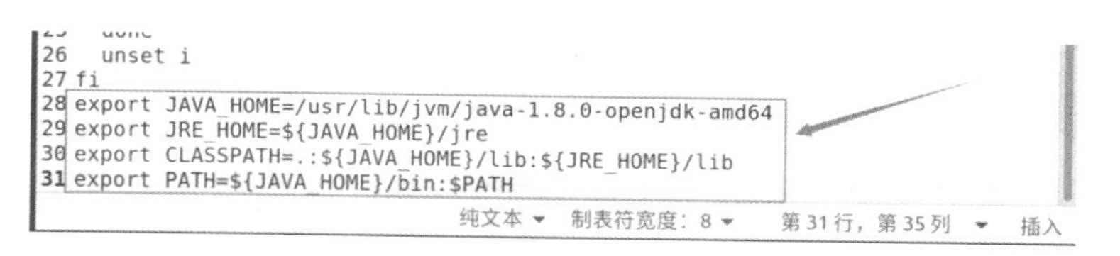

图 6.28 添加 Java 环境设定

● 步骤 4：单击 gedit 工具右上角的“保存”按钮，保存文件，然后关闭 gedit 窗口。
● 步骤 5：执行 source 命令，加载新增加的配置内容，可以执行相应的 java 命令检查前面的步骤是否生效，如图 6.29 所示。

```
ubuntu@opendaylight:~$ source  /etc/profile
ubuntu@opendaylight:~$
ubuntu@opendaylight:~$ echo ${JAVA_HOME}
/usr/lib/jvm/java-1.8.0-openjdk-amd64
ubuntu@opendaylight:~$ java -version
openjdk version "1.8.0_312"
OpenJDK Runtime Environment (build 1.8.0_312-8u312-b07-0ubuntu1~20.04-b07)
OpenJDK 64-Bit Server VM (build 25.312-b07, mixed mode)
ubuntu@opendaylight:~$
```

图 6.29 检查 Java 环境设定情况

由于/etc/profile 文件的全局特性，使用 source 命令加载文件后，仅在当前终端有效，打开新的终端需要再次执行该命令，因此建议在保存修改后重启 Ubuntu，让配置全局生效。

(2) 安装 Python2 组件

OpenDaylight 碳版本的软件，需要使用的 Python2 及其 pip 工具，因此需要额外安装，Python2 的安装如图 6.30 所示，在安装 Python2 时，未增加“-y”选项，会在执行过程中要求确认 Yes 或 No，在本实践时，输入 Y，按回车键即可。

```
ubuntu@opendaylight: ~
ubuntu@opendaylight:~$ sudo apt install python2
[sudo] ubuntu 的密码:
正在读取软件包列表... 完成
正在分析软件包的依赖关系树... 完成
正在读取状态信息... 完成
将会同时安装下列软件:
  libpython2-stdlib libpython2.7-minimal libpython2.7-stdlib python2-minimal
  python2.7 python2.7-minimal
建议安装:
  python2-doc python-tk python2.7-doc binfmt-support
下列【新】软件包将被安装:
  libpython2-stdlib libpython2.7-minimal libpython2.7-stdlib python2
  python2-minimal python2.7 python2.7-minimal
升级了 0 个软件包，新安装了 7 个软件包，要卸载 0 个软件包，有 0 个软件包未被升级
。
需要下载 4,009 kB 的归档。
解压缩后会消耗 16.2 MB 的额外空间。
您希望继续执行吗? [Y/n]
```

图 6.30　安装 Python2

(3) 安装 Python2 系列的 pip 工具

pip 工具是可选安装的组件，如果 Ubuntu 22.04 已经具备相应组件，则可以忽略，如果在后续的步骤中提示缺失，则可以按下面的步骤将 pip 工具安装到系统中。

首先，在 Ubuntu 的终端中使用 wget 工具下载 pypa.io 站点中对应的 get-pip.py 脚本。使用 wget 命令，将相应的脚本下载到当前目录中。执行 ls 命令后，可以看到当前下载的脚本文件，如图 6.31 所示。

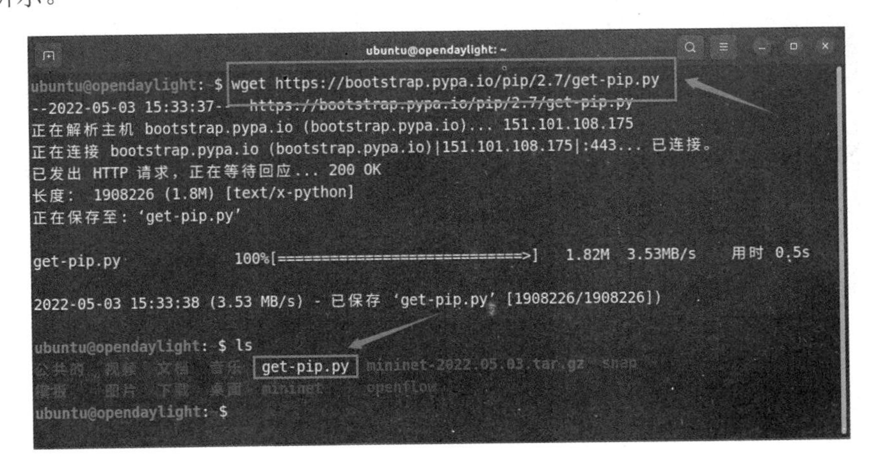

图 6.31　下载 get-pip 脚本

然后，执行 python 命令，调用 get-pip.py 安装脚本，如图 6.32 所示。

(4) 安装其他工具及组件

其他工具及组件主要包括后续下载及编译 mininet 时所需的工具和组件，如表 6.2 所示。

```
ubuntu@opendaylight: $ sudo python2 get-pip.py
[sudo] ubuntu 的密码:
DEPRECATION: Python 2.7 reached the end of its life on January 1st, 2020. Please upgrade your Python as Python 2.7 is no longer maintained. pip 21.0 will drop support for Python 2.7 in January 2021. More details about Python 2 support in pip can be found at https://pip.pypa.io/en/latest/development/release-process/#python-2-support pip 21.0 will remove support for this functionality.
Collecting pip<21.0
  Downloading pip-20.3.4-py2.py3-none-any.whl (1.5 MB)
     |████████████████████████████████| 1.5 MB 725 kB/s
Collecting setuptools<45
  Downloading setuptools-44.1.1-py2.py3-none-any.whl (583 kB)
     |████████████████████████████████| 583 kB 13.2 MB/s
Collecting wheel
  Downloading wheel-0.37.1-py2.py3-none-any.whl (35 kB)
Installing collected packages: pip, setuptools, wheel
Successfully installed pip-20.3.4 setuptools-44.1.1 wheel-0.37.1
ubuntu@opendaylight: $
```

图 6.32　调用 get-pip.py 安装脚本

表 6.2　其他工具及组件

工具/组件	作用
git	下载并处理 github.com 中的 mininet 等源代码
gcc、g++、automake	C、C++语言编译器及自动化编译组件
python-pexpect-doc	用于自动化交互式应用程序的 Python 组件 提示：因为 Ubuntu 22.04 中，软件包命名发生变更，所以需要额外安装此组件

使用命令“sudo apt install git gcc g++ automake python-pexpect-doc”，在具体的安装过程中，apt 工具会自动判断依赖性问题，将编译 mininet 所需的其他组件一并安装，如图 6.33 所示。

```
ubuntu@opendaylight: $ sudo apt install git gcc g++ automake python-pexpect-doc
[sudo] ubuntu 的密码:
正在读取软件包列表... 完成
正在分析软件包的依赖关系树... 完成
正在读取状态信息... 完成
将会同时安装下列软件:
  g++-11 git-man javascript-common liberror-perl libjs-jquery libjs-sphinxdoc libjs-underscore
  libstdc++-11-dev
建议安装:
  autoconf-doc gnu-standards g++-multilib g++-11-multilib gcc-11-doc gcc-multilib flex bison gcc-doc
  git-daemon-run | git-daemon-sysvinit git-doc git-email git-gui gitk gitweb git-cvs git-mediawiki
  git-svn apache2 | lighttpd | httpd libstdc++-11-doc
下列【新】软件包将被安装:
  automake g++ g++-11 gcc git git-man javascript-common liberror-perl libjs-jquery libjs-sphinxdoc
  libjs-underscore libstdc++-11-dev python-pexpect-doc
升级了 0 个软件包，新安装了 13 个软件包，要卸载 0 个软件包，有 0 个软件包未被升级。
需要下载 18.8 MB 的归档。
解压缩后会消耗 73.4 MB 的额外空间。
您希望继续执行吗? [Y/n]
```

图 6.33　安装 git 等组件

6. 安装 mininet

(1) 使用 git 工具下载源代码

①下载源代码

启动终端后，使用 git 工具，将 github.com 中的 mininet 源代码克隆(Clone)到本地，如图 6.34 所示。克隆 mininet 代码到本地后，会自动生成一个 mininet 目录，相应的源代码存放在该目录中。

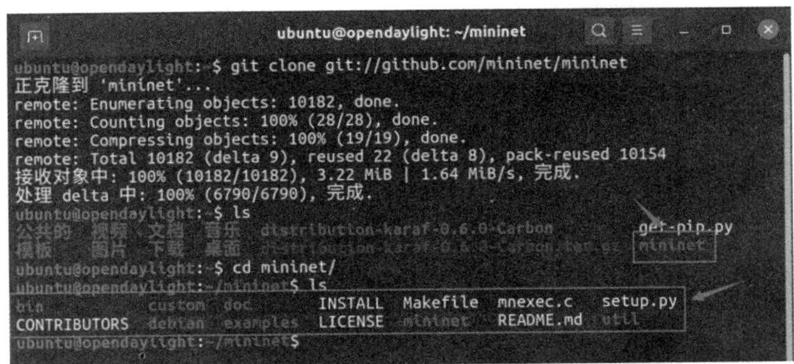

图 6.34　使用 git 下载 mininet 源代码

②获取软件包版本信息

mininet 源代码提供了较多版本，可以执行“git tag”命令查看，如图 6.35 所示

③选择版本

在实践中，执行“git checkout”命令，选择最新的稳定版，即 2.3.0 版本，如图 6.36 所示。

```
ubuntu@opendaylight:~$ cd mininet/
ubuntu@opendaylight:~/mininet$ git tag
1.0.0
2.0.0
2.1.0
2.1.0p1
2.1.0p2
2.2.0
2.2.1
2.2.2
2.3.0
2.3.0b1
2.3.0b2
2.3.0d3
2.3.0d4
2.3.0d5
2.3.0d6
2.3.0rc1
2.3.0rc2
cs244-spring-2012-final
ubuntu@opendaylight:~/mininet$
```

图 6.35　查看 mininet 的版本情况

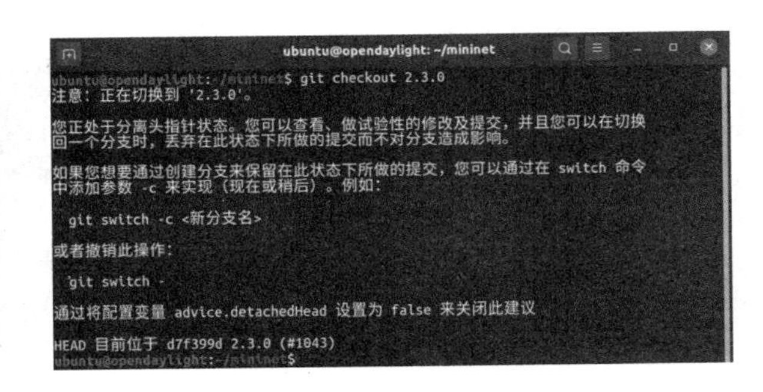

图 6.36　选择最新的稳定版

(2) 编译 mininet

完成 mininet 源代码的处理后，使用 cd 命令进入 mininet 的 util 子目录，执行 install.sh 脚本，开始编译任务。该目录中的 install.sh 脚本提供了许多编译参数，可以通过执行“./install.sh -help”命令查看，如图 6.37 所示。其中“-a”选项表示编译安装所有功能，“-n”选项表示安装核心的功能，“-f”选项表示安装 OpenFlow，小写的“-v”选项表示安装 Open vSwitch。在具体的编译过程中，选项区分大小写字母，大小写字母不同的选项将执行不同的功能，注意参阅图中的选项。

当前下载的 mininet 源代码中提供的安装脚本未适配最新的 Ubuntu 22.04 系统，同时 github.com 也调整了源代码克隆的链接命名方式。因此，在执行编译前，需要检查并调整该脚本中的内容，以完成后续的编译任务，可以在使用 gedit 工具打开 install.sh 脚本后，按 Ctrl+H 组合键，执行两次替换操作，首先将“pexpect”替换为“pexpect-doc”，然后将“git:// github.com”统一替换为“https//github.com”，完成相应修改后，单击 gedit 工具右上角的“保存”按钮后，关闭 gedit 文本编辑工具，如图 6.38 和图 6.39 所示。

```
ubuntu@opendaylight: ~/mininet/util
ubuntu@opendaylight:~/mininet/util$ ./install.sh -help
Detected Linux distribution: Ubuntu 20.04 focal amd64
sys.version_info(major=2, minor=7, micro=18, releaselevel='final', serial=0)
Detected Python (python) version 2

Usage: install.sh [-abcdfhikmnprtvVwxy03]

This install script attempts to install useful packages
for Mininet. It should (hopefully) work on Ubuntu 11.10+
If you run into trouble, try
installing one thing at a time, and looking at the
specific installation function in this script.

options:
 -a: (default) install (A)ll packages - good luck!
 -b: install controller (B)enchmark (oflops)
 -c: (C)lean up after kernel install
 -d: (D)elete some sensitive files from a VM image
 -e: install Mininet documentation/LaT(e)X dependencies
 -f: install Open(F)low
 -h: print this (H)elp message
 -i: install (I)ndigo Virtual Switch
 -k: install new (K)ernel
 -m: install Open vSwitch kernel (M)odule from source dir
 -n: install Mini(N)et dependencies + core files
 -p: install (P)OX OpenFlow Controller
 -r: remove existing Open vSwitch packages
 -s <dir>: place dependency (S)ource/build trees in <dir>
 -t: complete o(T)her Mininet VM setup tasks
 -v: install Open (V)switch
 -V <version>: install a particular version of Open (V)switch on Ubuntu
 -w: install OpenFlow (W)ireshark dissector
 -y: install R(y)u Controller
 -x: install NO(X) Classic OpenFlow controller
 -0: (default) -0[fx] installs OpenFlow 1.0 versions
 -3: -3[fx] installs OpenFlow 1.3 versions
ubuntu@opendaylight:~/mininet/util$
```

图 6.37　查看安装脚本的编译参数

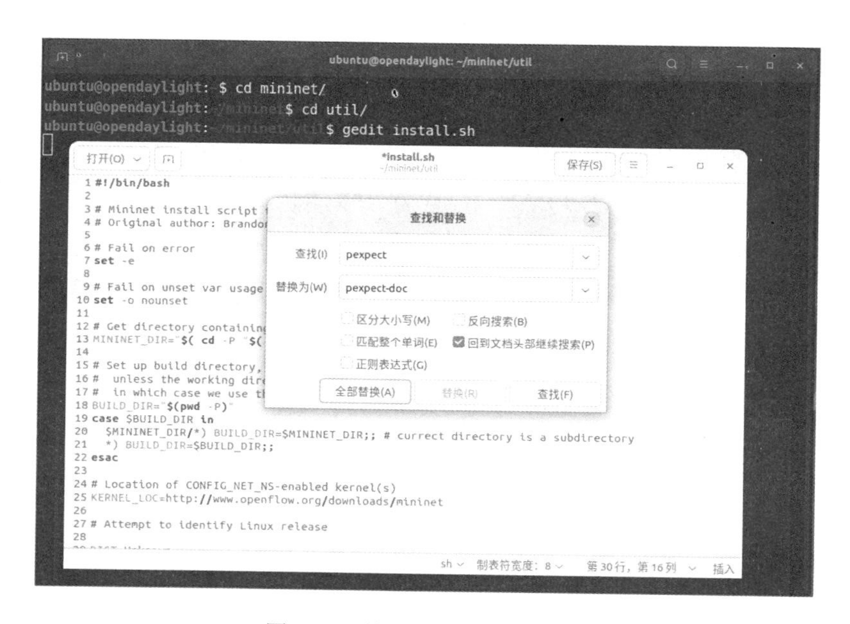

图 6.38　替换 python 组件名称

因为涉及安装权限等问题，在执行编译时，需要使用 sudo 命令调用安装脚本，完成编译。在编译时，使用“-a”选项安装全部功能时，容易因为 github.com 等网站连接不稳定，导致失败。因此，在本次编译时，仅安装核心功能(n)、OpenFlow(f)和 Open vSwitch(v)三项功能，如图 6.40 所示，进入 mininet 的 until 子目录后，执行“sudo./install.sh　-nfv”命令。

在编译过程中，脚本会自动安装缺失的组件，会自动下载并安装所需的组件。在执行编译时，会调用 gcc、g++等编译器处理源代码。

ubuntu@opendaylight: ~/mininet/util
ubuntu@opendaylight:~$ cd mininet/
ubuntu@opendaylight:~/mininet$ cd util/
ubuntu@opendaylight:~/mininet/util$ gedit install.sh
打开(O)
*install.sh
~/mininet/util
保存(S)
查找和替换
查找(I)　git://github.com
替换为(W)　https://github.com
区分大小写(M)
反向搜索(B)
匹配整个单词(E)
回到文档头部继续搜索(P)
正则表达式(C)
全部替换(A)
替换(R)
查找(F)
#!/bin/bash
Fail on error
set -e
Fail on unset var
set -o nounset
BUILD_DIR="$(pwd -P)"
case $BUILD_DIR in
$MININET_DIR/*) BUILD_DIR=$MININET_DIR;; # currect directory is a subdirectory
*) BUILD_DIR=$BUILD_DIR;;
esac
# Location of CONFIG_NET_NS-enabled kernel(s)
KERNEL_LOC=http://www.openflow.org/downloads/mininet
# Attempt to identify Linux release
sh　制表符宽度：8　第 30 行，第 16 列　插入

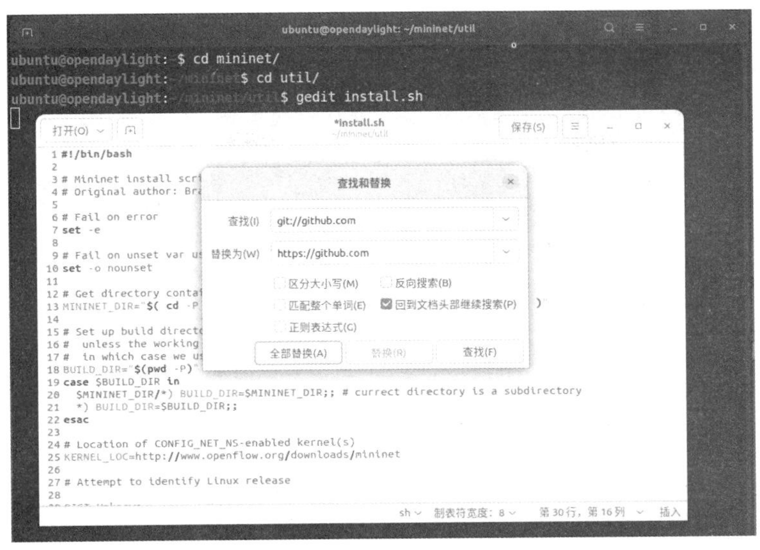

图 6.39　替换网站链接

ubuntu@opendaylight: ~/mininet/util
ubuntu@opendaylight:~$ cd mininet/
ubuntu@opendaylight:~/mininet$ cd util/
ubuntu@opendaylight:~/mininet/util$ sudo ./install.sh -nfv
Detected Linux distribution: Ubuntu 22.04 jammy amd64
sys.version_info(major=2, minor=7, micro=18, releaselevel='final', serial=0)
Detected Python (python2) version 2
Installing Mininet dependencies
正在读取软件包列表...
正在分析软件包的依赖关系树...

图 6.40　执行安装脚本

在编译 mininet 时，建议关闭 OpenDaylight 软件，避免端口占用等问题导致部分 mininet 的部分功能无法安装。在正常完成 mininet 源代码的编译后，界面如图 6.41 所示。

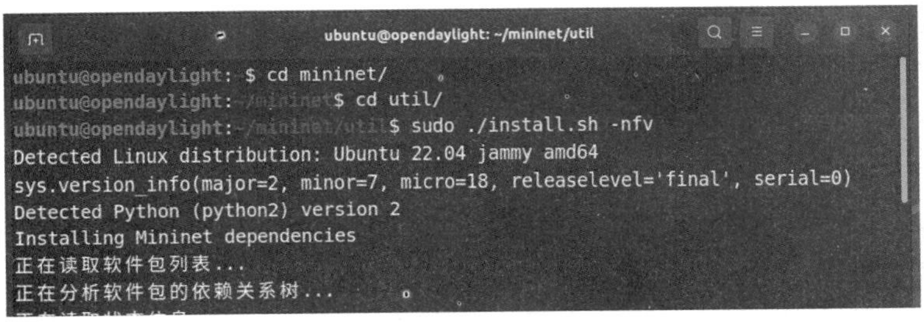

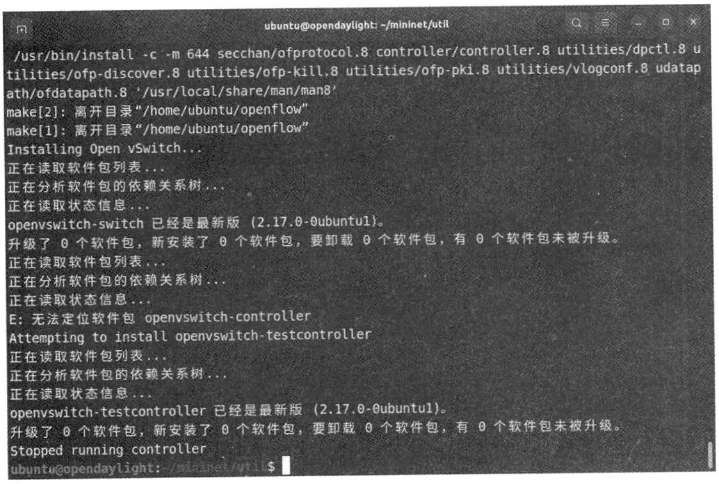

ubuntu@opendaylight: ~/mininet/util
/usr/bin/install -c -m 644 secchan/ofprotocol.8 controller/controller.8 utilities/dpctl.8 utilities/ofp-discover.8 utilities/ofp-kill.8 utilities/ofp-pki.8 utilities/vlogconf.8 udatapath/ofdatapath.8 '/usr/local/share/man/man8'
make[2]: 离开目录"/home/ubuntu/openflow"
make[1]: 离开目录"/home/ubuntu/openflow"
Installing Open vSwitch...
正在读取软件包列表...
正在分析软件包的依赖关系树...
正在读取状态信息...
openvswitch-switch 已经是最新版 (2.17.0-0ubuntu1)。
升级了 0 个软件包，新安装了 0 个软件包，要卸载 0 个软件包，有 0 个软件包未被升级。
正在读取软件包列表...
正在分析软件包的依赖关系树...
正在读取状态信息...
E: 无法定位软件包 openvswitch-controller
Attempting to install openvswitch-testcontroller
正在读取软件包列表...
正在分析软件包的依赖关系树...
正在读取状态信息...
openvswitch-testcontroller 已经是最新版 (2.17.0-0ubuntu1)。
升级了 0 个软件包，新安装了 0 个软件包，要卸载 0 个软件包，有 0 个软件包未被升级。
Stopped running controller
ubuntu@opendaylight:~/mininet/util$

图 6.41　完成 mininet 源代码的编译

完成编译后，下载的一些组件会存放在 ubuntu 用户的/home/ubuntu 目录中，如 openflow 等，如 openflow 等，如图 6.42 所示。

图 6.42　mininet 安装后的目录

7．安装 OpenDaylight

(1) 下载 OpenDaylight 的碳版本软件包

根据前面 6.5.2 小节的介绍，在 Ubuntu 中，使用浏览器打开链接，下载软件包。或者启动一个终端，直接使用 wget 命令下载碳版本的软件包。采用终端下载软件包的命令如图 6.43 所示，因为软件包的大小约为 411MB，建议提前下载，下载完成后，执行 ls 命令，可以看到下载的“distribution-karaf-0.6.0-Carbon.tar.gz”软件包。下载后最终存放的路径为当前用户的默认目录：/home/ubuntu/。

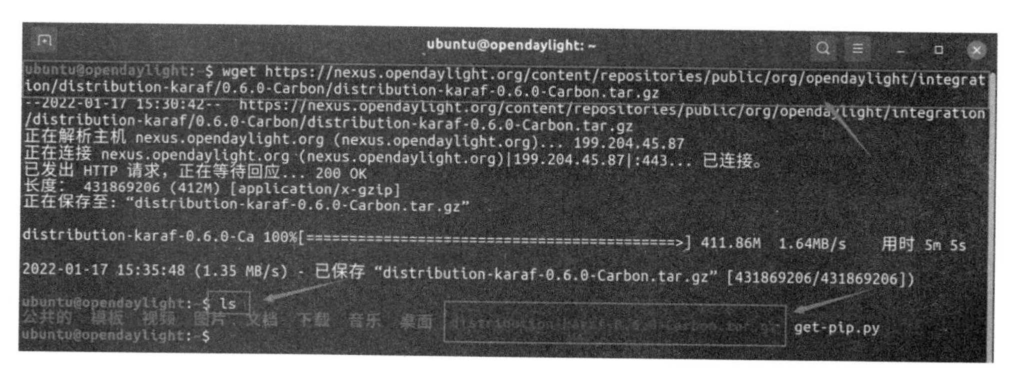

图 6.43　下载碳版本的 OpenDaylight 软件包

(2) 解压软件包

下载完成后，执行“tar -zxvf distribution-karaf-0.6.0-Carbon.tar.gz”命令，将其解压到当前目录中，如图 6.44 所示。

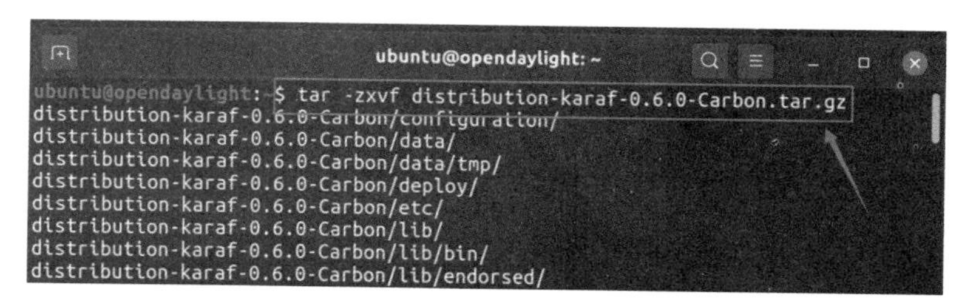

图 6.44　解压软件包

tar 命令在默认情况下用于解压文件到当前的目录中。解压后执行 ls 命令，可以查看到当前目录中新增了一个文件夹“distribution-karaf-0.6.0-Carbon”，如图 6.45 所示。

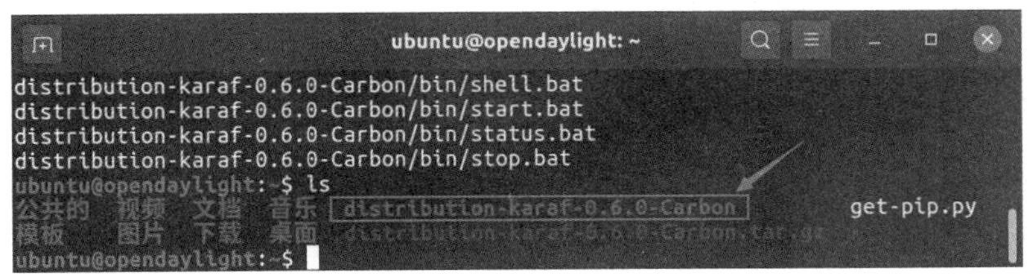

图 6.45　解压后的存放目录

(3) 调整 SDN 控制器的默认配置

在碳版本的 OpenDaylight 软件中，默认的 SDN 控制器的地址为“0.0.0.0”，本实践以本地网络地址完成，需要统一调整为“127.0.0.1”。首先，打开碳版本的软件包目录，进入 etc 目录中，使用 gedit 打开“org.apache.karaf.management.cfg”配置文件，如图 6.46 所示。在默认情况下，找到打开的配置文件的第 32 行和第 42 行，将这两行中的“0.0.0.0”调整为“127.0.0.1”，如图 6.47 所示，然后保存配置文件即可。

```
ubuntu@opendaylight: ~/distribution-karaf-0.6.0-Carbon/etc
ubuntu@opendaylight:~$ cd distribution-karaf-0.6.0-Carbon/
ubuntu@opendaylight:~/distribution-karaf-0.6.0-Carbon$ cd etc/
ubuntu@opendaylight:~/distribution-karaf-0.6.0-Carbon/etc$ ls
all.policy                                org.apache.karaf.command.acl.kar.cfg
config.properties                         org.apache.karaf.command.acl.scope_bundle.cfg
custom.properties                         org.apache.karaf.command.acl.shell.cfg
distribution.info                         org.apache.karaf.command.acl.system.cfg
equinox-debug.properties                  org.apache.karaf.features.cfg
java.util.logging.properties              org.apache.karaf.features.obr.cfg
jetty.xml                                 org.apache.karaf.features.repos.cfg
jmx.acl.cfg                               org.apache.karaf.jaas.cfg
jmx.acl.java.lang.Memory.cfg              org.apache.karaf.kar.cfg
jmx.acl.org.apache.karaf.bundle.cfg       org.apache.karaf.log.cfg
jmx.acl.org.apache.karaf.config.cfg       org.apache.karaf.management.cfg
jmx.acl.org.apache.karaf.security.jmx.cfg org.apache.karaf.shell.cfg
jmx.acl.osgi.compendium.cm.cfg            org.apache.karaf.webconsole.cfg
jre.properties                            org.ops4j.pax.logging.cfg
keys.properties                           org.ops4j.pax.url.mvn.cfg
odl.java.security                         regions-config.xml
org.apache.felix.fileinstall-deploy.cfg   shell.init.script
org.apache.karaf.command.acl.bundle.cfg   startup.properties
org.apache.karaf.command.acl.config.cfg   system.properties
org.apache.karaf.command.acl.feature.cfg  users.properties
org.apache.karaf.command.acl.jaas.cfg
ubuntu@opendaylight:~/distribution-karaf-0.6.0-Carbon/etc$ sudo gedit  org.apache.karaf.management.cfg
[sudo] ubuntu 的密码:
```

图 6.46　打开配置文件

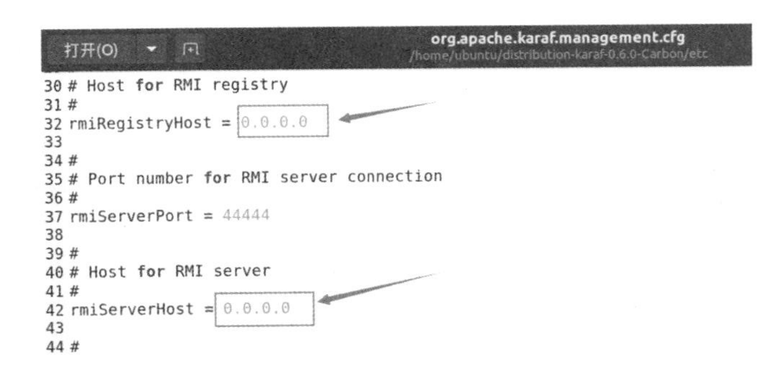

图 6.47　调整配置文件

(4) 启动

在完成前面的配置后，进入软件包的 bin 目录，启动 OpenDaylight，如图 6.48 所示。成功启动 OpenDaylight 后，界面如图 6.49 所示。

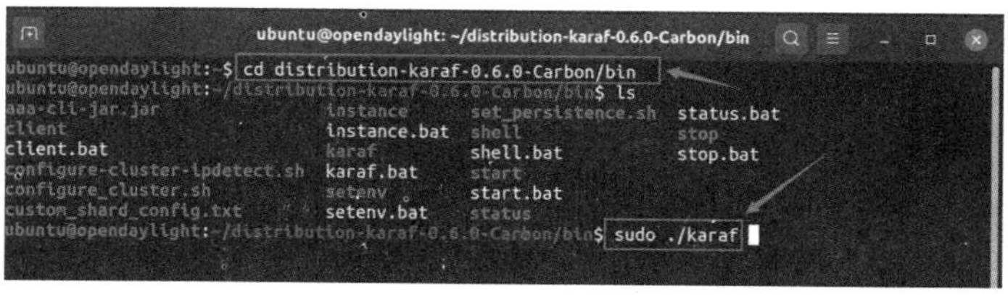

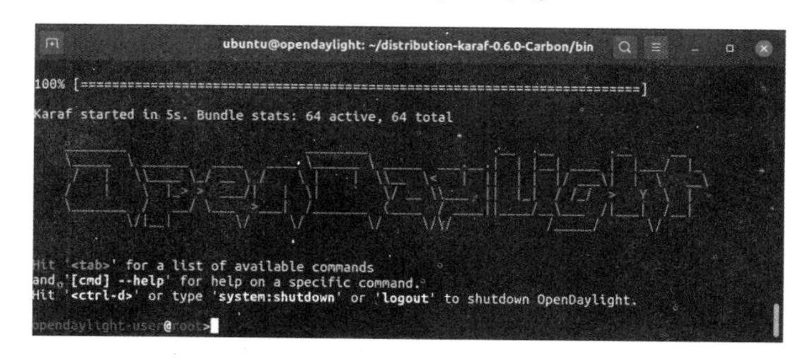

图 6.48　启动 OpenDaylight

图 6.49　成功启动 OpenDaylight

根据图 6.49 中的提示，如果需要关闭 OpenDaylight，可以使用 Ctrl+D 组合键，或者执行 shutdown 或 logout 命令。

（5）加载 OpenDaylight 功能特性

OpenDaylight 启动后，通常不会自动加载所需的功能特性（Feature），因此需要手动加载，参考的命令格式为：

```
feature:install  feature-NAME
```

在本实践中，主要加载“odl-restconf”“odl-l2switch-switch-ui”“odl-openflowplugin-flow-services-ui”“odl-mdsal-apidocs”“odl-dluxapps-applications”5 个功能特性，当加载上述 5 个功能特性时，根据虚拟机的配置情况，花费的时间长短不一，注意根据提示按顺序加载。在具体的加载过程中，若特性的名称输入错误，例如，将“odl-openflowplugin-flow-services-ui”特性功能错误输入为“odl-openflowplugin-flow-service-ui”，则会出现警告，提示输入的功能特性不存在，如图 6.50 中的方框内的部分所示。此时忽略这些提示，重新输入正确的功能特性名称即可。

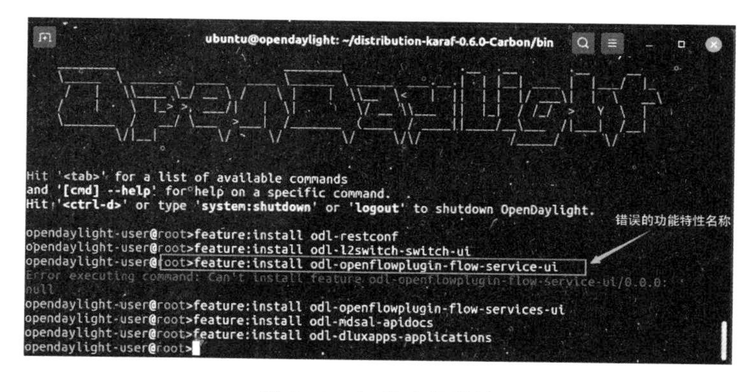

图 6.50　加载功能特性

(6) 清理缓存

OpenDaylight 在运行时，会为每个安装的功能特性加载一些缓存数据，存放在软件包对应目录的 data 目录中，例如，在本实践中，碳版本的软件包存放在“/home/ubuntu/distributionkaraf-0.6.0-Carbon”目录中，在删除某些功能特性，或者 OpenDaylight 需要重置时，删除“/home/ubuntu/distribution-karaf-0.6.0-Carbon/data”目录中的全部内容即可，参考图 6.51 所示的 3 个命令。

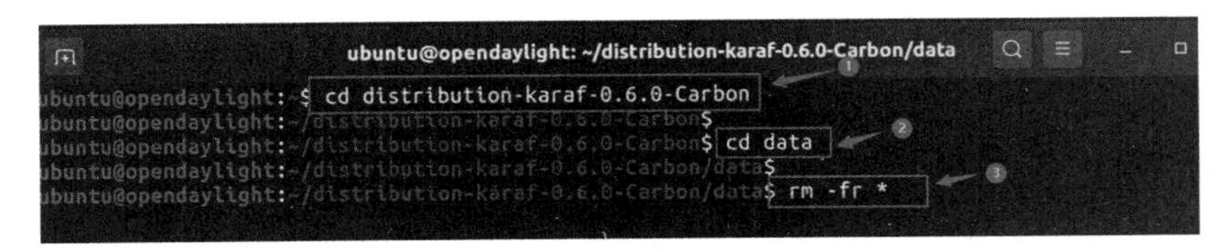

图 6.51　清理 OpenDaylight 的缓存数据

(7) 通过浏览器登录 OpenDaylight

加载完 OpenDaylight 的功能特性后，可以启动浏览器，在浏览器中输入“http://127.0.0.1:8181/index.html”登录，打开后，登录窗口如图 6.52 所示。

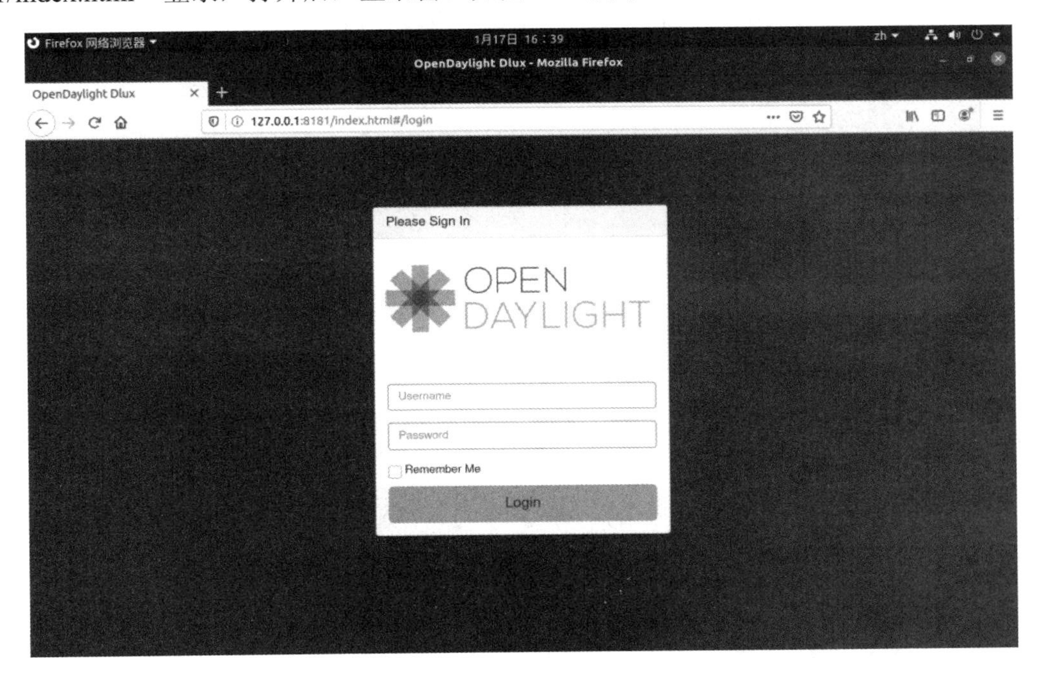

图 6.52　登录窗口

管理后台的默认的用户为 admin，默认密码为 admin，输入用户名和密码登录后，打开的管理页面如图 6.53 所示。

在管理页面中，单击右上角的☰按钮，可以打开 OpenDaylight 的部分管理功能，如图 6.54 所示。打开后，在页面左上角，可以看到拓扑图、节点等功能。此时，网络中还未加入受管控的任何网络拓扑，当打开拓扑图时，会显示空白的内容，如图 6.55 所示。后续使用虚拟化网络仿真工具，完成网络拓扑的添加后，可以监测到实时的网络拓扑图。

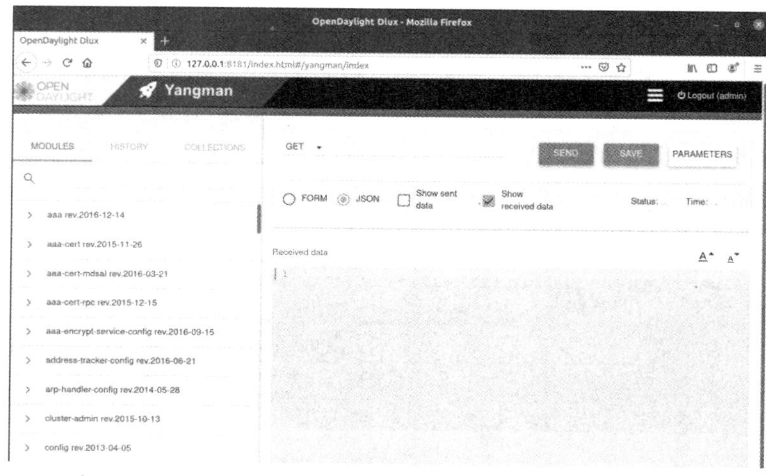

图 6.53　管理页面

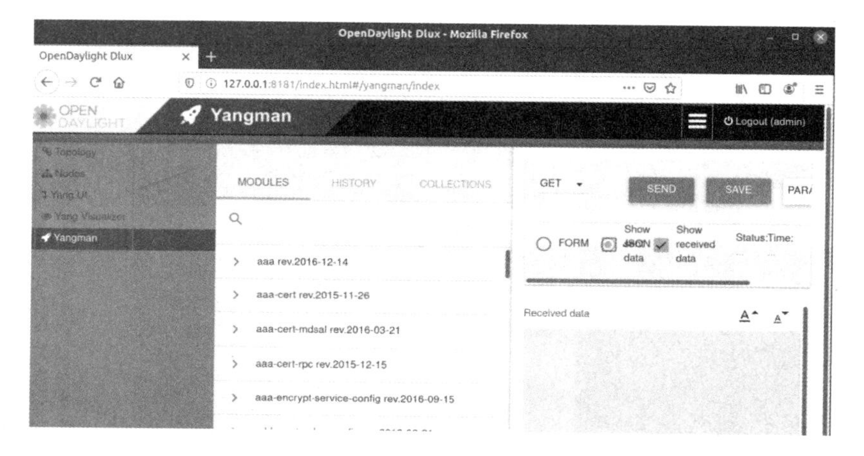

图 6.54　OpenDaylight 的部分管理功能

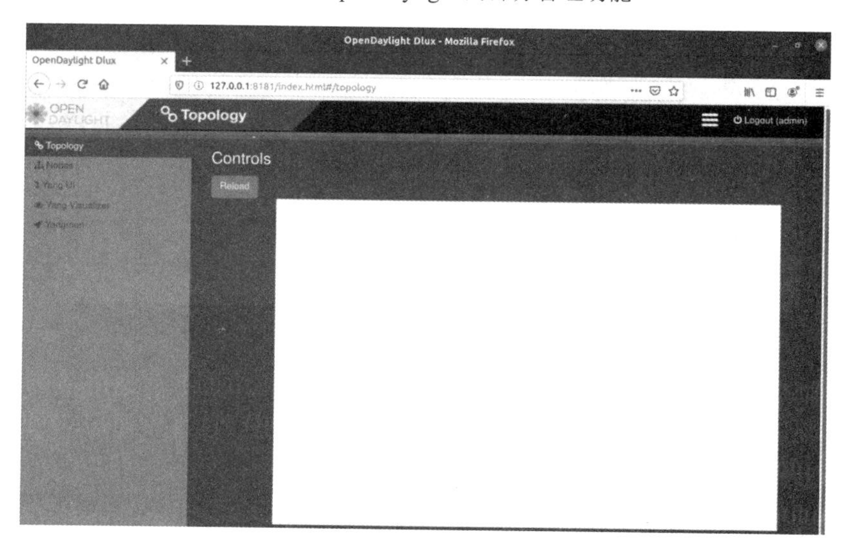

图 6.55　打开拓扑图

8. 使用 mininet 配置一个控制器

(1) 启动 MiniEdit 工具

启动一个新的终端后，进入 mininet 工具下的 examples 目录，通过 sudo 命令，执行“miniedit.py”脚本，启动 MiniEdit 工具，如图 6.56 所示，下方的白色窗口为 MiniEdit 工具的窗口。

图 6.56　启动 MiniEdit 工具

在 MiniEdit 工具中可以通过左侧的按钮，添加各类网络元素，如表 6.3 所示。

表 6.3　MiniEdit 中的网络元素

网络元素图标	作　　用
	Host，表示终端主机
	Switch，表示交换机
	LegacySwitch，表示早期的老旧交换机，在 MiniEdit 工具中，不支持调整属性
	LegacyRouter，表示早期的老旧路由器，在 MiniEdit 工具中，不支持调整属性
	NetLink，表示网络连线
	Controller，表示控制器

① Host（主机）属性

在 MiniEdit 的图形化配置工具中，选中指定的 Host 后右击，在弹出的快捷菜单中选择 Properties 选项，可以打开 Host 属性配置窗口，如图 6.57 所示，可以调整 IP 地址（IP Address），主机名（Hostname）等信息。

② Switch（交换机）属性

在编辑窗口中，右击指定的 Switch 设备，在弹出的快捷菜单中选择 Properties 选项，打开 Switch 属性配置窗口，如图 6.58 所示。

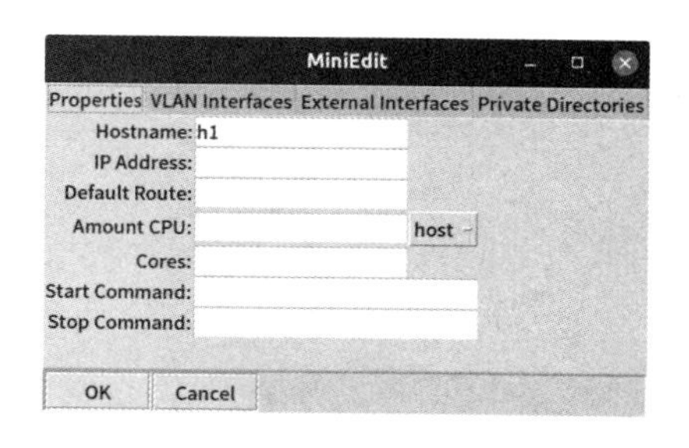

图 6.57　Host 属性配置窗口

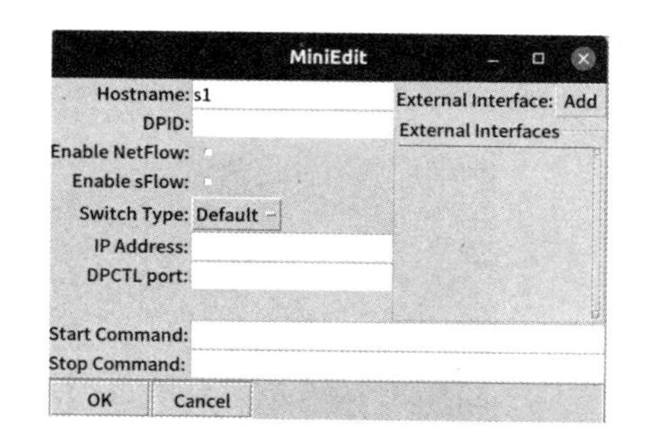

图 6.58　Switch 属性配置窗口

选择窗口中的“Switch Type”选项，在弹出的下拉列表中可以选择各类合适的交换机类型，如图 6.59 所示。

③ NetLink（连线）属性

在网络组建时，可以调整设备与主机之间、设备与设备之间的连线属性，NetLink 属性配置窗口如图 6.60 所示。右击 h1 主机与 s2 交换机之间的连线，在弹出的快捷菜单中选择 Properties 选项，可以打开该窗口，在窗口中，可以调整带宽（Bandwidth）、延时（Delay）、丢包率（Loss）等参数信息。

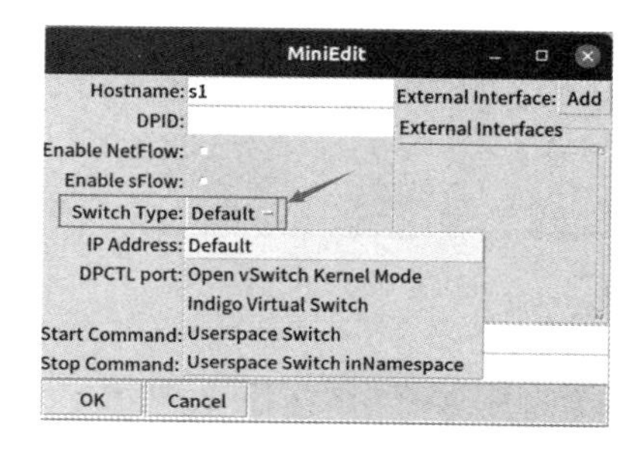

图 6.59　调整 Switch 类型

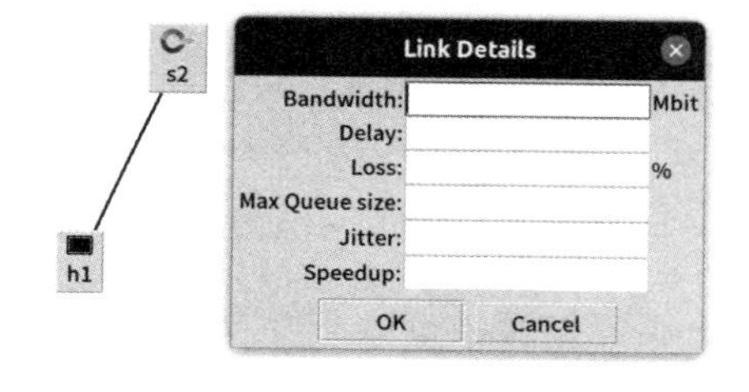

图 6.60　NetLink 属性配置窗口

④ Controller（控制器）属性

参考前面的步骤，选中控制器后右击，在弹出的快捷菜单中选择 Properties 选项，可以在弹出的对话框中调整控制器的参数，例如，通过“Controller Type”设定控制器的类型，通过“Remote/In-Band Controller”指定控制器的 IP 地址。Controller 属性配置对话框如图 6.61 所示。

⑤ 网络拓扑图属性

在配置网络组件后，可以通过窗口上方的 Edit-Properties 选项，设置整个网络拓扑图的属性，如图 6.62 所示，可以设定整个网络拓扑图的网段、是否启动 CLI 窗口、Open vSwitch 的规范标准等。

在 MiniEdit 工具中，还包含其他简单操作，主要分为以下几类。

- 添加设备操作：在 MiniEdit 的窗口中，通过用鼠标左键单击左侧的图标，然后在右侧的空白处再单击，即可添加指定的设备。

图 6.61　Controller 属性配置对话框

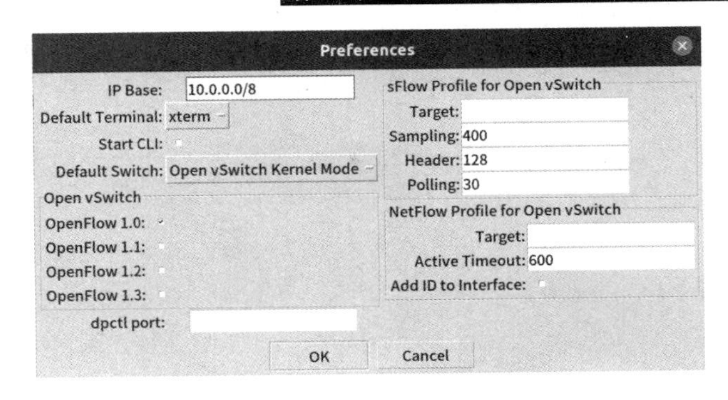

图 6.62　网络拓扑图属性配置对话框

- 连线操作：若多台设备之间需要添加网络连线，则可以在单击左侧的网络连线图标 后，再单击需连线设备的起点，然后按住鼠标左键不放，拖动到连线终点的设备处，完成连线设置。
- 删除操作：在执行删除操作时，通常建议先单击左侧的鼠标指针图标 ，避免鼠标在编辑窗口中添加了其他的设备或主机，然后单击选中需要删除的设备或连线，再选择菜单栏中的 Edit-Cut 选项，完成删除操作。

(2) 创建一个简单的网络拓扑图

在本实践中，创建一个简单的网络拓扑图，包括 3 台主机和 1 台交换机，交换机设置为由远程的 OpenDaylight 控制器进行控制。

① 添加主机

根据前面的要求，依次添加 3 台主机，主机名分别为 h1、h2、h3，如图 6.63 所示，按照图中的标记，依次单击。

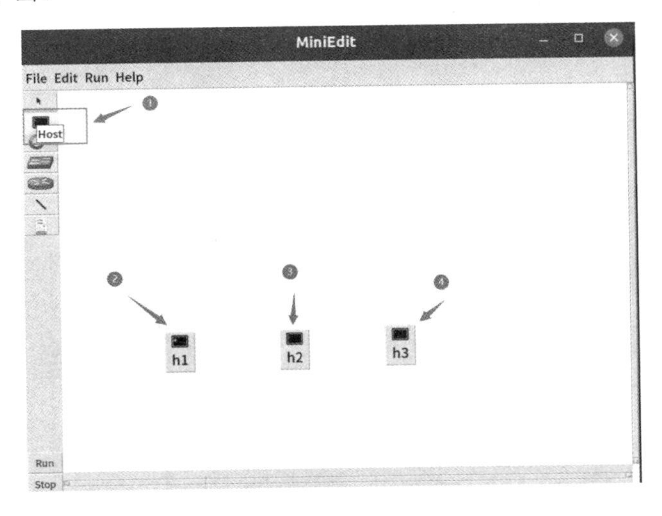

图 6.63　添加 3 台主机

② 添加交换机

按照步骤，添加 1 台交换机，如图 6.64 所示。

③ 添加 SDN 控制器

按照图 6.65 所示的步骤，添加 1 个 SDN 控制器。

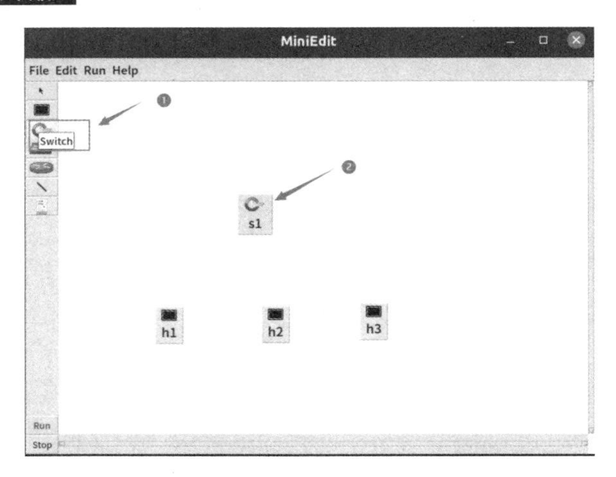

图 6.64　添加 1 台交换机

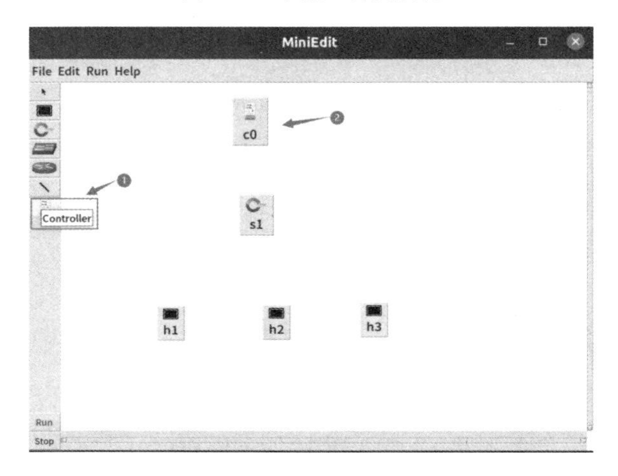

图 6.65　添加 1 个 SDN 控制器

④ 添加网络连线，构建网络链路

如图 6.66 所示，依次在主机和设备之间，添加网络连线。

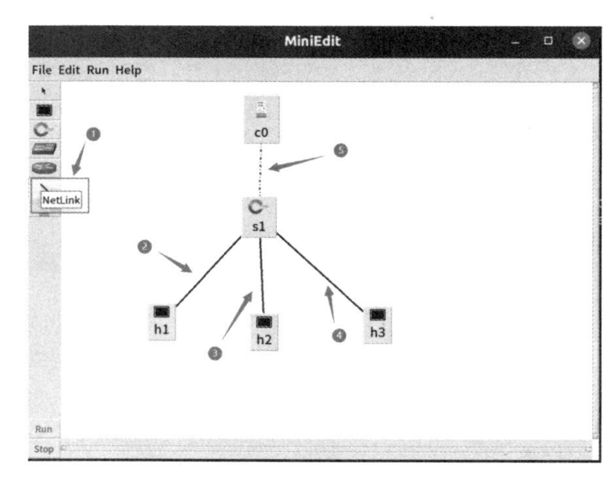

图 6.66　添加网络连线

⑤ 调整 SDN 控制器，实现由 OpenDaylight 远程控制

如前面所述，需要将 SDN 控制器的地址设定为远程控制器的地址，在本实践中，远程控制器实际为本地服务器，其 IP 地址为 127.0.0.1，按图 6.67 所示的步骤打开 Controller 属性配置对话框。

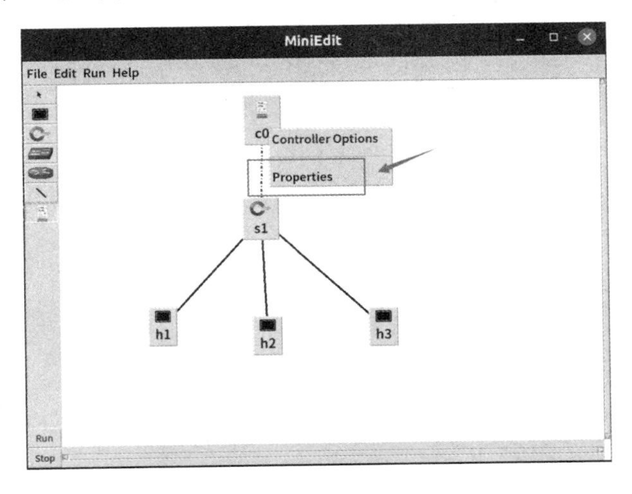

图 6.67　打开 Controller 属性配置对话框

打开 Controller 属性配置对话框后，在“Controller Type”的下拉列表中选择“Remote Controller”选项，然后在远程控制器的 IP 地址文本框中，输入 127.0.0.1，分别如图 6.68 和图 6.69 所示。

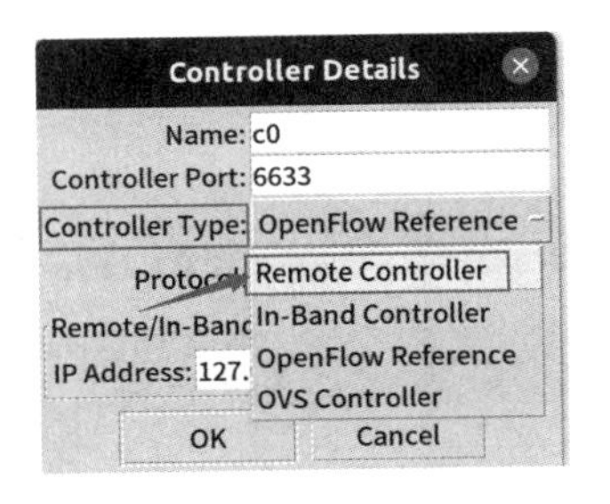

图 6.68　调整控制器的类型

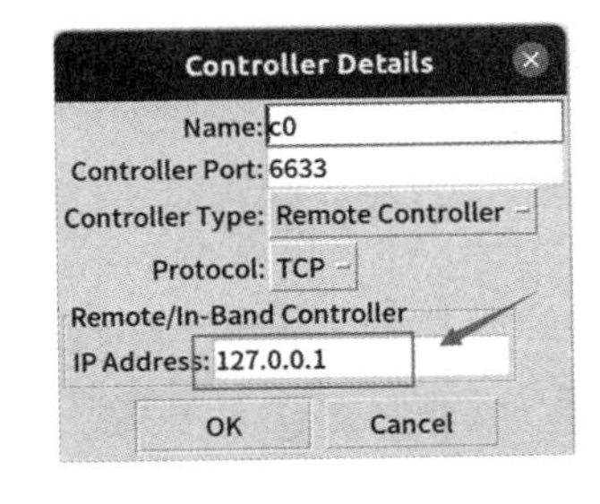

图 6.69 设定远程控制器的 IP 地址

⑥ 调整网络拓扑图的参数，开启命令行界面(CLI)

在后续的测试过程中，需要启动模拟器的命令行界面，因此需要打开网络拓扑图属性配置对话框，开启“Start CLI”功能，如图 6.70 所示。

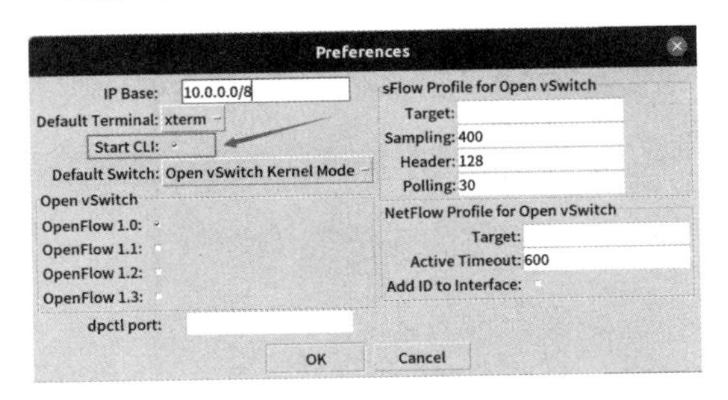

图 6.70　开启“Start CLI”功能

⑦ 运行模拟器

完成上述配置后，单击 MiniEdit 工具左下角的 Run 按钮，运行模拟器，如图 6.71 所示。运行后，启动 MiniEdit 工具的终端，会运行一个 CLI 接口，可以执行模拟器中的命令。

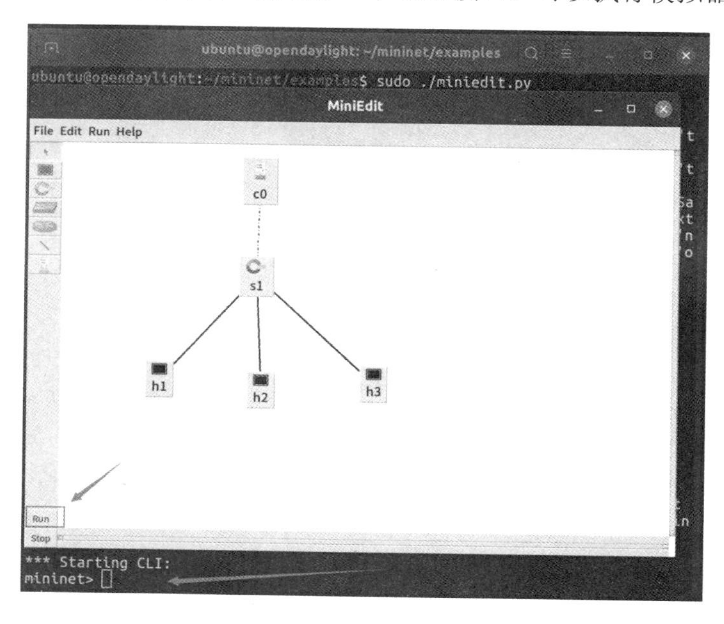

图 6.71 运行模拟器

此时，网络中暂无任何数据通信，在 OpenDaylight 的管理后台页面中，打开 Topology 页面，单击 Reload 按钮，可以看到当前网络中的交换机，如图 6.72 所示。

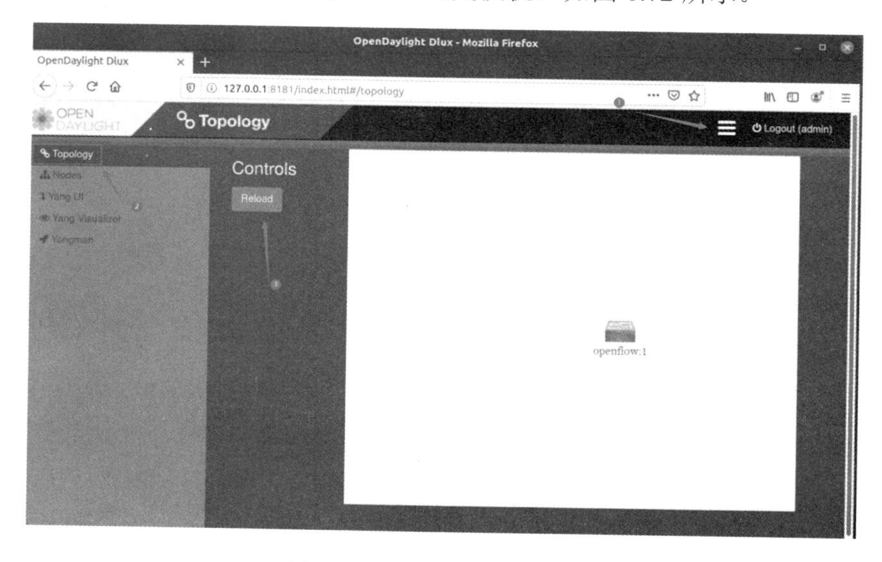

图 6.72 当前网络中的交换机

⑧ 测试网络

启动 MiniEdit 工具的终端，执行 pingall 命令测试网络，如图 6.73 所示。从图中可以看到，主机之间已经连通。不同版本的 mininet 工具，输出的信息会有所不同。

```
ubuntu@opendaylight: ~/mininet/examples
*** Starting CLI:
mininet> pingall
*** Ping: testing ping reachability
h2 -> *** Error: could not parse ping output: PING 10.0.0.1 (10.0.0.1) 56(84) bytes of data
.
64 比特，来自 10.0.0.1: icmp_seq=1 ttl=64 时间=0.951 毫秒

--- 10.0.0.1 ping 统计 ---
已发送 1 个包， 已接收 1 个包，0% 包丢失，耗时 0 毫秒
rtt min/avg/max/mdev = 0.951/0.951/0.951/0.000 ms

X *** Error: could not parse ping output: PING 10.0.0.3 (10.0.0.3) 56(84) bytes of data.
64 比特，来自 10.0.0.3: icmp_seq=1 ttl=64 时间=0.628 毫秒

--- 10.0.0.3 ping 统计 ---
已发送 1 个包， 已接收 1 个包，0% 包丢失，耗时 0 毫秒
rtt min/avg/max/mdev = 0.628/0.628/0.628/0.000 ms

X
h1 -> *** Error: could not parse ping output: PING 10.0.0.2 (10.0.0.2) 56(84) bytes of data
.
64 比特，来自 10.0.0.2: icmp_seq=1 ttl=64 时间=0.185 毫秒

--- 10.0.0.2 ping 统计 ---
已发送 1 个包， 已接收 1 个包，0% 包丢失，耗时 0 毫秒
rtt min/avg/max/mdev = 0.185/0.185/0.185/0.000 ms
```

图 6.73　执行 pingall 命令测试网络

9．测试 OpenDaylight，并显示网络拓扑图

在 OpenDaylight 的管理后台页面中，打开 Topology 页面，单击 Reload 按钮，可以看到当前网络中的设备情况，与 MiniEdit 工具创建的网络拓扑完全一致，如图 6.74 所示。

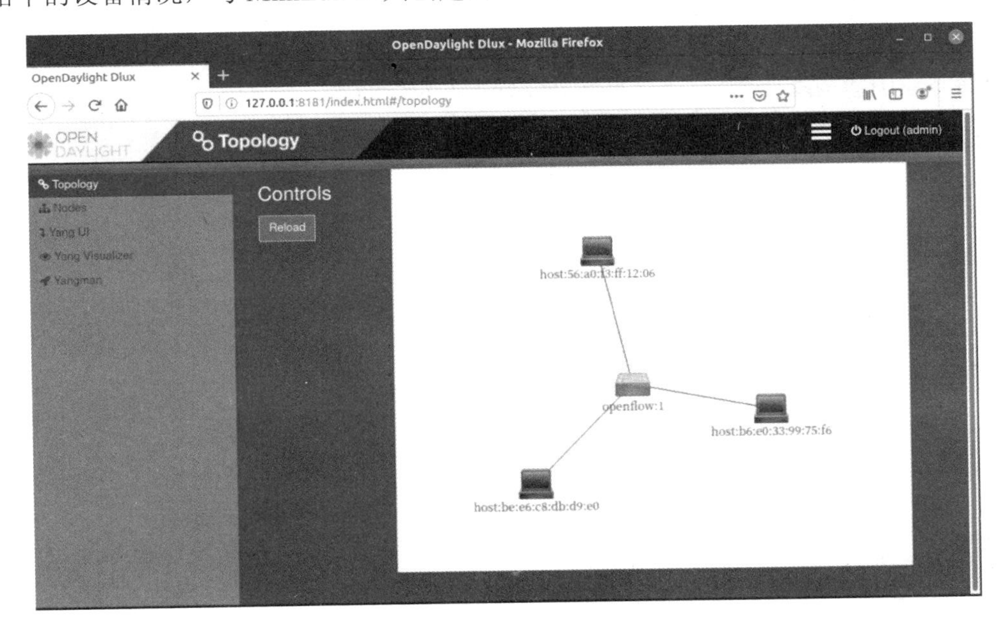

图 6.74　当前网络中的设备情况

6.5.4　拓展知识

1．OpenDaylight 软件版本介绍

OpenDaylight 通过其官网发布软件，在各版本的命名方面，采用元素周期表中的元素名称进行命名，例如，Carbon（碳）、Oxygen（氧）、Silicon（硅）、Phosphorus（磷）等，在本实践中采用的是其中的碳版本，后续发布的版本相应的 JDK 运行环境需求及功能特性都有所更新。读者可自行登录 OpenDaylight 的官网查阅新版本的功能特性及安装手册。

2．mininet 工具

在前面的实践过程中，本书使用的 mininet 工具是由斯坦福大学基于 Linux 容器架构开发的一个进程虚拟化网络仿真工具，可以创建一个包含主机、交换机、控制器和链路的虚拟网络，支持 OpenFlow 等多种交换机，具备高度灵活的自定义 SDN，同时，mininet 工具结合了其他许多模拟器的优点，包括启动速度较快、易于拓展、方便安装、易使用等。

在实际的应用中，mininet 可以提供模拟环境，不需要任何其他的物理设备及物理网络，为 OpenFlow 等应用程序提供一个测试平台，可以用于调试或运行网络的测试，并且提供可拓展的 Python API，方便用户进行二次开发。

习题

一、简答题

1．SDN 有哪些优点？

2．NFV 与 SDN 的主要区别体现在哪些方面？

3．常见的开源 SDN 控制器有哪些？

二、操作题

根据本章中的实践环节，完成 OpenDaylight 及 mininet 等工具的安装，并完成网络拓扑图的创建和 SDN 控制器的监测。

第7章 网络操作系统与网络服务

在网络环境中，网络操作系统是通过网络提供 DNS、DHCP（动态主机配置协议）、Web 等各类网络服务的核心支撑环境。本章主要介绍网络操作系统的功能及常见的网络服务，完成 Windows Server 2022 的安装，以及在 Windows Server 2022 中 DCHP 服务的配置实践。

本章主要学习内容：

- 常见的网络操作系统及其特点；
- 常见的网络服务及其特点；
- Windows Server 2022 的安装方法；
- Windows Server 2022 中 DHCP 服务的配置；
- 熟练使用搜索引擎对网络操作系统及网络服务相关知识进行查询。

微课视频

7.1 网络操作系统概述

7.1.1 什么是操作系统

1. 操作系统的概念

操作系统（Operating System，OS）是用于管理计算机软硬件资源，控制程序运行，合理组织计算机工作流程，提供各种服务，为用户使用计算机提供良好运行环境的一种系统软件。

完整的计算机系统包括硬件系统和软件系统。硬件系统和软件系统互相依赖，不可分割，两者又由若干个部件组成，如图 7.1 所示。

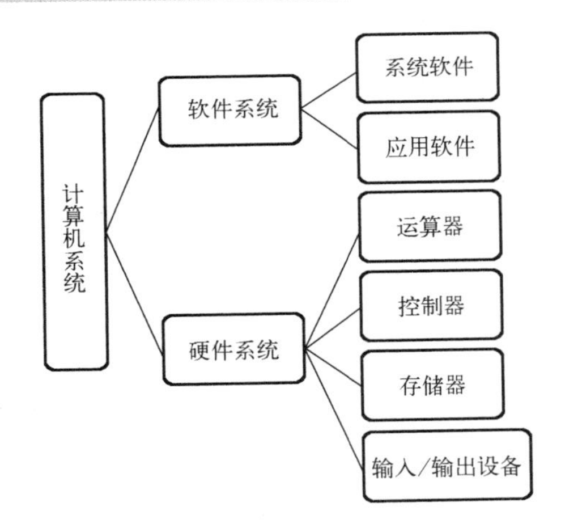

图 7.1　计算机系统结构示意图

通常，硬件系统由运算器、控制器、存储器、输入/输出设备组成。

软件系统一般分为系统软件和应用软件两部分，系统软件包括操作系统、语言处理程序、数据库管理系统（Database Management System，DBMS）、编译系统等；应用软件则包括常见的办公软件、图形图像处理软件、媒体播放软件等。

2. 操作系统和计算机系统的关系

在计算机硬件的基础上加载操作系统后，计算机才是一个完整的系统，可以对外提供各种服务和应用。操作系统作为一种系统软件，主要功能包括管理计算机系统的硬件、软件及数据

资源，控制程序运行，改善人机界面，为其他应用软件提供支持等，使计算机系统所有资源最大限度地发挥作用。图 7.2 描述了应用软件、操作系统和硬件系统之间的关系。

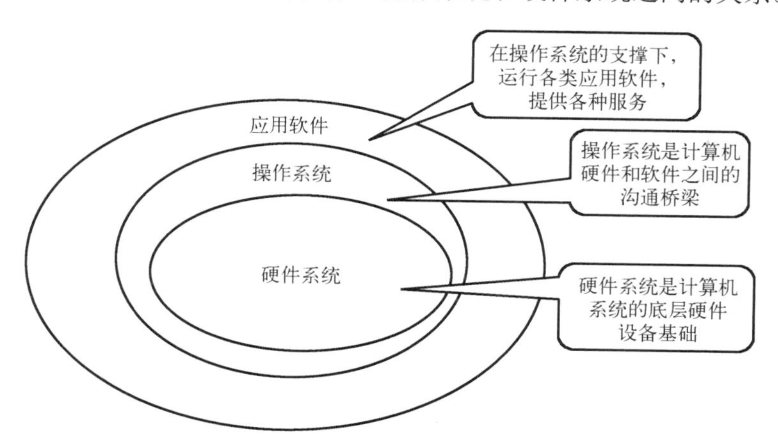

图 7.2　应用软件、操作系统与硬件系统之间的关系

从资源管理的角度看，各类操作系统，包括 UNIX、macOS、Windows 及 Linux 等，其主要功能都是对计算机中的软件和硬件资源进行有效的管理，通常包括以下 5 部分。

- 处理器管理。处理器是计算机系统中最主要的资源，操作系统提供的处理器管理功能，主要实现对处理器资源的分配调度，以最大限度地提高处理器的利用率。
- 存储管理。存储管理通常是指操作系统对主存储器(简称主存)的管理，包括主存分配、回收和访问控制保护，以及使用相应技术手段扩充主存的空间容量等。
- 设备管理。设备管理是指操作系统对计算机中的各类外部设备的管理，包括设备识别、驱动加载、设备分配、回收及故障处理等。
- 文件管理。计算机系统中的各类信息通常是以文件的形式存储的。文件管理是指操作系统对存储在外部存储器上的各类文件目录的管理，包括文件的存取、搜索、修改、删除和共享等。
- 接口管理。为使用户能够方便地使用计算机系统中的各种功能，操作系统为用户提供了许多接口，这些接口主要分为程序接口和命令接口，普通用户或开发人员可以通过这些接口有效地拓展计算机系统的功能。

7.1.2　什么是网络操作系统

根据操作系统的功能，可以将操作系统分为批处理操作系统、分时操作系统、实时操作系统、分布式操作系统和网络操作系统几大类。

1. 批处理操作系统(Batch Processing Operating System)

批处理操作系统的工作方式：主要由用户将作业交给系统操作员，系统操作员将许多用户的作业组成一批作业输入计算机，在系统中形成一个自动转接的连续的作业流，然后启动操作系统，系统自动、依次执行每个作业，最后由系统操作员将作业结果交给用户。

2. 分时操作系统(Time Sharing Operating System)

分时操作系统是随着 CPU 运算速度的发展而出现的操作系统。其工作方式通常是一台主

机连接若干个终端，每个终端有一个用户在使用。用户交互式地向系统提出命令请求，系统接收每个用户的命令，采用时间片轮转的方式处理服务请求，并通过交互的方式在终端上向用户显示结果。

3．实时操作系统(Real Time Operating System)

实时操作系统对操作系统中任务的执行有很严格的时间要求，要求对外部请求在严格的时间范围内做出反应，有高可靠性和完整性。

4．分布式操作系统(Distributed Operating System)

分布式操作系统是为分布计算系统配置的操作系统。大量的计算机通过网络连接在一起，可以获得极高的运算能力并进行广泛的数据共享。分布式操作系统是网络操作系统的更高形式，既保持了网络操作系统的全部功能，又具有透明性、可靠性和高性能等。分布式操作系统负责整个资源的分配，能很好地隐藏系统内部的实现细节，如对象的物理位置等对用户是透明的。

5．网络操作系统(Network Operating System)

网络操作系统通常是指运行在各类服务器上的操作系统，其最主要的目标是实现相互通信及资源共享。流行的网络操作系统有 Linux、UNIX、BSD、Windows Server、macOS X Server、Novell NetWare 等。

网络操作系统通常通过网络传输，达到互相传输数据与信息的目的，一般分为服务器(Server)及客户端(Client)。服务器的主要功能是管理服务器和网络上的各种资源及网络设备的共用，并管控流量，避免瘫痪。而客户端具有接收服务器所传输的数据来运用的功能，客户端可以清楚地搜索所需的资源。

网络操作系统具有复杂性、并行性、高效性和安全性等特点。一般要求网络操作系统具有如下功能。

- 支持多任务：要求操作系统在同一时间能够处理多个应用程序，每个应用程序在不同的内存空间运行。
- 支持大内存：要求操作系统支持较大的物理内存，以便应用程序能够更好地运行。
- 支持对称多处理：要求操作系统支持多个 CPU，以减少事务处理时间，提高操作系统性能。
- 支持网络负载平衡：要求操作系统能够与其他计算机构成一个虚拟系统，满足多用户访问的需要。
- 支持远程管理：要求操作系统能够支持用户通过 Internet 进行网络远程管理和维护，如 Windows Server 操作系统支持远程终端服务，UNIX 及 Linux 等网络操作系统支持 SSH (Secure Shell，安全外壳协议)远程管理服务。

7.1.3 常见的网络操作系统

1．UNIX 操作系统

UNIX 操作系统是由美国贝尔实验室在 20 世纪 60 年代末开发成功的网络操作系统，一般用于大型机和小型机，较少用于微机。由于各大厂商对 UNIX 操作系统的开发，使其形成了多种版本，如 IBM 公司的 AIX 系统、HP 公司的 HP-UX 系统、Sun 公司的 Solaris 系统等。UNIX

操作系统在 20 世纪 70 年代采用 C 语言进行了重新编写，提高了可用性和可移植性，得到了广泛的应用。

2．Linux 操作系统

Linux 操作系统是类似于 UNIX 操作系统的自由软件，主要用于采用 Intel X86 CPU 的计算机中。由于 Linux 操作系统具有 UNIX 操作系统的全部功能，而且是全免费的自由软件，用户不需要支付任何费用就可以得到它的源代码，同时可以自由地对其进行修改和补充，因此得到了广大计算机爱好者的支持。经过不断地修改和补充，Linux 操作系统逐渐成了功能强大、稳定可靠的操作系统。

3．Windows 操作系统

Windows 操作系统是微软公司在 20 世纪 90 年代研制成功的图形化工作界面操作系统。Windows 最早于 1983 年宣布研发，1985 年和 1987 年分别推出 Windows 1.03 版和 Windows 2.0 版，随后又推出了 Windows 3.1 等版本，但影响甚微。直到 1995 年，Windows 95 推出，轰动业界。在桌面操作系统中，微软公司分别在 1998 年发布 Windows 98；2000 年发布 Windows 2000；2003 年发布 Windows XP；2008 年发布 Windows Vista；2009 年发布 Windows 7；2012 年发布 Windows 8；2015 年发布 Windows 10，2021 年发布 Windows 11。在服务器操作系统方面，微软发布了 Windows Server 2000，Windows Server 2003，Windows Server 2008，Windows Server 2012，Windows Server 2016，Windows Server 2019 及最新的 Windows Server 2022。

4．BSD 操作系统

BSD（Berkeley Software Distribution，伯克利软件套件）操作系统在 20 世纪 70 年代由加州大学伯克利分校发布，属于 UNIX 的衍生系统。由于 BSD 的授权相对宽松，因此许多 20 世纪 80 年代成立的计算机公司都从 BSD 中获益，比较著名的例子如 DEC 的 Ultrix 及 Sun 公司的 SunOS。

经过多年的发展，BSD 已经日趋成熟，逐渐发展为以下几个主流版本：

（1）FreeBSD

FreeBSD 是一种适用于各种平台的操作系统，专注于功能、速度和稳定性，它由一个大型社区开发和维护。FreeBSD 提供了当今其他操作系统，甚至一些最好的商业操作系统中仍然缺少的高级网络、性能、安全性和兼容性功能，与 Linux 操作系统类似，它也是公开源代码的操作系统，同时采用更为宽松的 Berkeley 开源许可证。

FreeBSD 的特性主要包括以下几点。

① 强大的互联网解决方案

FreeBSD 是理想的 Internet 或 Intranet 服务器。它在很重的负载下提供强大的网络服务，并有效地使用内存来为数千个并发用户进程提供较短的响应时间。

② 先进的嵌入式平台

FreeBSD 为设备和嵌入式平台带来了先进的网络操作系统功能，从基于 Intel 的高端设备到 ARM、PowerPC 和 MIPS（Million Instructions Per Second，单字长定点平均执行过渡）硬件平台。从邮件和 Web 设备到路由器、时间服务器和无线接入点，世界各地的供应商都以 FreeBSD 的集成构建、交叉构建环境及高级功能作为其嵌入式产品的基础。

③ 海量的应用程序

FreeBSD 拥有超过 33,000 个移植库和应用程序，支持桌面、服务器、设备和嵌入式环境的应用程序。FreeBSD 易于安装，可以从包括 CD-ROM、DVD 在内的各种媒体中安装，也可以使用 FTP（File Transfer Protocol，文件传输协议）或 NFS（Network File System，网络文件系统）直接通过网络安装。

（2）NetBSD

NetBSD 不是一个发行版或变体，其在 BSD 的基础上经过几十年的发展成为 BSD 家族中一个完整且独特的操作系统。

NetBSD 于 1993 年发布，它的代码最初来自加州大学伯克利分校的 4.4BSD Lite2。随着时间的推移，基于长期以来的质量、简洁和稳定性，NetBSD 的代码已经进入了许多令人惊奇的环境中。

在发布 NetBSD 时，采用了一套完全可复制的二进制文件。NetBSD 的发布通常分为两类。

- NetBSD-stable：NetBSD-stable 包括将在下一个单点版本中使用的修正和改进。它与来自同一分支的发布版本的二进制文件兼容。
- NetBSD-current：NetBSD-current 包括最新的功能，但也可能包括实验性的变化和错误。目前没有为 NetBSD-current 制作正式的软件包。

NetBSD 经过多年的发展，也逐渐形成了自己的特性，主要包括以下几点。

① 安全和内存加固功能

包括 PaX MPROTECT（W^X），在默认情况下全局执行，并有一个选项可以排除二进制文件。文件的完整性保护是由 Veriexec（Veriexec 是 NetBSD 的文件完整性子系统，它是基于内核的，因此即使在根目录泄露的情况下也可以提供一些保护）提供的，传统的 BSD 安全级别进一步限制了超级用户也可以进行的操作。NetBSD 包括自己的本地防火墙 NPF（Norton Personal Firewall，诺顿个人防火墙），并且已经成功地应用于安全关键的网络设备。NetBSD 的内核和用户空间都经过了代码净化器和自动测试的全面检查。

② 强大的软件包管理

NetBSD 的 pkgsrc（类 UNIX 操作系统的包管理系统）有自己的发布计划，包括每季度的稳定分支和一个“滚动发布”分支，可以任何方式与 NetBSD 基本系统结合。pkgin 是 pkgsrc 的一个对用户友好的二进制软件包管理器，pkgsrc 本身就可以让用户具有很高的灵活性。pkgsrc 已经被高性能科学计算社区广泛采用，包括 NASA（National Aeronautics Space Administration，美国国家航天局）。

③ 现代存储能力

NetBSD 包括 ZFS（Zettabyte File System，泽字节文件系统），RAIDframe 软件[RAID（Redundant Array of Inexpenfire Disks，独立冗余磁盘阵列）系统快速原型制作工具]和磁盘加密系统。NetBSD 支持逻辑卷管理器，以及传统的 BSD 文件系统（带日志扩展）和 disklabel 系统。

④ 硬件兼容性好

NetBSD 支持现代 x86 硬件，包括 NVMe（NVMExpress，非易失性存储器接口）、UEFI（Unified Extensible Firmware Interface，统一可扩展固件接口）、加速图形和一系列的笔记本计算机；支持传统硬件和 ABI（Application Binary Interface，应用程序二进制接口）的持续稳定。即使是最早的 NetBSD 版本，也有长期的向后兼容性，而不会影响到 64 位时间等功能。NetBSD 也支持基于 ARM 硬件的开放、低成本和高端设备，包括强大的 SBSA（ARM Server

Base System Architecture)/SBBR(Server Base Boot Requirement)服务器、开放硬件笔记本计算机和口袋大小的开发板。NetBSD 完全采用主线内核，由单一镜像支持，由 NetBSD 开发人员维护，并考虑到了长期支持。

⑤ 虚拟化支持

NetBSD 包括 Xen(一个开放源代码虚拟机监视器)中成熟的企业解决方案，以及构成 NVMM(Non Volatile Memory，非易失性主内存)管理程序的本地 NetBSD 内核模块和库，它以简单和安全的方式为 QEMU[以 GPL(GNU 通用公共许可证)许可证分发源代码的模拟处理器软件，在 GNU/Linux 平台上使用广泛]提供硬件加速。

(3) OpenBSD

OpenBSD 也是 BSD 中的一个主流分支，OpenBSD 的主要目的是让每个在 OpenBSD 上工作的开发人员都有自己的目标和优先事项，近年来，它积极采纳新的功能特性，合并源代码，基本保持每 6 个月左右发布一个新版本，主要有以下特性。

① 提供优秀的开发平台

OpenBSD 为开发人员和用户提供完整的源代码访问权限，具有直接查看和更改 CVS (Concurrent Version System，代码控制软件)树的能力。用户可以直接在网络上查看和更改源代码树。

② 采用宽松的许可证

OpenBSD 首选 ISC(Integrated Snpply Chain，集成化供应链)或 Berkeley 风格的许可证，在添加新代码时不接受 GPL，从不接受保密协议。

③ 注重安全性

注重安全性问题，加快安全补丁的发布，同时将加密软件集成到系统中。

7.2 常见的网络服务

微课视频

7.2.1 网络服务概述

应用层是 OSI 参考模型及 TCP/IP 参考模型中的最高层，它使用下层提供的服务直接向用户提供各类服务，应用层可以认为是计算机网络和用户的交互界面。应用层的服务种类较多，随着网络应用的普及，许多服务是用户每天都在使用的。这些服务通常遵循特殊的约定或规则，使用户利用网络实现信息交流的目的，这些特殊的约定或规则就是网络协议。

应用层通常包括一系列的协议族，包含向用户提供服务的应用协议，以及支撑这些应用访问的支撑协议。通过协议族，应用层可以向用户提供许多的网络应用，如 DHCP、DNS、Web、FTP、Windows 文件共享、电子邮件及远程登录访问服务等。

7.2.2 DHCP 服务

1. DHCP

动态主机配置协议(Dynamic Host Configuration Protocol，DHCP)是 TCP/IP 协议族中的一种，主要功能是实现 IP 地址的动态管理，大大降低网络管理员繁重的 IP 地址手工配置工作，且能够有效地回收未使用的 IP 地址，提高 IP 地址的利用率。

DHCP 服务器向局域网中的计算机提供一段可动态分配的 IP 地址，当客户端连接到服务器上时，可以自动获得服务器分配的 IP 地址和子网掩码。在 DHCP 的工作原理中，DHCP 服务器在分配 IP 地址时，通常采用两种方式，一种是动态租约，另一种是长期租约。

动态租约，是指服务器指定每次 IP 地址分配的租约时间，当客户端获取 IP 地址后，在规定的时间内只有服务器提出续约才能继续使用，若客户端离线，则 IP 地址将自动收回。

长期租约，通常由管理员根据硬件地址(MAC 地址)绑定一个 IP 地址，实现长期租约，解除租约时，需要续约管理员手工回收才能释放绑定的 IP 地址。

2. DHCP 中继

DHCP 中继(DHCP Relay)也称为 DHCP 中继代理，是 DHCP 服务中包含的程序，它可以实现在不同子网和物理网段之间处理和转发 DHCP 信息的功能，在校园网等中小型网络中，DCHP 中继可以减少 DCHP 服务器部署的数量，实现更为集中的 IP 地址管理。

若 DHCP 客户端与 DHCP 服务器在同一个物理网段中，则客户端可以正确地获得动态分配的 IP 地址。若不在同一个物理网段中，则需要 DHCP 中继。

用 DHCP 中继可以去掉在每个物理网段中都要有 DHCP 服务器的必要，它可以传递信息到不在同一个物理子网中的 DHCP 服务器，也可以将服务器的信息传回给不在同一个物理子网中的 DHCP 客户端。

7.2.3　DNS 服务

在了解 DNS 之前，我们需要了解什么是域名。域名是互联网中某一台计算机或计算机组的名称，用于在数据传输时标识计算机的电子方位(有时也指地理位置)。域名是由一串用点分隔的名字组成的，通常包含组织名，而且始终包含两到三个字母的后缀，以指明组织的类型或该域所在的地区或国家。

把域名翻译成 IP 地址的软件称为域名系统，即 DNS(Domain Name System)。它管理名字的方法是：分不同的组来负责各子系统的名字。系统中的每层称为一个域，每个域用一个点分开。域名服务器实际上就是装有域名系统的主机，包含能够实现域名解析的分层结构数据库。

在域名的分类中，顶级域名通常分为两类，一类是通用顶级域名，如.com、.net、.edu 等；另一类是地区或国家顶级域名，如.hk 表示香港，.cn 表示中国，.us 表示美国。

在所有的 DNS 服务器中，有一类服务器称为根域名服务器。根域名服务器属于域名系统中的核心部分，用来管理互联网的主目录，全球只有 13 台，这些根域名服务器主要运行在 IPv4 上，名字分别为“A”至“M”。其中 1 台为主根域名服务器(在美国)，由美国互联网机构 Network Solutions 运作，其余 12 台均为辅根域名服务器，其中 9 台在美国，2 台在欧洲的英国和瑞典，1 台在亚洲的日本。

随着 IPv4 地址接近枯竭，基于全新技术架构的全球下一代互联网(IPv6)根域名服务器测试和运营实验项目——“雪人计划”于 2015 年正式发布，“雪人计划”由我国下一代互联网工程中心领衔发起，联合 WIDE 机构(现国际互联网 M 根运营者)、互联网域名工程中心(ZDNS)等共同创立。在与现有的 IPv4 根服务器体系架构充分兼容的基础上，“雪人计划”于 2016 年在美国、日本、印度、俄罗斯、德国、法国等全球 16 个国家完成 25 台 IPv6 根域名服务器架设，形成了 13 台原有根域名服务器加 25 台 IPv6 根域名服务器的新格局，为建立多边、民主、

透明的国际互联网治理体系打下坚实的基础。中国部署了其中的4台，由1台主根域名服务器和3台辅根域名服务器组成，打破了中国过去没有根域名服务器的困境。

截至2017年8月，25台IPv6根域名服务器在全球范围内已累计收到2391个递归服务器的查询，主要分布在欧洲、北美和亚太地区，一定程度上反映出全球IPv6网络部署和用户发展情况，从流量看，IPv6根域名服务器每天收到查询近1.2亿次。

在国内，截止到2019年6月，工业和信息化部(简称工信部)发布关于同意中国互联网络信息中心设立域名根服务器(F、I、K、L根镜像服务器)及域名根服务器运行机构的批复。根据工信部的公告，工信部同意中国互联网络信息中心设立域名根服务器(F、I、K、L根镜像服务器)及域名根服务器运行机构，负责运行、维护和管理编号分别为JX0001F、JX0002F、JX0003I、JX0004K、JX0005L、JX0006L的域名根服务器。工信部发布关于同意互联网域名系统北京市工程研究中心有限公司设立域名根服务器(L根镜像服务器)及域名根服务器运行机构的批复。根据工信部的公告，工信部同意互联网域名系统北京市工程研究中心有限公司设立域名根服务器(L 根镜像服务器)及域名根服务器运行机构，负责运行、维护和管理编号为JX0007L的域名根服务器。

7.2.4 Web服务

1. WWW

WWW是万维网(World Wide Web)的简写，简称为Web。在WWW中，通常分为客户端和Web服务器程序。WWW可以使用Web客户端，即使用浏览器访问Web服务器上的页面。

Web服务器是一个由许多互相连接的超文本组成的系统，能方便地通过互联网访问。在这个系统中，每个有用的事物都称为资源，并由一个全局统一资源标识符(Uniform Resoure Locator，URL)标识；这些资源通过超文本传输协议(HTTP)传输给用户，而用户通过单击URL来获取资源。

2. HTTP

HTTP为超文本传输协议，是互联网中常用的一种网络协议。HTTP是应用层协议，同其他应用层协议一样，是为实现某一类具体应用的协议，并由某一运行在用户空间的应用程序来实现其功能。HTTP是一种协议规范，这种规范记录在文档上。

HTTP的重要应用之一是WWW服务。设计HTTP最初的目的就是提供一种发布和接收HTML(HyperText Markup Language，超文本标记语言)页面的方法。

HTTP是基于客户端/服务器(C/S)架构进行通信的，HTTP的服务器实现程序有httpd、nginx等，客户端实现程序主要是Web浏览器，例如，Firefox、Chrome、Safari、Opera等。此外，客户端的命令行工具还有wget、crul等。Web服务是基于TCP的，因此为了能够随时响应客户端的请求，Web服务器需要监听80/TCP端口，这样客户端浏览器和Web服务器之间就可以通过HTTP进行通信了。

3. HTTPS

HTTPS(Hyper Text Transfer Protocol over Secure Socket Layer)在HTTP的基础上加上了传输加密及身份认证等功能，保障数据传输的安全性，以构建安全的HTTP通道。

HTTPS 在应用时，主要通过以下 3 方面实现安全的 HTTP 通道。

(1) 数据机密性

HTTPS 利用对称加密算法进行加密，先将数据信息进行加密，再利用公钥和私钥保护加密算法信息，实现数据机密性。

(2) 数据完整性

HTTPS 利用对称加密算法进行加密，先将数据生成特征码，再利用公钥和私钥保护好特征码，利用特征码验证数据完整性。私钥存放在服务器上，公钥用于分发。

(3) 身份认证

当用户访问网站时会得到网站的证书信息，通过向 CA(证书颁发机构)进行验证，来确定站点的合法性。

7.2.5　常见的文件共享服务

1. FTP 服务

FTP 即文件传输协议，FTP 能够使用户通过 Internet 实现文件的传输。FTP 服务器(File Transfer Protocol Server)是在互联网上提供文件存储和访问服务的计算机，它们依照 FTP 提供服务。常见 FTP 服务器如下。

(1) VSFTDP

VSFTP 是一个基于 GPL 发布的类 UNIX 系统上使用的 FTP 服务器软件，它的全称是 Very Secure FTP，从此名称可以看出，编制者的初衷是代码的安全，它是以安全、高速、稳定为特性的 FTP 服务器。

(2) FileZilla

FileZilla 是一个免费的 FTP 解决方案。FileZilla 客户端不仅支持 FTP，还支持通过 TLS (Transport Layer Security，安全传输层协议)的 FTP(FTPS)和 SFTP。它是根据 GPL 条款免费分发的开源软件。FileZilla 客户端是一个快速、可靠的跨平台客户端，具有许多有用的功能和直观的图形用户界面，支持 Windows、Linux、macOS 等多个操作系统平台。

FileZilla 还提供 FileZilla Pro 版本，对 WebDAV、Amazon S3、Backblaze B2、Dropbox、Microsoft OneDrive、Google Drive、Microsoft Azure Blob 和文件存储，以及 Google 云存储提供额外的协议支持。

在具体的工作过程中，每个 FTP 会话包含两个通道：控制通道和数据通道，通常分为两种模式。

- 一是被动模式。在被动模式下，在 FTP 客户端连接到 FTP 服务器的 21 号端口后，发送用户名和密码，再发送 PASV 命令到 FTP 服务器中，此时 FTP 服务器在其本地开放一个随机端口，端口号一般在 1024 以上，然后将开放的端口告诉客户端，客户端再连接到这个端口，通过该端口进行数据传输。
- 二是主动模式。在主动模式下，在 FTP 客户端连接到 FTP 服务器的 21 号端口后，发送用户名和密码，此时与被动模式相反，由客户端随机开放一个 1024 以上的端口号，并发送 PORT 命令到 FTP 服务器中，告诉服务器已经采用主动模式，并开放了端口。FTP 服务器收到 PORT 命令和端口号后，通过服务器的 20 号端口和客户端开放的端口进行连接，实现数据传输。

2. Windows 文件共享服务

Windows 文件共享服务采用的协议是 SMB（Server Message Block）协议，SMB 协议指服务器消息块协议，它是 Windows 系统中的网络文件共享协议，使计算机上的应用程序可读取和写入文件及从计算机网络的服务器程序中请求服务。SMB 协议可在 TCP/IP 或其他网络协议上使用。当使用 SMB 协议时，应用程序或用户可访问远程服务器上的文件或其他资源，应用程序可以读取、创建和更新远程服务器上的文件。

微软发布的 SMB 3.0 协议提供了以下一些新的功能。

（1）用于虚拟化文件存储的 Hyper-V

微软的 Hyper-V 虚拟化产品可以通过 SMB 3.0 协议在共享文件中存储虚拟机文件，如配置文件、虚拟硬盘（VHD）文件和快照。它既可用于独立文件服务器，又可用于将 Hyper-V 与群集的共享文件存储配合使用的群集文件服务器。

（2）Microsoft SQL Server over SMB

SQL Server 可以将用户数据库文件存储在 SMB 共享文件中。目前，SQL Server 2008 R2 的独立 SQL 服务器支持此功能。新推出的 SQL Server 版本将增加对群集 SQL 服务器和系统数据库的支持。

（3）用于最终用户数据的传统存储

SMB 3.0 协议提供信息工作者或客户端的工作负载增强功能。这些增强功能包括减少分支机构用户在通过广域网访问数据时遇到的应用程序延迟，以及防止数据遭受窃听攻击。

3. NFS

NFS（Network File System）是指网络文件系统，是由 Sun 公司研制的 UNIX 表示层协议（Presentation Layer Protocol），能使使用者访问网络上别处的文件时就像在使用自己的计算机一样。

NFS 是基于 UDP/IP 的应用，其工作原理是，采用远程过程调用（Remote Procedure Call，RPC）提供一组与机器、操作系统及低层传输协议无关的存取远程文件的操作。RPC 支持 XDR（External Data Representation，外部数据表示法）。XDR 是一种与机器无关的数据描述编码的协议，它以独立于任意机器体系结构的格式对网上传输的数据进行编码和解码，支持异构系统之间的数据传输。

NFS 是当前主流异构平台共享文件的系统之一，能够在不同类型的系统之间通过网络进行文件共享，广泛应用在 FreeBSD、SCO、Solaris 等异构操作系统平台上，允许一个系统在网络上与他人共享目录和文件。通过使用 NFS，用户和程序可以像访问本地文件一样访问远端系统上的文件，使得每个计算机节点能够像使用本地资源一样方便地使用网上资源。换言之，NFS 可用于不同类型的计算机、操作系统、网络架构和传输协议运行环境中的网络文件远程访问和共享。

NFS 使用 C/S 架构，由一个客户端程序和服务器程序组成。服务器程序向其他计算机提供对文件系统的访问，其过程称为输出。当 NFS 客户端程序对共享文件系统进行访问时，把它们从 NFS 服务器中“输送”出来，文件通常以块为单位进行传输，其大小是 8KB。NFS 传输协议用于服务器和客户端之间文件访问和共享的通信，从而使客户端可以远程地访问保存在存储设备上的数据。

7.2.6　电子邮件服务

1. SMTP

SMTP（Simple Mail Transfer Protocol）即简单邮件传输协议，它是一种 TCP 支持的提供可靠且有效的电子邮件传输的应用层协议。SMTP 服务器是遵循 SMTP 的发送邮件服务器，当接收邮件时，其作为 SMTP 服务器；当发送邮件时，其作为 SMTP 客户端。SMTP 是一个推协议，它不允许根据需要从远程服务器上“拉”来消息。如果客户使用邮件客户端接收邮件，那么需要使用 POP3（Post Office Protocol，邮局协议）或 IMAP（Internet Mail Access Protocol，网络邮件访问协议）向邮件服务器拉取邮件数据，此时该服务器作为 POP3 或 IMAP 服务器。对于服务器管理员来说，邮件传输代理（Mail Transfer Agent，MTA）是最重要的工具，邮件传输代理的主要工作就是将电子邮件从一台主机发送到另一台主机。MTA 使用 SMTP 来传输电子邮件，普通用户日常用来收发邮件的客户端也使用 SMTP，但它们并不是 MTA。MTA 是一个应用程序，提供某种端口让用户收发邮件，这类程序称为邮件用户代理（Mail User Agent，MUA）。

在通常情况下，SMTP 的工作过程可分为如下 3 个步骤。

- 建立连接：SMTP 客户端请求与服务器的 25 号端口建立一个 TCP 连接。一旦连接建立，SMTP 服务器和客户端就开始相互通告自己的域名，同时确认对方的域名。
- 邮件传输：SMTP 客户端将邮件的源地址、目的地址和具体内容传输给 SMTP 服务器，SMTP 服务器进行相应的响应并接收邮件。
- 释放连接：SMTP 客户端发出退出命令，SMTP 服务器在处理命令后进行响应，随后关闭 TCP 连接。

Linux 下当前主要支持 SMTP 的 MTA 包括以下几类。

（1）Sendmail

在 Linux 服务器中，Sendmail 是非常受欢迎的 MTA，历史最悠久。但随着互联网业务的拓展，互联网的安全威胁不断增加，在早期设计开发时，未能考虑互联网架构及业务的变革问题，Sendmail 软件的整体架构存在较多的安全问题，同时 Sendmail 的配置文件过于复杂，对初步接触配置的管理员不太友好。

（2）Postfix

Postfix 是 IBM 公司开发的 MTA，其以性能和安全性闻名，它支持邮件过滤，称为 milter。milter 功能允许邮件先经过防病毒和防垃圾邮件的软件扫描，再被发送到 Postfix 中。经过标准的配置，Postfix 能够在较少的系统资源下运行。与其他 MTA 一样，Postfix 有一个主要的配置文件，配置也稍复杂，每个配置都是基于表来驱动的，可以转换成任何关系型数据库或文本文件。

（3）Qmail

Qmail 在运行时，耗费极少的系统资源，并且能够快速地处理大量邮件，在安全性方面也做了很多工作，同时比其他 MTA 要简单易用。Qmail 有一些内置的模块，如 POP3 等。Qmail 支持主机与用户的伪装，也支持虚拟域，其配置文件简单且易于管理。Qmail 开拓性地采用了 Maildir 格式，这种格式能够非常快速、稳定、可靠地存储和传输电子邮件。在软件版本更新方面，Qmail 存在一定的问题，虽然一直有新的补丁提供，但是自 1998 年开始 Qmail 就已经停止了新版本的发布。

(4) Exim

Exim 最大的特点是用户可以自定义规则。例如，用户可以创建一些规则将邮件发送到特定的文件夹。它支持主机与用户的伪装、虚拟域、每台主机的 SMTP 中继控制，也支持防病毒和防垃圾邮件功能，并有自己的过滤语言，因此在配置方面，其与 Sendmail 的问题类似，采用了一些过于复杂的配置文件，对管理员不太友好。

2. POP

POP 用于电子邮件的接收，仍采用 C/S 工作模式，它使用 TCP 的 110 号端口。常用的是第 3 版，简称为 POP3。

在 POP 的具体的收信过程中，主要包括以下两个步骤。

- 持有服务器地址及账号密码：通常我们需要知道电子邮件的服务器地址，以及持有的邮箱账号和密码，这些在收信过程中都是必须具备的。
- 邮件处理：当我们按下电子邮件软件中的收取键后，电子邮件软件首先会调用 DNS 协议对 POP 服务器进行 IP 地址解析，当 IP 地址被解析出来后，邮件程序便开始使用 TCP 连接邮件服务器的 110 号端口。当邮件程序成功地连上 POP 服务器后，其先会使用 USER 命令将邮箱的账号传给 POP 服务器，再使用 PASS 命令将邮箱的密码传给服务器，当完成这一认证过程后，邮件程序使用 STAT 命令请求服务器返回邮箱的统计资料，如邮件总数和邮件大小等，然后使用 LIST 命令列出服务器里的邮件数量。邮件程序使用 RETR 命令接收邮件，接收一封邮件后便使用 DELE 命令将邮件服务器中的邮件置为删除状态。当使用 QUIT 命令时，邮件服务器便会将置为删除状态的邮件删除。

3. IMAP

IMAP (Interactive Mail Access Protocol) 称为交互邮件访问协议，也是一个典型的应用层协议。IMAP 是斯坦福大学在 1986 年开发的一种邮件获取协议。它的主要作用是邮件客户端可以通过这种协议从邮件服务器上获取邮件的信息，下载邮件等。IMAP 运行在 TCP/IP 参考模型之上，使用的端口是 143。它与 POP3 的主要区别是用户不用全部下载所有的邮件，可以通过客户端直接对服务器上的邮件进行操作。

与 POP3 类似，IMAP 也提供面向用户的邮件收取服务，常用的版本是 IMAP4。IMAP4 改进了 POP3 的不足，用户可以通过浏览信件头来决定是否收取、删除和检索邮件的特定部分，还可以在服务器上创建或更改文件夹或邮箱。它除了支持 POP3 的脱机操作模式，还支持联机操作和断连接操作。它为用户提供了有选择地从邮件服务器中接收邮件的功能、基于服务器的信息处理功能和共享信箱功能。IMAP4 的脱机模式不同于 POP3，它不会自动删除在邮件服务器中已取出的邮件，其联机模式和断连接模式也是将邮件服务器作为“远程文件服务器”进行访问的，更加灵活方便。

7.2.7 远程登录服务

1. Telnet

Telnet 协议是 TCP/IP 协议族中的一员，是 Internet 远程登录服务的标准协议和主要方式。它为用户提供了在本地计算机上完成远程主机工作的能力。在终端使用者的计算机上使用

Telnet程序，用它连接服务器，终端使用者可以在Telnet程序中输入命令，这些命令会在服务器上运行，就像直接在服务器的控制台上输入命令一样，可以在本地控制服务器。要开始一个Telnet会话，必须输入用户名和密码来登录服务器。Telnet是常用的远程控制Web服务器的方法。

虽然Telnet较为简单、实用且方便，但是在格外注重安全的现代网络技术中，Telnet并不被重用。由于Telnet是一个明文传输协议，它将用户的所有内容，包括用户名和密码都在互联网上明文传输，具有一定的安全隐患，因此许多服务器都会选择禁用Telnet服务。若我们要使用Telnet的远程登录，则使用前应在远端服务器上检查并设置允许Telnet服务的功能。

2．SSH

SSH协议是由IETF制定的，是建立在应用层基础上的安全网络协议。它是专为远程登录会话和其他网络服务提供安全性的协议，可有效地弥补网络中的漏洞。通过SSH可以对所有传输的数据进行加密，也可以防止DNS欺骗和IP欺骗。另外因为传输的数据是经过压缩的，所以可以加快传输速率。目前SSH已经成为Linux系统的标准配置。SSH为客户端提供安全的Shell环境，在远程管理方面，默认使用TCP的22号端口。比较早的Telnet、RSH等工具有很大优势，SSH是目前应用最为广泛的服务器远程管理方式。

SSH之所以能够保证安全，原因在于它采用了非对称加密技术(Rivest Shamir Adleman，RSA)加密了所有传输的数据。在具体的远程登录应用方面，SSH提供了两种登录方式。

一是基于密码的安全验证：持有正确的账号和密码，就可以登录到远程主机。所有传输的数据都会被加密，但是不能保证正在连接的服务器就是想连接的，可能会有别的服务器在冒充真正的服务器，也就是受到中间人攻击。

二是基于密钥的安全验证：首先必须在本地主机中创建一对密钥，并把公钥放在需要访问的服务器上。当需要连接到SSH服务器上时，客户端软件就会向服务器发出请求，请求用密钥进行安全验证。服务器收到请求之后，先在该服务器的主目录下寻找公钥，然后把它和发送过来的公钥进行比较，如果两个密钥一致，服务器就用公钥加密“质询”(Challenge)并把它发送给客户端软件。客户端软件收到“质询”之后就可以用私钥在本地解密再把它发送给服务器完成登录。与第一种方式相比，第二种方式不仅加密所有传输的数据，还不需要在网络上传输口令，因此安全性更高，可以有效防止中间人攻击。

常见的SSH程序主要是由OpenSSH提供的一个基于SSH协议的安全软件，OpenSSH是使用SSH协议远程登录的首选连接工具，它对所有的流量进行加密，防止被窃听、被劫持及其他类型的攻击。此外，OpenSSH还提供了大量的安全隧道功能、多种身份验证和复杂的配置选项。

3．远程图形化界面传输协议

(1) RDP

远程桌面协议(Remote Desktop Protocol，RDP)用于终端服务器和终端客户端之间的通信，在TCP中实现封装和加密，基于T-120系列协议标准，是T-120协议的扩展。

RDP是一种支持多通道的协议，它允许单独的虚拟通道从服务器携带设备通信和演示数据，以及加密的客户端鼠标和键盘数据。RDP提供了可扩展的基础，最多支持64000个单独的通道用于数据传输和多点传输。

在服务器上，RDP 使用自己的视频驱动程序。通过 RDP 将呈现数据构造到网络数据包中，然后通过网络将其发送到客户端来呈现显示输出。在客户端上，RDP 接收呈现数据，将数据包解释为相应的 Windows 图形设备接口(Graphics Device Interface，GDI)API 调用。对于输入路径，客户端键盘和鼠标事件从客户端重定向到服务器。在服务器上，RDP 使用自己的键盘和鼠标驱动程序接收这些键盘和鼠标事件。在远程桌面会话中，所有环境变量(例如，确定颜色深度的变量及启用和禁用壁纸的变量)由 RDP-TCP 设置确定。这适用于在 WMI(Windows Management Instrumentation，系统插件)提供的程序接口中设置环境远程桌面 Web 连接的所有函数远程桌面服务方法。

RDP 包括以下主要特性和功能。

- 加密：RDP 使用 RSA 安全性的 RC4 密码，这是一种流密码，旨在有效加密少量数据。RC4 用于通过网络进行的安全通信。管理员可以选择使用 56 位或 128 位密钥加密数据。
- 带宽缩减功能：RDP 支持各种机制，以减少通过网络连接传输的数据量。机制包括数据压缩、位图的持久缓存，以及 RAM 中字形和片段的缓存。持久性位图缓存可以显著改善低带宽连接的性能，尤其是在运行广泛使用大型位图的应用程序时。
- 漫游断开连接：用户可以在不注销的情况下手动断开与远程桌面会话的连接。当用户从同一或不同设备重新登录到系统时，会自动重新连接到其断开连接的会话。若用户的会话因网络或客户端故障而意外终止，则用户已断开连接，但没有注销。
- 剪贴板映射：用户可以在本地计算机上运行的应用程序与远程桌面会话中运行的应用程序之间以及会话之间删除、复制和粘贴文本和图形。
- 打印重定向：在远程桌面会话中运行的应用程序可以将打印作业重定向到附加客户端设备的打印机上。
- 虚拟通道：使用 RDP 虚拟通道体系结构可以扩充现有应用程序，并开发新的应用程序，以添加在客户端设备与远程桌面会话中运行的应用程序之间通信的功能。
- 遥控：计算机支持人员可以查看和控制远程桌面会话。在两个远程桌面会话之间共享输入和显示图形使支持人员能够远程诊断和解决问题。

此外，RDP 还包含以下功能。

- 支持 24 位颜色。
- 通过降低带宽，提高通过低速度拨号进行连接的性能。
- 通过应用程序进行智能卡远程桌面服务。
- 键盘挂钩。能够在全屏模式下将 Windows 组合键引导到本地计算机或远程计算机上。
- 声音、驱动器、端口重定向。在运行 RDP 的客户端计算机上可以听到远程计算机上出现的声音，本地客户端驱动器对远程桌面会话可见。

(2) VNC

VNC(Virtual Network Console)是指虚拟网络控制台。它是一款优秀的远程控制工具软件，由著名的 AT&T 欧洲研究实验室开发。VNC 是基于 UNIX 和 Linux 操作系统的免费的开源软件，远程控制能力强大，高效实用。

VNC 由两部分组成，一部分是客户端的应用程序(Vncviewer)，另一部分是服务器的应用程序(Vncserver)。VNC 的基本运行原理与 Windows 下的远程桌面软件相似。VNC 的服务器应用程序在 UNIX 和 Linux 操作系统中适应性很强，图形用户界面十分友好，和 Windows

下的软件界面很类似。任何安装了客户端应用程序的 Linux 平台的计算机都能十分方便地和安装了服务器应用程序的计算机相互连接。服务器还内建了 Java Web 接口，用户通过服务器能通过各类浏览器以网页的方式查看对其他计算机的操作，这样的操作过程和显示方式比较直观方便。

(3) SPICE

独立计算环境简单协议(Simple Protocol for Independent Computing Environment，SPICE)是 Red Hat(红帽公司)收购 Qumranet 后获得的虚拟化技术。SPICE 能用于在服务器和远程计算机(如桌面和瘦客户端设备)上部署虚拟桌面。它类似于其他用于远程桌面管理的渲染协议，如微软的 RDP。它支持 Windows 和 Red Hat Enterprise Linux 等虚拟机实例。SPICE 架构包括客户端、SPICE 服务端和相应的 QXL 设备、QXL 驱动等。客户端运行在用户终端设备上，为用户提供桌面环境。SPICE 服务端以动态链接库的形式与 KVM(Keyboard Video Mouse，键盘、视频或鼠标)虚拟机整合，通过 SPICE 与客户端进行通信。

SPICE 最大的特点是其架构中增加的位于虚拟机监视器(Hypervisor)中的 QXL 设备，其本质上是 KVM 虚拟化平台中通过软件实现的 PCI(Peripheral Component Interconnect，外设组件互连标准)显示设备，利用循环队列等数据结构使虚拟化平台上的多个虚拟机共享实现了设备的虚拟化。但是，这种架构使得 SPICE 紧密地依赖于服务器虚拟化软/硬件基础设施，SPICE 必须与 KVM 虚拟化平台绑定。传统的远程桌面传输协议工作在虚拟机 GuestOS 中，而 SPICE 本身运行在虚拟机服务器中，可以直接使用服务器的硬件资源。

远程桌面传输协议在云计算环境下使用更为广泛，前面所述的 3 类远程桌面协议的对比如表 7.1 所示。

表 7.1　远程桌面协议对比

功能	RDP	VNC	SPICE
基本输入输出系统屏幕显示	不能	能	能
全彩支持	能	能	能
更改分辨率	能	能	能
多显示器	多显示器支持	只有一个显示器	多显示器支持(高达 4 画面)
图像传输	图像和图形传输	图像传输	图像和图形传输
视频播放支持	GPU 加速支持	不能	GPU 加速支持
音频传输	双向语音可以控制	不能	双向语音可以控制
鼠标控制	服务器控制	服务器控制	客户端、服务器都可以控制
USB 传输	USB 可以通过网络传输	不能	USB 可以通过网络传输

7.3　Windows Server 2022 的安装实践

微课视频

7.3.1　实践任务描述

微课视频

在本实践中，我们将完成 Windows Server 2022 操作系统的安装，为后续 DHCP 服务器的配置与实践准备环境。

7.3.2 准备工作

1. 下载 VMware Workstation 软件

首先从 VMware 官网下载 VMware Workstation 软件。VMware 公司提供免费试用版，读者可以在网站注册账号，获取免费试用的序列号，并下载相应版本的 VMware Workstation 软件，在本实践中使用 VMware Workstation 16 Pro。由于 VMware Workstation 软件在使用的过程中需要 CPU 的虚拟化支持，因此在安装软件后，需要在本地计算机的主板中调整 BIOS (Basic Input Output System，基本输入输出系统)设置，开启 CPU 的相应功能。如果在运行软件时有相应未开启虚拟化的提示，应注意调整 BIOS 中的参数。

2. 获取 Windows Server 2022 操作系统的安装源

在安装过程中，需要使用到 CDROM(Compact Disc Read Only Memory，只读光盘)或 ISO 安装源，在本次安装过程中，通过虚拟机的安装方式，可以提前在微软的官网获取 Windows Server 2022 的 180 天的评估版本，免费试用。在网站的页面中，根据提示选择下载 ISO 版本的文件，在撰写本书时，下载的是微软官方试用版。读者可根据官方试用版下载页面的提示，填入相应信息，获取试用版 ISO 文件的下载链接。下载后，将其存放在某个硬盘分区中，以备后续安装使用。

3. 创建虚拟机

启动 VMware Workstation 软件，软件界面如图 7.3 所示。

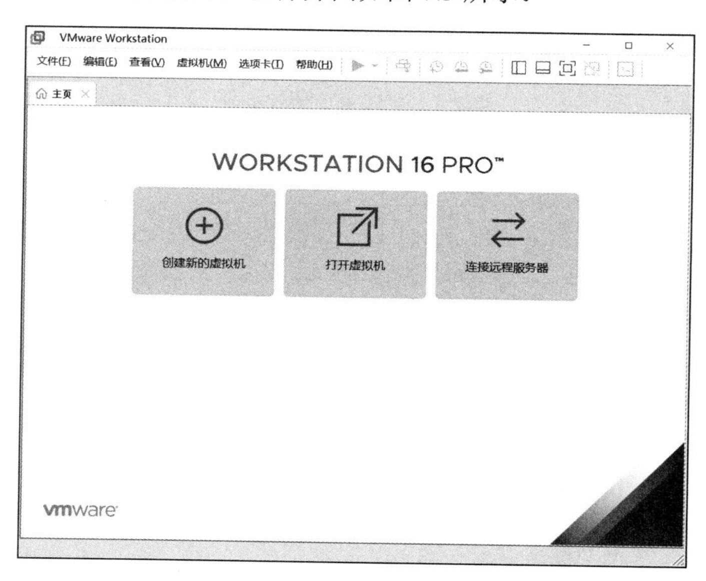

图 7.3 VMware Workstation 软件界面

在软件界面中单击“创建新的虚拟机”按钮，创建一个新的虚拟机，弹出“新建虚拟机向导”对话框，如图 7.4 所示。

通常，建议初学者选中“典型”单选按钮创建新的虚拟机，避免参数设定错误，导致创建的虚拟机无法使用。如果对 VMware Workstation 软件比较熟悉，或需要定制某些功能，可以考虑选择“自定义”选项。完成后，单击“下一步”按钮。

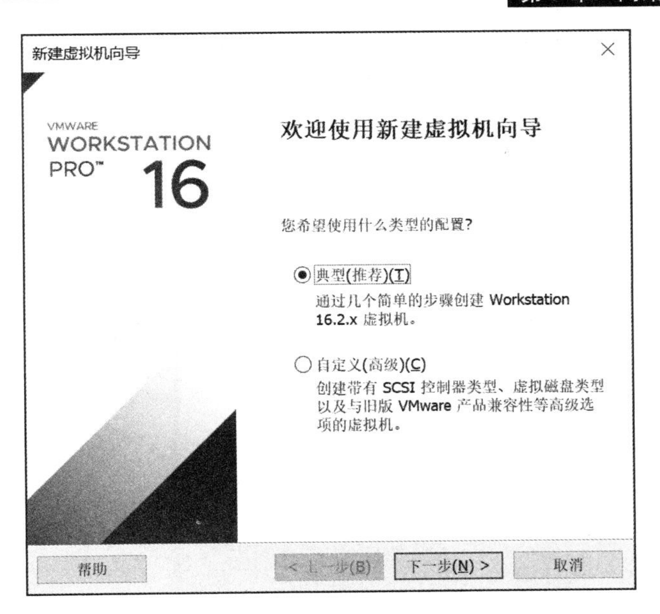

图 7.4　“新建虚拟机向导”对话框

设定安装来源，如果已经下载相应的 Windows Server 2022 的 ISO 文件，可以直接选中“安装程序光盘映像文件”单选按钮，如果没有相应的 ISO 文件，可以选中“稍后安装操作系统”单选按钮，如图 7.5 所示。完成后，单击“下一步”按钮。

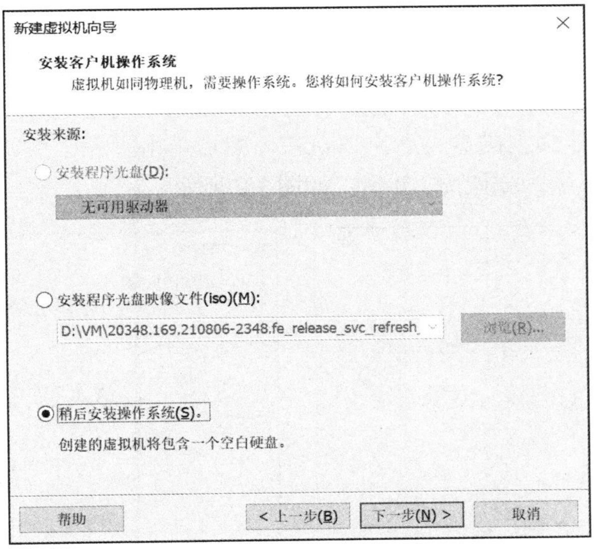

图 7.5　设定安装来源

选择客户机操作系统类型为 Microsoft Windows，在“版本”下拉列表中，如果没有提供 Windows Serve 2022 的选项，可以在创建时，选择“Windows Server 2019”选项，如图 7.6 所示。

定义虚拟机的名称和文件存放路径，如图 7.7 所示，将创建的虚拟机命名为 Windows Server 2022，并设定存放虚拟机的目录为 D:\VM 中的“Windows Server 2022”文件夹，然后单击“下一步”按钮。

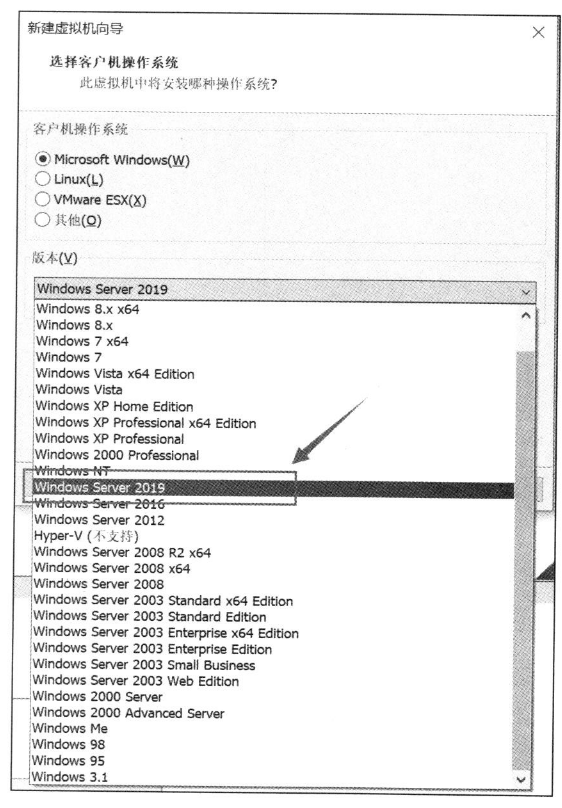

图 7.6　操作系统类型选择

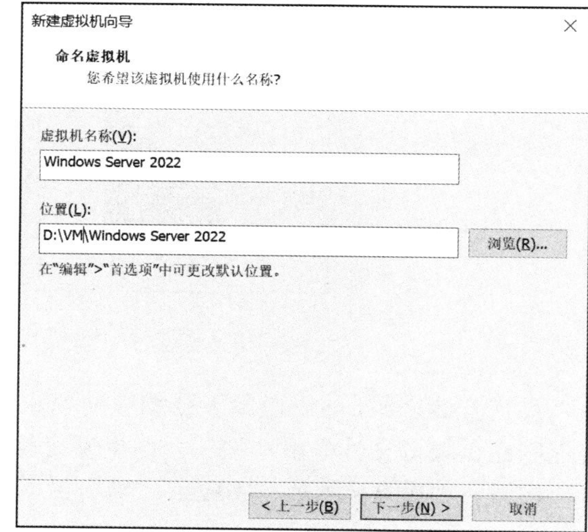

图 7.7　定义虚拟机名称和文件存放路径

在设定虚拟机磁盘容量时，可以根据物理机的磁盘空间情况和实际需要进行设定，如图 7.8 所示，本实践设定最大磁盘大小为 200GB。然后单击“下一步”按钮。

单击“完成”按钮，完成虚拟机创建，如图 7.9 所示。

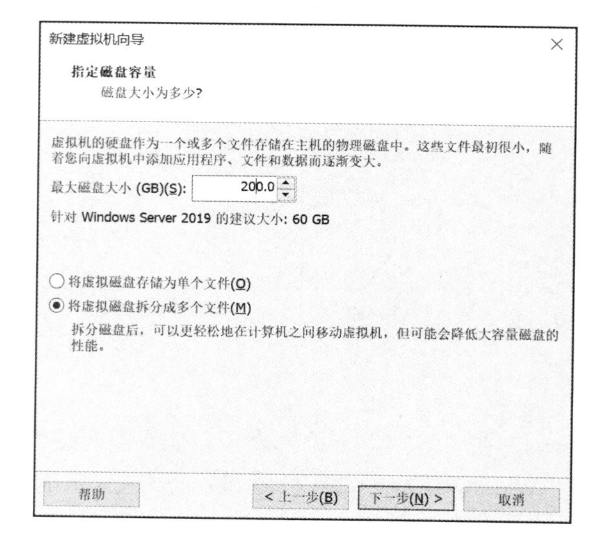

图 7.8　设定虚拟机磁盘容量

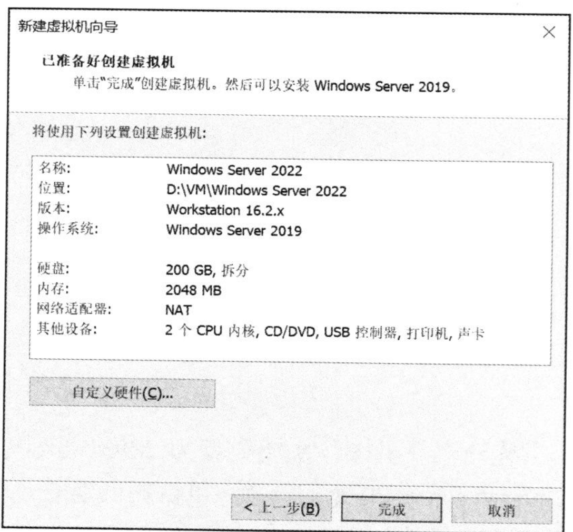

图 7.9　完成虚拟机创建

在完成虚拟机的创建后，可以根据实际情况调整虚拟机的设置，例如，本次创建的虚拟机默认的内存大小为 2GB，CPU 有 2 个处理器。单击“编辑虚拟机设置”按钮，设置虚拟机的硬件信息，如图 7.10 所示。

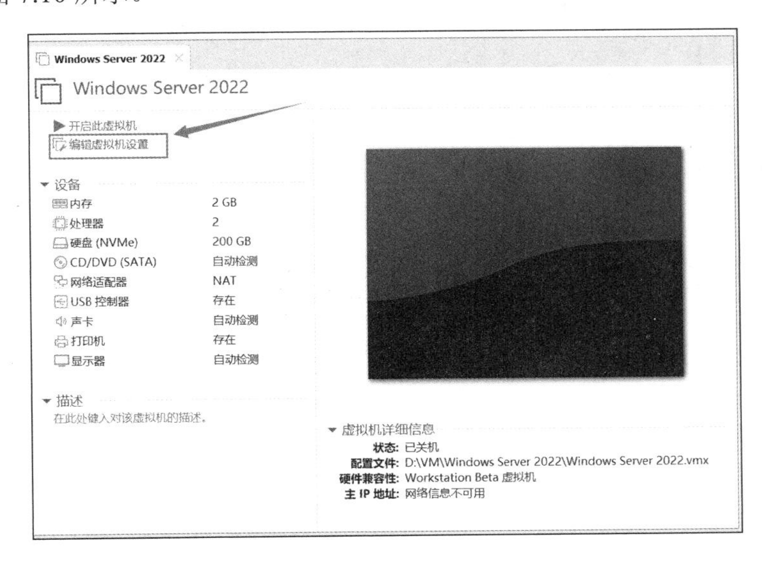

图 7.10　虚拟机硬件信息设置

在“虚拟机设置”对话框中，可以调整多个选项，例如，设置 ISO 文件存放的位置，更改网络连接的类型。移除本实践中不需要的打印机设备，如图 7.11 所示。

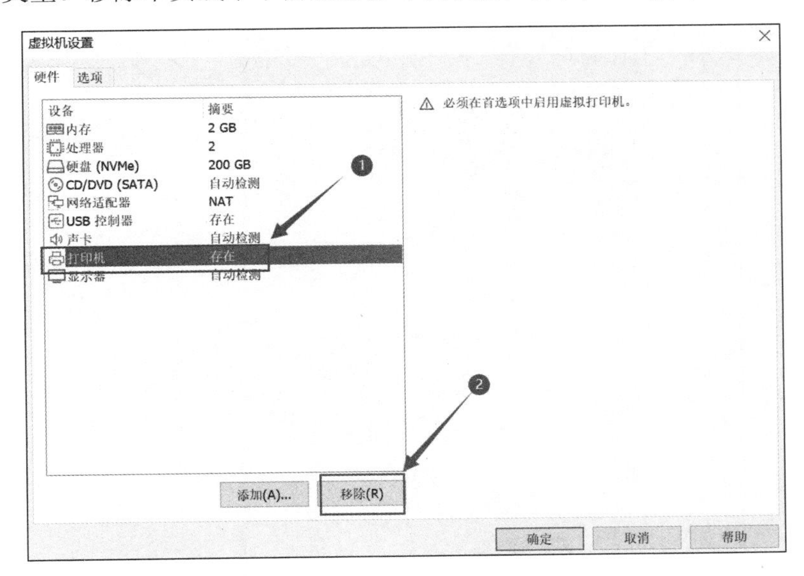

图 7.11　移除打印机设备

如果有需要，可以选择左边的硬件设备，然后在右侧调整具体参数值。例如，将虚拟机的内存大小调整为 8GB，将虚拟机的 CPU 调整为有 4 个处理器，如图 7.12 所示。

参考类似的操作，如果需要新增硬盘、网卡、光驱等虚拟机设备，可以单击“添加”按钮，按照安装步骤，完成后续操作。添加一个新的硬盘设备如图 7.13 所示。

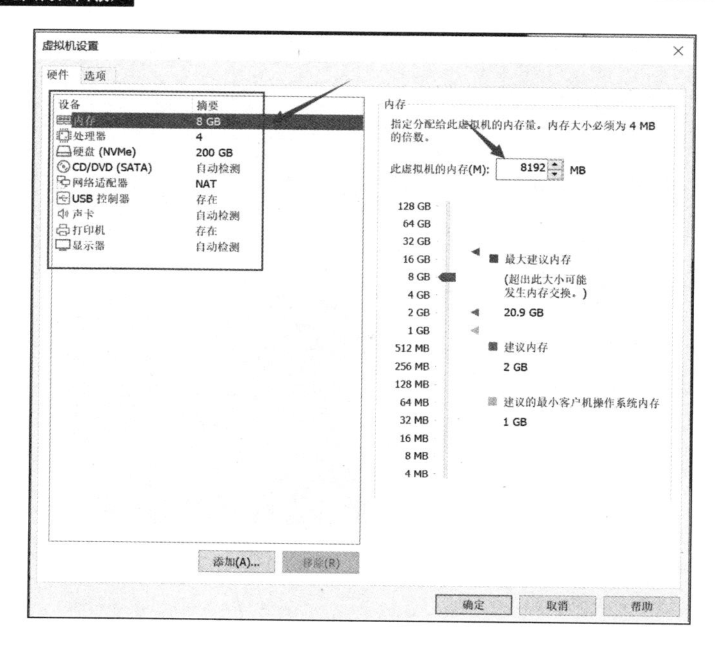

图 7.12　虚拟机设置

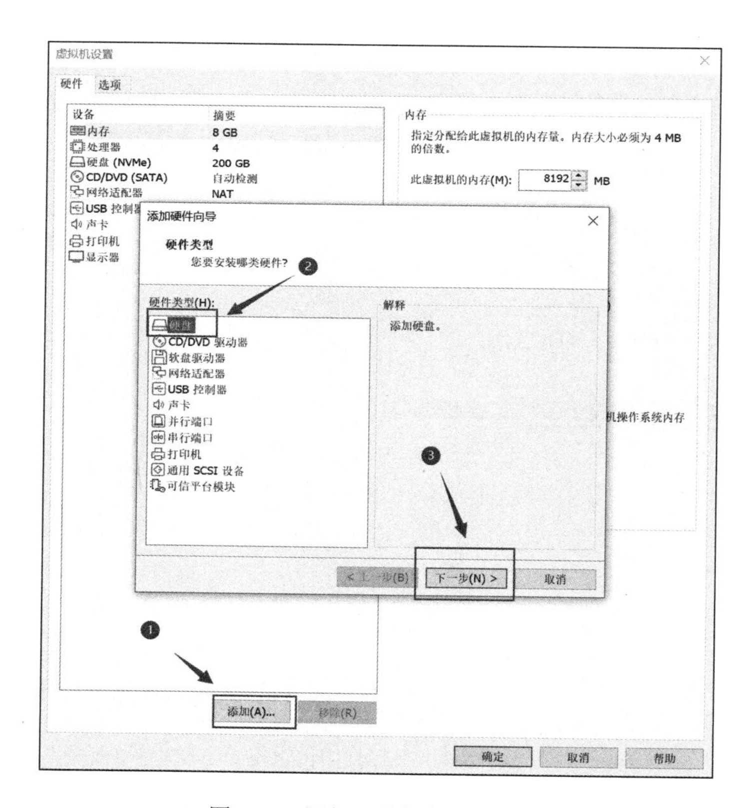

图 7.13　添加一个新的硬盘设备

同时，调整 CD/DVD，一并加载前面存放在计算机中的评估版 ISO 文件，完成相应的设置。创建的虚拟机的摘要信息如图 7.14 所示。

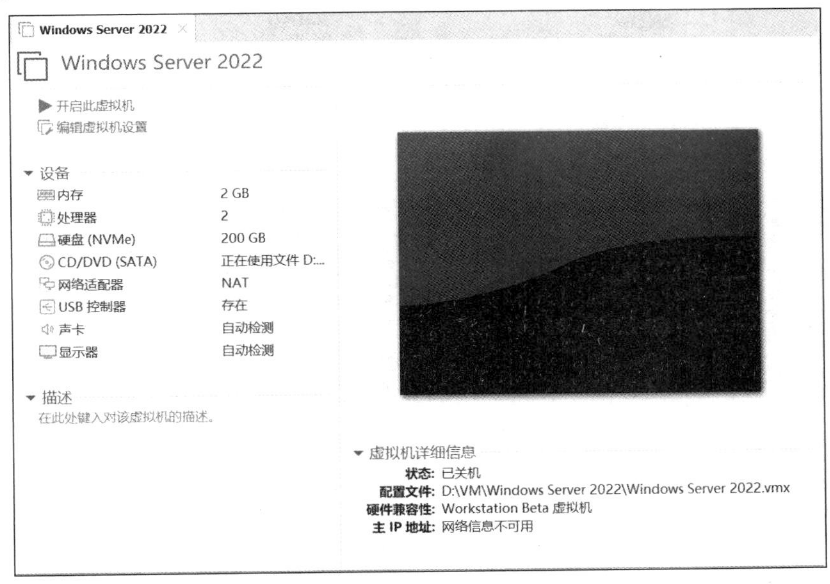

图 7.14　创建的虚拟机的摘要信息

7.3.3　实施步骤

1．启动虚拟机

在前面创建的虚拟机中，已经将下载的 Windows Server 2022 的 ISO 文件添加到 CD/DVD 设备中，单击左侧的“开启此虚拟机”或上方的▶按钮，启动虚拟机，如图 7.15 所示。

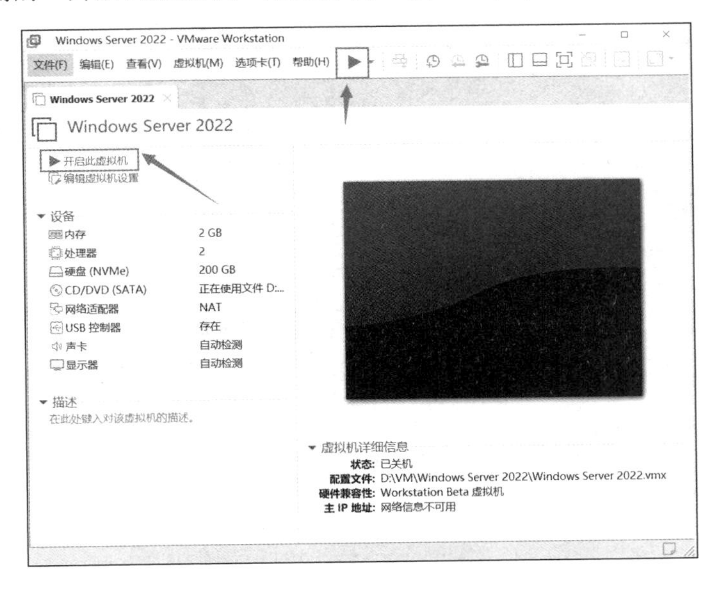

图 7.15　启动虚拟机

2．加载启动设备

如果需要使用物理光盘，那么将 Windows Server 2022 的 ISO 文件刻录至光盘中，然后将

安装光盘放入光驱，打开虚拟机设置页面，选择“从光驱启动”选项，再单击“启动”按钮，与前面使用ISO文件的效果一致。由于虚拟机的BIOS默认设置了计算机启动引导顺序，因此通过虚拟机初次加载光驱或ISO文件启动时，需要注意虚拟机提示，如图7.16所示，此时需要及时将鼠标焦点放入虚拟机中单击，按回车键或其他任意键，确认从CD/DVD设备启动。

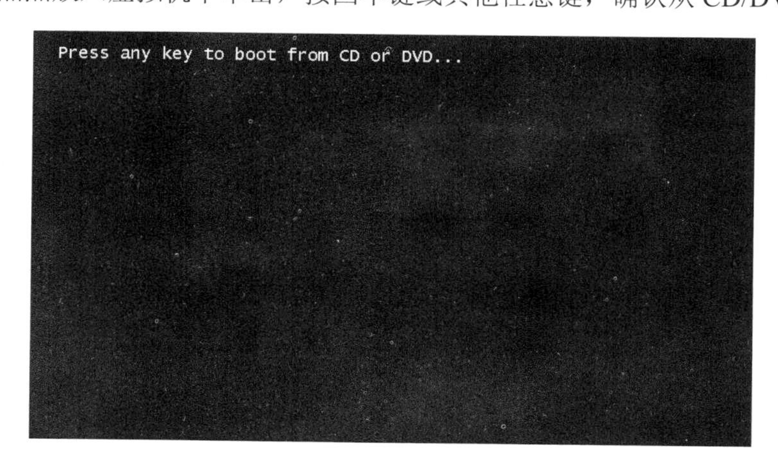

图7.16 虚拟机提示

3. 加载Windows Server 2022安装程序

确认从CD/DVD设备启动后，可以看到如图7.17所示的Windows Server 2022启动界面。

图7.17 Windows Server 2022启动界面

4. 完成语言及输入法等设定

完成加载后，进入如图7.18所示的界面，分别调整要安装的语言、时间和货币格式、键盘和输入方法等，单击“下一页”按钮，将启动操作系统的安装。

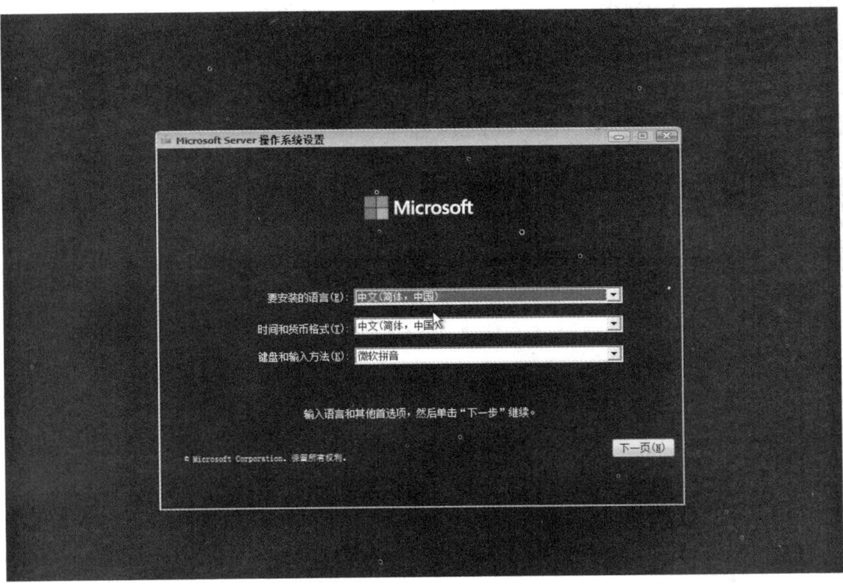

图 7.18　调整要安装的语言、时间和货币格式、键盘和输入方法

5．执行 Windows Server 2022 安装程序

单击“现在安装”按钮，启动安装程序，如图 7.19 所示。

图 7.19　启动安装程序

Windows Server 2022 的评估版本提供了标准版和数据中心两个版本，每个版本可以根据用户的需求选择是否安装图形界面，若要使用图形化的桌面环境对服务器进行管理，则需选择对应的“Desktop Experience”版本。在本次安装中，选择带有图形化桌面环境的标准版进行安装，如图 7.20 所示，然后单击“下一页”按钮。

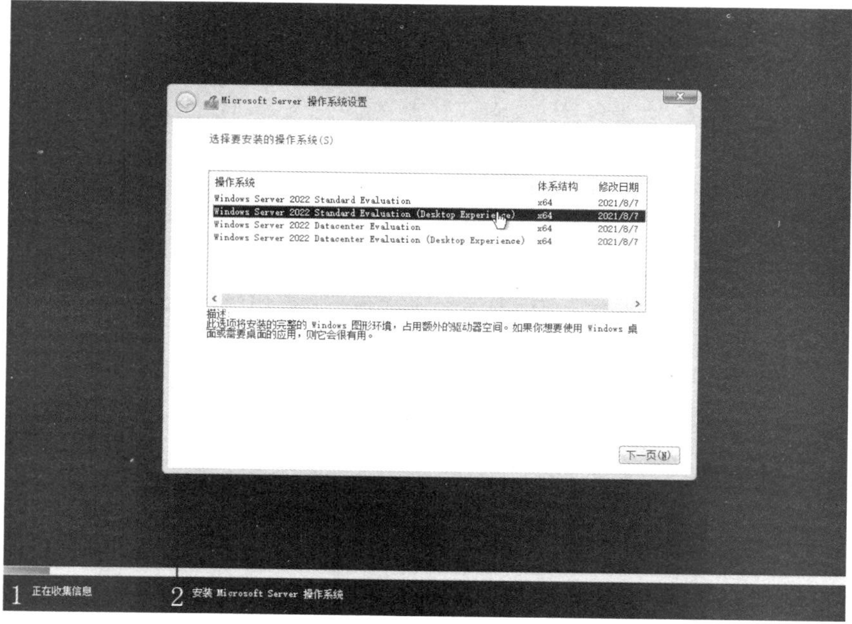

图 7.20　选择带桌面环境的标准版

选择左下角的“我接受×××”选项，接受许可条款，如图 7.21 所示，然后单击“下一页”按钮，进入后续的步骤。

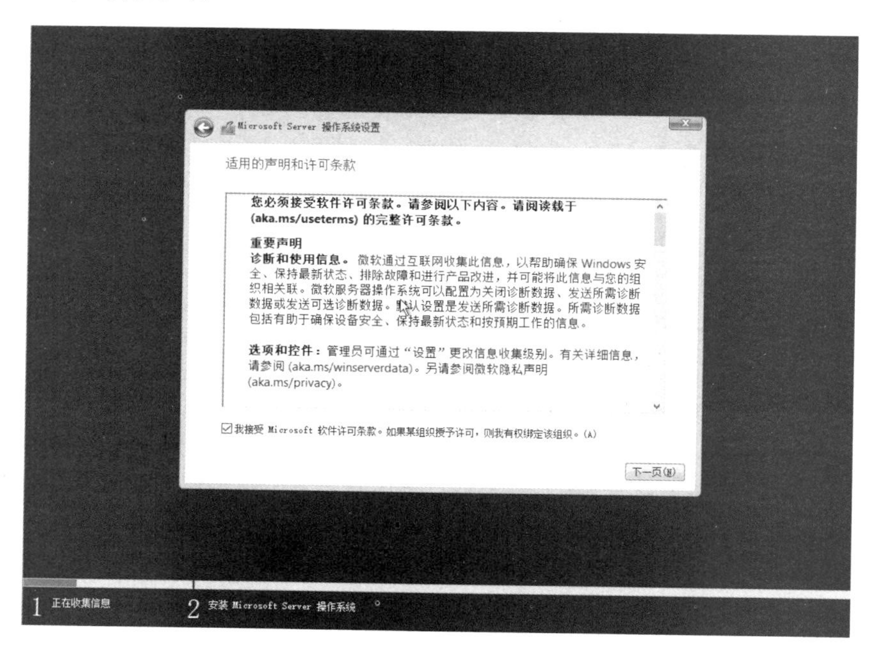

图 7.21　接受许可条款

用户可以根据实际需要选择安装类型，如图 7.22 所示。如果系统中已经有旧版本的 Windows，可以进行相应的升级，在本次安装中，使用全新的安装模式，选择“自定义”选项进行安装。

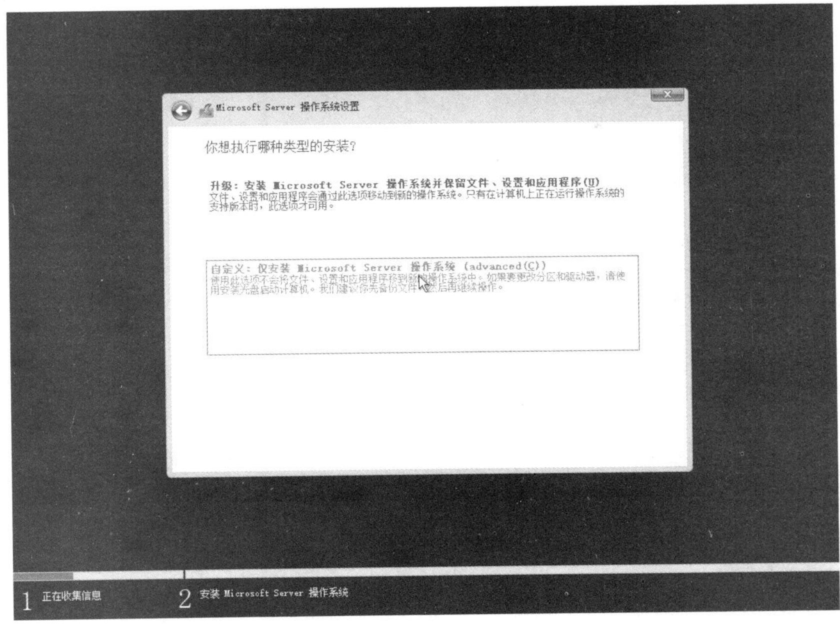

图 7.22　选择安装类型

在本实践中，新安装的 Windows Server 2022 使用全部的硬盘空间，单击“新增”按钮后选择驱动器并创建安装分区，然后单击“应用”按钮创建所需的安装分区，分别如图 7.23 和图 7.24 所示。

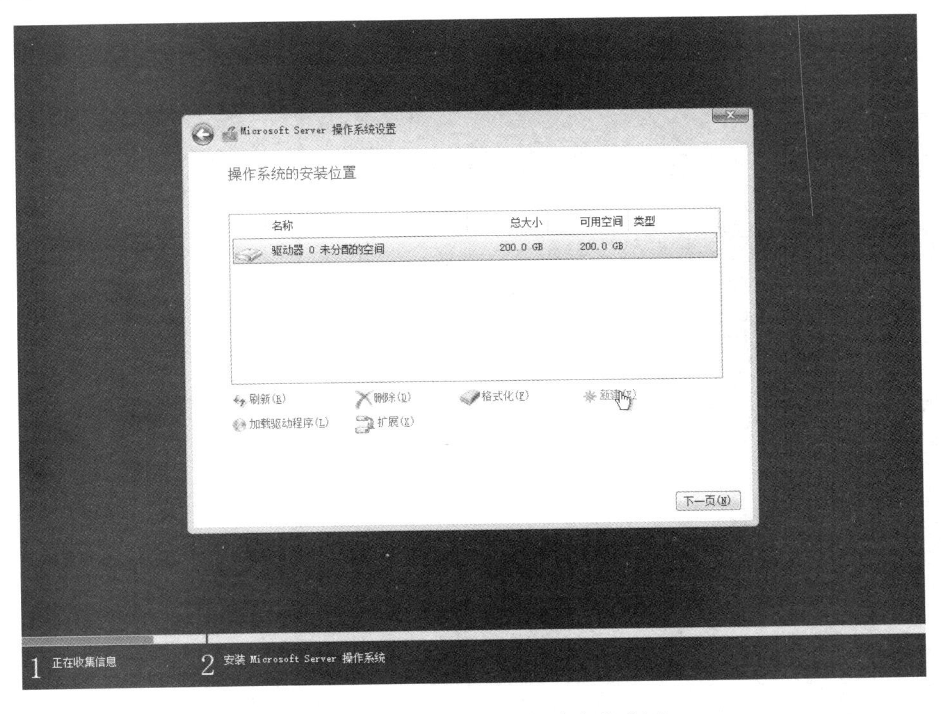

图 7.23　选择驱动器并创建安装分区

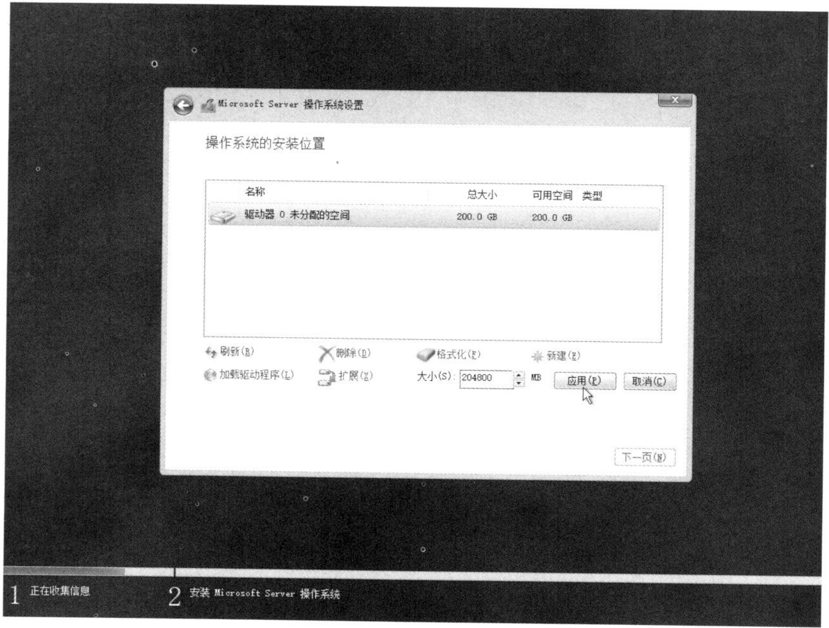

图 7.24　创建所需的安装分区

在创建系统分区时，安装程序会要求创建系统保留分区，单击“确定”按钮完成分区的创建并选择合适的安装分区，如图 7.25 和图 7.26 所示。完成创建后，会自动生成一个系统分区和 MSR（Microsoft Reserved Partition），即保留分区。在执行安装时，选择第三个大小约为 199.9GB 的分区，再单击“下一页”按钮，执行操作系统的文件复制和程序安装，如图 7.27 所示。

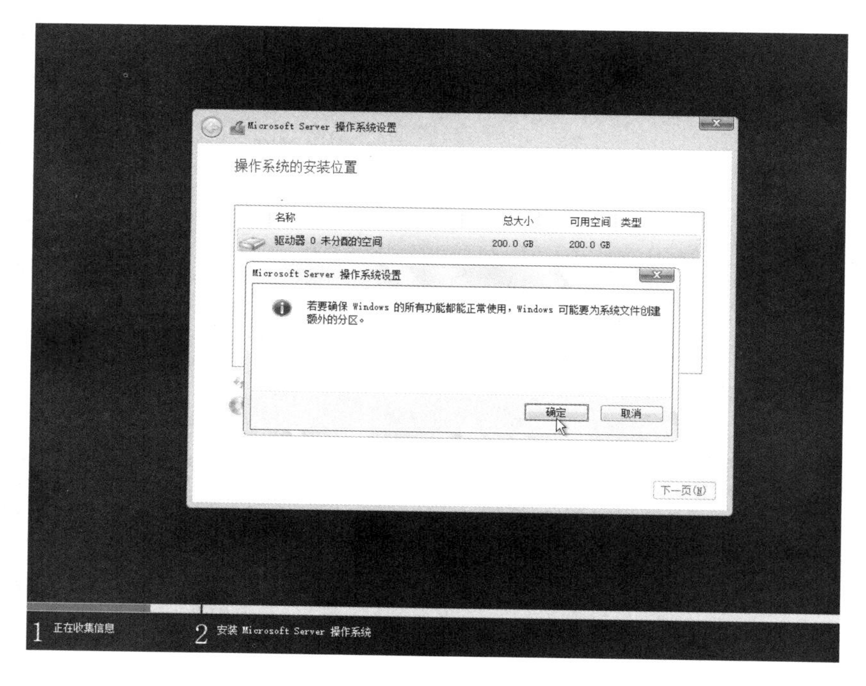

图 7.25　创建保留分区

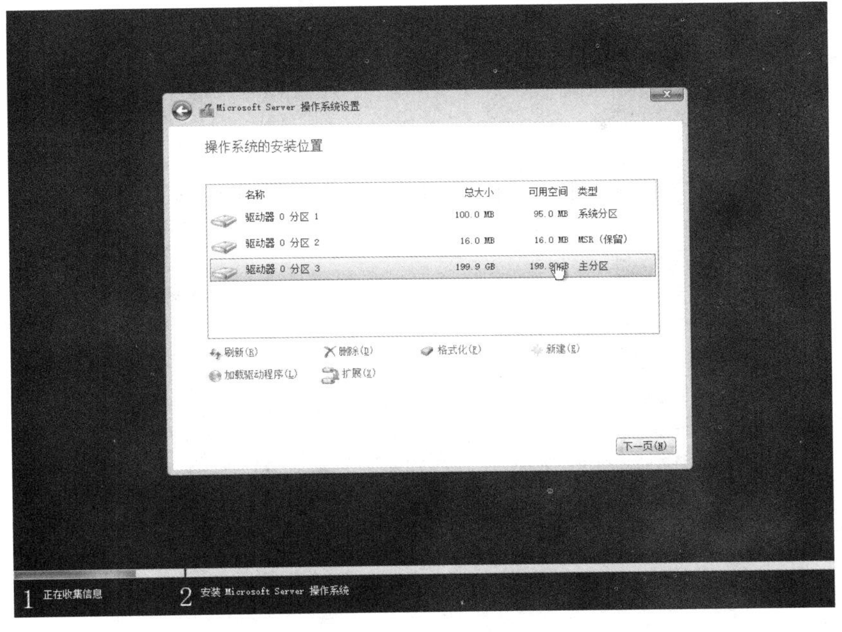

图 7.26　完成分区的创建并选择合适的安装分区

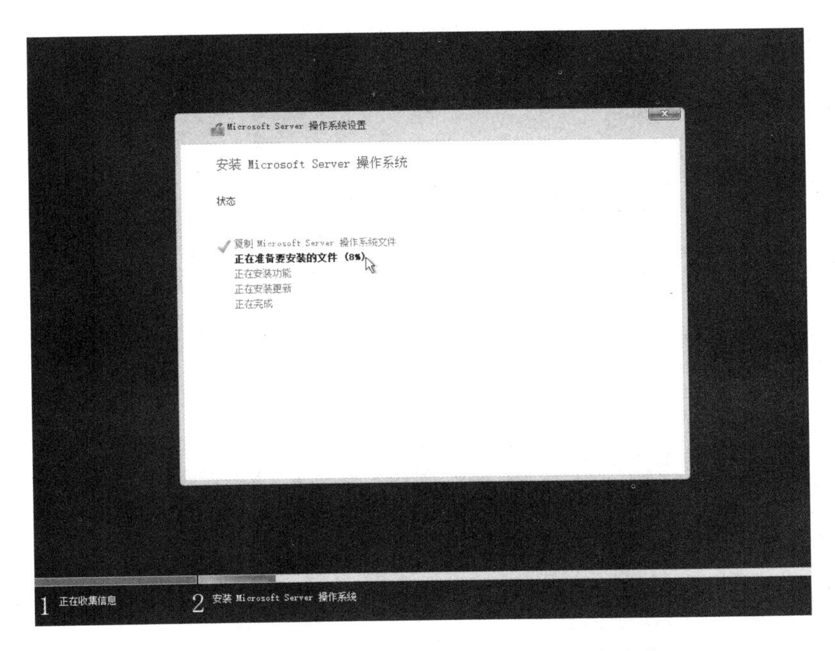

图 7.27　执行操作系统的文件复制及程序安装

在安装完成后，单击“立即重启”按钮，如图 7.28 所示，或等待 10 秒后自动重启。

完成安装后的初次重启后，将进入管理员(Administrator)密码设置界面，如图 7.29 所示。在密码设置时，系统对密码的长度和复杂度有一定的要求。在实际的环境中设置的密码建议包含大小写字母、数字和特殊字符，以保障系统登录密码的安全。在完成设置后即可登录系统，Windows Server 2022 登录界面如图 7.30 所示。

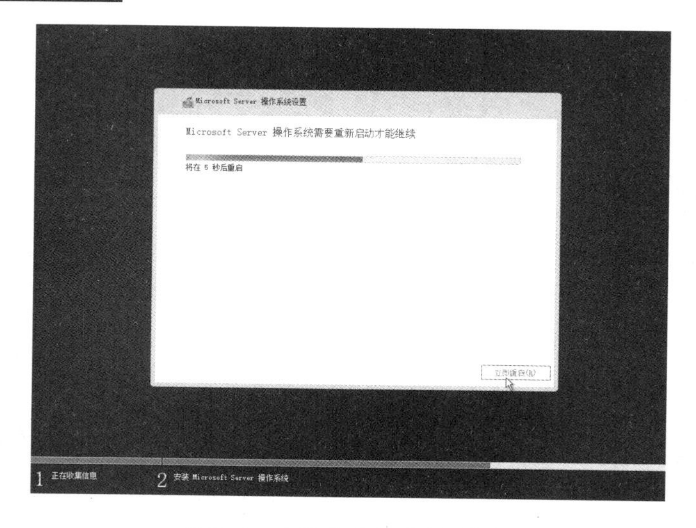

图 7.28　安装完成并重启计算机

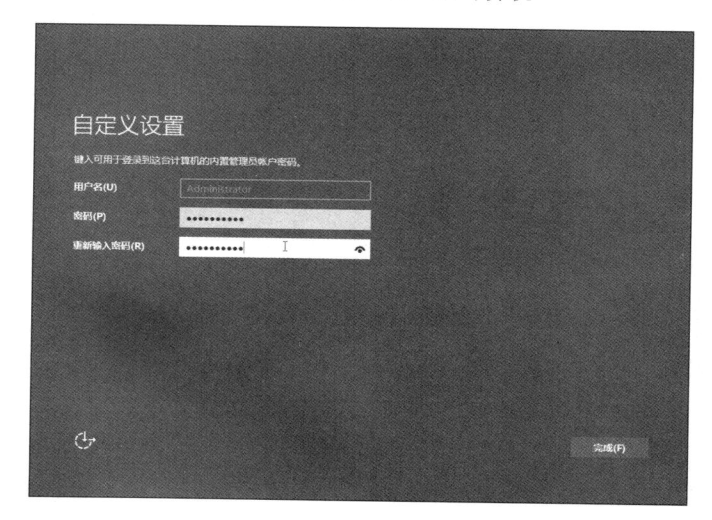

图 7.29　设置管理员密码(登录密码)[①]

图 7.30　Windows Server 2022 登录界面

① 软件截图中，“帐户”的正确写法为“账户”。

Windows Server 2022 对安全方面有更高的要求，为避免非法程序监听键盘输入，在登录时需要按 Ctrl+Alt+Delete 键才能进行登录，在 VMware Workstation 中，可以通过相应菜单，向虚拟机发送 Ctrl+Alt+Delete，如图 7.31 所示，然后输入相应的登录密码即可，如图 7.32 所示。

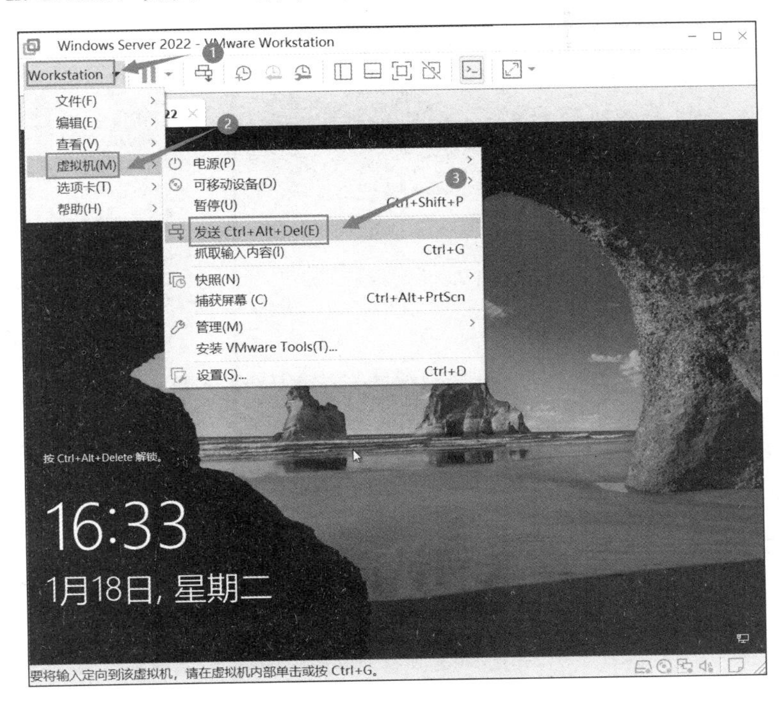

图 7.31　通过 VMware Workstation 发送 Ctrl+Alt+Delete

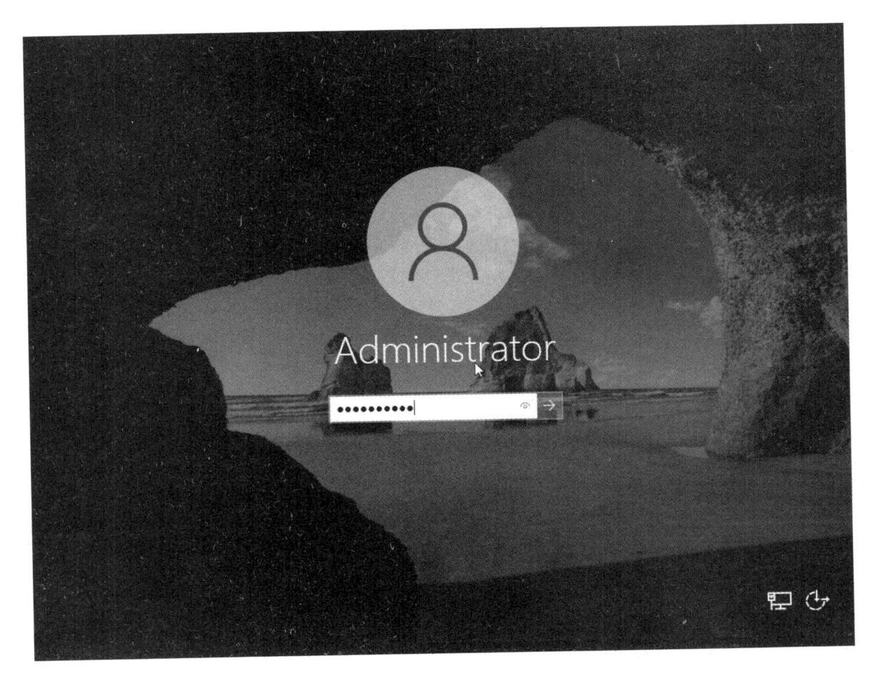

图 7.32　输入登录密码

登录 Windows Server 2022 后，启动服务器管理器，如图 7.33 所示。系统默认启动“服务器管理器仪表板”工具，完成启动后，如图 7.34 所示。

图 7.33 启动服务器管理器

图 7.34 服务器管理器仪表板

启动服务器后，按 Windows 键，打开“开始”菜单，如图 7.35 所示，在 Windows Server 2022 中，“开始”菜单恢复为经典的“开始”菜单模式。

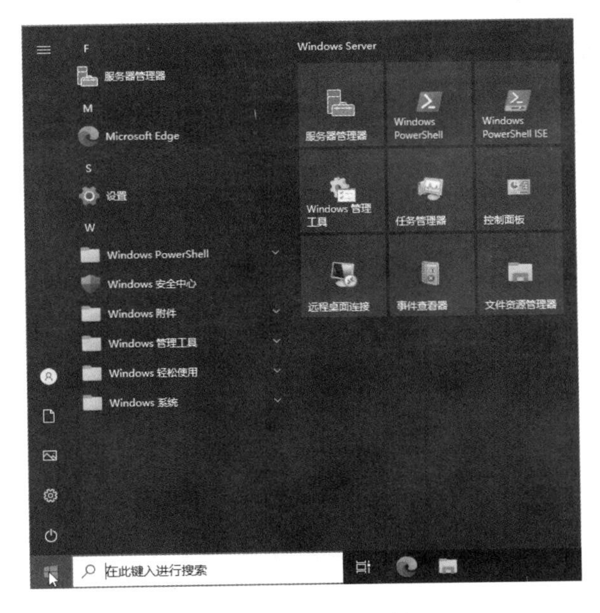

图 7.35　“开始”菜单

7.4　DHCP 服务配置实践

微课视频

7.4.1　实践任务描述

微课视频

结合前面的内容，以 Windows Server 2022 中的 DHCP 服务器的配置过程为例，完成 DHCP 服务器角色功能的添加及 DHCP 服务的简单配置和 IP 地址分配的验证。

7.4.2　准备工作

1. 调整虚拟机网卡的网络连接模式

在后续 DHCP 服务器的安装及测试过程中，为避免外部网络的影响，需要调整虚拟机的设置，打开虚拟机的设置后，选择“网络适配器”选项，在右侧选中“NAT 模式”单选按钮，将虚拟机网卡的网络连接模式设置为 NAT 模式，如图 7.36 所示。

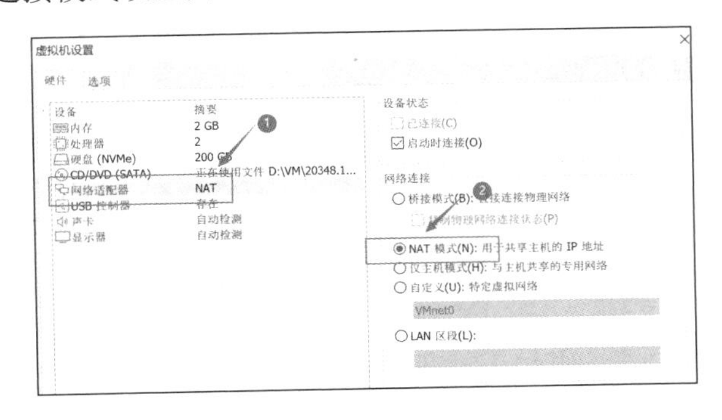

图 7.36　调整虚拟机网卡的网络连接模式

2．关闭 NAT 默认的 DHCP 功能

在默认情况下，NAT 模式的网络提供了 DHCP 服务，为避免对后续在 Windows Server 2022 中配置 DHCP 服务造成影响，需要关闭 NAT 网络的 DHCP 功能。首先，打开 VMware Workstation 的虚拟网络编辑器，如图 7.37 所示。然后，更改 NAT 网络设置，如图 7.38 所示。

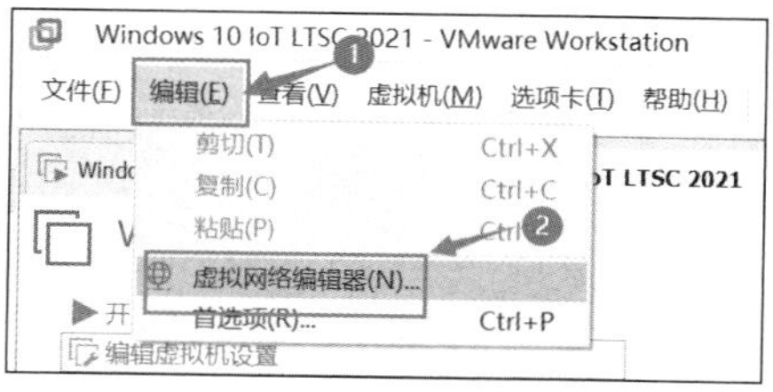

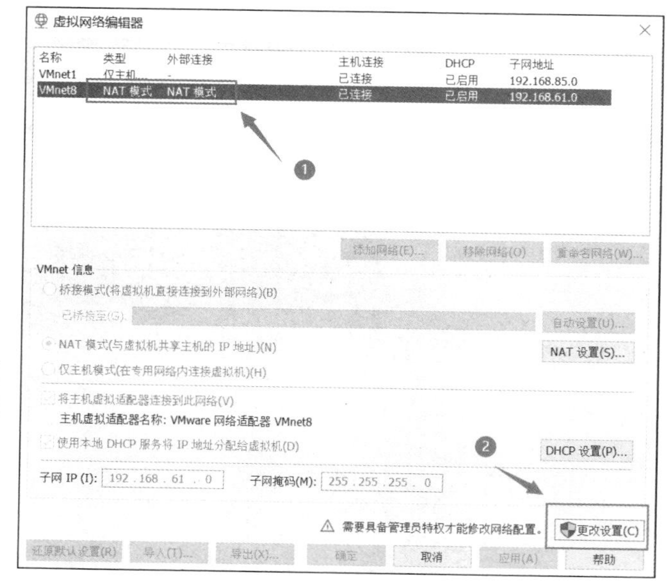

图 7.37 打开虚拟网络编辑器

图 7.38 更改 NAT 网络设置

在默认情况下，NAT 模式的网络所处的网段为 192.168.×××.0 中随机的一个子网，如图 7.38 所示，VMware Workstation 分配的子网 IP 为 192.168.61.0。采用 NAT 模式的网络后，启动的虚拟机默认也处于这个子网，因此在后续的 DHCP 分配中，以这个网络为例。按照图 7.39 所示的步骤，关闭 NAT 网络的 DHCP 功能。同时，如果需要调整 NAT 的子网，在图 7.39 所示的对话框中，根据需要输入新的子网信息及子网掩码即可，如果更改后的子网需要对外连通，注意调整本地物理机中 VMware Network Adapter VMnet8 网卡的 IP 段设置。

7.4.3 实施步骤

1．安装 DHCP 功能

由于 DHCP 服务器需要对外提供动态 IP 地址分配功能，因此 DHCP 服务器自身需要一个固定的 IP 地址，在此次实践过程中，以管理员身份登录后，提前将 Windows Server 2022 的 IP 地址设置为 192.168.61.130，设置 IP 地址的过程参考前面的章节。

启动服务器管理器，在仪表板中选择“添加角色和功能”选项，然后进入向导，准备安装 DHCP 功能，如图 7.40 所示。

在“添加角色和功能向导”窗口中，在开始之前会提示一些注意事项，例如，管理员账户使用强密码等信息，如图 7.41 所示。

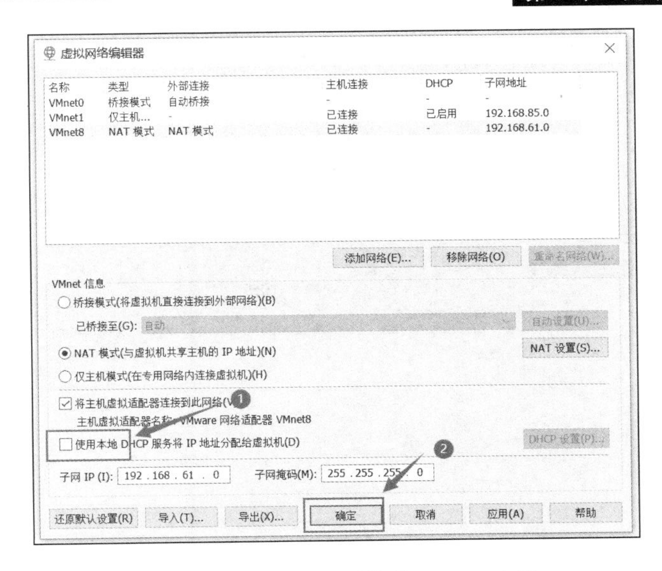

图 7.39　关闭 NAT 网络的 DHCP 功能

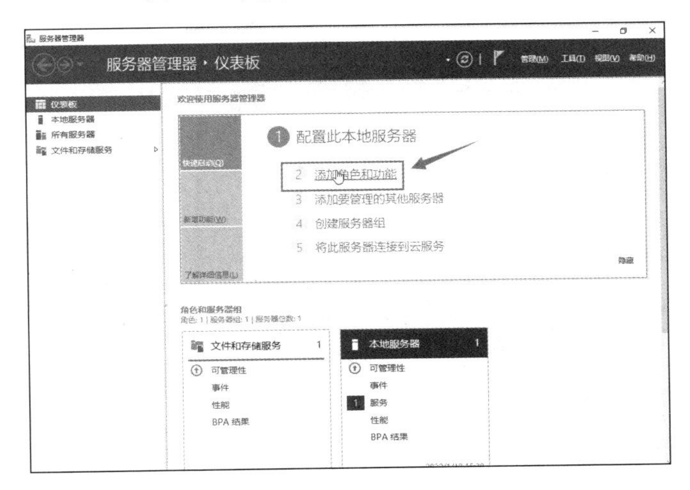

图 7.40　添加角色和功能

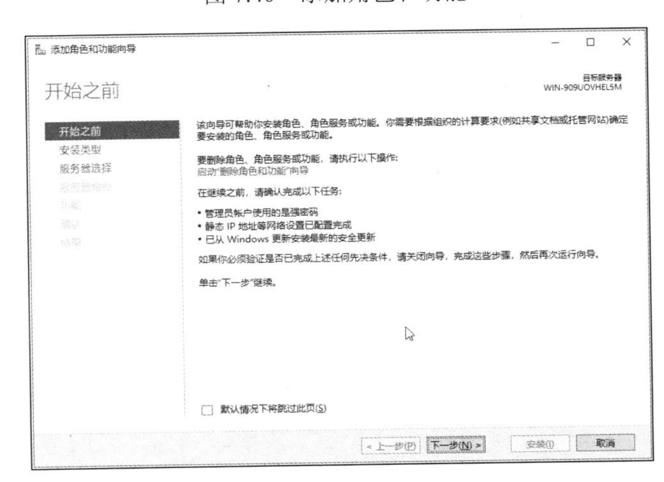

图 7.41　添加角色和功能向导

单击“下一步”按钮后，选择安装类型，在本实践过程中，选中“基于角色或基于功能的安装”单选按钮，如图 7.42 所示。

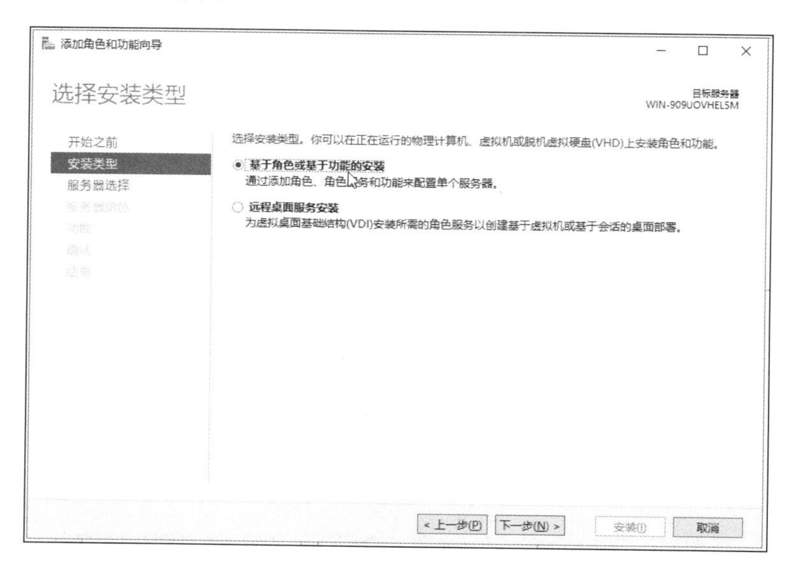

图 7.42　选择安装类型(基于角色或基于功能的安装)

在“服务器选择”选项卡中，选择默认服务器即可，也就是当前使用 192.168.61.130 的 IP 地址所在的服务器，如图 7.43 所示。

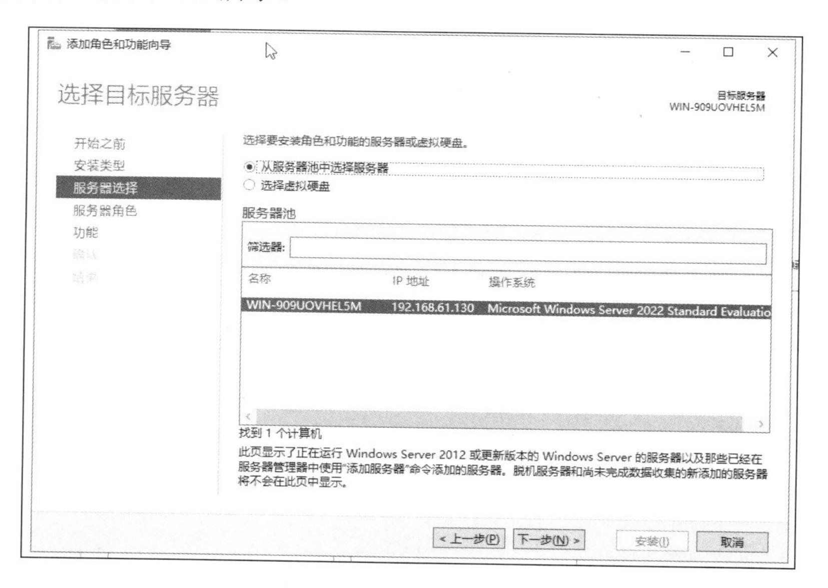

图 7.43　选择默认服务器

在“选择服务器角色”选项卡中，勾选“DHCP 服务器”复选框，会弹出“添加角色和功能向导”对话框，单击“添加功能”按钮进入下一步，在选择功能时，采用默认选项即可，如图 7.44 所示。在添加功能时，程序会自动检查必须条件，例如，当服务器的 IP 地址未采用手动配置时，会弹出检测安装环境提示信息，如图 7.45 所示。

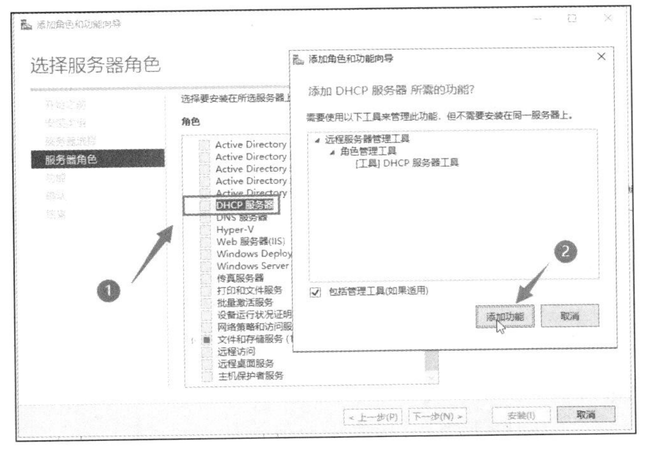

图 7.44　添加 DHCP 服务器功能

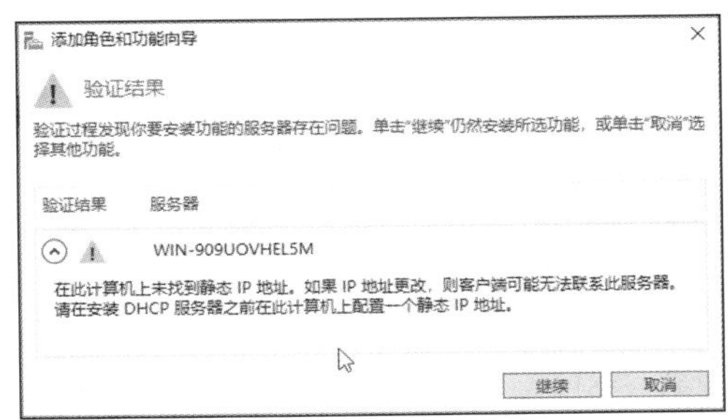

图 7.45　检测安装环境提示信息

若没有检测到错误信息，则进入如图 7.46 所示的界面，单击“下一步”按钮。在“功能”选项卡中，可以根据需要选取额外增加到此次安装任务中的功能，如图 7.47 所示，通常直接单击“下一步”按钮，只安装此次任务的 DHCP 功能即可。然后进入“DHCP 服务器”选项卡，显示安装注意事项提示，如图 7.48 所示。

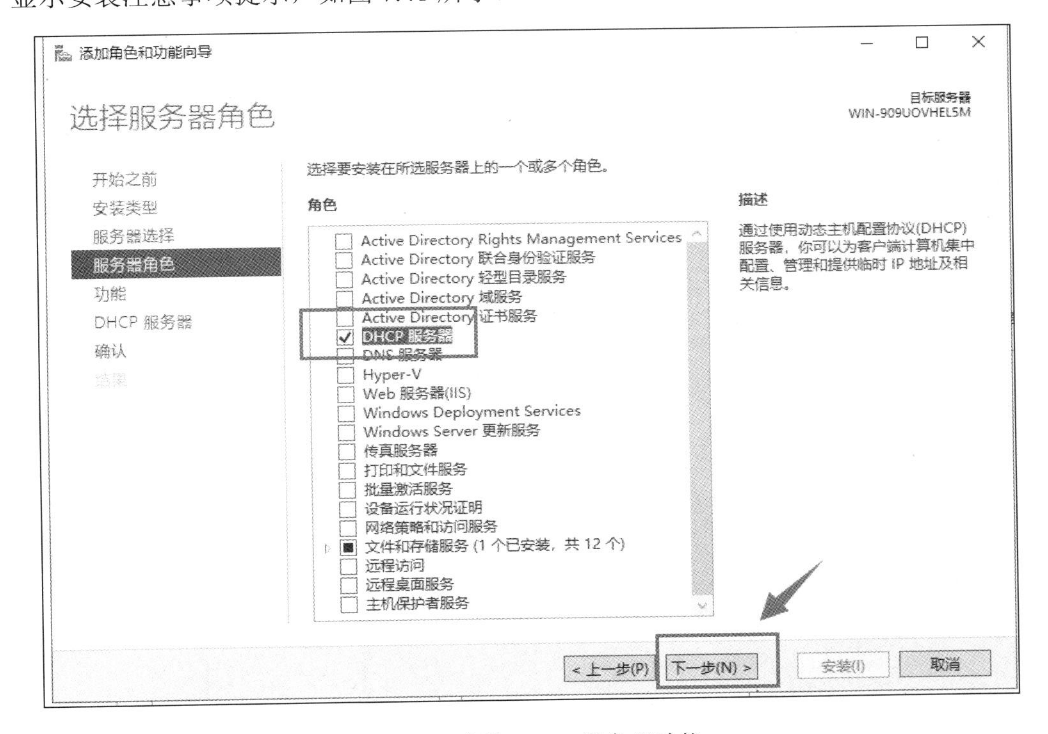

图 7.46　安装 DHCP 服务器功能

完成前面的选择后，进入“确认”选项卡，如图 7.49 所示，单击右下角的“安装”按钮即可开始执行安装。安装过程较快，图 7.50 为安装程序在执行功能安装时的进度。

程序安装完成后，单击右下角的“关闭”按钮，即可完成 DHCP 功能添加，如图 7.51 所示。

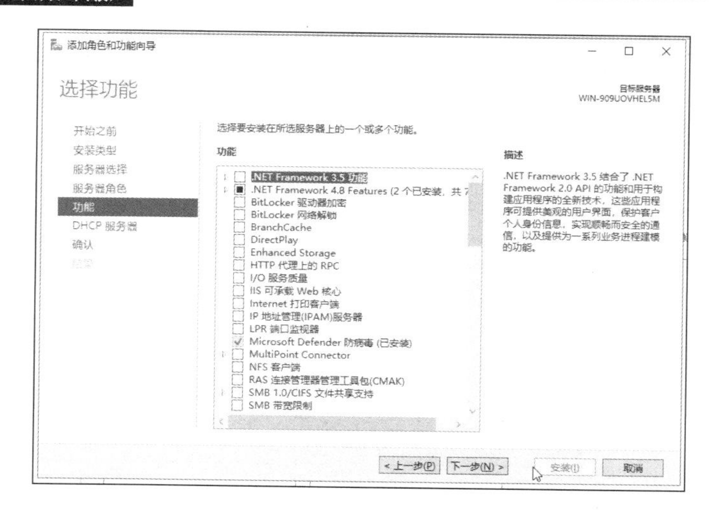

图 7.47　选择功能

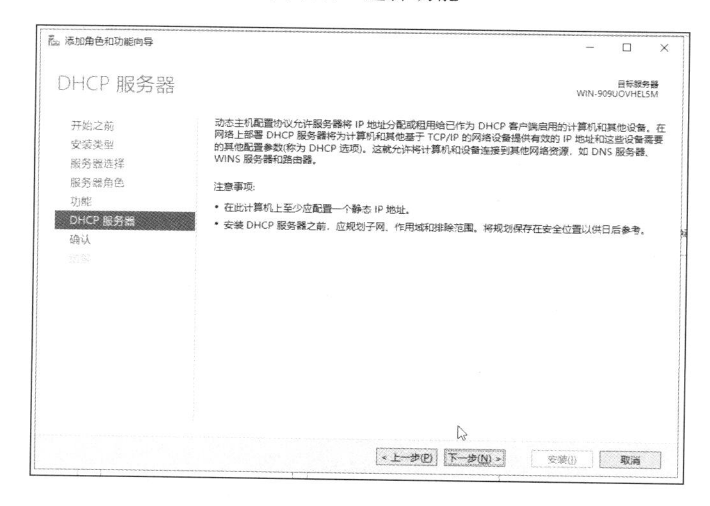

图 7.48　DHCP 服务器

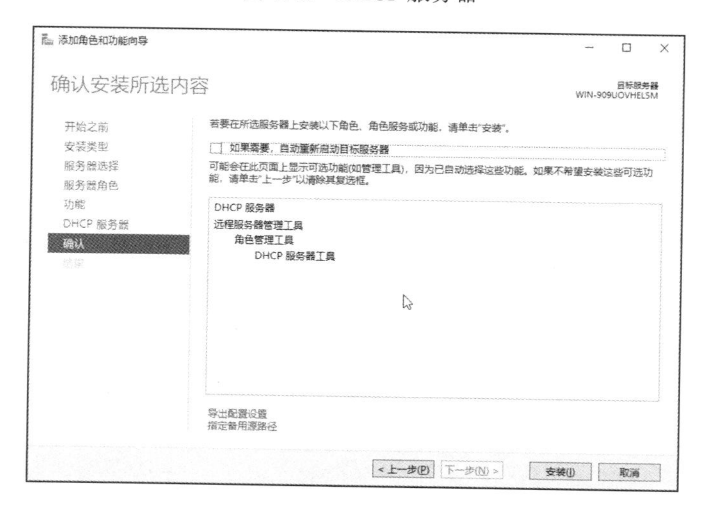

图 7.49　确认安装所选内容

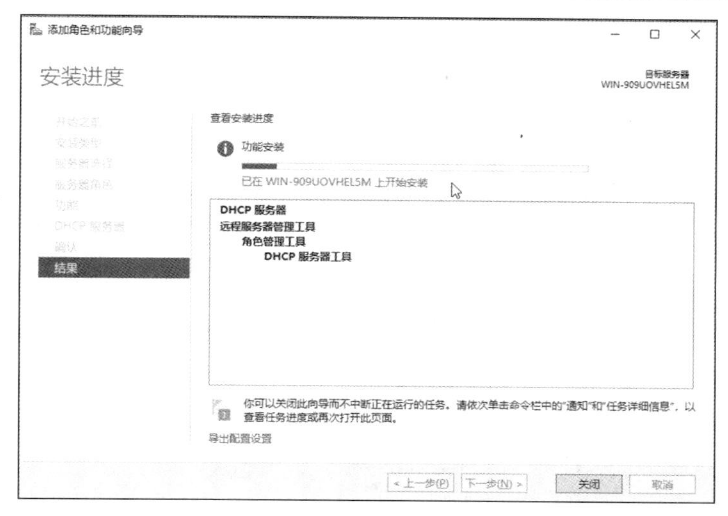

图 7.50　执行功能安装的进度

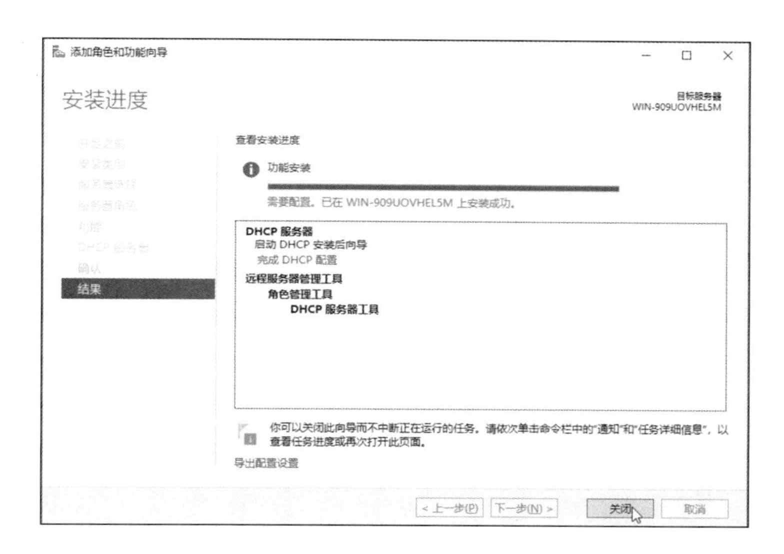

图 7.51　完成 DHCP 功能添加

2. 配置 DHCP 服务器

安装完成后，在服务器管理器仪表板中，可以找到 DHCP 选项，如图 7.52 所示。

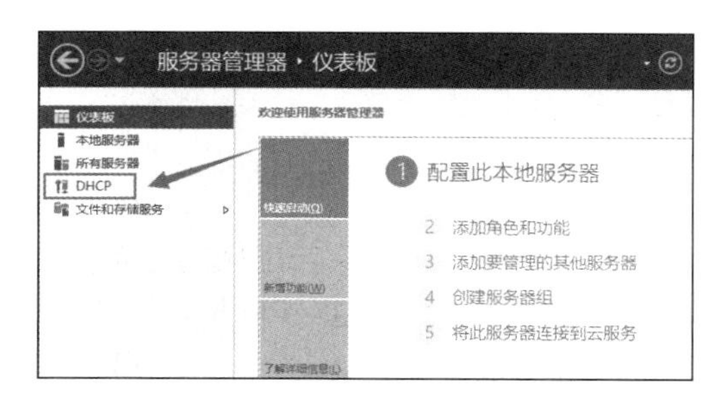

图 7.52　服务器管理器中的 DHCP 选项

选择 DHCP 选项后，可以看到在本地已经安装的 DHCP 服务器。选中本地已经安装的服务器后右击，在弹出的快捷菜单中选择“DHCP 管理器”选项，即可启动 DHCP 管理器，如图 7.53 所示。

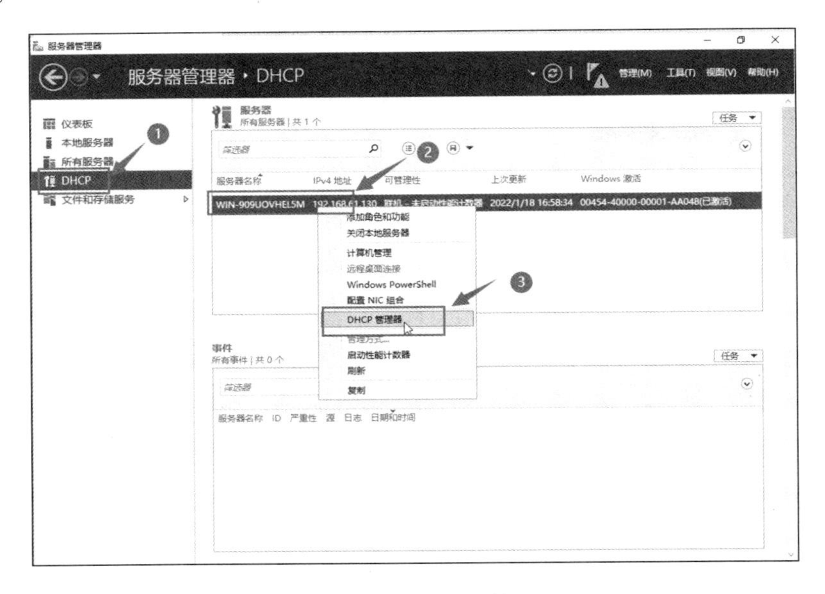

图 7.53　启动 DHCP 管理器

启动 DHCP 管理器后，即可进行 DHCP 管理器的配置，配置窗口如图 7.54 所示。在本实践中，以配置 IPv4 的分配为例。按照图 7.55 所示的步骤，选择 IPv4 选项，然后右击，在弹出的快捷菜单中选择“新建作用域”选项，启动 DHCP 服务器新建作用域向导。

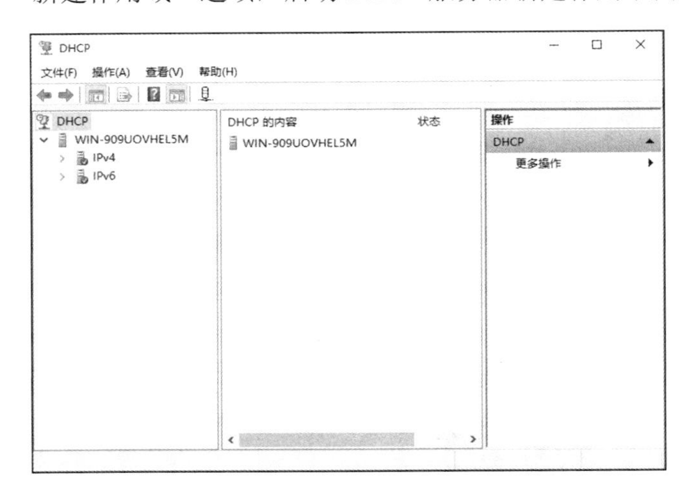

图 7.54　DHCP 管理器配置窗口

如图 7.56 所示，单击“下一步”按钮，开启作用域的配置。

定义作用域的名称及相关描述信息，可以根据实际情况填入，在本实践中，分别在“名称”和“描述”文本框中输入“soie.gdcxxy.edu.cn”和“信息工程学院”，如图 7.57 所示。

设置 DHCP 服务器的 IP 地址范围和子网掩码信息，本次以 192.168.61.0 为 IPv4 地址的网络号进行设置，子网掩码长度定义为 24 位，如图 7.58 所示，设置了 192.168.61.100～192.168.61.199 包含 100 个 IP 地址的地址池。

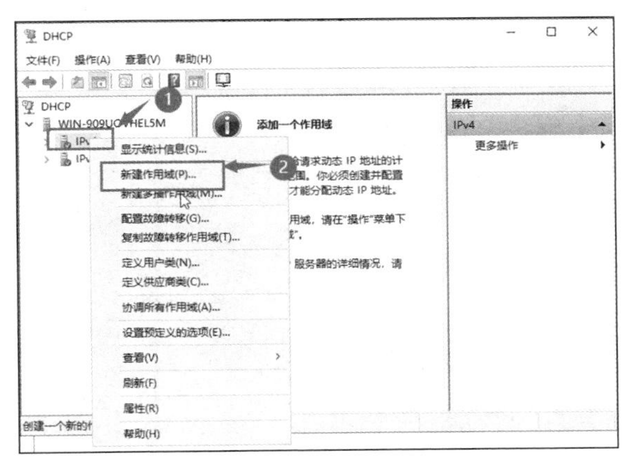

图 7.55　新建作用域

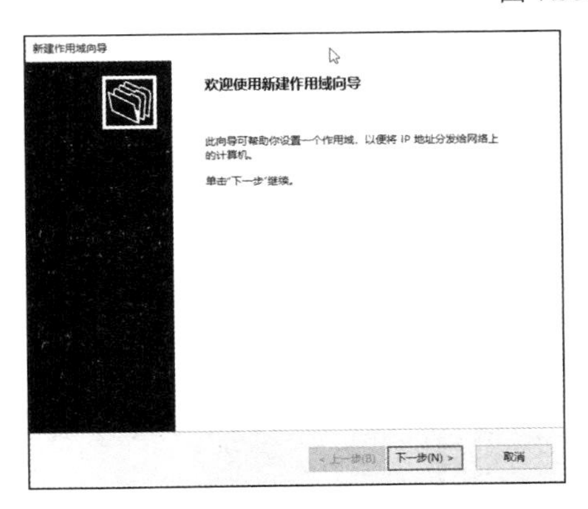

图 7.56　新建作用域向导

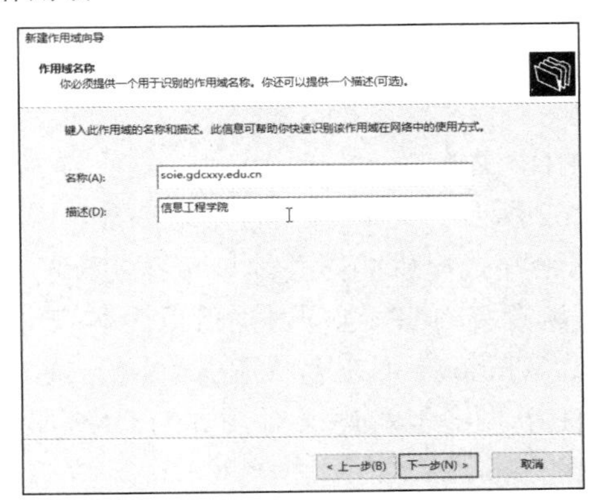

图 7.57　定义作用域名称及相关描述信息

设置 DHCP 服务器的 IP 地址分配排除范围和子网延时信息，可根据实际需要进行设定，如图 7.59 所示。

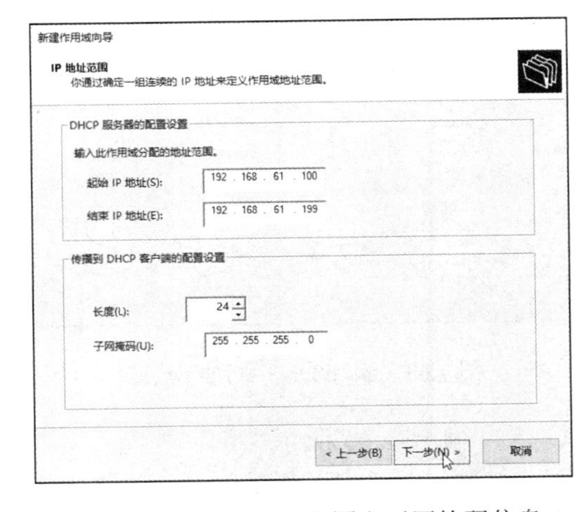

图 7.58　设置 IP 地址范围和子网掩码信息

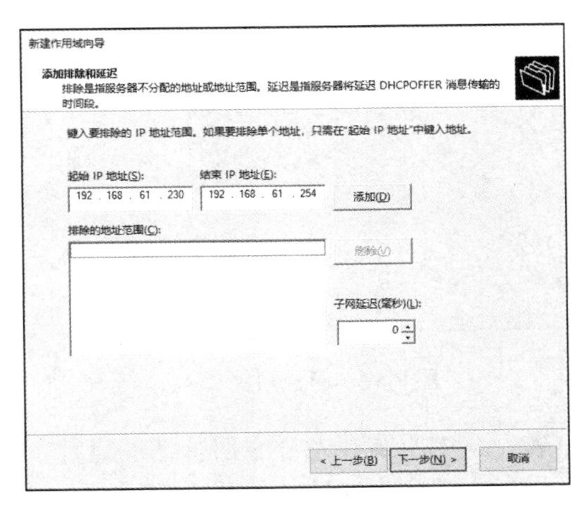

图 7.59　设置 IP 地址分配排除范围和子网延时信息

设置租约时间，可以根据实际需求进行设置，如果网络中的客户端数量较为稳定，可以设置较长时间的租约，如图 7.60 所示，在本实践中设置为 7 天。

完成上述的配置后，配置 DHCP 选项，如图 7.61 所示。

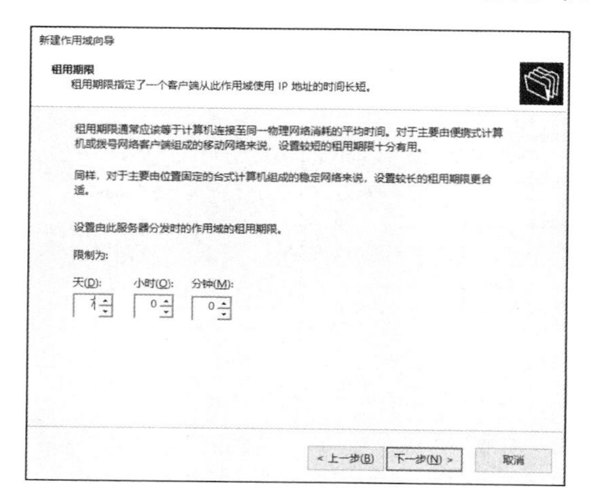

图 7.60　设置租约时间

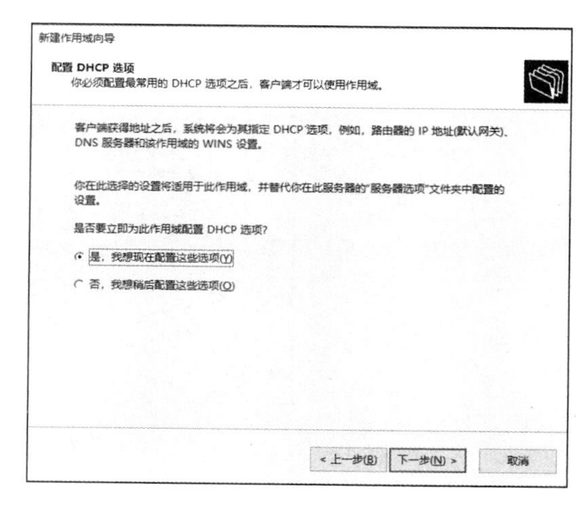

图 7.61　配置 DHCP 选项

DHCP 客户端在获取 IP 地址后，通常需要为其配置一个网关，以便于客户端连接网络，如图 7.62 所示。为 DHCP 客户端添加网关，此次设置 192.168.61.2 为 VMware Workstation 的 NAT 网络模式提供的网关地址，在实际的应用中，应注意根据实际的网络环境调整。

在配置 DHCP 选项时，可以为客户端添加 DNS 信息和 WINS(Windows Internet Name Service，Windows 网络名称服务)信息。通常如果父域没有要求，可以忽略。为客户端设置 DNS 时，DHCP 服务器程序会对设置的 DNS 服务器进行验证，如图 7.63 所示。完成 DNS 设置后，结果如图 7.64 所示，单击“下一步”按钮即可。

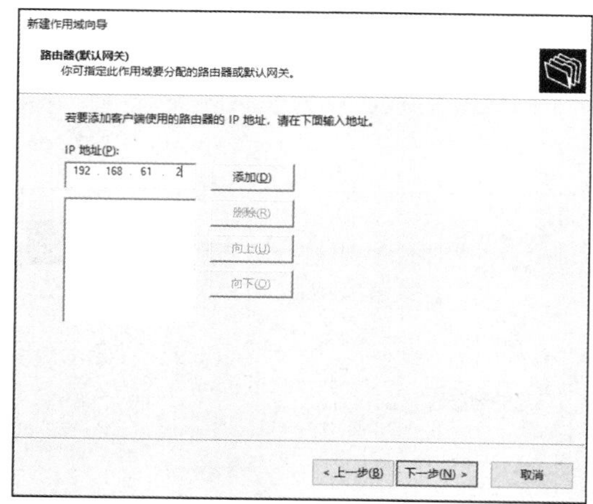

图 7.62　配置网关

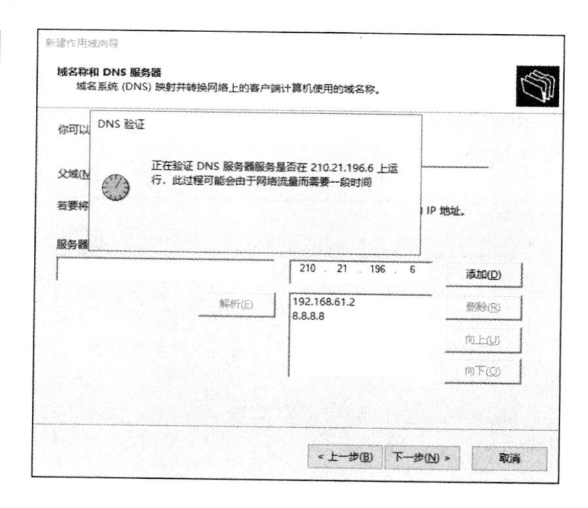

图 7.63　添加 DNS 并进行验证

若网络中不需要 WINS 服务器的设置，则可以忽略，如图 7.65 所示。

激活新建的作用域，如图 7.66 所示。选择“是，×××”选项，单击“下一步”按钮，进入“新建作用域向导”界面，单击“完成”按钮，完成作用域的新建，如图 7.67 所示。

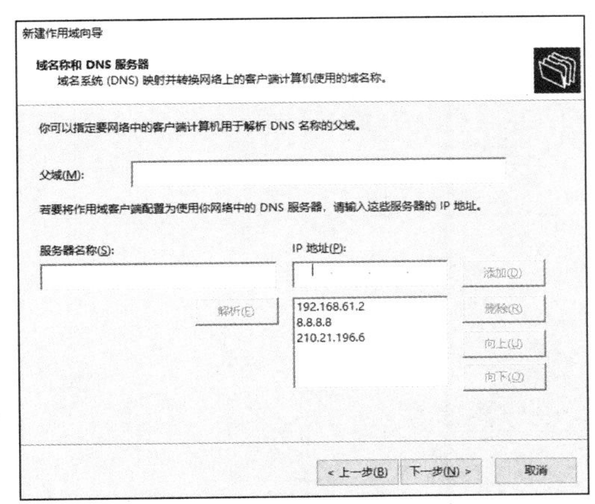

图 7.64　完成 DNS 设置

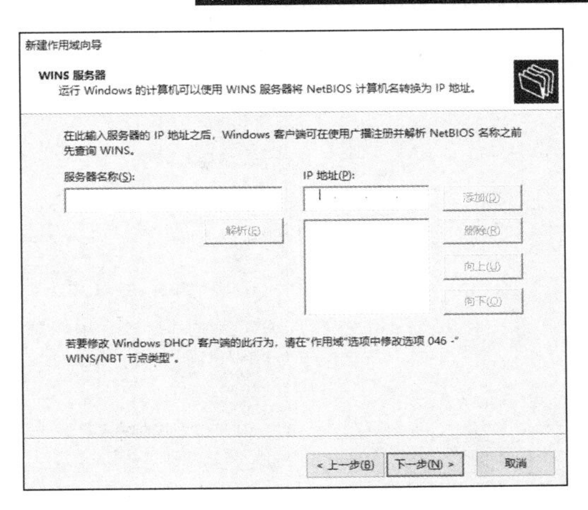

图 7.65　设置 WINS 服务器

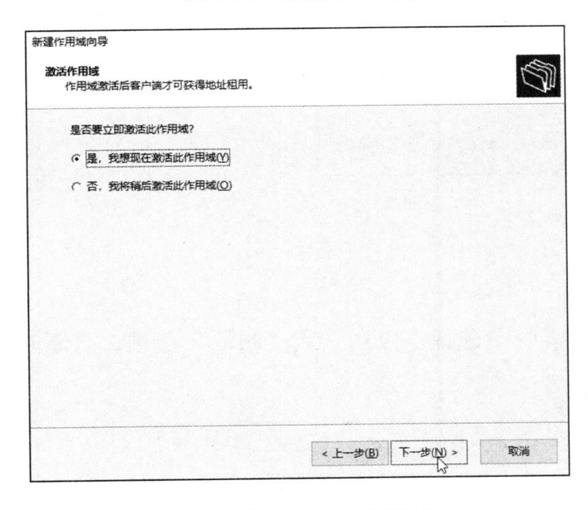

图 7.66　激活新建的作用域

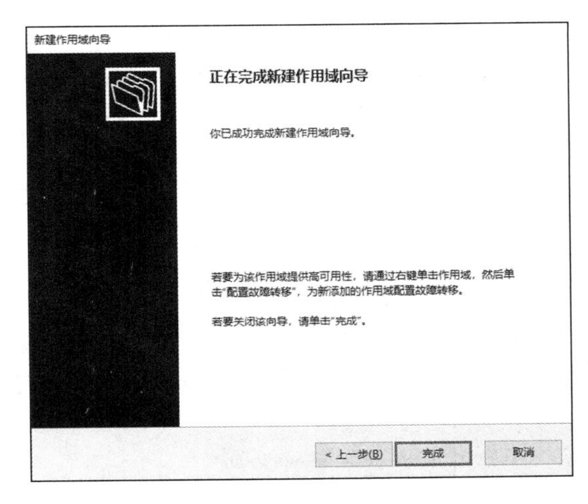

图 7.67　完成作用域的新建

3. 调整作用域的配置信息

前面的配置过程中，若有相关的参数需要调整，则可以在刚才新建的作用域中右击，在弹出的快捷菜单中选择“属性”选项，再次对参数进行调整，如图 7.68 和图 7.69 所示。

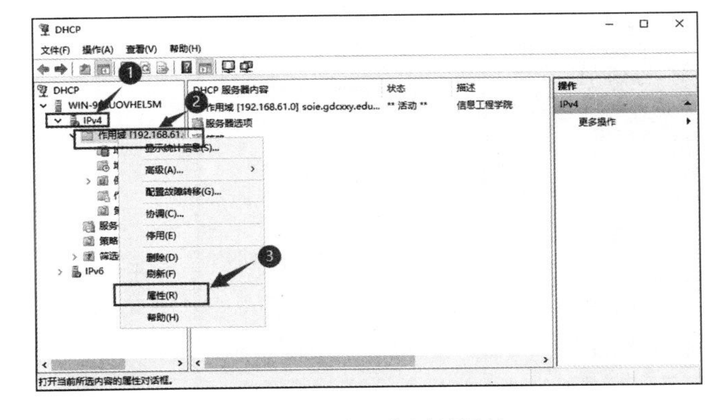

图 7.68　修改作用域属性

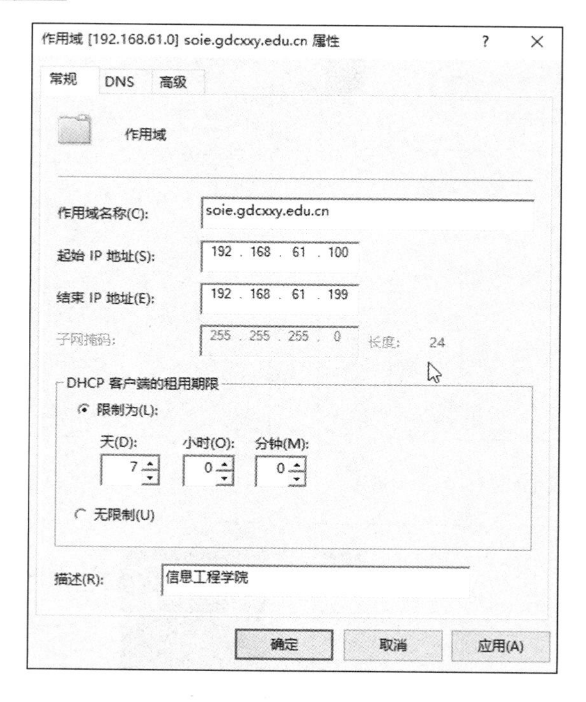

图 7.69　调整参数

4．启停作用域

在新建的作用域中右击，可以在弹出的快捷菜单中选择“停用”或“激活”选项，对新建的作用域进行关闭或开启，如图 7.70～图 7.72 所示。

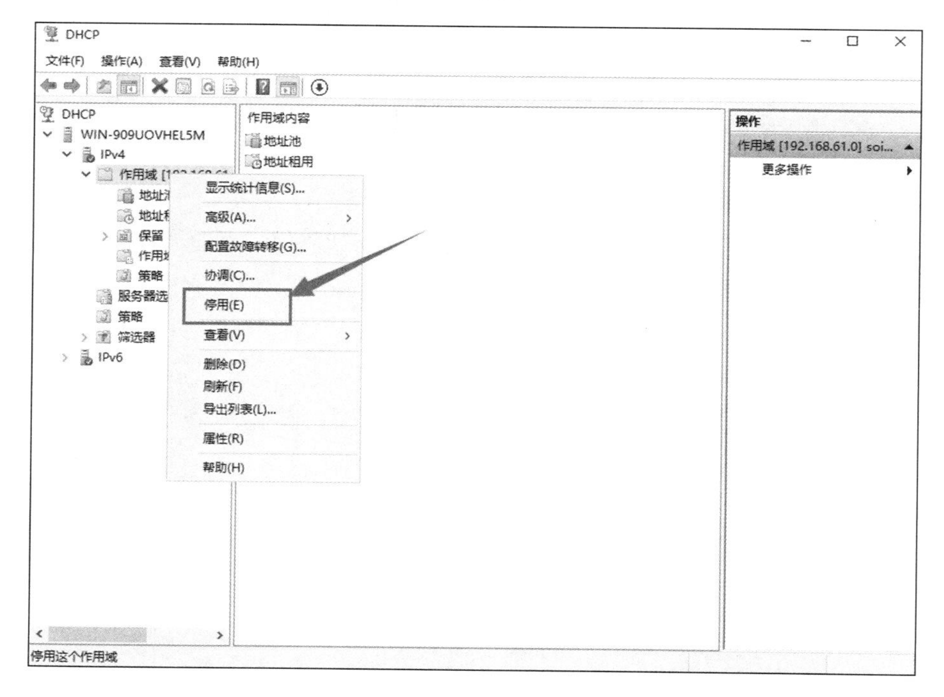

图 7.70　停用作用域

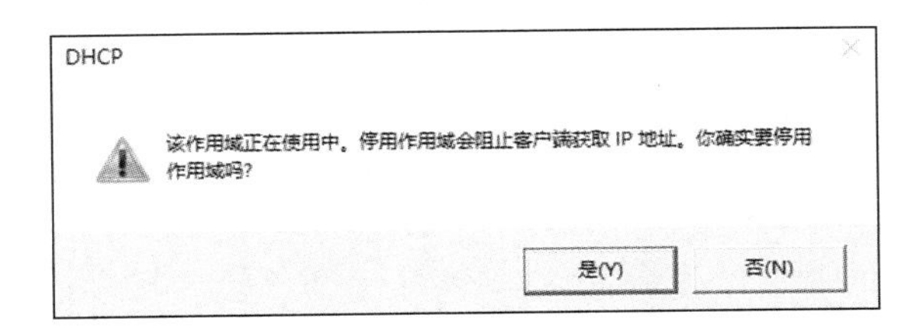

图 7.71　确认关闭作用域

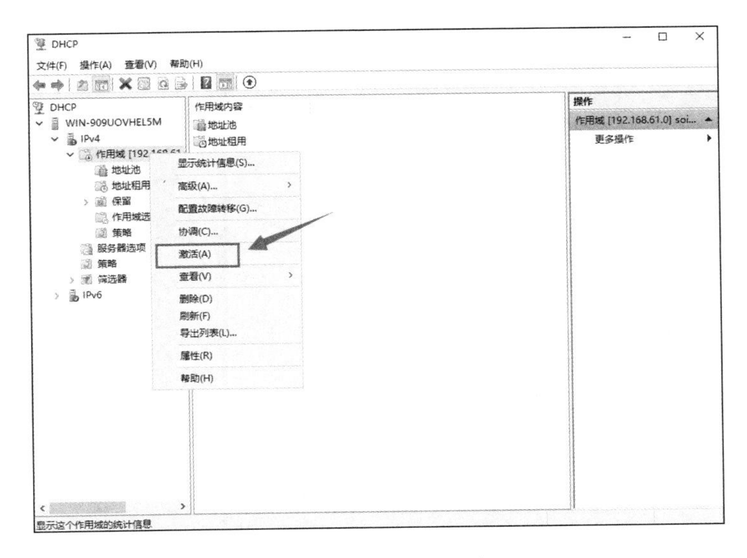

图 7.72　激活作用域

5．设置保留地址

在 Windows Server 2022 的 DHCP 服务器中，可以为某个指定的设备提供一个长期的租约地址，即保留地址。保留地址通常需要绑定某个网卡设备的 MAC 地址进行设置，按图 7.73 所示的步骤，可新建保留地址。

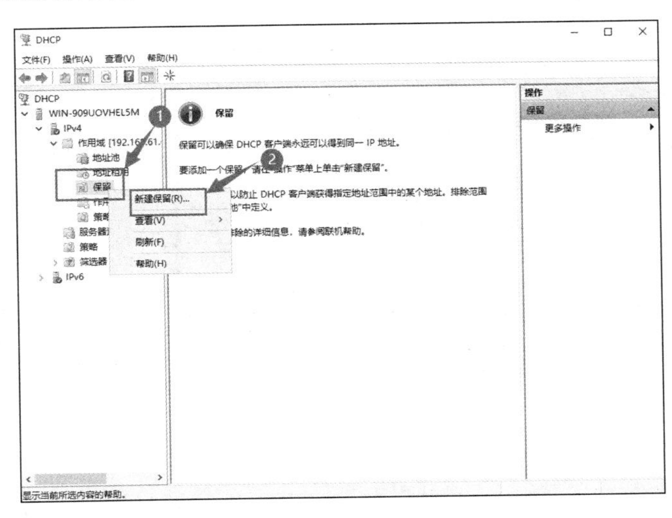

图 7.73　新建保留地址

在弹出的“新建保留”对话框中设置保留地址信息，在文本框中输入保留名称、IP 地址、MAC 地址和描述信息，并根据需要设定 DHCP 支持的类型，如图 7.74 所示。单击“添加”按钮，即可完成保留地址的添加，如图 7.75 所示。在绑定 MAC 地址时，MAC 地址的分隔符采用短横线。

图 7.74　设置保留地址信息

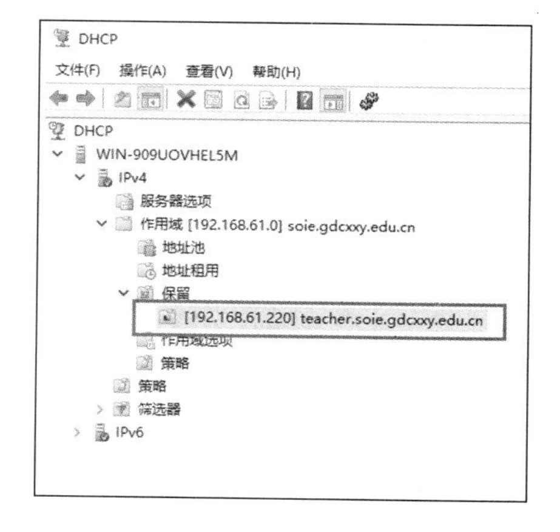

图 7.75　完成保留地址的添加

6. DHCP 服务验证

在本地物理机中，重新开启两台新的 Windows 虚拟机，将两台虚拟机的网络设定为 NAT 模式，并将网卡的 IP 地址配置方式设置为自动配置模式，用于完成 DHCP 服务功能的验证。

(1)随机分配模式

第一台虚拟机的网卡信息采用默认配置，不通过 VMware Workstation 调整其 MAC 地址信息。在系统中开启一个命令行，先执行“ipcofing /release”命令释放当前的 IP 地址信息，再执行“ipconfig/renew”命令更新 IP 地址信息，如图 7.76 所示，DHCP 为 Windows 主机分配了 192.168.61.100 的 IP 地址。

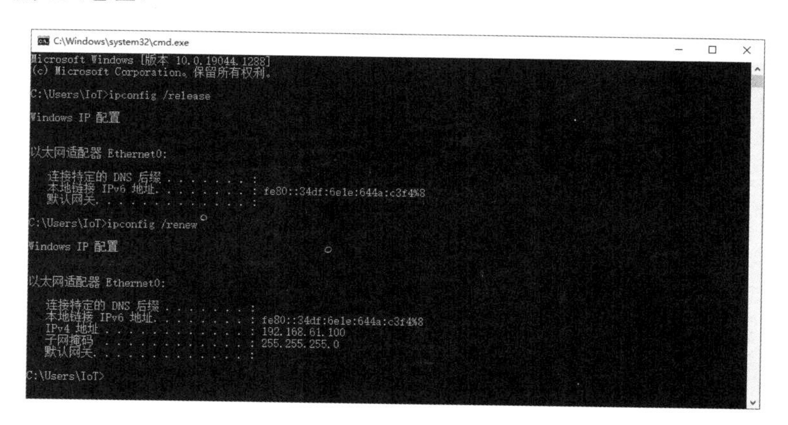

图 7.76　获取 IP 地址信息

通过执行“ipconfig/all”命令，可以查看 DHCP 服务器的地址及当前 IP 地址的租约情况，如图 7.77 所示。

```
C:\Windows\system32\cmd.exe
Microsoft Windows [版本 10.0.19044.1288]
(c) Microsoft Corporation。保留所有权利。

C:\Users\IoT>ipconfig/all

Windows IP 配置

   主机名  . . . . . . . . . . . . . : DESKTOP-JS96I1Q
   主 DNS 后缀 . . . . . . . . . . . :
   节点类型  . . . . . . . . . . . . : 混合
   IP 路由已启用 . . . . . . . . . . : 否
   WINS 代理已启用 . . . . . . . . . : 否

以太网适配器 Ethernet0:

   连接特定的 DNS 后缀 . . . . . . . :
   描述. . . . . . . . . . . . . . . : Intel(R) 82574L Gigabit Network Connection
   物理地址. . . . . . . . . . . . . : 00-0C-29-A5-29-4C
   DHCP 已启用 . . . . . . . . . . . : 是
   自动配置已启用. . . . . . . . . . : 是
   本地链接 IPv6 地址. . . . . . . . : fe80::34df:6e1e:644a:c3f4%8(首选)
   IPv4 地址 . . . . . . . . . . . . : 192.168.61.100(首选)
   子网掩码  . . . . . . . . . . . . : 255.255.255.0
   获得租约的时间  . . . . . . . . . : 2022年1月18日 22:53:06
   租约过期的时间  . . . . . . . . . : 2022年1月25日 22:53:06
   默认网关. . . . . . . . . . . . . :
   DHCP 服务器 . . . . . . . . . . . : 192.168.61.130
   DHCPv6 IAID . . . . . . . . . . . : 83889193
   DHCPv6 客户端 DUID  . . . . . . . : 00-01-00-01-29-78-47-70-00-0C-29-A5-29-4C
   DNS 服务器  . . . . . . . . . . . : 192.168.61.2
                                       8.8.8.8
                                       210.21.196.6
   TCPIP 上的 NetBIOS  . . . . . . . : 已启用

C:\Users\IoT>
```

图 7.77　查看 DHCP 服务器的地址及 IP 地址的租约情况

(2) 长期租约的分配模式

针对第二台虚拟机，在关闭虚拟机的情况下，通过 VMware Workstation 的虚拟机设置功能，将其网卡的 MAC 地址调整为前面保留地址所绑定的 MAC 地址 00-50-56-22-A9-00，在调整 MAC 地址时，VMware Workstation 采用冒号作为分隔符，按照图 7.78 所示的步骤，完成设置。

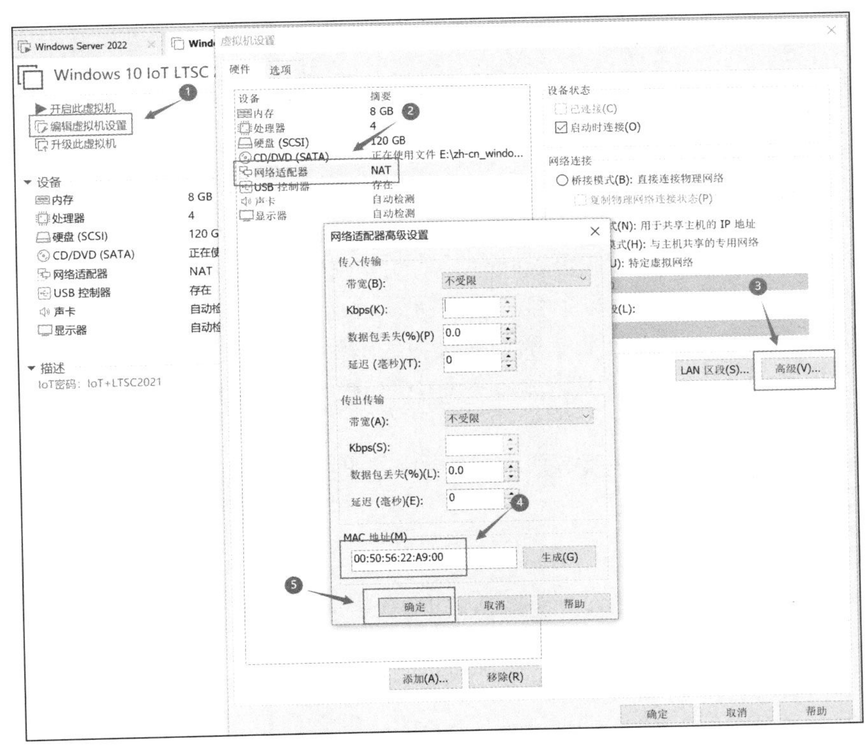

图 7.78　调整虚拟机的 MAC 地址

将第二台虚拟机开启后，打开命令行终端，执行相应的命令，可以看到网卡已经获取了绑定的 IP 地址 192.168.61.220，将当前的 IP 地址信息释放后，重新获取的也是同样的地址，如图 7.79 所示。

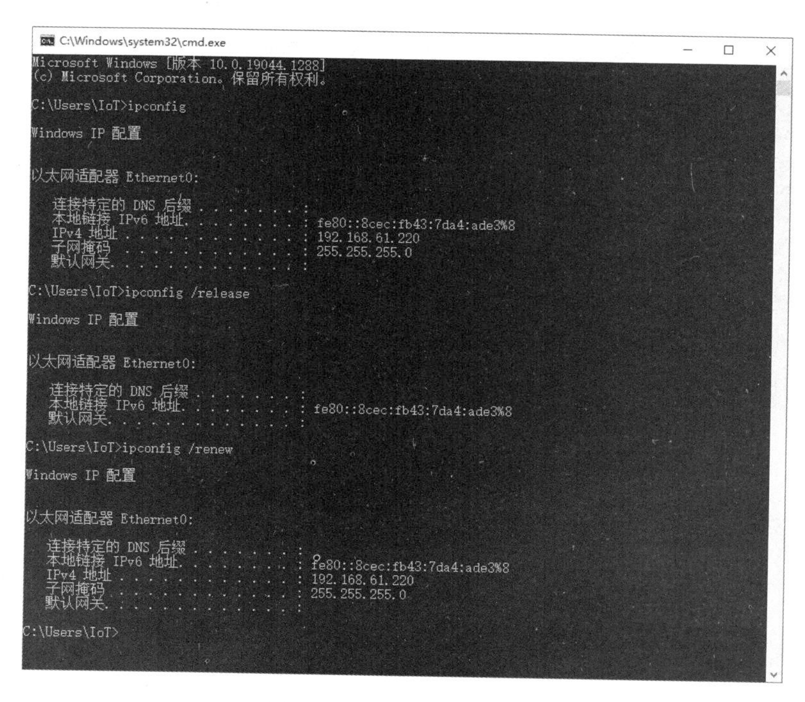

图 7.79　重新获取 IP 地址

7.4.4　拓展知识

1．DHCP 租约

在前面的内容中，我们知道 DHCP 服务器用于动态分配 IP 地址，可以适当减少管理员的工作量，同时通过配置文件的方式可以减少手动配置的输入错误，当需要更改 IP 段时，可以通过服务器自动调整，不需要为每个客户端重新配置。

DHCP 服务器将 IP 地址分配出去后，通过租约的形式，明确 IP 地址分配的时间，实现动态回收，避免 IP 地址的浪费，避免造成服务器中的 IP 地址池枯竭，从而避免新加入网络的计算机无法获取 IP 地址。

DHCP 租约时间是指 DCHP 服务器中设定的一个时间参数，指定 IP 地址池中分配出去的 IP 地址的默认回收时间。

2．DHCP 租约过程

DHCP 租约过程就是 DHCP 客户端动态获取 IP 地址的过程。

在 DHCP 服务的规范文件中，租约过程分为以下几个步骤。

- 客户端请求 IP（客户端发 DHCP Discover 广播包）。
- 服务器响应（服务器发 DHCP Offer 广播包）。
- 客户端选择 IP（客户端发 DHCP Request 广播包）。

- 服务器确定租约[服务器发 DHCP ACK(Acknowledge Character，确认字符)/DHCP NAK(Negative Acknowledge Character，否认字符)广播包]。

3. DHCP 续约过程

在前面的实践中，主机向 DHCP 服务器申请一个 IP 地址(192.168.61.100)，租约默认是 7 天的。到期后，如果该主机不续约，该 IP 地址就会被自动回收，当其他主机有需要时，会重新分配。在具体的 DHCP 服务器租约过程中，为了保持网络状态的长期稳定，主机会自动定期续约。

在 DHCP 服务的规范文件中，续约过程分为以下几个步骤。

- 当租约过一半后，该客户端发送 DHCP Request 包，要求续约。若服务器同意，则回复 DHCP ACK 包，租期延长 7 天。
- 若在租约过半的续约过程中没有得到响应，则在租期时间达到 87.5%时，客户端再次发送 DHCP Request 包，要求续约。若服务器同意，则回复 DHCP ACK 包，租期延长 7 天。
- 若在上述请求中，服务器没响应，则客户端就继续使用该 IP 地址，直到租期结束，重新发送 DHCP Discover 包，寻找 DHCP 服务器，完成新的租约过程。
- 若在上两步的请求中，服务器不同意，回复的是 DHCP NACK 包，则主机只能重新发送 DHCP Discover 包，寻找新的 DHCP 服务器。

习题

一、简答题

1. 操作系统有哪些基本功能？
2. 典型的网络操作系统有什么特点？
3. 常见的网络服务有哪些？主要有什么用途？

二、操作题

根据本章的实践环节，完成 Windows Server 2022 的安装及 DHCP 服务的配置实践。

第 8 章 网络管理与网络安全

随着计算机网络的应用越来越广泛，网络的规模越来越大，网络管理的任务逐渐成为计算机网络维护的核心任务之一。同时，随着社会对计算机网络的依赖性越来越高，网络安全的重要性也越来越高。本章主要介绍网络管理的基本概念、常见的网络管理协议、简单的网络故障诊断处理方法、网络安全相关概念及简单的防火墙配置实践。

本章主要学习内容：

- 网络管理的基本概念；
- 网络故障处理的常用方法；
- 网络安全的基本概念及网络安全防范的主要技术、手段；
- 使用合适的工具对网络故障进行简单的诊断；
- 根据需要调整远程桌面服务的服务端口；
- 根据远程桌面服务端口的调整，熟练使用 ESET 及 Windows 防火墙，创建防火墙规则；
- 熟练使用搜索引擎对网络管理及网络安全相关知识进行查询。

8.1 网络管理概述

微课视频

8.1.1 网络管理

网络管理所包含的范围较为宽泛，一般是指对硬件、软件和人力的使用、综合与协调，以便对网络资源进行监视、测试、配置、分析、评价和控制等相关的技术、手段和工具。

随着网络技术的更新换代，网络设备的多样化使得网络管理变得更加复杂。同时，由于网络的经济效益越来越依赖网络的有效管理，因此，先进可靠的网络管理也是网络本身发展的必然结果。当前，网络管理技术的最终目标是使网络的性能达到最优状态，主要包括以下几个指标。

- 有效性：网络质量有保证。
- 可靠性：持续稳定地运行，能长时间正常运行。
- 开放性：系统能够兼容不同类型的设备。
- 综合性：实现网络管理的各项业务需求及功能。
- 安全性：系统的安全得到保障。
- 经济性：运行成本低。

随着网络管理技术的发展，网络管理的模式逐渐分为集中式网络管理模式、分布式网络管理模式及混合管理模式 3 种。这 3 种网络管理模式各有自身的特点，适用于不同的网络架构和应用环境。

1. 集中式网络管理模式

集中式网络管理模式是最为普遍的一种模式，由一个网络管理者对整个网络的管理负责。网络管理者处理所有来自被管理系统上的管理代理的通信信息，为全网提供集中的决策支持，并控制和维护管理工作站上的信息存储。集中式网络管理模式具有结构简单、管理成本低及容易维护等优点，但是也存在不灵活、拓展性差、可靠性较低，以及容易出现传输瓶颈等问题。所以，集中式网络管理模式较适合小型局域网、单位小型专用网络、专用 C/S 结构网等网络架构。

2. 分布式网络管理模式

减少集中控制的负担，将信息智能分布到网络各处，在最靠近问题源的地方能够做出基本的决策，是分布式网络管理模式的核心思想。分布式网络管理模式具有较好的自适应性，但是也存在管理技术门槛及管理成本较高等问题。

3. 混合管理模式

混合管理模式，通常以分布式网络管理模式为基础，指定某个或某些节点为网络管理节点，给予其较高的特权，采用部分集中、部分分布的管理模式，呈现分级网络管理的架构。混合管理模式不仅具备前两种管理模式的优点，还能够适用于更复杂的网络架构。

8.1.2　网络管理的功能

在 ISO/IEC 7498-4 文件规范中，定义了网络管理的 5 个功能域。

- 故障管理（Fault Management）。
- 性能管理（Performance Management）。
- 计费管理（Accounting Management）。
- 配置管理（Configuration Management）。
- 安全管理（Security Management）。

在传统上，故障管理、性能管理和计费管理属于网络监视功能的范畴，配置管理和安全管理属于网络控制功能的范畴。

1. 网络监视功能

（1）性能监视

在各类网络中，构建网络最主要的目标是提供让用户满意的网络信息服务，因此，在网络监视功能中，最重要的是性能监视。面向网络服务的性能指标应具有较高的优先级，下面前三个是面向服务的性能指标，后两个是面向效率的性能指标。

①可用性

在了解可用性之前，首先需要了解与可用性相关的几个概念。

MTTF：平均无故障时间（Mean Time To Failure），即在产品、设备或系统运行后，下一次出现失效的平均时长，MTTF 的数值大小往往与整个计算机系统中的所有部件相关联。

MTBF：平均故障间隔时间（Mean Time Between Failure），是衡量一个产品（尤其是电器产

品)的可靠性指标，例如，某个企业级硬盘的 MTBF 标准为 250 万小时，表示这款硬盘出现故障的平均概率约为 250 万小时/次。

MTTR：表示可修复产品、设备或系统的平均修复时间(Mean Time To Repair)，是指从出现故障到修复所需的时间。MTTR 的数值越小，表示易恢复性越好。

针对不同的系统类型，其可用性的计算方式各不相同。例如，对于不可修复系统，系统的平均寿命指系统发生失效前的平均工作时间间隔，也称为系统在失效前的平均时长，通常用 MTTF 度量。在不可修复的系统中，MTTF 也称为报废时间。对于可修复系统，系统的寿命是指两次相邻故障之间的工作时间，而不是指整个系统的报废时间。平均寿命就是平均故障间隔时间，也称为系统平均失效间隔，通常用 MTBF 度量。

在网络管理系统中，可用性也称有效性，是指网络系统、网络元素或网络应用对用户可利用的时间的百分比。可用性的量化参数为可用度，表示可维修产品在规定的条件下使用时，在某时刻具有或维持其功能的概率。可用度通常记作 A，可用平均故障时间间隔和平均修复时间来计算：A=MTBF/(MTBF+MTTR)。

② 响应时间

响应时间是指从用户输入请求到系统在终端上返回计算结果的时间间隔。网络的响应时间由系统各部分的处理延迟时间组成，分解系统响应时间的成分对确定系统瓶颈有用。

③ 正确性

正确性是指网络传输的正确性。

④ 吞吐率

吞吐率是面向效率的性能指标，具体表现为在一段时间内完成的数据处理量，或接收用户会话的数量，或处理呼叫的数量等。

⑤ 利用率

利用率是指网络资源利用的百分比，它也是面向效率的指标。

(2) 故障监视

在网络管理系统中，故障管理一般分为 3 个功能模块，分别是故障检测和报警功能、故障预测功能及故障诊断和定位功能。

(3) 计费监视

计费监视主要是指跟踪和控制用户对网络资源的使用，并把相关信息存储在运行日志数据库中，为收费提供依据。在通常情况下，需要计费监视的网络资源包括通信设施和计算机硬件、软件等使用的次数及网络流量等情况。

2. 网络控制功能

网络控制是指设置和修改网络设备的参数，使设备、系统或子网改变运行状态、按照需要配置网络资源或者重新初始化等。

(1) 配置管理

配置管理是指初始化、维护和关闭网络设备或子系统。通常，配置管理应包含下列功能模块：定义配置信息、设置和修改设备属性、定义和修改网络元素间的互联关系、启动和终止网络运行、发行软件、检查参数值和互联关系、报告配置现状。

(2) 安全管理

安全管理的范畴涉及许多方面的内容。例如，在网络中传输的信息流存在中断、被窃取、

被篡改等安全问题，对网络系统的威胁主要包括网络硬件的安全威胁、软件系统的威胁、数据通信链路的威胁等多方面。

在网络管理系统中，安全管理的功能主要包括以下3方面。

① 安全信息的维护

安全信息的维护主要包括以下几方面。

- 记录系统中出现的各类事件，如用户登录、退出系统，文件复制等。
- 追踪安全审计实验，自动记录有关安全的重要事件，例如，非法用户持续尝试用不同口令(密码)企图登录等。
- 报告和接收侵犯安全的警示信号，在怀疑出现威胁安全的活动时采取防范措施，如封锁被入侵的用户账号或强行停止恶意程序的执行等。
- 经常维护和检查安全记录，进行安全风险分析，编制安全评价报告。
- 备份和保护敏感的文件。
- 研究每个正常用户的活动形象，预先设定敏感资源的使用形象，以便检测授权用户的异常活动和对敏感资源的滥用行为。

② 资源访问控制

资源访问控制的目的是保护各种网络资源，这些资源中与网络管理有关的内容包括以下几方面。

- 安全编码。
- 源路由和路由记录信息。
- 路由表。
- 目录表。
- 报警门限。
- 计费信息。

③ 加密过程控制

安全管理能够在必要时对管理站和代理之间交换的报文进行加密，同时安全管理也能够使用其他网络实体的加密方法，且具备修改加密算法、重新分配密钥的能力。

8.1.3　常见的网络管理协议及网络管理系统

在了解网络管理协议前，首先需要了解下面几个概念。

1．抽象语法表示(ASN.1)

抽象语法表示(Abstract Syntax Notation One，ASN.1)是一种形式语言，提供统一的网络数据表示，用于定义应用数据的抽象语法和应用协议数据单元的结构，OSI 或 SNMP(Simple Network Management Protocol，简单网络管理协议)管理信息库都是用 ASN.1 定义的。ASN.1 是由原 CCITT(Consultative Committee International Telegraph and Telephone，国际电话电报咨询委员会)和 ISO 共同开发的标准语言，可在系统间进行数据的传输。在 ASN.1 中定义了所需的数据结构类型，并将它们组成库，抽象语法独立于任何编码技术，满足应用的需要，能够定义应用需要的数据类型和表示这些类型的值。

2．基本编码规则(BER)

基本编码规则(Basic Encoding Rule，BER)是一种编码规则，用 ASN.1 定义的应用数据在

传输过程中按照BER变换成比特串。

3. 管理信息结构(SMI)

管理信息结构(Structure of Management Information，SMI)是一种语言，是定义和构建MIB(Management Information Base，管理信息库)的通用性框架结构，是为了确保网络管理数据的语法和语义明确和无二义性而定义的语言，SMI定义了MIB中管理对象使用数据类型的表示和命名MIB中对象的方法，还定义了描述管理信息的规则，确定了可以用于MIB中的数据类型，并说明了对象在MIB内部怎么表示和命名等。

4. 管理信息库(MIB)

MIB是TCP/IP网络管理协议标准框架的内容之一，MIB定义了受管设备必须保存的数据项、允许对每个数据项进行的操作及其含义，即管理系统可访问的受管设备的控制和状态信息等数据变量都保存在MIB中。

5. 简单网络管理协议(SNMP)

SNMP是专门设计用于在IP网络中管理网络节点(服务器、工作站、路由器、交换机及集线器等)的一种标准协议，它也是TCP/IP协议族中的一个典型的应用层协议。经过多年的发展，SNMP发布了v1、v2c、v3三个不同的版本和一系列RFC(Request For Comments，注释)文件。

(1) SNMPv1

SNMPv1的规范在1990年和1991年的几个RFC文件中发布。SNMP满足当时网络管理的需要，并可平稳过渡到新的网络管理标准。SNMPv1是一种简单的请求/响应协议，使用管理者-代理模型，仅支持对管理对象值的检索和修改等简单操作。通过SNMP操作实现网络管理系统发出一个请求，管理器则返回一个响应。

但是SNMP不支持管理站改变MIB的结构，即不能增加和删除MIB中的管理对象实例；管理站也不能向管理对象发出执行一个动作的命令。管理站只能逐个访问MIB中的叶节点，不能一次性访问一个子树，这些限制简化了SNMP的实现，但是也限制了网络管理的功能。SNMP的局限性主要包含以下几方面。

- 由于轮询性能的限制，无法适应管理大型网络。
- 不适合检索大量数据。
- 报文应答机制不完善，可能出现丢失管理信息的情形。
- 未提供晚上的验证机制。
- MIB-2(第2版MIB)支持的管理对象有限，不足以完成复杂的管理功能，也不支持管理站之间的通信。

(2) SNMPv2c

为弥补SNMPv1的安全缺陷，1992年，S-SNMP发布，该协议增强了安全方面的功能：采用报文摘要算法MD5保证数据完整性和进行数据源认证，并使用时间戳对报文排序，同时增加DES(Date Encryption Standard，数据加密标准)算法提供数据加密功能。

但S-SNMP没有改进SNMPvl功能和效率方面的缺点，于是SMP(Simple Management Protocol)又被提出。SMP在使用范围、复杂程度、速度和效率、安全措施、兼容性等方面对SNMPv1进行了扩充。1996年1月，SNMPv2c发布，它以SMP为基础，放弃了S-SNMP。

SNMPv2c 对 SNMPv1 的 SMI 进行了扩充，提供了更严格的规范，规定了新管理对象和 MIB 文件，是 SNMPv1 SMI 的超集。

(3) SNMPv3

由于 SNMPv2c 不能提供数据源标识、报文完整性认证、防止重放、报文机密性、授权和访问控制、远程配置和高层管理等功能，因此后来在其基础上又对其进行了修订，1999 年 4 月，SNMPv3 的草案发布。

在 SNMPv3 中，增加了安全和高层管理功能，且能和以前的标准(SNMPv1 和 SNMPv2c)兼容，以便于以后扩充新的模块，从而形成了统一的 SNMP 新标准。另外，SNMPv3 对 SNMPv2c SMI 的有关文件也进行了修订，作为正式标准公布。SNMPv3 满足以下要求。

- 兼容性较好，能够适应不同管理需求的各种操作环境，向下兼容，有利于已有的系统向 SNMPv3 过渡。
- 可以方便地建立和维护管理系统。

SNMP 是目前 TCP/IP 网络中应用最广泛的网络管理协议，是网络管理事实上的标准。它不仅包括网络管理协议本身，而且代表着采用 SNMP 的网络管理框架。

6. 远程网络监视(RMON 协议)

远程网络监视(Remote Network Monitoring，RMON)协议是对 SNMP 的重要补充，是简单网络管理向互联网管理过渡的重要步骤。由于 MIB-2 只能提供单台设备的管理信息，不能提供整个网络的通信情况，RMON 协议扩充了 SNMP 的管理信息库 MIB-2，可以提供有关互联网管理的主要信息，在不改变 SNMP 的条件下增强网络管理的功能。

在 RMON 协议框架中，不仅定义了远程网络监视的管理信息库及 SNMP 管理站与远程监视器之间的接口，还定义了用于监视整个网络通信情况的设备——网络监视器(Monitor)或探测器(Probe)等。其中，RMON 监视器或探测器实现 RMON 管理信息库(RMON MIB)。这种系统包含一般的管理信息库，探测器用于提供与 RMON 有关的功能。探测器进程能够读写本地的 RMON 数据库，并响应管理站的查询请求。有时也将 RMON 探测器称为 RMON 代理。

RMON 协议的目标是监视子网范围内的通信，从而减少管理站和被管理系统之间的通信负担，其功能主要包括以下几方面。

(1) 离线操作

必要时管理站可以停止对监视器的轮询，有限的轮询可以节省网络带宽和通信费用。即使不接受管理站查询，监视器也要持续不断地收集子网故障、性能和配置方面的信息，统计和积累数据，以便在管理站查询时提供管理信息。另外，在网络出现异常情况时，监视器要及时报告管理站。

(2) 主动监视

如果监视器有足够的资源，那么在通信负载允许的情况下，监视器可以连续地或周期地运行诊断程序，收集并记录网络性能参数。在子网失效时通知管理站，给管理站提供有用的诊断故障信息。

(3) 问题检测和报告

如果主动监视消耗的网络资源太多，监视器也可以被动地获取网络数据。用户可以配置监视器，使其连续观察网络资源的消耗情况，随时记录出现的异常情况(如网络拥挤)，并在出现错误时通知管理站。

(4)提供增值数据

监控器可以分析收集到的子网数据，从而减轻管理站的计算任务。例如，监视器可以分析子网的通信情况，计算出哪些主机通信最多，哪些主机出错最多等。这些数据的收集和计算由监视器来做，比由远程管理站来做更有效。

(5)多管理站操作

一个互联网上可能有多个管理站，这样可以提高网络可靠性，或者分布地实现各种不同的管理功能。监视器能够并发工作，为不同的管理站提供不同的信息。但是不是每个监视器都能实现所有这些目标，RMON 协议提供了实现这些目标的基础结构。

7. 网络管理系统

网络管理系统是用来管理网络、保障网络正常运行的软、硬件组合，是在网络管理平台基础上实现的各种网络管理功能的集合，如前面所述，其功能包括故障管理、性能管理、计费管理、配置管理和安全管理等。任何网络管理系统，无论其规模大小，基本上都由支持网络管理协议的网络管理软件(平台)和网络设备组成。

目前，网络管理软件(平台)一般都遵循 SNMP 并提供类似的网络管理功能，不同软件系统的可靠性、用户界面、操作功能、管理方式、应用程序接口及所支持的数据库等不尽相同。但是网络管理系统通常都应具备以下特点。

- 具有全面监控网络性能的能力。
- 具有主动和预警管理的功能。
- 支持全网联动。
- 具有对资源进行有效管理的能力。
- 支持服务质量管理。

随着网络技术的不断变革，新技术的不断出现，网络业务的范围越来越广，网络管理系统呈现新的发展趋势，主要体现在以下几方面。

- 开放性：具备综合管理不同品牌设备的功能。
- 综合性：通过一个操作平台实现对多个互联网络的管理。
- 智能化：人工智能技术作为技术人员的辅助工具。
- 安全性：安全性是网络的生命保障。
- 基于 Web 的管理：具有统一友好的界面风格，地理位置和系统上的可移动性及系统平台的独立性。
- 其他新技术：支持无线产品、服务品质协议(QoS)等。

常见的网络管理系统有以下几个。

(1) CiscoWorks

CiscoWorks 是思科公司开发的网络管理产品，具有对各种网络设备性能进行集成化操作和远程管理的功能，CiscoWorks 网络管理软件中含有故障管理工具，能够发现故障所在的位置，维护并检查错误日志，然后进行故障统计，接收错误检测报告并做出反应。CiscoWorks 建立了管理内部网络的 Cisco 管理连接，支持新的或增强的网络管理功能的插入模块，提供第三方管理工具的集成连接，CiscoWorks 管理界面如图 8.1 所示。CiscoWorks 产品主要由以下几个组件组成。

- 园区管理器。

- 内容流量监视器。
- 实时监视器。
- 资源管理器要素。
- 图形设备管理工具。

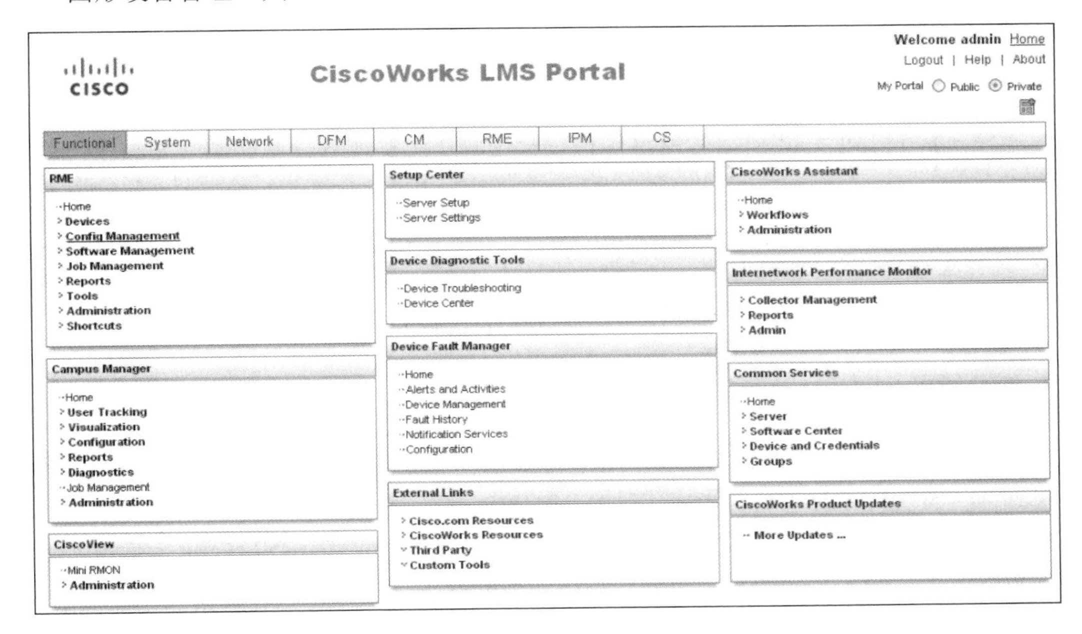

图 8.1　CiscoWorks 管理界面

(2) HP OpenView

HP OpenView 产品是惠普公司出品的电子业务管理工具。客户可以利用 OpenView 来管理服务器的应用程序、硬件设备、网络配置和状态，进行系统性能、业务及程序维护，还能进行存储管理。OpenView 集成了网络管理和系统管理的优点，使网络管理与系统管理集成在一个统一的用户界面中，它们能共享信息、对象及拓扑数据库中的数据，从而形成一个单一的、完整的管理系统。

OpenView 产品包括统一的管理平台和全面的服务，具有设备管理、网络安全、服务质量保障、故障自动监测和处理、设备搜索、网络存储、智能代理及 Internet 环境的开放式服务等功能。

(3) IBM Tivoli NetView

Tivoli NetView 是 IBM 公司的网络管理产品，主要用于 UNIX 系统上，Tivoli NetView 在网络管理和系统管理市场上占有一定的份额，可为各种系统平台提供管理功能。它具有跨主机系统、客户端/服务器系统、工作组应用、企业网络及 Internet 服务端到端的解决方案，并将系统管理包含在一个开放的、基于标准的体系结构中。

Tivoli NetView 包含了较为全面的资源管理功能，特征如下。

- 平台：具有统一的管理平台。
- 可用性：包括网络管理软件、分布式系统监控功能、事件处理和自动化管理功能等。
- 安全性：扩展了用户管理功能和安全管理功能。
- 配置：具有软件分发管理和自动信息仓储管理功能。

- 可操作性：具有支持和控制远程用户的功能。
- 应用管理：具有全面的 Domain/Notes 管理和对各种大型数据库系统的管理功能。
- 工作组产品：可将局域网与 Tivoli NetView 连接起来。

(4) 华为 Quidview

华为 Quidview 是针对 IP 网络开发的、用于网络管理的软件，是 iManager 系列网络管理的产品之一。Quidview 是一个简洁的网络管理工具，能够充分利用设备本身的管理信息库完成设备的配置、配置信息的浏览及设备运行状态的监控等。该软件不但能和华为的 N2000 结合，还能集成到其他一些通用的网络管理平台上，从而实现从设备级到网络级全方位的网络管理。

Quidview 的主要特征如下。

- 具有图形化的管理界面。
- 运行环境与平台无关。
- 提供中英文页面显示功能。
- 操作简单。

(5) SNMPc

SNMPc 是安奈特公司开发的通用的分布式网络管理系统，它提供了诸多区别于单机产品的优势功能，具有运行在多台计算机上的轮询与服务器等组件，SNMPc 可以延伸以管理大型的网络。SNMPc 能够同时运行多台远程控制台，且支持信息共享。SNMPc 成本低廉，因为所有组件组合的费用少于相同数目单机管理系统所需的费用。SNMPc 不仅拥有任何 SNMP 管理站所希望的特征，它还包括以下高级特征。

- 支持安全的 SNMPv3。
- 可扩展至管理 25000 台设备。
- 支持管理器的多级管理架构。
- 支持冗余备份服务器。
- 支持远程控制台及 Java Web 访问。

(6) StarView

StarView 是基于 Windows 平台、全中文用户界面的网络管理系统，具有集成度高、功能完善、实用性强、方便易用等优点。StarView 网络管理系统能提供整个网络的拓扑结构，能对以太网络中的任何通用 IP 设备和 SNMP 管理型设备进行管理。StarView 结合管理设备所支持的 SNMP 管理、Telnet 管理、Web 管理、RMON 管理等，构成一个功能齐全的网络管理解决方案，实现从设备级到网络级的全方位的网络管理。StarView 可以对整个网络上的网络设备进行集中式的配置、监视和控制，还可以自动检测网络拓扑结构等。通过对网络的全面监控，网络管理员可以优化网络结构，使网络达到最佳性能。

StarView 的主要特征如下。

- 具有稳定的可扩展软件体系结构。
- 具有较强的网络拓扑发现能力。
- 具有三层、二层设备的发现能力。
- 具有智能化的事件管理机制。
- 具有高效的性能监视和预警功能。
- 具有友好的用户界面。

8.2　网络故障处理

微课视频

8.2.1　网络故障概述

网络故障(Network Failure)是指由硬件的问题、软件的漏洞、病毒的侵入等引起的网络无法提供正常服务或降低服务质量的状态。网络故障必须第一时间处理，不然会影响网络的正常运行。当网络发生故障时，通常采用图 8.2 所示的步骤完成网络故障的诊断。

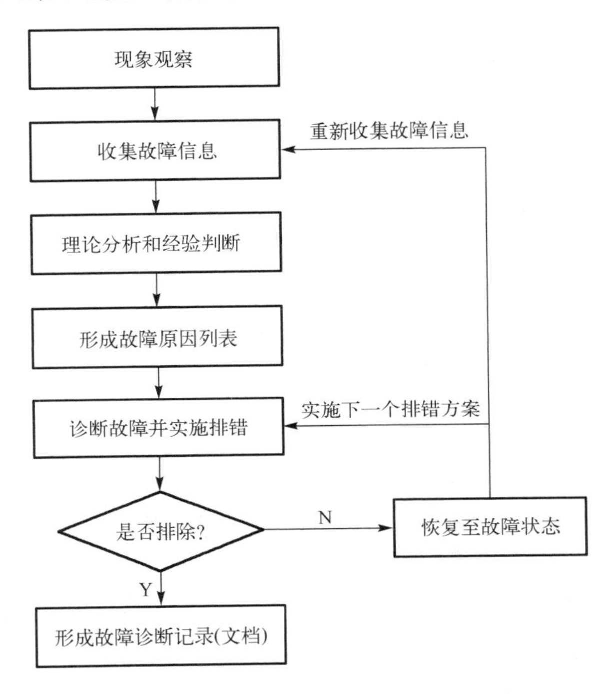

图 8.2　网络故障诊断的步骤

在一般情况下，网络故障主要分为以下两类。

- 连通性故障：包括硬件、系统、电源、媒介故障，存在配置错误等。
- 性能故障：包括网络拥塞，未采用最佳路由路径或形成了环路故障，数据转发异常等。

8.2.2　网络故障排除的常用方法

当网络发生故障时，通常可以用以下几种方法对故障进行诊断。

1．分层故障排除法

该方法思想很简单，所有模型都遵循相同的基本前提，当模型的所有低层结构正常工作时，它的高层结构才能正常工作。

2．分块故障排除法

该方法将网络系统分成几个模块，通过 Display 等命令检查各个模块，并通过全局配置、物理接口配置、逻辑接口配置、路由配置等分析这些配置文件，发现并处理故障。

3. 分段故障排除法

该方法把有故障的网络分成几个段，逐一排除故障所在的段。分段的中心思想就是缩小网络故障涉及的设备和线路，从而更快地判定故障，再逐级恢复原有网络。

4. 替换法

替换法是检查硬件问题最常用的方法。以最典型的网络无法连通问题为例，当怀疑存在网线问题时，更换一根确定是好的网线试一试；当怀疑设备上的某个接口模块有问题时，更换一个其他接口模块进行检查。

8.2.3 简单的网络故障诊断工具

各类操作系统也提供了基础的网络故障检查命令。以 Windows 系统为例，当网络故障发生时，可以使用 ipconfig、ping、tracert 等命令进行简单的故障诊断。

1. ipconfig 命令

打开命令行窗口，输入“ipconfig /?”可以查看 ipconfig 命令的用法及相关的选项参数等格式信息，如图 8.3 所示，可以看到执行“/release”命令表示释放 DHCP 获取的 IP 地址信息，执行“/renew”命令则表示重新通过 DHCP 获取 IP 地址。

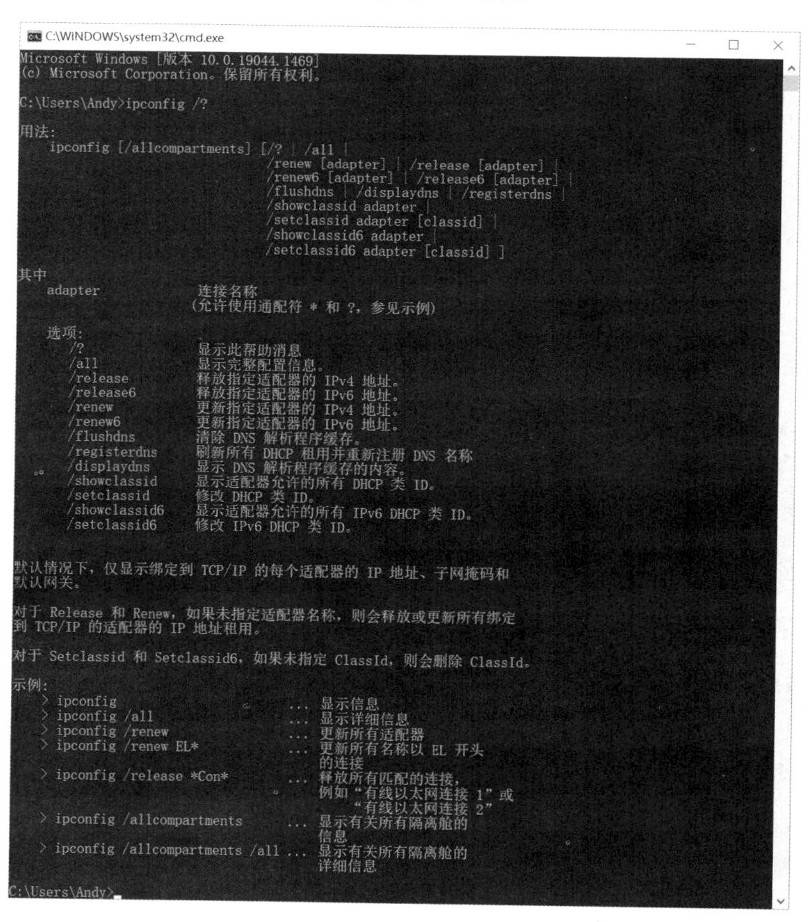

图 8.3　ipconfig 命令的用法

在命令行窗口中，执行“ipconfig”命令，可以查看本机 IP 设置的基本信息，包括本地链接的 IPv6、IPv4 地址、子网掩码、默认网关等，如图 8.4 所示，如果主机中有多个网卡，该命令会一并输出各网卡的 IP 设置信息。在图 8.4 中，“本地链接 IPv6 地址”所在行的右侧，“%”前面的为 IPv6 地址，“%”后面的为 IPv6 的端口号。

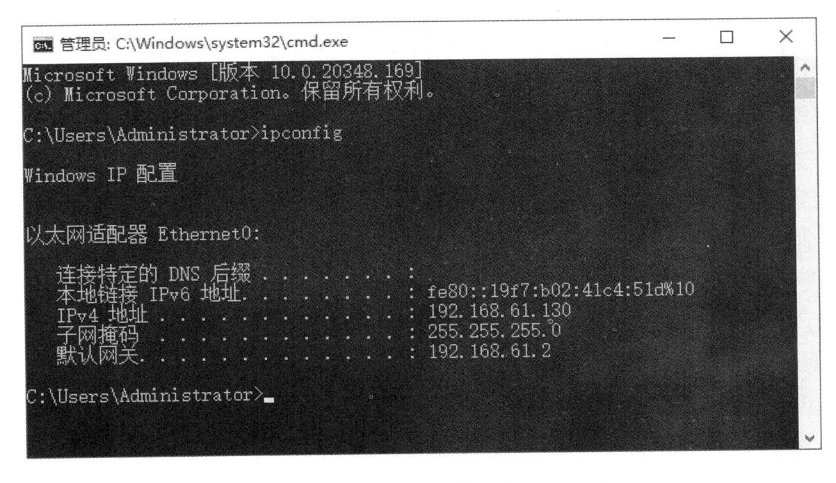

图 8.4　查看本机 IP 设置的基本信息

如果需要查看本地网卡中 IP 设置的详细信息，可以执行“ipconfig/all”命令，如图 8.5 和图 8.6 所示，可以查看到主机名、IPv4 地址、物理地址(MAC 地址)及 DHCP 配置等信息。其中图 8.5 为手动配置网卡，设定为静态 IP 地址时的输出信息，图 8.6 为网卡采用 DHCP 分配，动态获取 IP 地址时的输出信息。

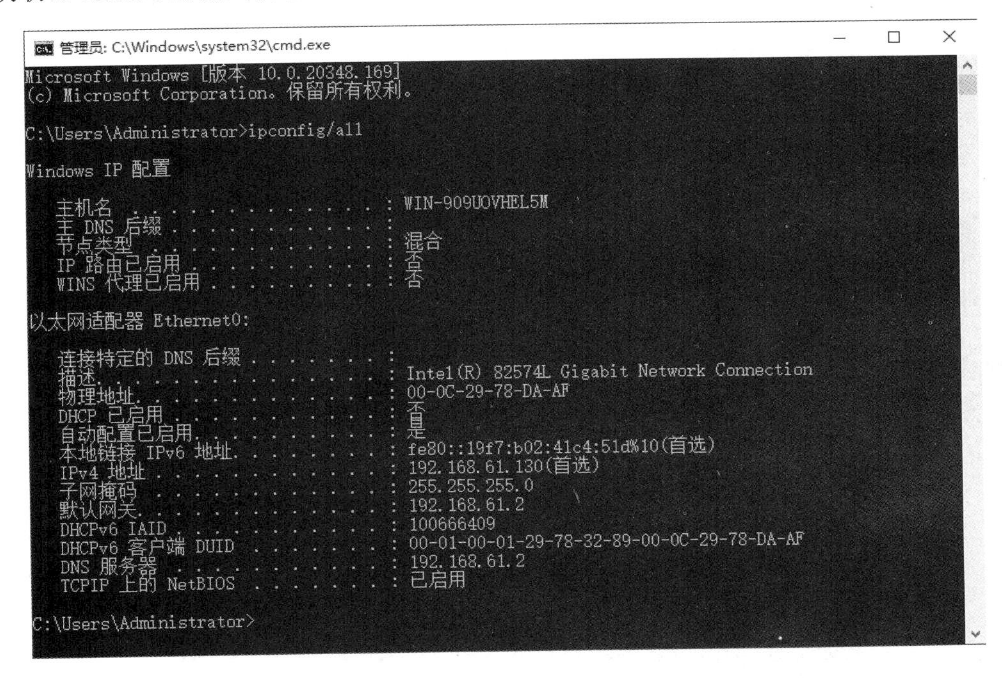

图 8.5　查看 IP 设置的详细信息(手动配置网卡)

```
管理员: C:\Windows\system32\cmd.exe
Microsoft Windows [版本 10.0.20348.169]
(c) Microsoft Corporation。保留所有权利。

C:\Users\Administrator>ipconfig/all

Windows IP 配置

   主机名  . . . . . . . . . . . . . : WIN-909UOVHEL5M
   主 DNS 后缀 . . . . . . . . . . . :
   节点类型  . . . . . . . . . . . . : 混合
   IP 路由已启用 . . . . . . . . . . : 否
   WINS 代理已启用 . . . . . . . . . : 否
   DNS 后缀搜索列表  . . . . . . . . : localdomain

以太网适配器 Ethernet0:

   连接特定的 DNS 后缀 . . . . . . . : localdomain
   描述. . . . . . . . . . . . . . . : Intel(R) 82574L Gigabit Network Connection
   物理地址. . . . . . . . . . . . . : 00-0C-29-78-DA-AF
   DHCP 已启用 . . . . . . . . . . . : 是
   自动配置已启用. . . . . . . . . . : 是
   本地链接 IPv6 地址. . . . . . . . : fe80::19f7:b02:41c4:51d%10(首选)
   IPv4 地址 . . . . . . . . . . . . : 192.168.61.128(首选)
   子网掩码  . . . . . . . . . . . . : 255.255.255.0
   获得租约的时间  . . . . . . . . . : 2022年2月17日 10:49:11
   租约过期的时间  . . . . . . . . . : 2022年2月17日 11:34:28
   默认网关. . . . . . . . . . . . . : 192.168.61.2
   DHCP 服务器 . . . . . . . . . . . : 192.168.61.254
   DHCPv6 IAID . . . . . . . . . . . : 100666409
   DHCPv6 客户端 DUID  . . . . . . . : 00-01-00-01-29-78-32-89-00-0C-29-78-DA-AF
   DNS 服务器  . . . . . . . . . . . : 192.168.61.2
   主 WINS 服务器  . . . . . . . . . : 192.168.61.2
   TCPIP 上的 NetBIOS  . . . . . . . : 已启用

C:\Users\Administrator>
```

图 8.6　查看 IP 设置的详细信息(DHCP 分配网卡)

2. ping 命令

ping 命令通常用于检测网络连通的状态，与前面的 ipconfig 命令类似，输入“ping /?”命令可以查看 ping 命令的用法提示及相关的选项参数等格式信息，如图 8.7 所示。例如，若需要检测是否可以连通到网址“www.gdcxxy.edu.cn”，则执行如图 8.8 所示的命令即可。

```
C:\WINDOWS\system32\cmd.exe
Microsoft Windows [版本 10.0.19044.1469]
(c) Microsoft Corporation。保留所有权利。

C:\Users\Andy>ping /?

用法: ping [-t] [-a] [-n count] [-l size] [-f] [-i TTL] [-v TOS]
            [-r count] [-s count] [[-j host-list] | [-k host-list]]
            [-w timeout] [-R] [-S srcaddr] [-c compartment] [-p]
            [-4] [-6] target_name

选项:
    -t             Ping 指定的主机，直到停止。
                   若要查看统计信息并继续操作，请键入 Ctrl+Break;
                   若要停止，请键入 Ctrl+C。
    -a             将地址解析为主机名。
    -n count       要发送的回显请求数。
    -l size        发送缓冲区大小。
    -f             在数据包中设置“不分段”标记(仅适用于 IPv4)。
    -i TTL         生存时间。
    -v TOS         服务类型(仅适用于 IPv4。该设置已被弃用，
                   对 IP 标头中的服务类型字段没有任何
                   影响)。
    -r count       记录计数跃点的路由(仅适用于 IPv4)。
    -s count       计数跃点的时间戳(仅适用于 IPv4)。
    -j host-list   与主机列表一起使用的松散源路由(仅适用于 IPv4)。
    -k host-list   与主机列表一起使用的严格源路由(仅适用于 IPv4)。
    -w timeout     等待每次回复的超时时间(毫秒)。
    -R             同样使用路由标头测试反向路由(仅适用于 IPv6)。
                   根据 RFC 5095，已弃用此路由标头。
                   如果使用此标头，某些系统可能丢弃
                   回显请求。
    -S srcaddr     要使用的源地址。
    -c compartment 路由隔离舱标识符。
    -p             Ping Hyper-V 网络虚拟化提供程序地址。
    -4             强制使用 IPv4。
    -6             强制使用 IPv6。

C:\Users\Andy>_
```

图 8.7　ping 命令的用法

```
C:\WINDOWS\system32\cmd.exe
Microsoft Windows [版本 10.0.19044.1469]
(c) Microsoft Corporation。保留所有权利。

C:\Users\Andy>ping www.gdcxxy.edu.cn

正在 Ping gdedu-ipv6.cache.saaswaf.com [58.205.213.52] 具有 32 字节的数据:
来自 58.205.213.52 的回复: 字节=32 时间=4ms TTL=54
来自 58.205.213.52 的回复: 字节=32 时间=5ms TTL=54
来自 58.205.213.52 的回复: 字节=32 时间=4ms TTL=54
来自 58.205.213.52 的回复: 字节=32 时间=5ms TTL=54

58.205.213.52 的 Ping 统计信息:
    数据包: 已发送 = 4, 已接收 = 4, 丢失 = 0 (0% 丢失),
往返行程的估计时间(以毫秒为单位):
    最短 = 4ms, 最长 = 5ms, 平均 = 4ms

C:\Users\Andy>
```

图 8.8　使用 ping 命令检测网络的连通性

ping 命令可以直接通过 IP 地址检查目的主机的连通性，例如“ping 10.0.0.1”，表示直接检测 IP 地址 10.0.0.1 所在的主机是否连通，同时也支持 IPv6 的连通性检测。在执行“ping”命令时，可使用“-6”选项，检测 IPv6 目的地址，如图 8.9 所示。

3. tracert 命令

tracert 诊断实用程序通过向目标地址发送 Internet 控制消息协议(Internet Control Message Protocol，ICMP)回显数据包来确定到目标地址的路由。在这些数据包中，tracert 使用了不同的 IP 生存期(Time To Live，TTL)值。由于要求沿途的路由器在转发数据包前至少将 TTL 减少 1，因此 TTL 实际上是一个跃点计数器(Hop Counter)。当某个数据包的 TTL 达到 0 时，路由器就会向源计算机发送一个 ICMP 超时的消息。tracert 将发送 TTL 为 1 的第一个回显数据包，并在后续每次传输时将 TTL 增加 1，直到目标地址响应或达到 TTL 的最大值。中间路由器发送回来的 ICMP 超时消息显示了路由。

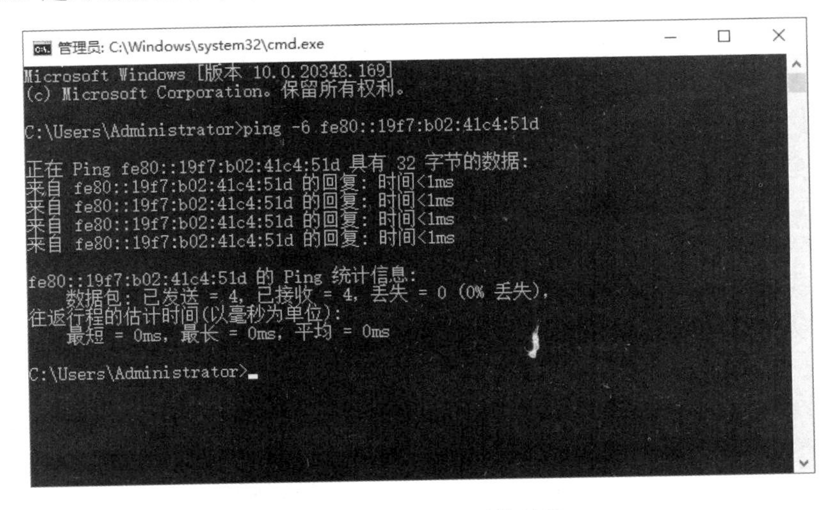

图 8.9　检测 IPv6 目的地址

与前面的两个命令类似，输入“tracert /?”命令可以查看 tracert 命令的用法及相关的选项参数等格式信息，如图 8.10 所示。例如，若需要检测主机的路由信息，则执行如图 8.11 所示的命令即可。

```
C:\WINDOWS\system32\cmd.exe
Microsoft Windows [版本 10.0.19044.1469]
(c) Microsoft Corporation。保留所有权利。

C:\Users\Andy>tracert /?

用法: tracert [-d] [-h maximum_hops] [-j host-list] [-w timeout]
              [-R] [-S srcaddr] [-4] [-6] target_name

选项:
    -d                 不将地址解析成主机名。
    -h maximum_hops    搜索目标的最大跃点数。
    -j host-list       与主机列表一起的松散源路由(仅适用于 IPv4)。
    -w timeout         等待每个回复的超时时间(以毫秒为单位)。
    -R                 跟踪往返行程路径(仅适用于 IPv6)。
    -S srcaddr         要使用的源地址(仅适用于 IPv6)。
    -4                 强制使用 IPv4。
    -6                 强制使用 IPv6。

C:\Users\Andy>
```

图 8.10　tracert 命令的用法

```
C:\WINDOWS\system32\cmd.exe
Microsoft Windows [版本 10.0.19044.1469]
(c) Microsoft Corporation。保留所有权利。

C:\Users\Andy>tracert www.gdcxxy.edu.cn

通过最多 30 个跃点跟踪
到 gdedu-ipv6.cache.saaswaf.com [58.205.213.52] 的路由:

  1     1 ms     1 ms     1 ms  10.0.19.254
  2     2 ms     1 ms     1 ms  10.0.0.254
  3    <1 毫秒   <1 毫秒   <1 毫秒 10.0.254.254
  4     3 ms     2 ms     2 ms  10.152.255.17
  5     7 ms     5 ms     5 ms  172.31.255.9
  6    12 ms     7 ms     6 ms  202.116.225.253
  7     *        *        *     请求超时。
  8    52 ms    53 ms    52 ms  222.200.253.6
  9     6 ms     6 ms     5 ms  scn-rgw8.gznet.edu.cn [202.112.19.85]
 10     *        *        *     请求超时。
 11     5 ms     4 ms     4 ms  58.205.213.52

跟踪完成。

C:\Users\Andy>
```

图 8.11　使用 tracert 命令检测主机的路由信息

8.3　网络安全概述

微课视频

2021 年 5 月，国家互联网应急中心（National Internet Emergency Center，CNCERT）发布了《2020 年我国互联网网络安全态势综述》。该报告全面反映了我国网络安全的整体态势，自 2020 年以来，全球突发新冠肺炎疫情，抗击疫情成为各国紧迫任务。不论是在疫情防控相关工作领域，还是在远程办公、教育、医疗及智能化生产等生产生活领域，大量新型互联网产品和服务应运而生，在助力疫情防控的同时也进一步推进社会数字化转型。与此同时，安全漏洞、数据泄露、网络诈骗、勒索病毒等网络安全威胁日益凸显，有组织、有目的的网络攻击形势愈加明显，为网络安全防护工作带来更多挑战。

网络安全指通过采取各种技术与管理措施，使网络系统的硬件、软件及其系统中的数据资源受到保护，不因一些不利因素的影响而致使这些资源遭到破坏、更改、泄露等，同时保证网络系统稳定、可靠的运行。简单来说，网络安全是指在网络环境下能够识别和消除不安全因素的功能。

8.3.1　常见的网络安全隐患

网络安全的隐患，不仅包括外部的威胁，通常内部也存在不少不安全的因素。

1. 信息系统自身安全的脆弱性

信息系统自身安全的脆弱性，指信息系统的硬件资源、通信资源、软件及信息资源等，因可预见或不可预见甚至恶意因素而可能使系统遭到破坏、更改、泄露或使系统功能失效，从而处于异常状态，甚至导致应用程序崩溃或系统宕机。

2. 操作系统和应用程序漏洞

操作系统是用户和硬件设备的中间层，操作系统一般都自带一些应用程序或者被安装一些其他厂商的软件工具。应用软件在程序实现时的错误往往会给系统带来漏洞。漏洞是指计算机系统在硬件、软件、协议的具体实现或系统安全策略上存在的缺陷和不足。漏洞一旦被发现，就可以被攻击者用来在未授权的情况下访问或破坏系统，从而产生危害计算机系统安全的行为。

3. 信息系统面临的安全威胁

网络安全的基本目标是实现信息的机密性、完整性、可用性。对网络安全这3个基本目标的威胁就是信息系统面临的安全威胁。

信息系统面临的安全威胁有以下4方面：信息泄露、完整性破坏、拒绝服务、未授权访问。

(1) 信息泄露

信息泄露指敏感数据在有意或无意中泄露、丢失或被透露给某个未授权的实体。信息泄露包括信息在传输中丢失或泄露，攻击者可通过对信息流向、流量、通信频度和长度等参数的分析，推测出有用信息。

(2) 完整性破坏

完整性破坏是指攻击者以非法手段取得对信息的管理权，通过未授权的创建、修改、删除和重放等操作使数据的完整性受到破坏。

(3) 拒绝服务

拒绝服务指信息或信息系统资源等的利用价值或服务能力下降或丧失，通常由受到外部的攻击所致。攻击者通过对系统进行非法的、根本无法成功的访问尝试而产生过量的系统负载，从而导致系统的资源对合法用户的服务能力下降或丧失。有时，因信息系统或组件在物理上或逻辑上受到破坏而导致服务中断。

(4) 未授权访问

未授权访问指未授权实体非法访问信息系统资源，或授权实体超越权限访问信息系统资源。非法访问主要有假冒和盗用合法用户身份攻击、非法进入网络系统进行违法操作，合法用户以未授权的方式进行操作等形式。

4. 常见的网络攻击方法

(1) 冒充与伪装

某个未授权的实体伪装成另一个不同的实体，非法获取系统的访问权或得到额外特权。攻击者可以进行下列操作：冒充管理者发布命令和调阅密件、冒充主机欺骗合法主机及合法用户、冒充网络控制程序套取或修改使用权限、口令、密钥等信息。攻击者可以越权使用网络设备和资源，接管合法用户欺骗系统，占用合法用户资源。恶意木马是典型的伪装手段，攻击者让一个应用程序伪装成在执行某个任务，实际上却在执行恶意的其他任务，以达到窃取机密信息甚至破坏系统的目的。

(2)破坏信息完整性

攻击者通过篡改、删除、插入等方法破坏信息的完整性。

(3)破坏系统可用性

攻击者采用大流量的拒绝服务式手段、恶意删除系统运行文件等方法，使正常用户无法连接访问系统。

(4)旁路控制

攻击者为信息系统等鉴别或访问控制机制设置旁路。为获取未授权的权利，攻击者会发掘系统的缺陷或安全上的某些脆弱点，并加以利用，以绕过系统访问控制而渗入系统内部。通常旁路控制所使用的技术手段的难度较大。

(5)电磁信号侦测

攻击者通过搭线窃听和对电磁辐射探测等方法截获机密信息，或者从流量、流向、通信总量和长度等参数中分析出有用信息。

(6)攻击重放

攻击者截收有效信息甚至是密文，在后续攻击时重放所截收的信息。

8.3.2 网络安全防范技术

1. 防火墙技术

防火墙技术是一种用来加强网络之间访问控制，防止外部网络用户以非法手段通过外部网络进入内部网络访问内部网络资源，从而保护内部网络操作环境的特殊网络互联设备。它对两个或多个网络之间传输的数据包(如链接方式)按照一定的安全策略来实施检查，以决定网络之间的通信是否被允许，并监视网络运行状态。

通常，根据防火墙的组成、部署位置及应用范围等不同特征，其可以分为许多类。其中根据软、硬件的组成形式，防火墙可以分为软件防火墙、硬件防火墙；根据技术类型，防火墙可以分为包过滤型防火墙、应用代理型防火墙、状态检测防火墙；根据防护期的部署位置，防火墙可以分为边界防火墙、个人防火墙、混合防火墙；根据结构，防火墙可以分为单主机防火墙、路由器集成式防火墙、分布式防火墙。

防火墙是现代网络安全防护技术中的重要构成内容，随着网络技术手段的完善，防火墙技术的功能也在不断地完善，下面以典型的包过滤型防火墙、应用代理型防火墙及状态检测防火墙为例，进行简单的介绍。

(1)包过滤型防火墙

包过滤型防火墙是当前最为常见的防火墙，在网络层与传输层中，其可以基于数据源头的地址及协议类型等标志特征进行分析，确定数据包是否可以通过。在符合防火墙规定标准的情况下，只有当满足安全性能及类型要求时才可以进行信息的传递，而一些不安全的因素则会被防火墙过滤、阻挡。

包过滤型防火墙又称为包过滤路由器，根据已经定义好的过滤规则来检查每个数据包，确定数据包是否符合这个过滤规则，再来决定数据包是否能通过，符合要求的数据包将被转发，而不符合要求的数据包将被丢弃。

(2)应用代理型防火墙

应用代理型防火墙主要工作在 OSI 参考模型中的最高层，即应用层，主要通过防火墙中

的代理机制，采用 NAT（Network Address Translation，网络地址转换）等技术手段，屏蔽真实的 IP 地址，从而使非法攻击者在进行虚拟 IP 的跟踪过程中，无法获取真实的解析信息，以达到隔离网络通信的目的，从而实现对计算机网络的安全防护。

(3) 状态检测防火墙

状态检测防火墙能通过状态检测技术动态地维护各个连接的协议状态。状态检测在包过滤的同时，还能检查数据包之间的关联性和数据包中的动态变化。它根据从过去的通信信息和其他应用程序中获得的状态信息来动态地生成过滤规则，并根据新生成的过滤规则来过滤新的通信。

2．加密技术

(1) 什么是加密技术

加密技术是保障信息安全的核心技术。加密指改变数据的表现形式，使之成为若没有正确密钥则任何人都无法读懂的密文。加密旨在对第三者保密，只让特定的人能解读密文。为了读懂报文信息，密文必须重新转变为明文。通过数学方式来转换报文的双重密码就是密钥，通用的加密和解密过程如图 8.12 所示。对一般人而言，即使获得了密文，也无法解释其中的含义。

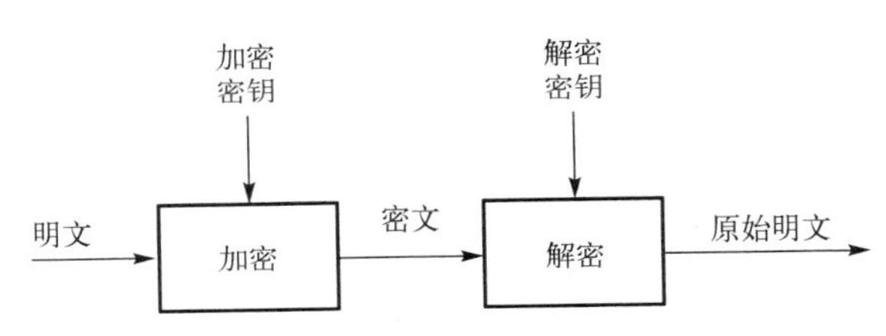

图 8.12　通用的加密与解密过程

若信息由源点直达目的地，在传输过程中不会被任何人接触到，则无须加密。由于 Internet 是一个开放的系统，传输于其中的数据可能被任何人随意拦截，因此，将数据加密后再传输是进行秘密通信的最有效的方法。

(2) 加密算法

① 对称加密算法

对称加密算法又称私钥加密算法，它是指系统在加密明文和解读密文时使用的是同一个密钥，或者虽然不是同一个，但是由其中的任意一个可以容易地推导出另一个。在图 8.12 中，当加密和解密采用相同的密钥时，该过程就是典型的对称加密和解密过程。

在对称加密算法中影响最大的是 DES（Date Encryption Standard，数据加密标准），它是一种以 56 位密钥为基础的密码块加密技术，每次对 64 位输入数据块进行加密。其加密过程包括 16 轮编码，在每一轮编码中，DES 从 56 位密钥中产生一个 48 位的临时密钥，并用这个临时密钥进行这一轮的加密。对称加密算法具有很强的保密强度，其安全性就是由 56 位密钥来保障的。但由于至少有两个人持有密钥，因此任何一方都不能完全确定对方手中的密钥是否已经透露给了第三者。

为了在对称加密过程中有效地管理好密钥，保证数据的机密性，美国麻省理工学院提出了一种基于可信赖的第三方的认证系统——Kerberos，它可以在开放式网络环境下通过身份认证的方法，使网络上的用户相互证明自己的身份。

② 非对称加密算法

非对称加密算法又称公钥加密算法,它是指系统的加密和解密过程分别用两个不同的密钥实现,并且加密密钥和解密密钥不可能相互推导。在图 8.12 中,当加密和解密的密钥采用一对不同的密钥时,该过程就是典型的非对称加密和解密过程。

非对称加密算法中最有影响力的是 RSA(Rivest Shamir Adleman,公钥加密算法),是目前网络上进行保密通信和数字签名的最有效的安全算法之一,其安全性依赖于目前仍然是数学领域尚未解决的一大难题——大数分解问题,该问题至今没有任何高效的解决方法。所以,只要 RSA 采用足够大的整数,因子分解越困难,密码就越难以破解,加密强度就越高。

随着计算机技术的不断进步,运算速度越来越快,对于当前的计算机运算速度来说,使用 512 位的密钥已不安全。因此,安全电子贸易(Secure Electronic Transaction,SET)协议中要求 CA(Certificate Authority,证书授权)采用 2048 位的密钥,其他实体采用 1024 位的密钥。就目前的计算机技术而言,在技术层面上还无法预测攻破具有 2048 位密钥的 RSA 加密算法需要的时间,所以从这个意义上看,RSA 加密算法是相对安全可靠的。

3. 数字签名与数字证书

随着电子商务业务的发展,各类电子商务平台的交易资金越来越大,为了保障交易的安全性,要保证电子商务系统具有十分可靠的安全保密技术,就必须保证信息的保密性、交易者身份的确定性、数据交换的完整性和发送信息的不可否认性等。

目前,可以运用国际上一套比较成熟的安全解决方案——数字安全证书体系结构,即数字证书,并通过运用对称和非对称密码等密码技术建立起一套严密的身份认证系统,从而保证信息除发送方和接收方外不被其他人窃取;信息在传输过程中不被篡改;发送方能够通过数字证书来确认接收方的身份;发送方对于自己发送的信息不能抵赖。

(1)什么是数字证书

数字证书是网络通信中标识通信各方身份信息的一系列数据,是各类实体(持卡人/个人、商户/企业、网关/银行等)在网上进行信息交流及商务活动的身份证明。

数字证书由一个权威机构——CA 中心发行。CA 中心作为电子商务交易中受信任的第三方,承担公钥体系中公钥的合法性检验的责任,负责产生、分配并管理所有参与网上交易的个体所需的数字证书,是安全电子交易的核心。

从数字证书的用途来看,数字证书可分为签名证书和加密证书。签名证书主要用于对用户信息进行签名,以保证信息的不可否认性;加密证书主要用于对用户传输的信息进行加密,以保证信息的真实性和完整性。

最简单的数字证书包含一个公开密钥、名称及 CA 中心的数字签名。在一般情况下,证书中还包含密钥的有效时间、发证机关(证书授权中心)的名称、该证书的序列号等信息,证书的格式遵循 ITUT X.509 国际标准。

(2)数字证书的原理

数字证书采用公钥加密体制,即利用一对互相匹配的密钥进行加密、解密。每个用户自己设定一个特定的仅为本人所知的私钥,用私钥进行解密和签名;同时设定一个公钥并由本人公开,为一组用户所共享,用于加密和验证签名。

当发送一份保密文件时，发送方使用接收方的公钥对数据加密，而接收方则使用自己的私钥解密，这样信息就可以安全无误地到达目的地，该加密过程是一个不可逆过程。

(3) 数字签名

在利用网络传输数据时采用数字签名的目的是保证信息是由签名者自己签名发送的，签名者不能否认或难以否认。保证信息自签发后到接收为止未曾做过任何修改，签发的文件是真实文件。

在进行数字签名时，通常使用单向散列函数完成签名过程，单向散列函数又称为 Hash 函数，主要用于信息认证(或身份认证)及数字签名，典型的数字签名及验证过程如图 8.13 所示。

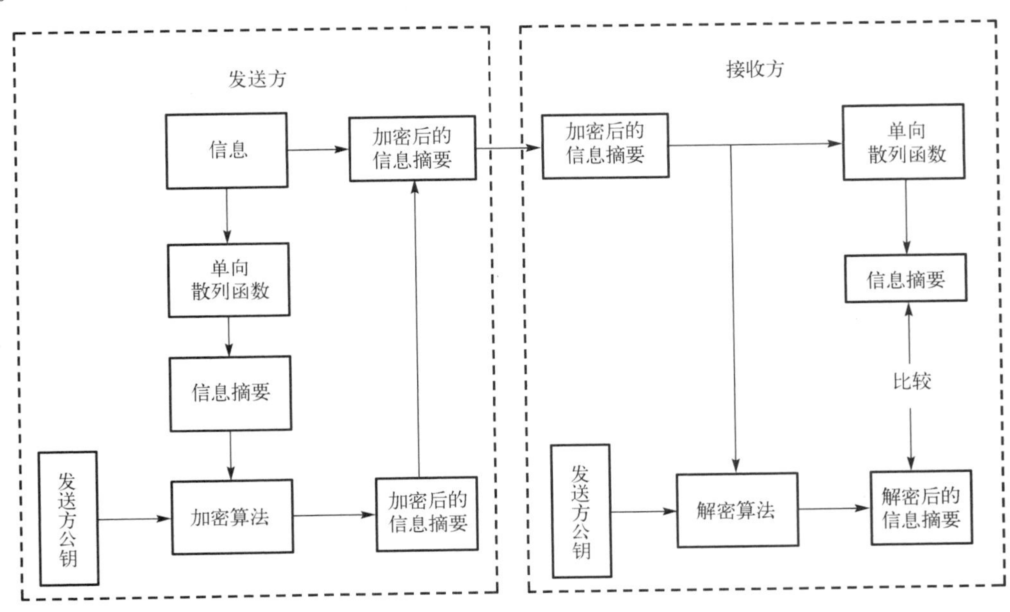

图 8.13　典型的数字签名及验证过程

当前国际上最有名的单向散列函数是 MD5(Message Digest Algorithm 5)和 SHA(Secure Hash Algorithm)。一个典型的单向散列函数 h=Hash(M)，可以将任意长度的输入串，即信息(Message，M)映射为固定长度值 h，这里 h 称为散列值，或信息摘要 MD，其最大的特点是具有单向性。同时，向这个散列函数输入任意大小的信息，输出的都是固定长度的信息摘要。采用 MD5 算法生成的信息摘要长度为 128 位，近年来 MD5 已经逐渐被 SHA 取代，SHA 可以生成 256 位甚至更长的信息摘要。

(4) 数字签名与数字加密的区别

数字签名和数字加密的过程虽然都使用公钥体系，但实现的过程正好相反，使用的密钥对也不同。

数字签名使用的是发送方的密钥对，发送方用自己的私钥进行加密，接收方用发送方的公钥进行解密，这是一对多的关系，任何拥有发送方公钥的人都可以验证数字签名的正确性。

数字加密则使用的是接收方的密钥对，这是多对一的关系，任何知道接收方公钥的人都可以向接收方发送加密信息，只有拥有接收方私钥的人才能对信息解密。

4．入侵检测技术

入侵检测（Intrusion Detection，ID）是指通过对行为、安全日志、审计数据或其他网络上可以获得的信息进行操作，检测对系统的闯入或闯入的企图。入侵检测是检测和响应计算机误用的技术，其作用包括威慑、检测、响应、损失情况评估、攻击预测和起诉支持。

入侵检测系统（Intrusion Detection System，IDS）是指使整个监控和分析过程自动化的独立系统，它既可以是一种安全软件，也可以是一种硬件。

入侵检测和防火墙最大的区别在于防火墙只是一种被动防御性的网络安全工具，而入侵检测作为一种积极主动的安全防护技术，能够在网络系统受到危害之前拦截和响应入侵，很好地弥补了防火墙的不足。

根据不同的分类标准，可以将入侵检测技术分为以下几个类型。

（1）根据信息源的不同进行分类

① 基于主机的入侵检测系统（Host-based Intrusion Detection System，HIDS）

HIDS 可检测 Windows 下的安全记录及 UNIX 环境下的系统记录。当有文件被修改时，IDS 将新的记录条目与已知的攻击特征相比较，看它们是否匹配。如果匹配，就会向系统管理员报警或者做出适当的响应。

② 基于网络的入侵检测系统（Network Intrusion Detection System，DNIDS）

DNIDS 以数据包作为分析的数据源，它通常利用一个工作在混杂模式下的网卡来实时监视并分析通过网络的数据流。一旦检测到了攻击行为，IDS 的响应模块就会做出报警、切断相关用户的网络连接等适当的响应。

（2）根据检测所用分析方法的不同进行分类

① 误用检测（Misuse Detection，MD）

大部分现有的入侵检测工具都使用误用检测方法，它应用了系统缺陷和特殊入侵的累计知识。不符合正常规则的所有行为都会被认为是不合法的，并且系统会立即报警。误用检测的准确度很高，但它对入侵信息的收集和更新比较困难，且难以检测到本地入侵。

② 异常检测（Anomaly Detection，AD）

异常检测假设入侵者的活动异常于正常的活动，当主体的活动违反其统计规律时，便会被认为是入侵。其最大的优点是能检测出新的入侵或者从未发生过的入侵。但异常检测是一种事后的检测，当检测到入侵行为时，破坏早已发生了，并且它的查准率也不高。

5．防病毒技术

随着计算机和 Internet 的日益普及，计算机病毒已经成了当今信息社会的一大顽症。由于计算机病毒极强的破坏作用，因此它严重地干扰了人们的正常工作、企业的正常生产，甚至对国家的安全都产生了巨大的影响。网络防病毒技术已成为计算机网络安全研究的一个重要课题。

（1）计算机病毒的定义

计算机病毒是指在计算机程序中编制或插入的破坏计算机功能或数据，影响计算机使用并且能够自我复制的一组计算机指令或程序代码。

（2）计算机病毒的特点

计算机病毒都是人为制造的、具有一定破坏性的程序，它不同于日常生活中所说的传染病毒。计算机病毒具有以下一些基本特征。

① 传染性

计算机病毒能通过各种渠道从已被感染的计算机中扩散到未被感染的计算机，而计算机中被感染的文件又会成为新的传染源，在与其他机器进行数据交换或通过网络接触时，使病毒传播范围越来越广。

② 隐蔽性

计算机病毒往往是短小精悍的程序，若不经过代码分析，病毒程序和普通程序是不容易被区分开的，因此才使得病毒在被发现之前已进行广泛的传播。

③ 潜伏性

计算机病毒在进入系统之后一般不会马上产生作用，其可以在几周、几个月、甚至几年内隐藏在合法文件中，对其他系统进行传染，而不被人发现。

④ 触发性

触发计算机病毒的条件较多，可以是内部时钟、系统的日期和用户名，也可以是网络的一次通信等。计算机病毒程序可以按照设计者的要求，在某台计算机上被激活并发起攻击。

⑤ 破坏性

计算机病毒的最终目的是破坏系统的正常运行，轻则降低运行速度，影响工作效率；重则删除文件内容、抢占内存空间甚至对硬盘进行格式化，造成整个系统的崩溃。

⑥ 衍生性

计算机病毒可以被恶意攻击者模仿，甚至被修改，使之衍生为不同于原病毒的另一种计算机病毒。

(3) 计算机病毒的分类

目前，计算机病毒有几万种，并且随着时间的推移，数量越来越多。对计算机病毒的分类方法也存在多种，常见的分类方法有以下几种。

- 按病毒存在的媒介分类：引导型病毒、文件型病毒、混合型病毒。
- 按病毒的破坏能力分类：良性病毒、恶性病毒。
- 按病毒传染的方法分类：驻留型病毒、非驻留型病毒。
- 按病毒的链接方式分类：操作系统型病毒、外壳型病毒、嵌入型病毒、源码型病毒。

6. 漏洞扫描

(1) 漏洞扫描的概念

在计算机中，端口是计算机系统与外界沟通的枢纽，计算机系统通过端口接收或发送数据，因此开放了什么类型的端口、连接端口的密码强弱等对计算机系统非常重要，于是有了很多关于端口的测试方法。

扫描器是一种自动检测远程或本地主机安全性弱点的程序，使用扫描器对目标计算机进行端口扫描可以得到许多有用的信息。使用扫描器可以快速获取远程服务器各种 TCP 端口的分配情况和提供的服务，以及它们的软件版本，直观地了解目标主机存在的安全问题。

网络漏洞扫描能够远程检测目标主机 TCP 不同端口的服务，并记录目标给予的回答。该方法在获得目标主机 TCP 端口和其对应的网络访问服务的相关信息后，与网络漏洞扫描系统提供的漏洞库进行匹配，若满足匹配条件，则视为漏洞存在。

在本章最后的实践环节中，我们针对远程桌面服务，调整其默认的 3389 号服务端口，将

它设置为一个非常规的端口，在某种意义上可以避免计算机在网络中暴露过多的信息，从而降低计算机受到的网络安全威胁。

(2)端口的作用

一台拥有 IP 地址的主机可以提供许多服务，如 Web 服务、FTP 服务、SMTP 服务等，这些服务完全可以通过一个 IP 地址来实现。那么主机是如何区分不同的网络服务呢？显然不能只靠 IP 地址，因为 IP 地址与网络服务是一对多的关系。实际上它是通过 IP 地址和端口号来区分不同的服务的，这样能够解决计算机中多样化服务的访问问题。例如，针对 FTP 服务采用 21 号端口，针对 HTTP 服务采用 80 号端口，针对 HTTPS 服务则采用 443 号端口，采用这些特定的端口号对服务进行区分。

按照常见服务划分，端口可分为 TCP 端口和 UDP 端口。TCP 端口是为 TCP 通信提供服务的端口。UDP 端口是为 UDP 通信提供服务的端口。

按端口号划分，端口可分为公认端口、注册端口、动态和私有端口。

- 公认端口：端口号为从 0～1023，它们与一些服务紧密绑定。通常这些端口的通信表明了某种服务的协议。例如，80 号端口实际上表明 HTTP 通信。
- 注册端口：端口号为从 1024～49151，它们与一些服务松散绑定。
- 动态和私有端口：端口号为从 49152～65535。理论上不应为服务分配这些端口，实际上许多计算机通常从 1024 号端口起分配动态端口。

常见的端口号及对应服务如表 8.1 所示。

表 8.1 常见的端口号及对应服务

端口号	对应服务
21	FTP 服务
22	SSH 远程登录服务
23	Telnet 服务
25、110	25 号端口主要由 SMTP 使用，110 号端口由 POP 协议使用
465、995	465 号端口对应 SMTP 的加密端口，995 号端口为 POP 的加密端口
80	HTTP 服务
137、138、139	137、138 号端口常用于 UDP 连接，当通过网上邻居传输文件时用这个端口；139 号端口用于连接 NetBIOS/SMB 服务
443	HTTPS 服务
3306	MySQL 数据库使用的端口
3389	微软 RDP 采用的默认端口
5901	VNC 默认端口

8.4 防火墙配置实践

微课视频

8.4.1 实践任务描述

微课视频

在本节中，将进行防火墙的基本配置，以 Windows 远程桌面服务为例，通过配置调整服务的端口，验证 Windows 自带的防火墙及 ESET(Essential Solation Against Evolving Threats，针对病毒进化而必备的解决方案)互联网安全套装的配置情况，验证新的防火墙规则。

8.4.2　准备工作

在本实践的过程中，将使用不同的防火墙，因此配置两台虚拟机进行验证，虚拟机均安装 Windows 10 LTSC 2021 版本的操作系统，右击“此电脑”图标(此图标在不同操作系统中的名称不同)，在弹出的快捷菜单中，选择“属性”选项，可以查看到操作系统的版本信息，如图 8.14 所示。

关于

Windows 规格

版本	Windows 10 IoT 企业版 LTSC
版本号	21H2
安装日期	2021/11/18
操作系统内部版本	19044.1288
体验	Windows Feature Experience Pack 120.2212.3920.0

图 8.14　Windows 操作系统的版本信息

1．使用 Windows 防火墙的虚拟机

第一台虚拟机采用 Windows 自带的防火墙及相关的杀毒软件 Microsoft Defender，在完成安装后，不改动其他配置，完成相应的防火墙配置及验证。

2．使用 ESET 互联网安全套装的虚拟机

为完成不同使用环境的防火墙配置，第二台虚拟机将禁用 Microsoft Defender，并关闭防火墙。然后，安装 ESET 互联网安全套装软件，完成相应的防火墙配置及验证。

可以在 ESET 官网下载 ESET 互联网安全套装软件的最新版本。按图 8.15 所示的步骤下载试用版，然后启动安装程序，按照提示完成安装即可。当前安装的 ESET 互联网安全套装版本为 15.0 系列，在安装完成后的初次启动时，会对 ESET 互联网安全套装进行更新，并完成相应的初始化，如图 8.16 所示。

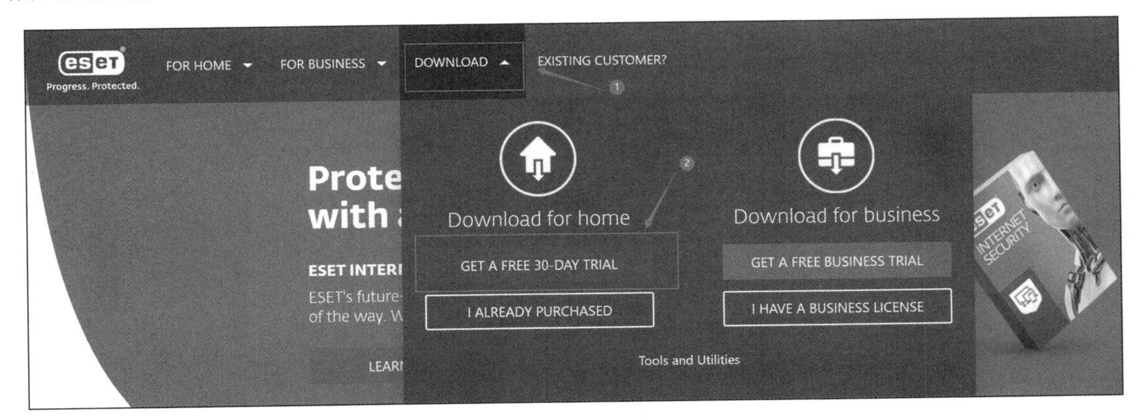

图 8.15　下载 ESET 互联网安全套装

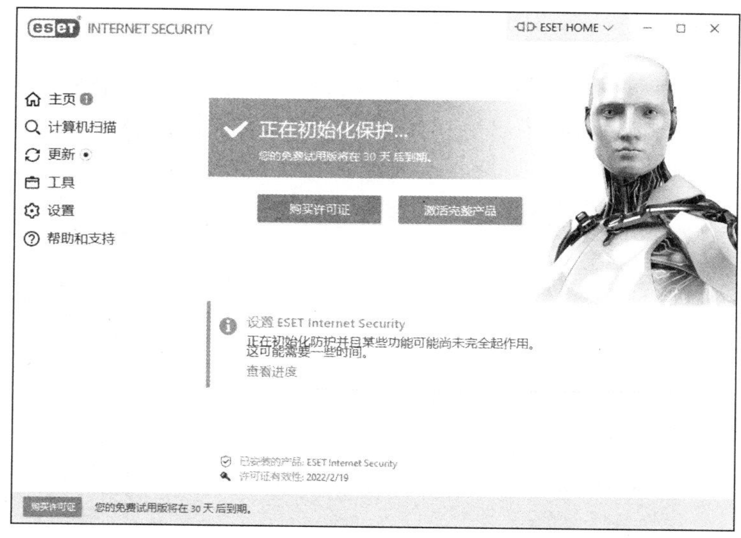

图 8.16　初始化界面

在完成 ESET 互联网安全套装的安装后，建议将系统默认的 Microsoft Defender 禁用，避免两个杀毒程序之间相互影响。参考如下步骤。

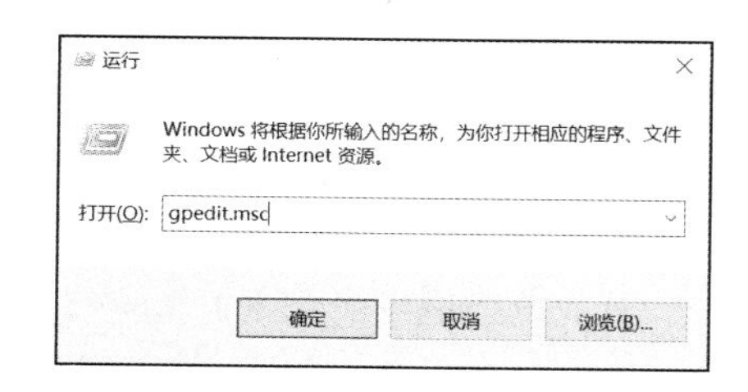

图 8.17　启动本地组策略编辑器

首先，按 Windows+R 组合键，打开“运行”对话框，然后在文本框中输入 gpedit.msc，按回车键启动本地组策略编辑器，如图 8.17 所示。启动后，“本地组策略编辑器”窗口如图 8.18 所示。

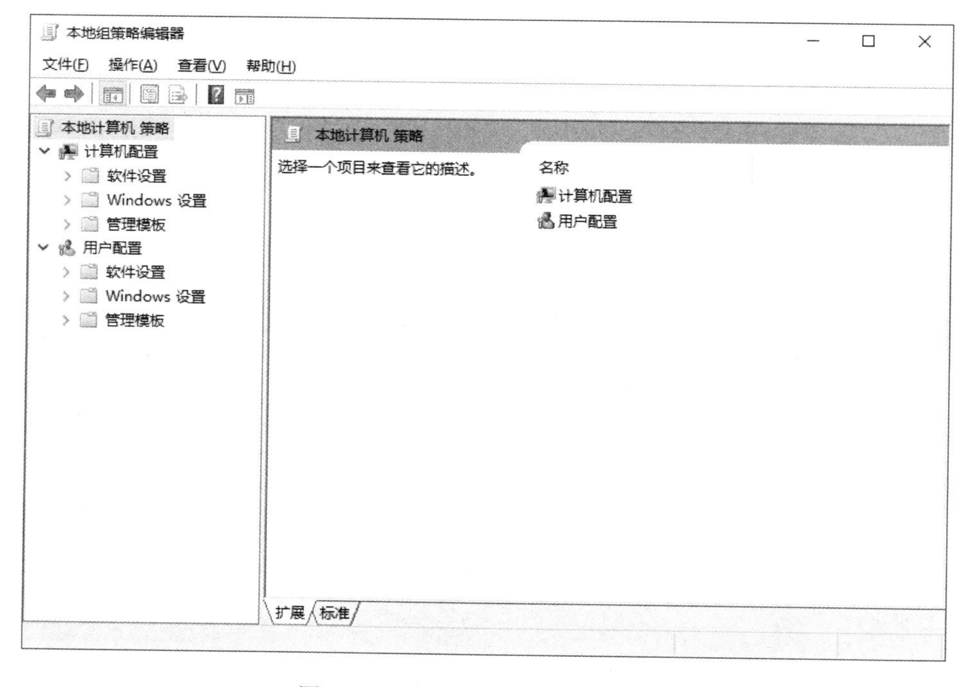

图 8.18　“本地组策略编辑器”窗口

然后，按照图 8.19 所示的步骤来调整策略，依次选择“计算机配置”→“管理模板”→“Windows 组件”→“Microsoft Defender 防病毒”选项，在右侧的窗格中，双击“关闭 Microsoft Defender 防病毒”选项，在打开的窗口中选中“已启用”单选按钮，再单击“确定”按钮，关闭 Microsoft Defender 防病毒程序。最后，打开任务管理器的“启动”选项卡，将 Windows 的安全中心启动程序禁用，如图 8.20 所示。

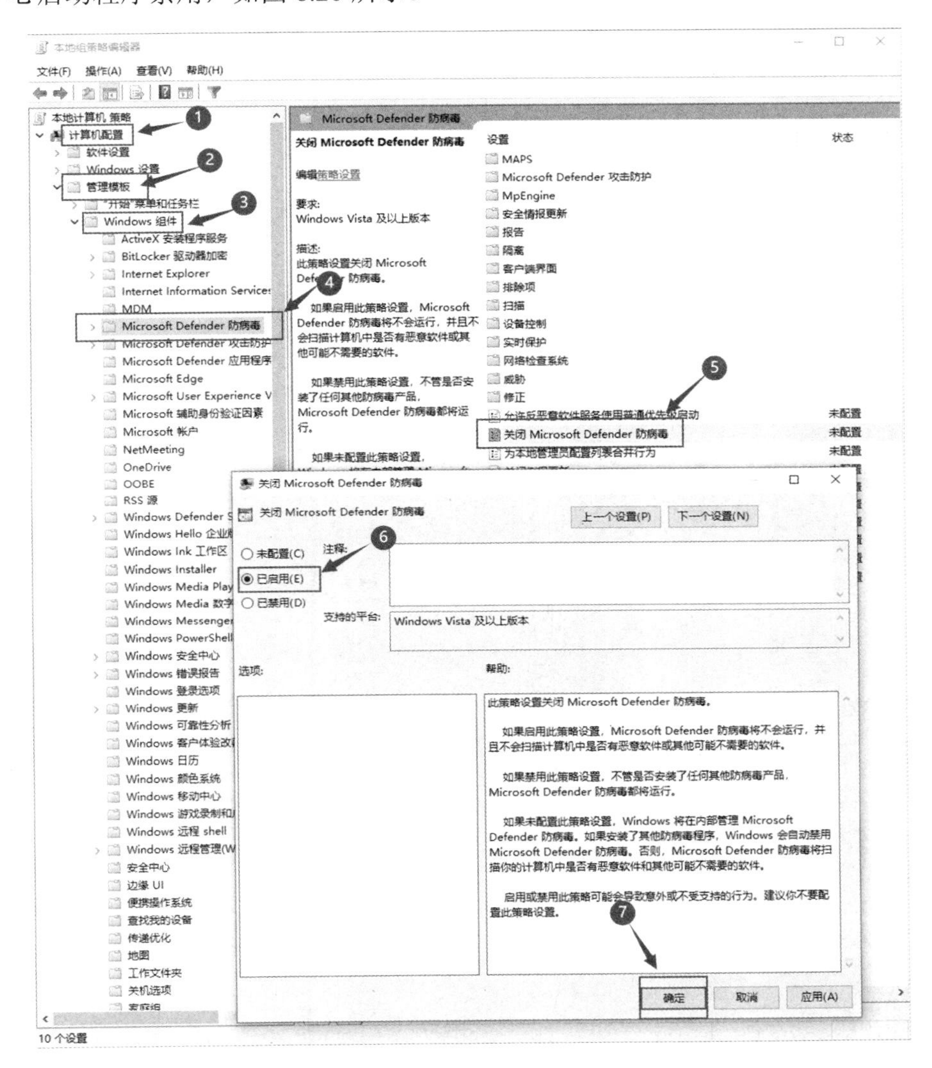

图 8.19　调整策略

8.4.3　实施步骤

1. 启用远程桌面

在默认情况下，Windows 系统的远程桌面并未开启，需要手动调整为启用状态。首先右击“此电脑”图标，在弹出的快捷菜单中选择“属性”选项，如图 8.21 所示。计算机属性如图 8.22 所示，选择左下角的“远程桌面”选项。

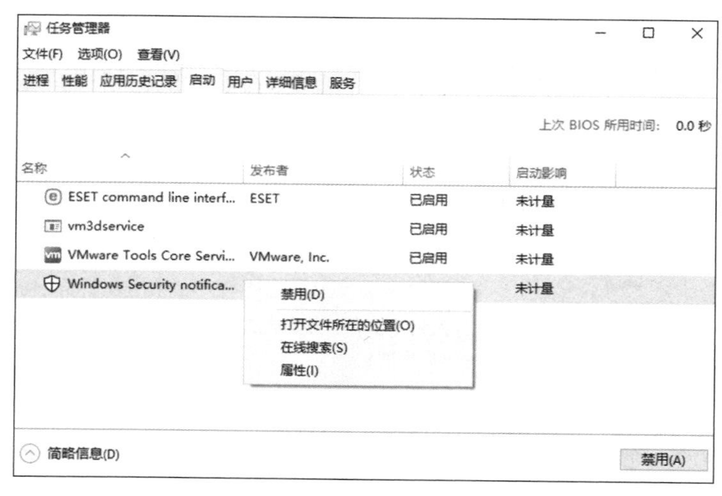

图 8.20 禁用安全中心启动程序

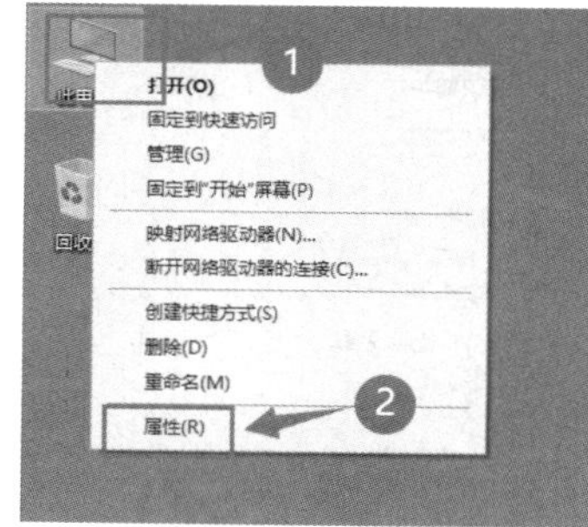

图 8.21 选择“属性”选项

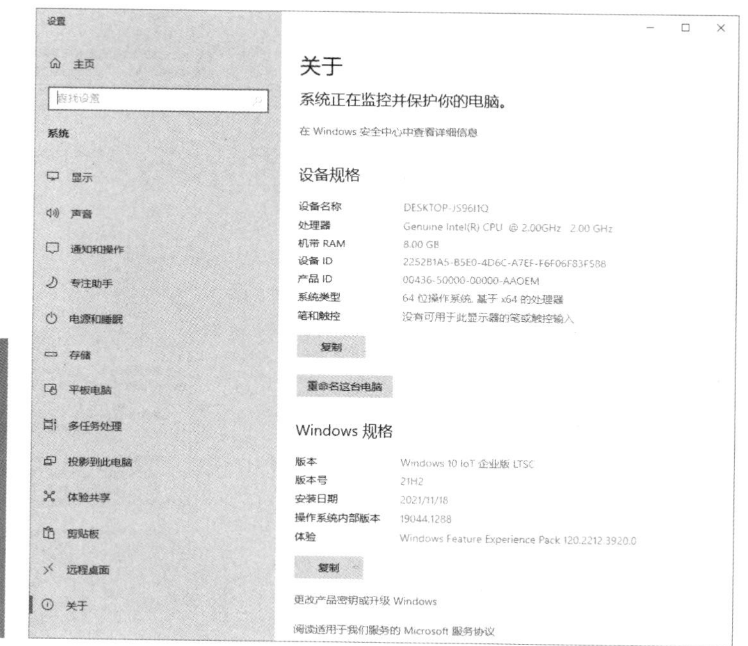

图 8.22 计算机属性

在弹出的窗口中启用远程桌面并单击“确认”按钮，即可开启远程桌面功能，如图 8.23 所示。

在默认情况下，开启的远程桌面将启用 3389 号端口，在 Windows 自带的防火墙规则中，会自动调整配置，开放该端口。单击“高级设置”按钮，可以查看远程桌面的其他设置情况，如图 8.24 所示。

在打开的窗口中，可以设置身份验证模式，如图 8.25 所示。启用该模式后，旧版本的 Windows 远程桌面客户端因安全系数较低，而将无法再连接到此桌面，在图 8.25 中的左下角还可以查看远程桌面的端口。

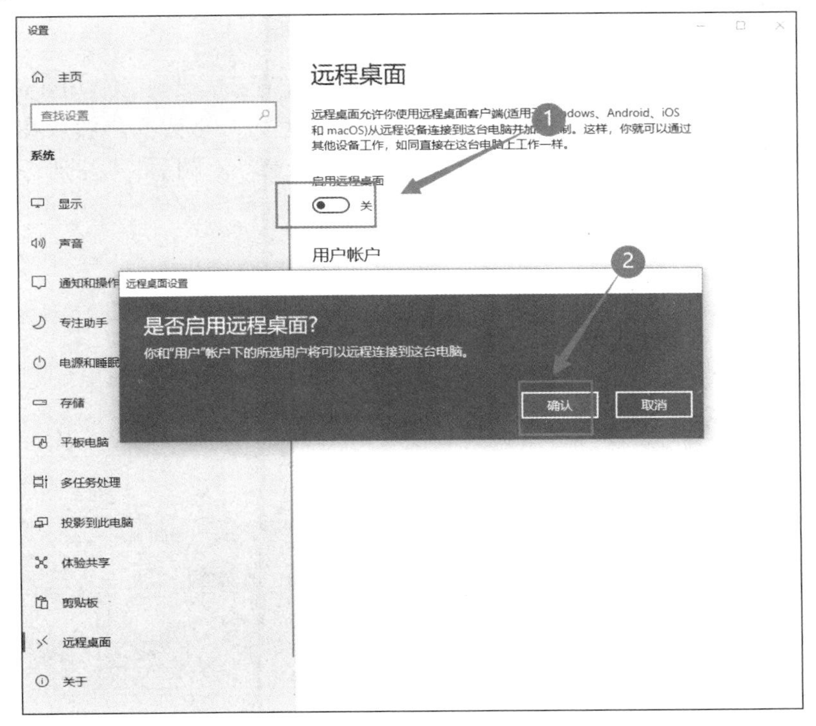

图 8.23　开启远程桌面功能

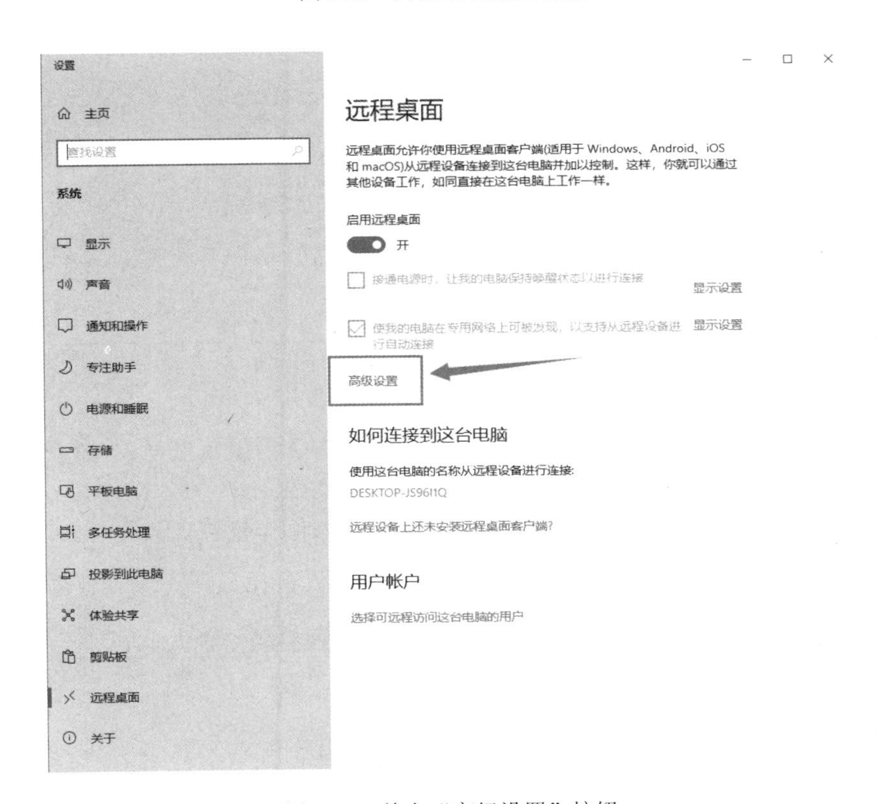

图 8.24　单击“高级设置”按钮

2. 调整远程桌面的默认端口

默认的远程桌面端口号为 3389，如果需要调整其配置，需要使用 Windows 的注册表程序进行调整。首先，按 Windows+R 组合键，打开“运行”对话框，然后在文本框中输入 regedit，再按回车键启动注册表编辑器，如图 8.26 所示。启动后，“注册表编辑器”窗口如图 8.27 所示。

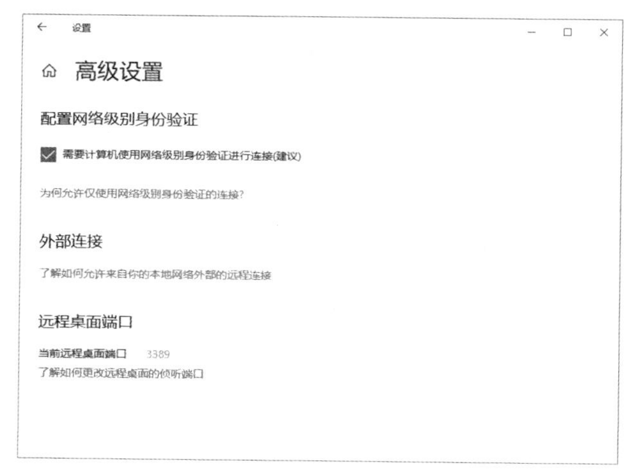

图 8.25　设置身份验证模式

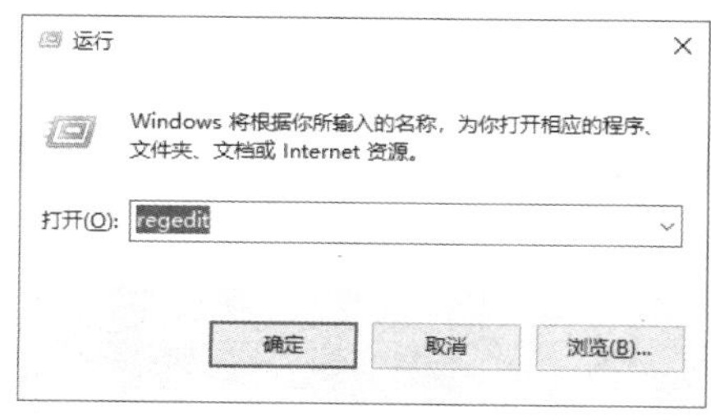

图 8.26　启动注册表编辑器

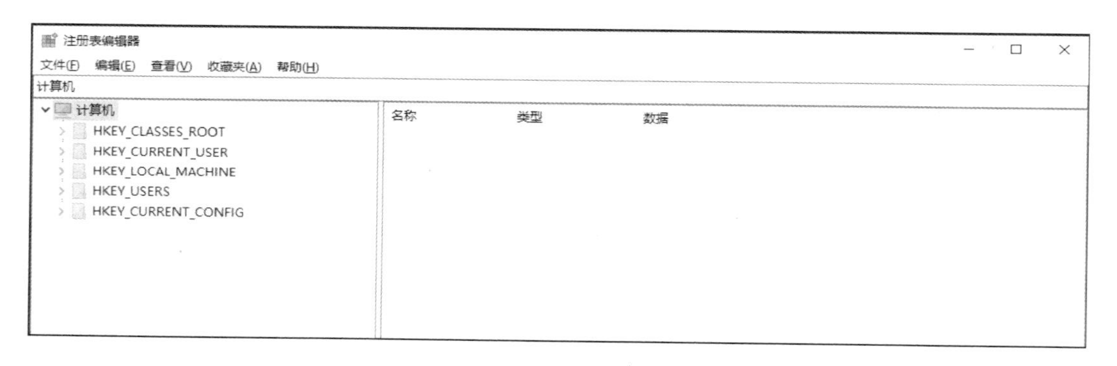

图 8.27　“注册表编辑器”窗口

在窗口左侧，依次选择“计算机”→“HKEY_LOCAL_MACHINE”→“SYSTEM”→“Current Control Set”→“Control”→“Terminal Server”→“WinStations”→“RDP-Tcp”选项，或者在上方的地址栏中输入对应的路径，如图 8.28 所示，再按回车键进入该路径。

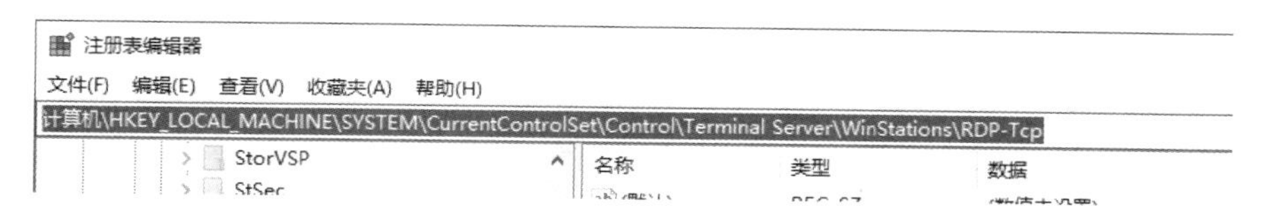

图 8.28　在地址栏中输入路径

然后在窗口右侧选择 PortNumber 选项，双击打开，查找端口调整选项，如图 8.29 所示。

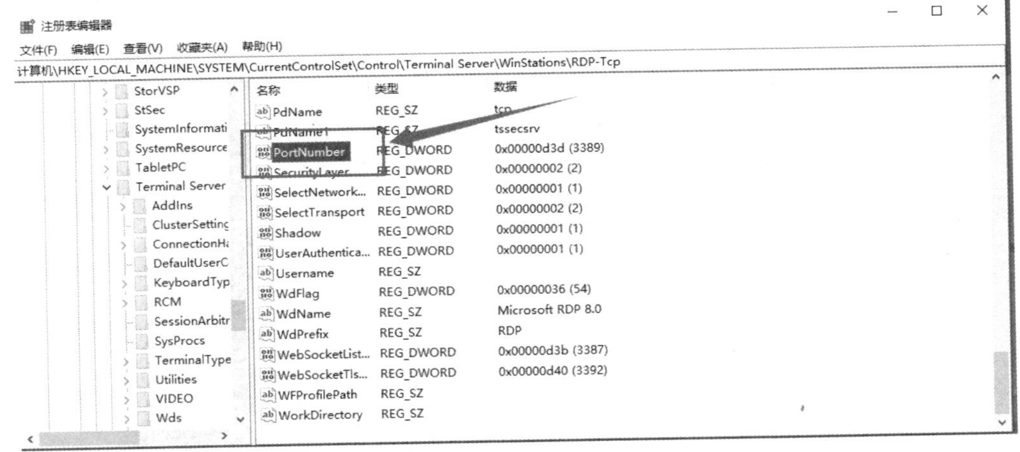

图 8.29　查找端口调整选项

在弹出的对话框中，默认采用十六进制基数，“数值数据”显示为 d3d，如果选中“十进制”单选按钮，则“数值数据”会显示为 3389。在本实践中，将该数值调整为十进制的 2022，以进行防火墙规则的验证，如图 8.30 所示。

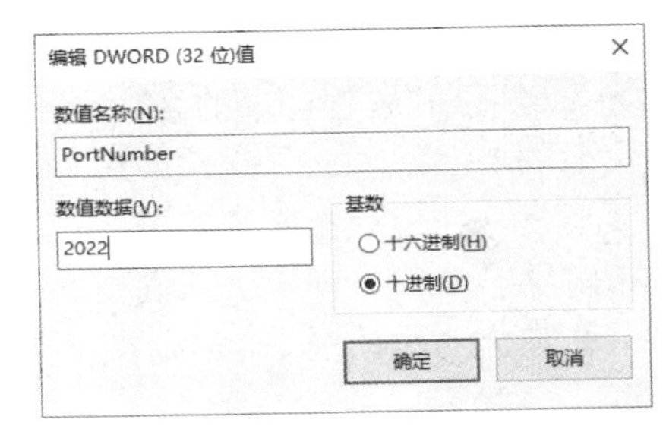

图 8.30　调整端口设置

3．Windows 防火墙验证默认的端口情况

单击桌面右下角的图标，打开 Microsoft Defender 软件，在左侧选择“防火墙和网络保护”选项，可以看到此时 Windows 系统的防火墙处于开启状态，如图 8.31 所示。此时，查看计算机的 IP 地址，为 192.168.61.129，如图 8.32 所示。

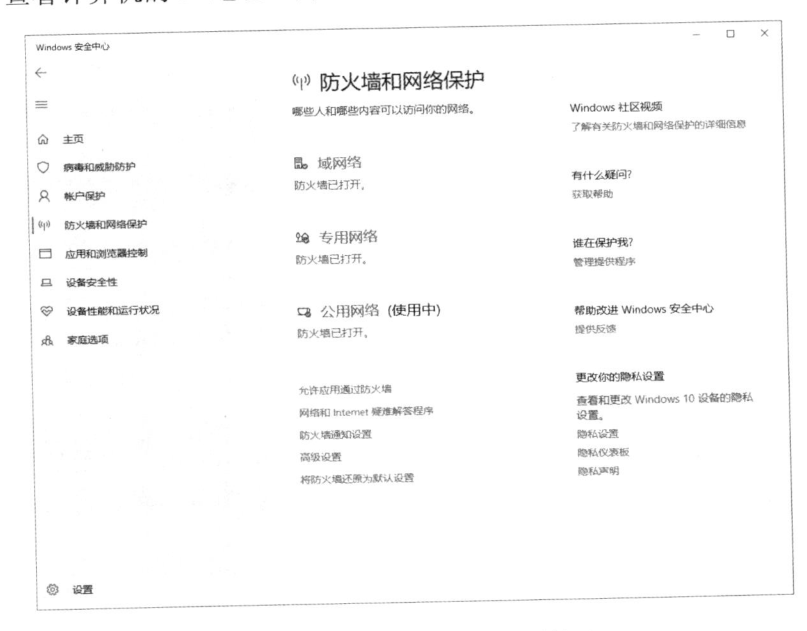

图 8.31　Windows 防火墙启用情况

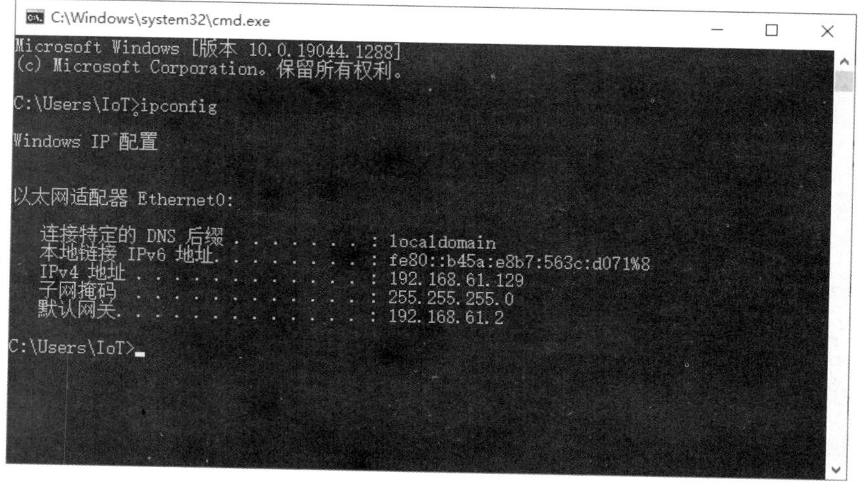

图 8.32　查看计算机的 IP 地址

在另外一台虚拟机中，按 Windows+R 组合键，打开“运行”对话框，然后在文本框中输入 mstsc，打开远程登录的客户端，在窗口中，在窗口中，在“计算机”文本框中输入前面远程桌面的 IP 地址 192.168.61.129，再单击“连接”按钮，如图 8.33 所示。

通常，在远程桌面连接的客户端程序中，在输入远程虚拟机的 IP 地址或名称后，若不额外指定登录端口，则统一从远程的 3389 号端口开启连接。

在弹出的对话框中，分别在上下两个文本框中输入登录账号和密码，再单击“确定”按钮，如图 8.34 所示。

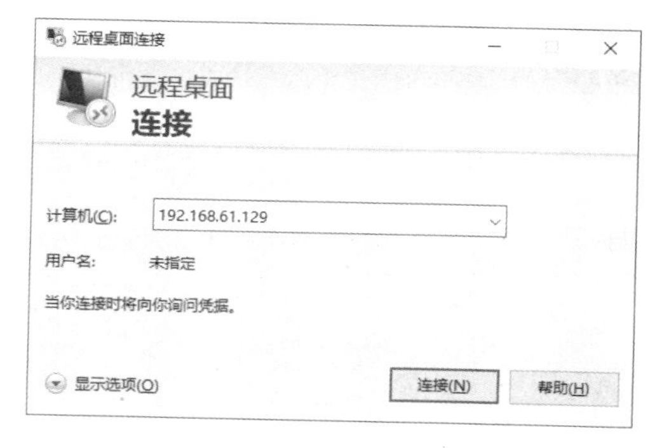

图 8.33　启动远程桌面客户端程序

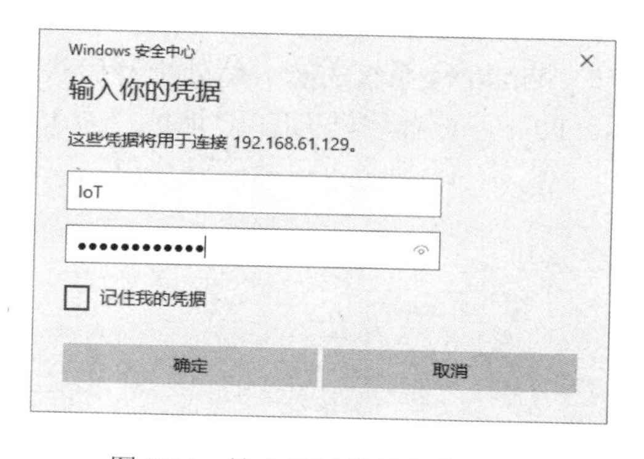

图 8.34　输入登录账号和密码

当初次登录该远程桌面时，会弹出如图 8.35 所示的提示信息，单击“是”按钮，确认连接，进入该远程桌面。

通过远程桌面连接至该虚拟机后，在窗口的上方，会显示远程桌面的地址信息(192.168.61.129)，远程桌面显示界面如图 8.36 所示。同时，由于 Windows 10 的桌面环境仅能供单用户使用，因此通过远程桌面登录后，192.168.61.129 所在的虚拟机屏幕将会自动锁定。

4．Windows 防火墙增加规则，验证调整端口情况

(1) 调整远程桌面的端口

在 192.168.61.129 所在的虚拟机中，参考前面的步骤，将远程桌面的端口号设置为 2022，

然后重启该虚拟机。打开远程桌面的设置，会发现端口号已经调整为 2022，调整运行端口号后的远程桌面设置情况如图 8.37 所示。

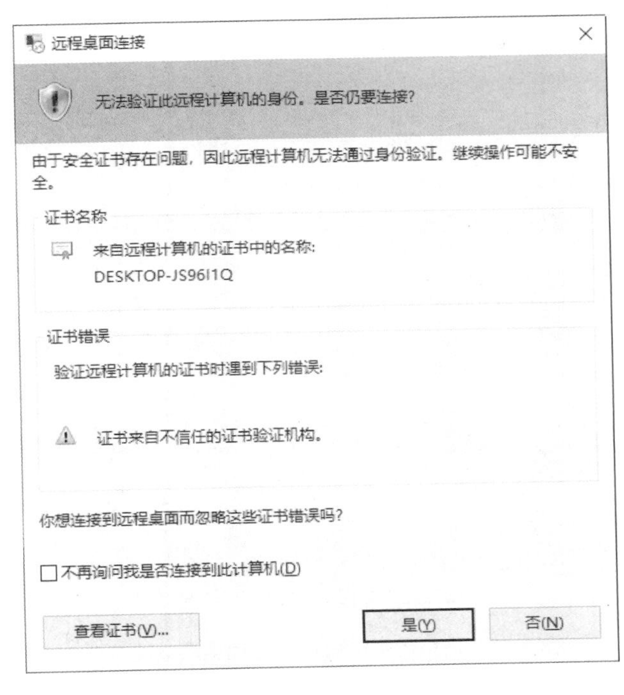

图 8.35　确认连接

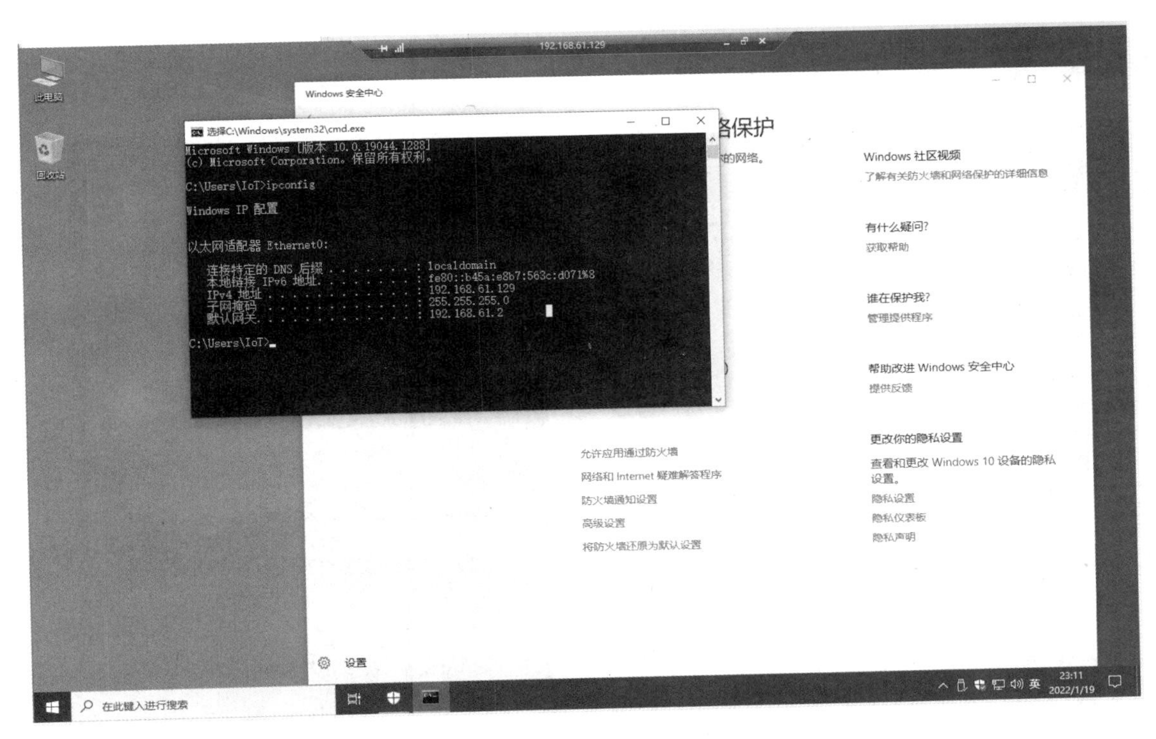

图 8.36　远程桌面显示界面

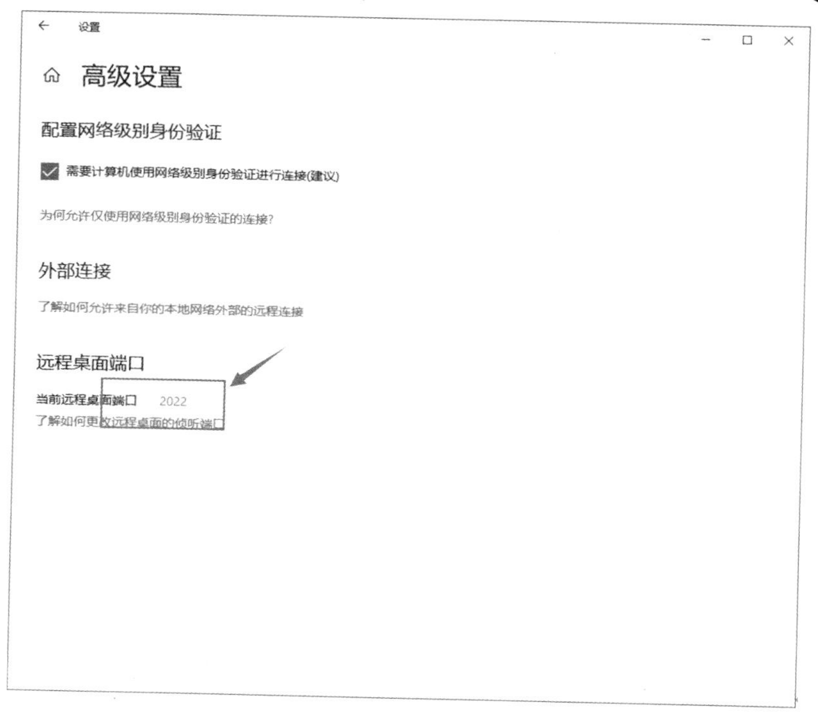

图 8.37　调整运行端口后的远程桌面设置情况

此时，在另外一台虚拟机中，因远程登录的服务端口已经调整，如果仍然使用默认端口登录，将无法再连接至远程桌面，如图 8.38 所示。

调整登录的端口，将登录的地址调整为 192.168.61.129:2022，即指定从新的 2022 号端口登录，由于防火墙未开通该规则，因此依然无法连接到远程桌面，如图 8.39 所示。

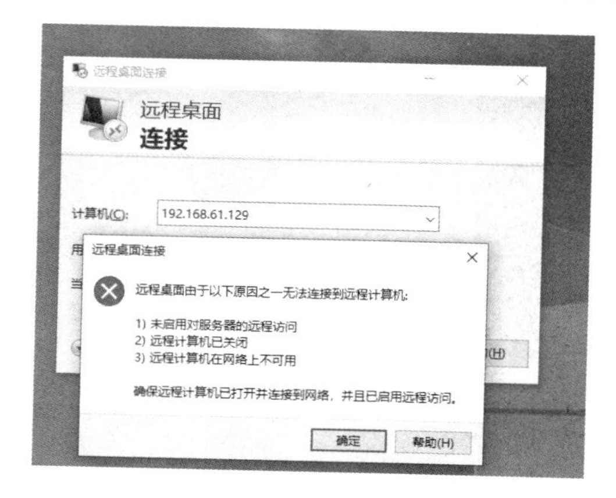

图 8.38　使用默认端口登录（无法连接）

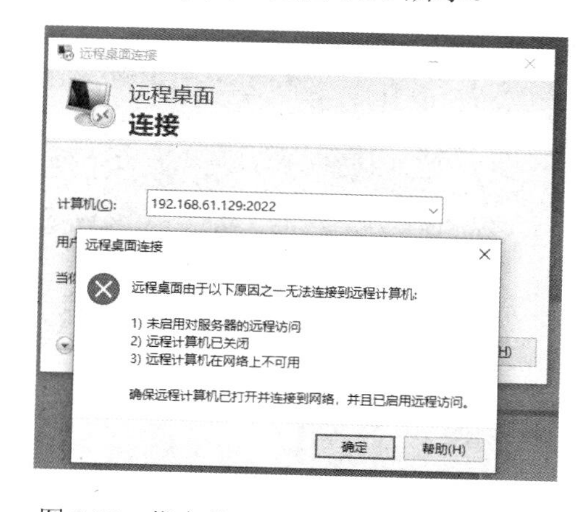

图 8.39　指定从 2022 号端口登录（无法连接）

（2）增加防火墙规则，开放 2022 号 TCP 端口

远程桌面使用 RDP，在连接时采用的是 TCP 端口，因此，在防火墙的调整过程中，采用最小化原则，仅开放 2022 号 TCP 端口，避免过多的端口暴露，尽量降低系统的风险因素。在 Windows 安全中心，打开防火墙和网络保护的高级设置，如图 8.40 所示。

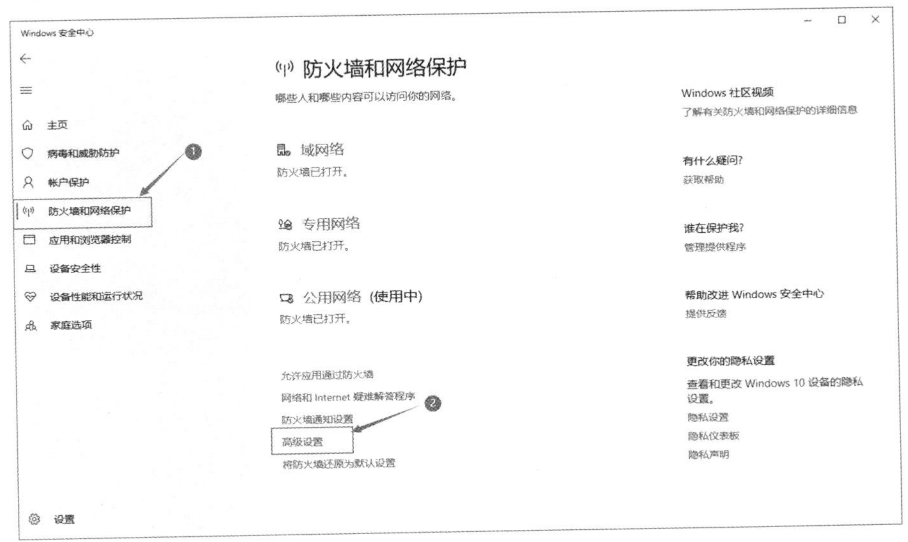

图 8.40　打开防火墙和网络保护的高级设置

按照图 8.41 所示的步骤，打开“新建入站规则向导”对话框。同时，由于本次设定针对的是特定的 TCP 端口，因此在“规则类型”选项卡中，选中“端口”单选按钮，单击“下一步”按钮。

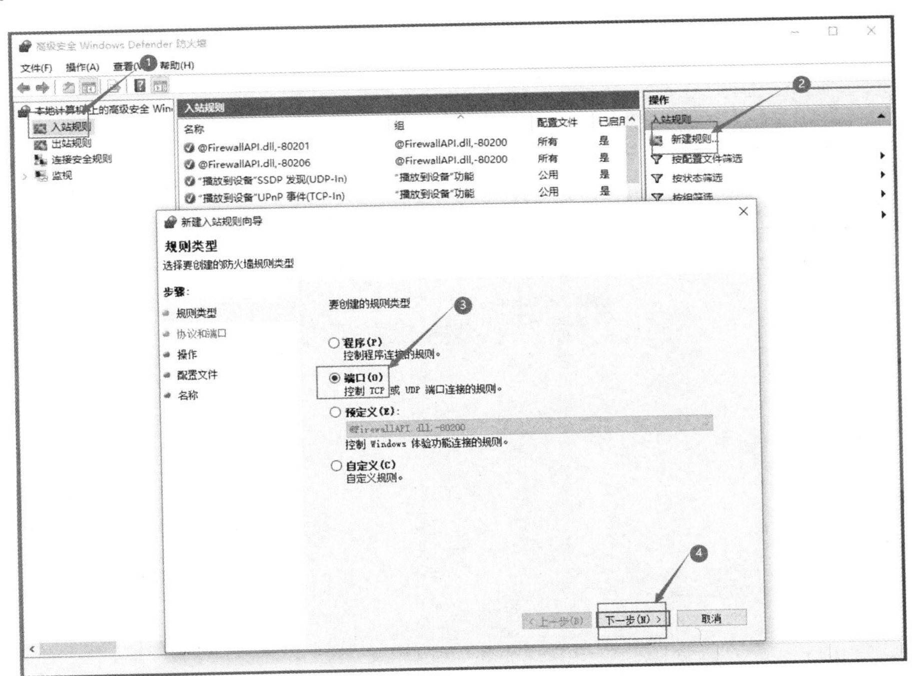

图 8.41　新建入站规则向导

在“协议和端口”选项卡中，选中 TCP 单选按钮，指定为 TCP 规则，然后选中“特定本地端口”单选按钮，并在其文本框中输入特定的端口号，添加新的 2022 号端口，单击“下一步”按钮，如图 8.42 所示。

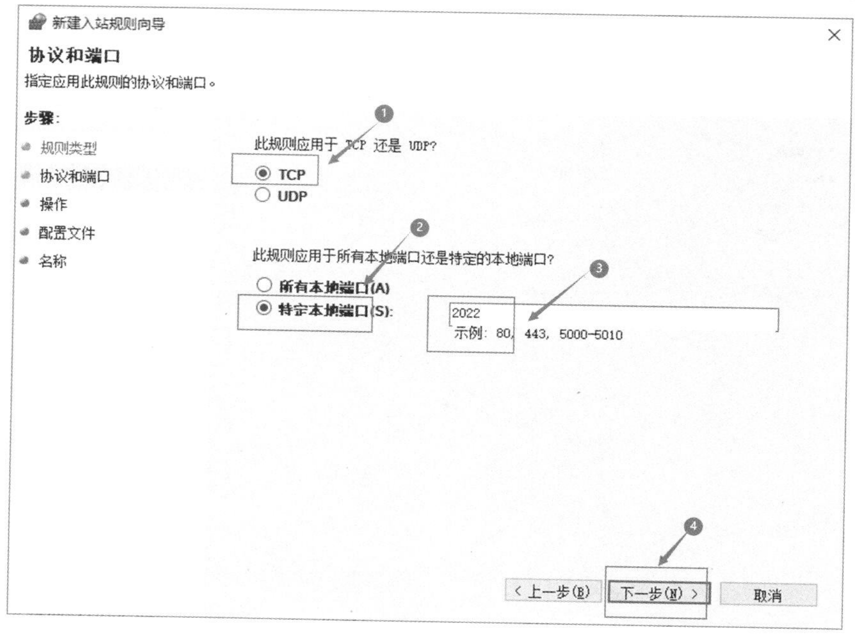

图 8.42　添加端口

在“操作”选项卡中，选中“允许连接”单选按钮，让新的规则能够通过防火墙进入虚拟机中，然后单击“下一步”按钮，如图 8.43 所示。

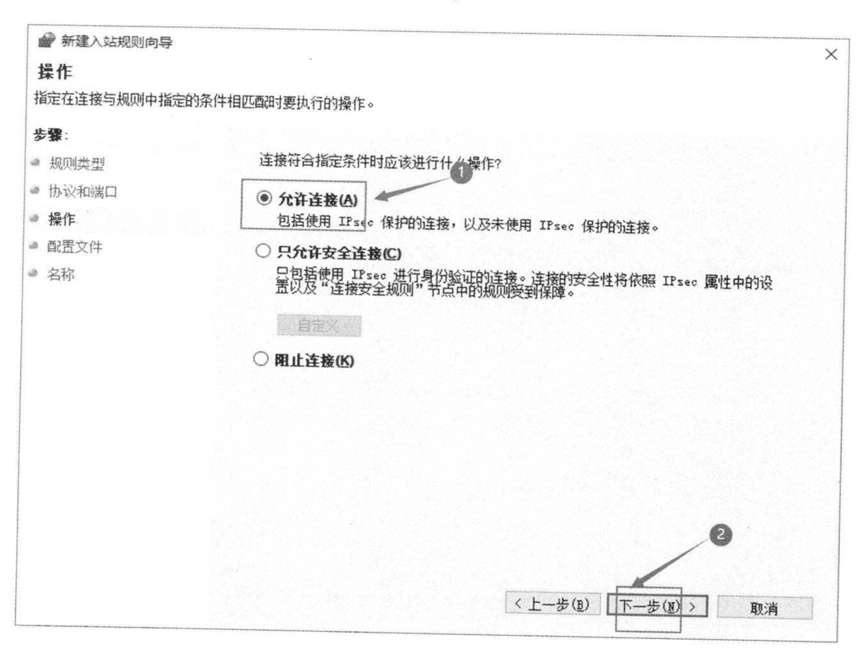

图 8.43　设定入站规则的操作

在“配置文件”选项卡中，在设置配置文件的生效范围时，通常可以根据需要选定。此处采用默认设定，然后单击“下一步”按钮，如图 8.44 所示。

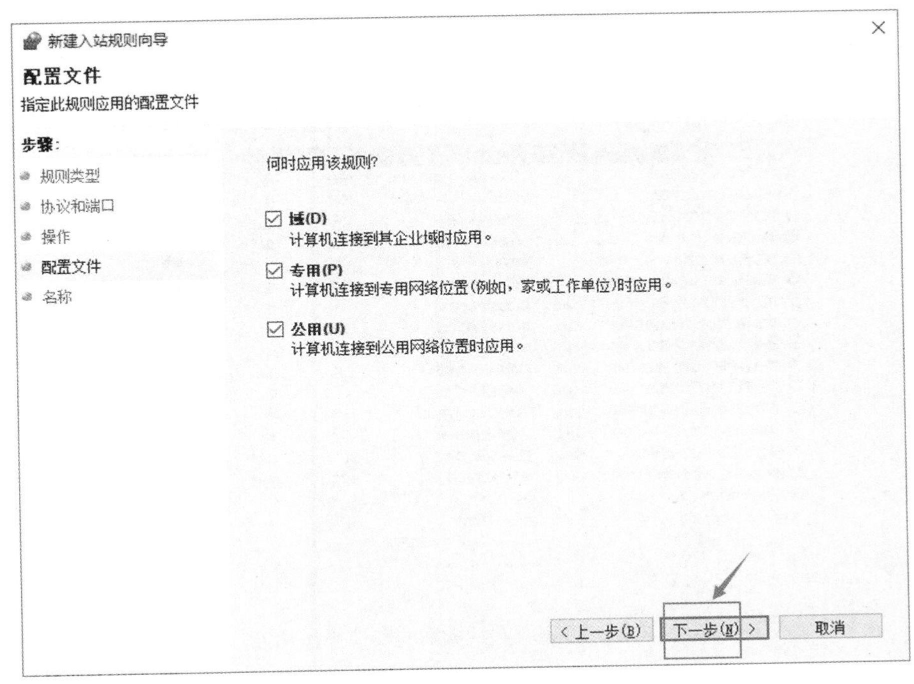

图 8.44　设置配置文件

完成上述的操作后，最后定义新建规则的名称，如图 8.45 所示。

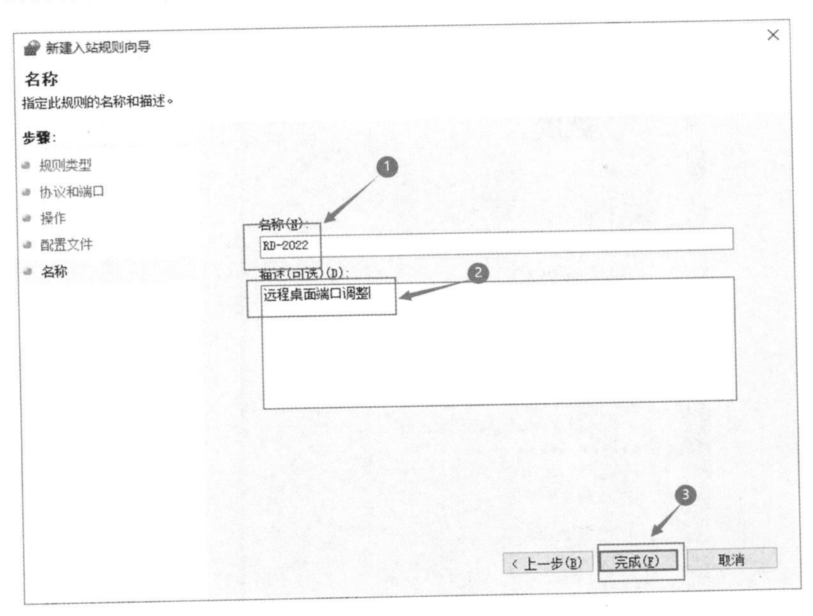

图 8.45　定义新建规则的名称

完成创建后，可以在入站规则列表中看到新增的规则。同时，选定该规则，在窗口的右侧有其他的操作功能，可以根据需要进行相应的操作，如禁用规则、复制、删除等，如图 8.46 所示。

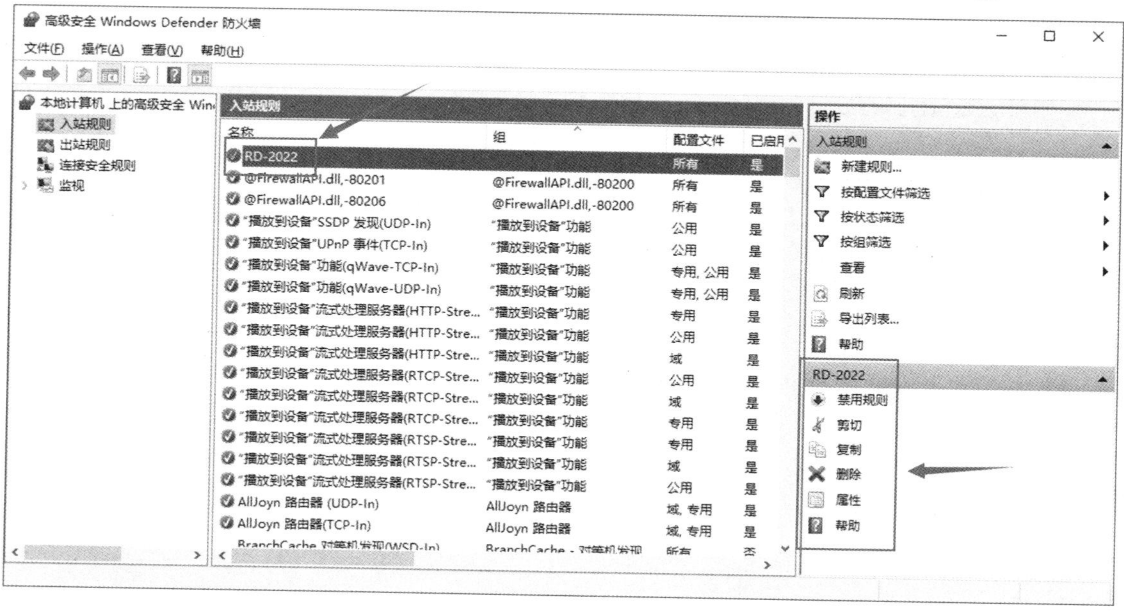

图 8.46　防火墙入站规则的其他操作功能

(3)验证新端口的登录情况

完成前面的设置后，在另外一台虚拟机中，重新以 192.168.61.129:2022 登录，即可完成登录，使用新端口登录时的验证窗口和登录后的桌面分别如图 8.47 和图 8.48 所示。

图 8.47　使用新端口登录时的验证窗口

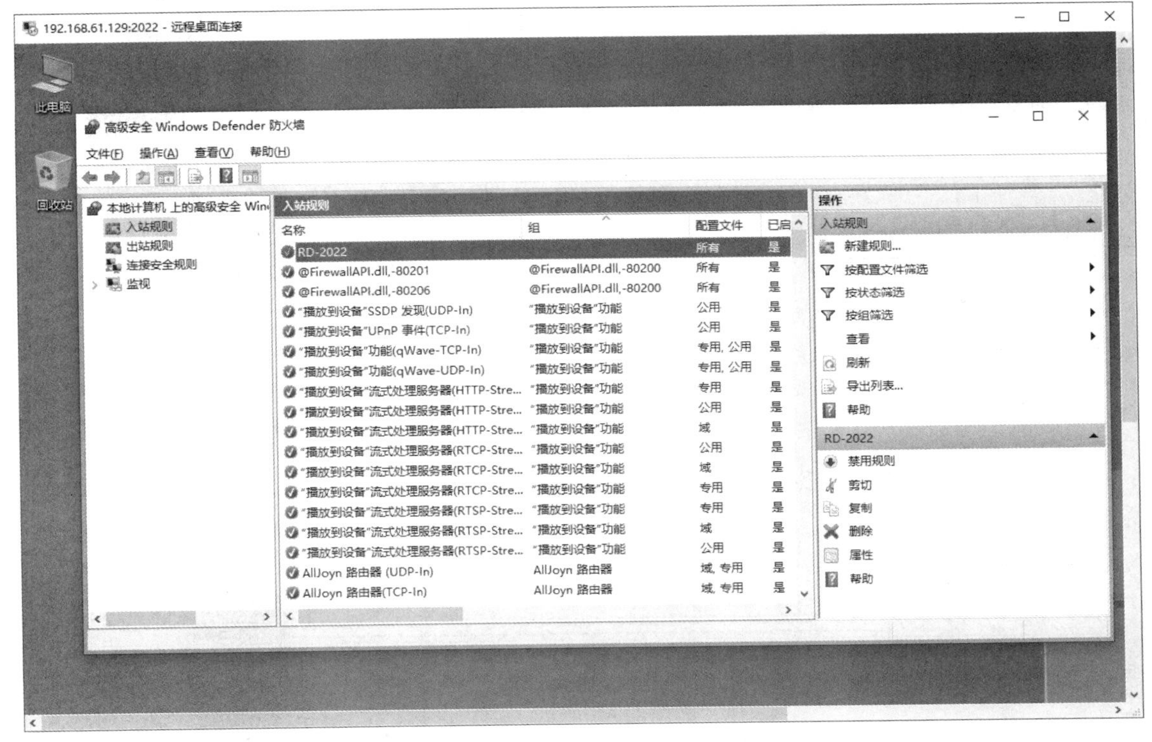

图 8.48　使用新端口登录后的桌面

5. ESET 互联网安全套装下新建防火墙规则及验证

在 ESET 互联网安全套装中，采用了更为严格的网络控制规则，在默认情况下，在开启远程桌面登录服务后，3389 号端口处于被屏蔽状态，需要手动设置调整。例如，若此时已经安装 ESET 互联网安全套装的虚拟机 IP 地址为 192.168.61.128，则在另外一台虚拟机中(192.168.61.129)是无法完成远程桌面登录的，如图 8.49 所示。

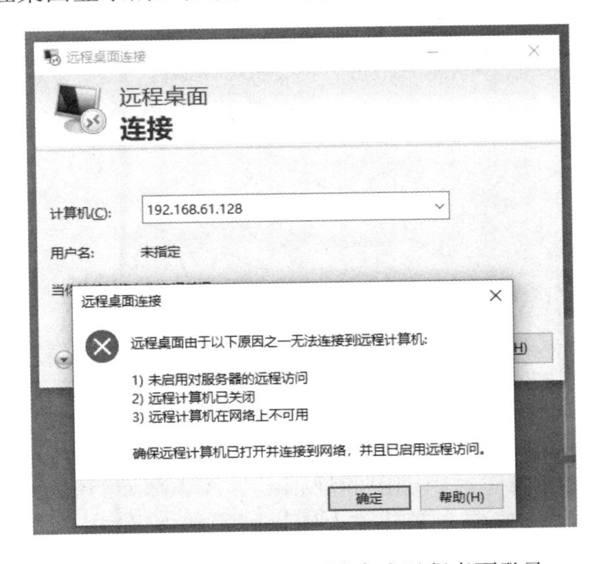

图 8.49　在默认情况下无法完成远程桌面登录

首先，在桌面右下角，单击按钮，打开 ESET 互联网安全套装。先选择左侧的“设置”选项，再开启“网络攻击防护”，开启 ESET 的防火墙配置功能。然后单击右侧的“设置”按钮，在弹出的快捷菜单中选择“配置”选项，如图 8.50 所示。

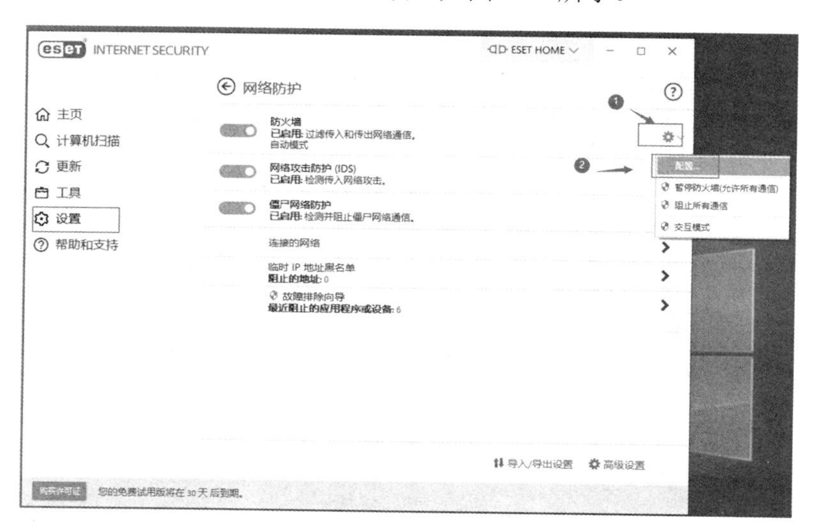

图 8.50　防火墙配置

在打开的窗口中，按步骤添加新的规则，如图 8.51 所示。

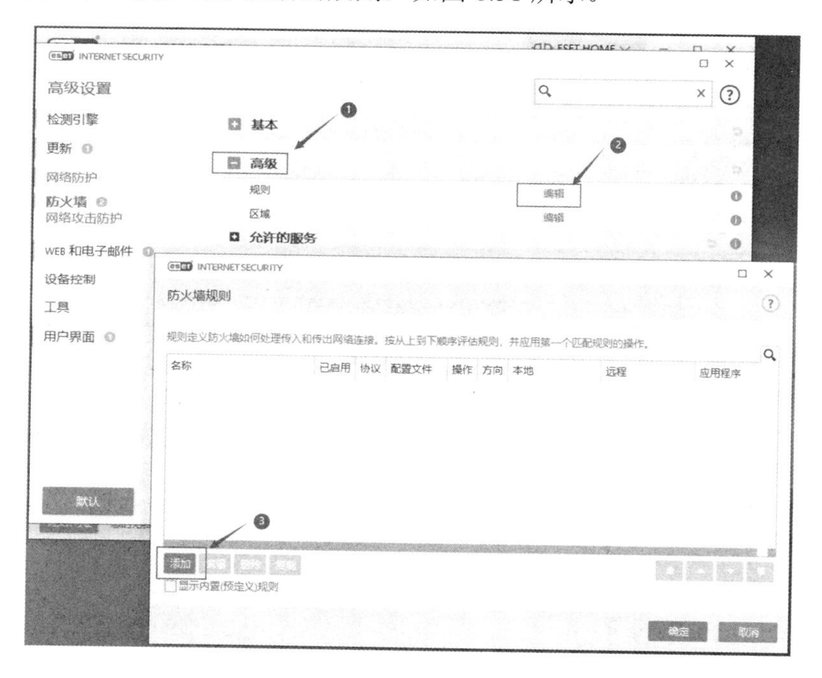

图 8.51　添加新的规则

在 ESET 互联网安全套装中，添加新的规则，包含 3 部分的内容。

- 首先，在 ESET 互联网安全套装防火墙规则的常规设置中，设置名称、是否启用、网络通信的方向(出/入站)及对应的协议等信息，如图 8.52 所示。

● 其次，在 ESET 互联网安全套装防火墙的本地设置中，设置本地的端口，也可以将这个端口绑定到本地的某个指定 IP 地址上，在实际的应用中，可以根据需要输入 IP 信息，如图 8.53 所示。

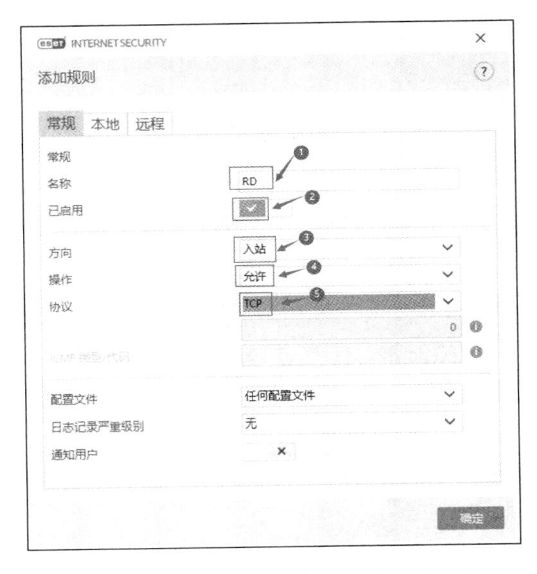

图 8.52　ESET 互联网安全套装防火墙规则的常规设置

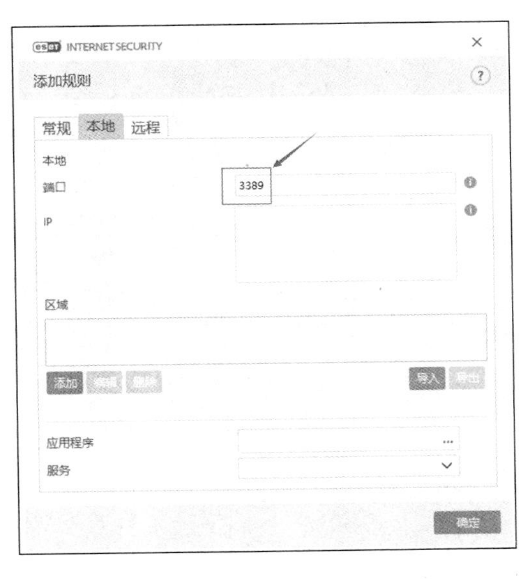

图 8.53　ESET 互联网安全套装防火墙规则的本地设置

● 最后，在 ESET 互联网安全套装防火墙规则的远程设置中，可以为新建的规则绑定该规则远程可访问的客户端列表信息，如 IP 地址及端口等信息。在可访问的客户端列表中，如果需要指定单个 IP 地址，那么输入完整的 IP 地址；如果需要指定某个网段，那么可以采用子网加掩码的规则进行定义，如图 8.54 所示，设定为允许 192.168.61.1～192.168.61.254 在内的全部 IP 地址通过该规则访问。

在完成前面的 3 个设置后，单击“确定”按钮，在 ESET 互联网安全套装的防火墙规则中，可以看到新增的规则，如图 8.55 所示。

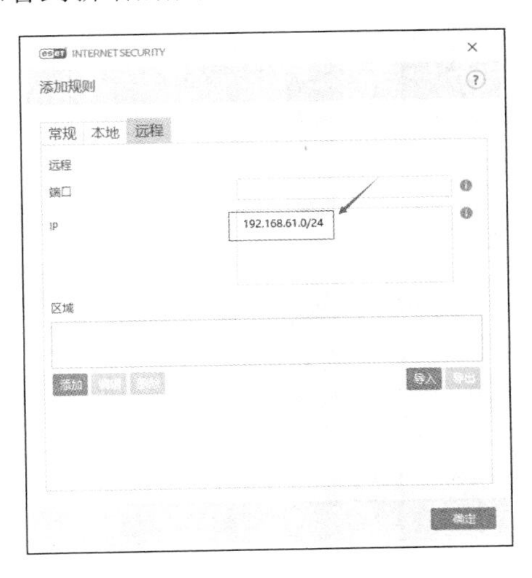

图 8.54　ESET 互联网安全套装防火墙规则的远程设置

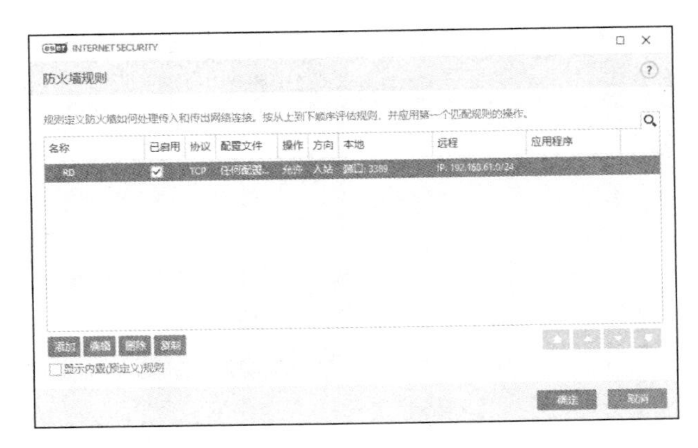

图 8.55　新增的规则

在图 8.55 的右下角单击“确定”按钮，返回至防火墙高级设置窗口，再次单击该窗口右下角的“确定”按钮，完成新规则的创建，使新规则生效，如图 8.56 所示。

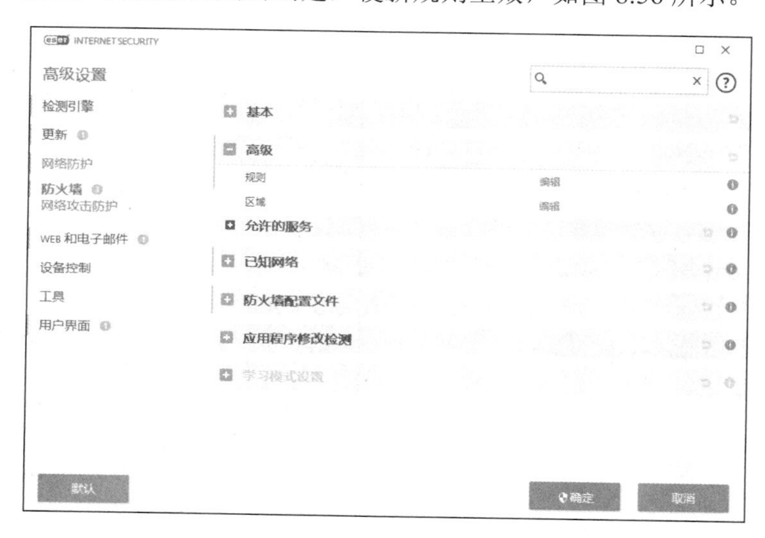

图 8.56　完成新规则的创建

在完成针对 3389 号端口的防火墙规则创建后，在地址为 192.168.61.129 的虚拟机中，使用远程桌面客户端，正常访问地址为 192.168.61.128 的虚拟机的远程桌面服务，如图 8.57 所示。

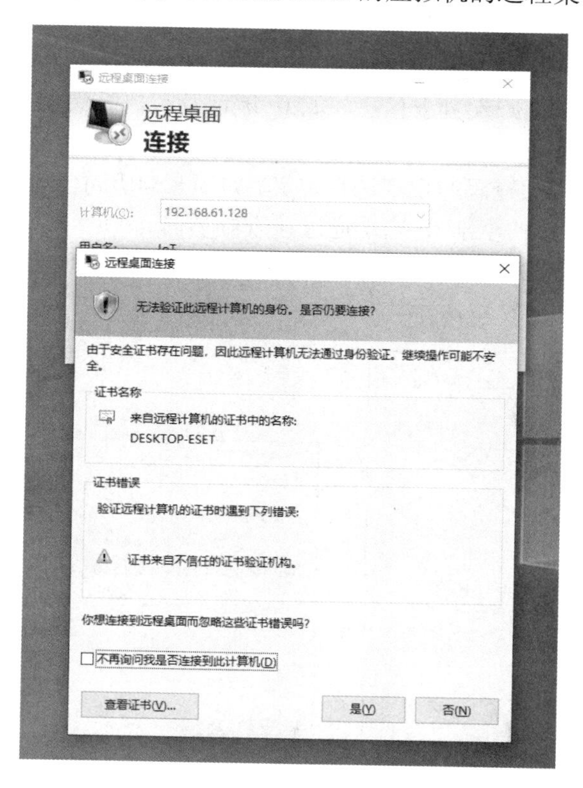

图 8.57　访问远程桌面服务

采用类似上述的步骤，可以完成 2022 号端口的设定及验证，此处不再赘述。

8.4.4　拓展知识

1．Microsoft Defender

Microsoft Defender 是微软公司开发的杀毒程序，可以运行在 Windows 系列的多个版本的操作系统中。从 Windows 10 开始，Microsoft Defender 加入了右键扫描和离线杀毒功能，根据最新的每日样本测试，查杀率已经有了大的提升，达到国际一流水准。Windows 10 在 2020 年 5 月的更新中(2004 版本)，更新了 Windows 安全中心应用，将其中的 Windows Defender 更改为 Microsoft Defender。

2．ESET

ESET 的名称最早起源于埃及神话中的女神 Isis，Isis 又称为 Aset 或 Eset。ESET 公司成立于 1992 年，总部位于欧洲斯洛伐克，是一家面向企业与个人用户的全球性的计算机安全软件提供商，其获奖产品——NOD32 防病毒软件系统，能够针对各种已知或未知病毒、间谍软件(Spyware)、rootkits 和其他恶意软件为计算机系统提供实时保护。ESET 拥有广泛的合作伙伴，包括佳能、戴尔、微软等国际知名公司，在布拉迪斯拉发(斯洛伐克)、布里斯托尔(英国)、布宜诺斯艾利斯(阿根廷)、布拉格(捷克)、圣地亚哥(美国)等地均设有办事处，代理机构覆盖全球超过 100 个国家，中文版的 ESET 系列产品由国内的二版科技(深圳)有限公司代理。

当前，ESET 针对个人及家庭用户，提供了“ESET NOD32 Antivirus”“ESET Internet Security”“ESET Smart Security Premium”三个产品，其功能对比情况如表 8.2 所示。

表 8.2　ESET 系列产品功能对比

功能	ESET NOD32 Antivirus	ESET Internet Security	ESET Smart Security Premium
防毒和反间谍软件	✓	✓	✓
网络钓鱼防护	✓	✓	✓
恶意探索封锁程式	✓	✓	✓
脚本攻击防护	✓	✓	✓
勒索防护盾	✓	✓	✓
防火墙	–	✓	✓
反垃圾邮件	–	✓	✓
网络攻击防护	–	✓	✓
僵尸网络防护	–	✓	✓
银行和付款防护	–	✓	✓
网络摄像头防护	–	✓	✓
UEFI(Unified Extensible Firmware Interface，统一可扩展固件接口)扫描	–	✓	✓
连接家庭监视器	–	✓	✓
防盗	–	✓	✓

续表

功能	ESET NOD32 Antivirus	ESET Internet Security	ESET Smart Security Premium
授权管理器	✓	✓	✓
系统清洁	✓	✓	✓
ESET 密码管理	–	–	✓
数据加密	–	–	✓
保护手机和平板计算机	–*	–*	–*
保护 macOS 和 Linux	–*	–*	–*
多设备保护	–*	✓	–*

3. Windows 终端

Windows 终端程序是一款新式、快速、强大且高效的终端应用程序，Windows 终端的主要功能包括支持多个选项卡，窗格，Unicode 和 UTF-8 字符，GPU 加速文本渲染引擎及自定义主题、样式和配置。同时，Windows 终端也是一个开源工具，可以在其 GitHub 网站下载安装。Windows 终端可以提供一个统一的面向命令行的端口，在最新的 Windows 10、Windows 11 及其他的 Windows Server 系统中，通常支持命令提示符、PowerShell 和适用于 Linux 的 Windows 子系统（WSL）用户的新式终端及 Azure Cloud 的 Shell 应用程序。

Windows 终端在默认启动后，PowerShell 将作为操作环境的变量，其命令格式与命令行提示符有一定的区别。可以在一个 Windows 终端工具中开启多个环境的命令行，如图 8.58 所示。

在不同的环境中，当使用相同的命令时，在命令格式上面有细微的区别。例如，在前面 8.2 节中使用的 ipconfig 等命令，在 PowerShell 中执行命令时，命令和选项之间需要有空格符，否则会提示错误，如图 8.59 所示。

图 8.58　Windows 终端工具

图 8.59　在 PowerShell 中执行命令

在命令行环境下执行命令时，是否在命令与选项之间添加空格符都不会提示错误，如图 8.60 所示。

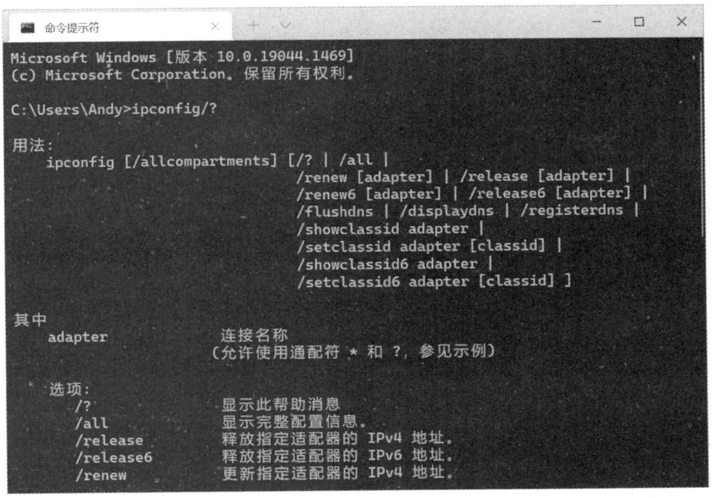

```
命令提示符
Microsoft Windows [版本 10.0.19044.1469]
(c) Microsoft Corporation。保留所有权利。

C:\Users\Andy>ipconfig/?

用法:
    ipconfig [/allcompartments] [/? | /all |
                                 /renew [adapter] | /release [adapter] |
                                 /renew6 [adapter] | /release6 [adapter] |
                                 /flushdns | /displaydns | /registerdns |
                                 /showclassid adapter |
                                 /setclassid adapter [classid] |
                                 /showclassid6 adapter |
                                 /setclassid6 adapter [classid] ]

其中
    adapter             连接名称
                       (允许使用通配符 * 和 ?，参见示例)

    选项:
       /?               显示此帮助消息
       /all             显示完整配置信息。
       /release         释放指定适配器的 IPv4 地址。
       /release6        释放指定适配器的 IPv6 地址。
       /renew           更新指定适配器的 IPv4 地址。
```

图 8.60　在命令行环境下执行命令

习题

一、简答题

1．网络管理通常包括哪些基本的功能？

2．网络故障诊断的方法有哪些？在 Windows 中简单的网络故障诊断命令有哪些？各自有什么功能？

3．常见的网络安全隐患有哪些？

4．计算机中的病毒有什么特征？

二、操作题

根据实践的内容，将远程桌面的端口号调整为 2025，尝试使用在 ESET 互联网安全套装防火墙或其他类型的防火墙环境中，完成相应的防火墙设置及验证。

第 9 章

企业网络综合应用项目案例

9.1 项目任务清单

项目名称	企业网络综合项目	项目编号	CXKJXG000001
项目类型	综合类项目	面向岗位	网络工程师
面向专业	计算机网络技术、云计算技术应用和物联网应用技术等专业		
项目实施类型	模拟仿真训练	考核能力	网络知识综合应用能力
项目难度	适中	完成时间	4 学时
项目来源	企业案例	教学方法	分组教学、项目化教学
实施方式	分组练习	小组人数	4 人
考查知识点	交换机、路由器的基础配置，VLAN、OSPF 等知识点的运用		
设备环境	网卡功能完善，安装了华为模拟器 eNSP 的物理机		
项目简介	本项目共计 100 分，分为项目目标、项目内容、项目相关问题思考、项目实施、项目相关问题解析、项目实施配置命令和项目评价等内容。项目以企业真实案例为引导，旨在让读者将所学知识融合起来，既可以巩固知识点，提高知识运用能力，又可以达到强化训练的目的		
项目实施人员信息			
项目组长姓名		班级	
学号		项目管理	
其他成员姓名		学号	
项目实施规划			
姓名	子任务内容		

9.2　项目目标

知识目标	1．掌握交换机和路由器的工作原理 2．掌握虚拟局域网（VLAN）的基本概念 3．掌握 DHCP 的基本概念 4．熟悉生成树协议（STP）的基本概念 5．掌握路由协议（OSPF 和静态路由协议）的基本知识 6．掌握 PPP 的基本概念
能力目标	1．具备华为模拟器 eNSP 的基本使用能力 2．具备企业项目需求分析和实施能力 3．具备交换机 VLAN 划分的能力 4．具备 DHCP 和 STP 的配置能力 5．具备路由协议的配置能力 6．具备 PPP 的配置能力
素质目标	1．具有良好的学习和逻辑思维能力 2．具有独立分析和实现项目的能力 3．具有良好的人际关系和团队协作能力 4．具有较强的交流和沟通能力 5．具有较强的操作和创新能力 6．具有良好的文档编制和书面表达能力

9.3　项目内容

一、项目背景

随着我国的互联网进入高速发展时期，企业业务量也随之增加，对网络的需求不断增加。某公司因业务不断发展壮大，公司员工数量快速增长，现有的公司规模已经无法满足业务的高速发展。为适应 IT 行业技术的飞速发展，提升员工素质和技术能力水平，满足企业业务发展需求，总公司决定组建分公司，分公司实现与总公司跨城市网络互联。为使总公司和分公司之间有更好的信息交流，需要对网络部署进行一系列的分析和规划，以实现网络的先进性、可靠性和安全性等性能。

二、项目设计原则

企业的网络需要根据实际需求进行设计，包括网络设备选型、网络地址规划和综合布线等，需要遵循以下设计原则。

1．实用性和经济性

网络建设首先要根据企业的实际情况，在构建网络时遵循实用性和经济性原则。

2．先进性和成熟性

网络建设要注重结构、设备和工具的成熟度，确保未来几年的主导和领先地位。

3. 可靠性和稳定性

在企业网络建设中，启用物理链路冗余机制，进一步保证骨干网络平台的健壮性和链路冗余性。

4. 安全性和保密性

企业网络的关键应用是服务器和核心网络设备，好的网络安全控制可以有效地保护信息资源、控制网络访问，并灵活地实施网络安全策略。

5. 可伸缩性和可管理性

为了适应网络结构的不断变化，低投资为首要考虑因素。采用模块化高密度端口的网络设备作为核心设备可以促进扩展，方便将来的业务升级，从而实现系统的扩展和维护。

三、企业网络规划

本项目采用华为设备作为设备选型，其中，总公司采用 1 台 S3700(S3)作为接入交换机，2 台 S5700(S1、S2)作为核心交换机，2 台 AR3260 路由器(R2、R3)用于内网连接，网络出口通过 1 台 AR3260 路由器(R1)与分公司相连。分公司采用 1 台 S5700(S4)作为核心交换机，1 台 AR3260 路由器(R4)与总公司通信，企业网络拓扑图如图 9.1 所示。

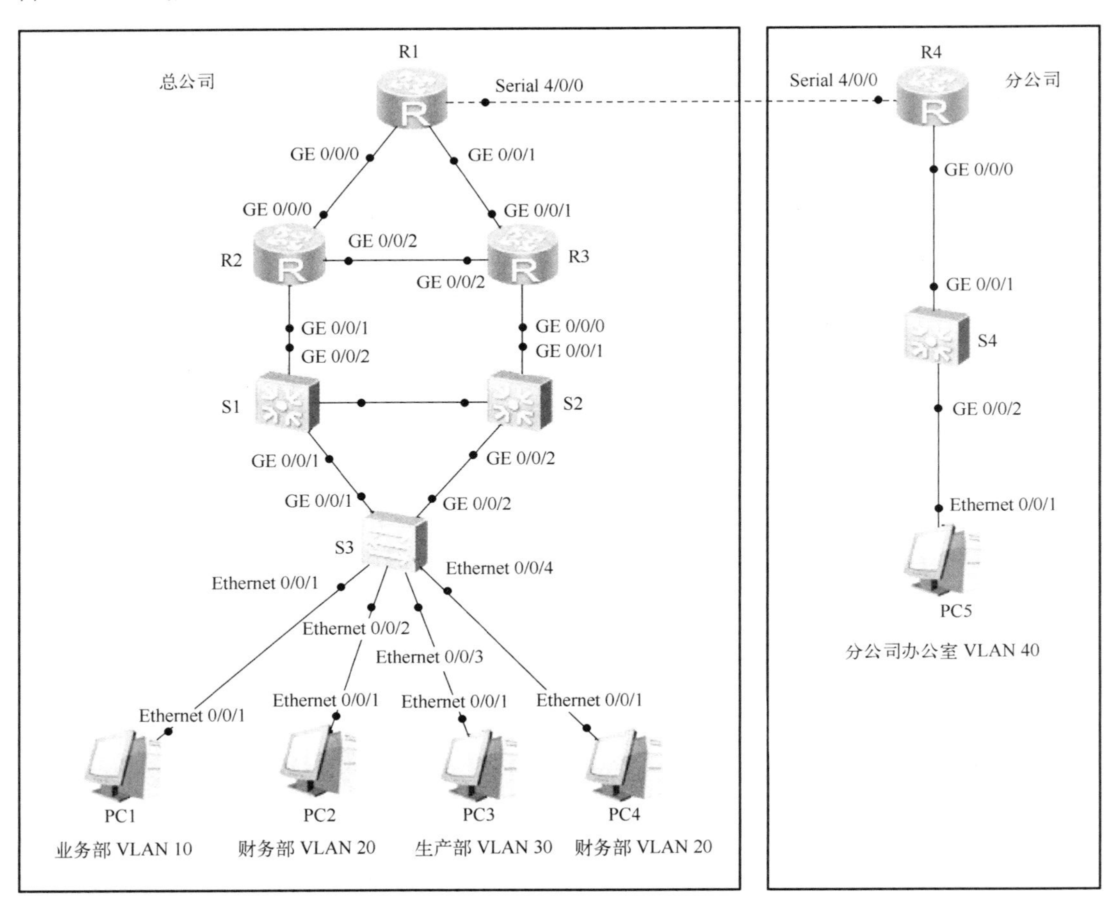

图 9.1　企业网络拓扑图

四、IP 地址规划

为了合理地利用资源，更好地管理网络，企业应该规划好 IP 地址，提高网络效率，网络的 IP 地址规划如表 9.1 所示。

表 9.1 IP 地址规划表

设备	接口	IP 地址	说明
R1	LoopBack 0	1.1.1.1/24	
	Serial 4/0/0	172.16.10.1/24	
	GE 0/0/0	10.0.50.1/24	
	GE 0/0/1	10.0.60.1/24	
R2	LoopBack 0	2.2.2.2/24	
	GE 0/0/0	10.0.50.2/24	
	GE 0/0/1	10.0.80.1/24	
	GE 0/0/2	10.0.70.1/24	
R3	LoopBack 0	3.3.3.3/24	
	GE 0/0/0	10.0.90.1/24	
	GE 0/0/1	10.0.60.2/24	
	GE 0/0/2	10.0.70.2/24	
R4	LoopBack 0	4.4.4.4/24	
	Serial 4/0/0	172.16.10.2/24	
	GE 0/0/0	192.168.100.1/24	
S1	LoopBack 0	5.5.5.5/24	
	Vlanif 100	10.0.80.254/24	
	Vlanif 10	10.0.10.254/24	
	Vlanif 30	10.0.30.254/24	
S2	LoopBack 0	6.6.6.6/24	
	Vlanif 200	10.0.90.254/24	
	Vlanif 20	10.0.20.254/24	
S4	LoopBack 0	7.7.7.7/24	
	Vlanif 40	192.168.200.254	
	Vlanif 50	192.168.100.2	
PC1		10.0.80.1/24	
PC2		自动获取	
PC3		10.0.30.1/24	
PC4		自动获取	
PC5		192.168.200.1/24	

五、VLAN 规划

VLAN 规划表如表 9.2 所示。

表 9.2　VLAN 规划表

设备	端口	链路类型	VLAN 参数
S1	GE 0/0/1	Trunk	allow-pass vlan 10 20 30
	GE 0/0/2	Access	vlan 100
	GE 0/0/3	Trunk	allow-pass vlan 10 20 30
S2	GE 0/0/1	Access	vlan 200
	GE 0/0/2	Trunk	allow-pass vlan 10 20 30
	GE 0/0/3	Trunk	allow-pass vlan 10 20 30
S3	GE 0/0/1	Trunk	allow-pass vlan 10 20 30
	GE 0/0/2	Trunk	allow-pass vlan 10 20 30
S3	Ethernet 0/0/1	Access	vlan 10
	Ethernet 0/0/2	Access	vlan 20
	Ethernet 0/0/3	Access	vlan 30
	Ethernet 0/0/4	Access	vlan 20
S4	GE 0/0/1	Access	vlan 50
	GE 0/0/2	Access	vlan 40

9.4　项目相关问题思考

本节共包含 8 个思考问题，每题 2 分，共 16 分。

一、简述交换机的工作原理(2 分)。

二、简述路由器的工作原理(2 分)。

三、简述 VLAN 的基本概念、优势和划分方式(2 分)。

四、简述 DHCP 的基本概念和工作原理（2 分）。

五、简述生成树协议（STP）的概念（2 分）。

六、简述 OSPF 路由协议的基本概念（2 分）。

七、简述静态路由的基本概念和优缺点（2 分）。

八、简述 PPP 的概念和功能（2 分）。

9.5 项目实施

本节内容共包含 8 个子任务，共 68 分。

子任务 1(8 分)：如图 9.1 所示，利用华为 eNSP 模拟器中的路由器、交换机等设备，完成企业网络拓扑图的构建。

子任务 2(20 分)：根据企业网络拓扑图、表 9.1 和表 9.2，完成 VLAN 的划分和相关配置。

子任务 3(5 分)：在 S2 上完成 DHCP 配置，实现 PC2 和 PC4 自动获取 IP 地址。

子任务 4(5 分)：在 S1、S2 和 S3 上完成生成树协议(STP)的配置，避免环路的产生。

子任务 5(15 分)：在路由器和 3 层交换机上完成 OSPF 路由协议的配置。

子任务 6（5 分）：在路由器 R1 和 R4 上完成静态路由协议的配置。

子任务 7（5 分）：在路由器 R1 和 R4 上完成 PPP 的配置，为确保网络出口的安全性，路由器之间的链路采用 CHAP 方式进行验证，R1 为验证方，用户名为 xg，密码为 gdcx123456。

子任务 8（5 分）：测试总公司主机 PC1～PC4 与分公司主机 PC5 之间的互通性。

项目日志（4 分）			
序号	项目内容	遇到的问题	解决方法

续表

项目总结(4分)
项目小组根据项目的执行情况编写项目总结报告

9.6 项目相关问题解析

一、交换机的工作原理

传统交换机从网桥发展而来，工作于 OSI 参考模型中的第 2 层，即数据链路层。交换机内部的 CPU 会在每个端口成功连接时通过将 MAC 地址和端口对应形成一张站表(MAC 表)。交换机的任意节点在收到数据传输指令后，即对存储在内存里的站表进行快速查找，从而对该 MAC 地址对应的网卡连接位置进行确认，再将数据传输到该节点上。若在站表中找到相应的位置，则进行传输；若没有找到，交换机就会对该 MAC 地址进行记录，以利于下次寻找和使用。交换机一般只需要将帧发送到对应的节点中，而无须发送到所有节点(如集线器)中，从而节省了资源和时间，提高了数据传输的效率。因此，交换机可用于划分数据链路层广播，即冲突域；但它不能用于划分网络层广播，即广播域。

二、路由器的工作原理

路由器又称为网关设备。路由器是在 OSI 参考模型中的网络层完成中继任务的，对不同网络之间的数据包进行存储和分组转发处理。而数据从一个子网中传输到另一个子网中时，可以通过路由器的路由功能进行处理。在网络通信中，路由器具有判断网络地址及选择 IP 路由的作用，路由器能够按照某种路由通信协议查找设备中的路由表。若到某一特定节点有一条以上的路由，则按预先确定的路由准则选择最优(或最经济)的传输路径。为便于在网络间传输报文，路由器总是先按照预定的规则把较大的数据分解成适当大小的数据包，再将这些数据包分别通过相同或不同的路径发送出去。当这些数据包按先后次序到达目的地后，再把分解的数据包按照一定顺序包装成原有的报文形式。

三、VLAN 的基本概念、优势和划分方式

1．VLAN 的基本概念

VLAN(虚拟局域网)是一组逻辑上的设备和用户，这些设备和用户不受物理位置的限制，

可以根据功能、部门及应用等因素将它们组织起来，它们相互之间的通信就像在同一个网段中一样，因此称为虚拟局域网。VLAN 工作在 OSI 参考模型中的第 2 层和第 3 层，一个 VLAN 就是一个广播域，VLAN 之间的通信通过第 3 层的网络设备来完成。

2. VLAN 的优势

VLAN 使网络设备的移动、添加和修改的管理开销减少，可以控制广播活动，提高网络的安全性。在计算机网络中，一个两层网络可以被划分为多个不同的广播域，一个广播域对应一个特定的 VLAN，在默认情况下，这些不同的广播域之间是相互隔离的。不同的广播域之间要通信，需要通过 3 层网络设备。

3. VLAN 的划分方式

VLAN 的划分方式主要包括按端口划分、按 MAC 地址划分、按网络层协议划分。

四、DHCP 的基本概念和工作原理

1. DHCP 的基本概念

DHCP(动态主机配置协议)指的是由服务器控制一段 IP 地址范围，通常被应用在大型的局域网络环境中，其主要作用是集中地管理、分配 IP 地址，使网络环境中的主机动态地获得 IP 地址、网关地址、DNS 服务器地址等信息，DHCP 服务器能够从预先设置的 IP 地址池中自动给主机分配 IP 地址，它不仅能够解决 IP 地址冲突的问题，也能及时回收 IP 地址，以提高 IP 地址的利用率。

2. DHCP 的工作过程

DHCP 的工作过程主要包括请求、提供、选择 IP 租约，服务器确认 IP 租约，重新登录、请求、更新、释放 IP 租约，更新 IP 租约，释放 IP 租约等。

五、生成树协议(STP)概念

生成树协议(Spanning Tree Protocol，STP)可用于计算机网络中树形拓扑结构的建立，其主要作用是防止网桥网络中的冗余链路形成环路工作。生成树协议是 IEEE 802.1D 中定义的数据链路层协议，通过在交换机之间传递网桥协议数据单元(Bridge Protocol Data Unit，BPDU)，并通过采用 STA(生成树算法)选举根桥、根端口和指定端口的方式，最终形成一个树形结构的网络，其中，根端口、指定端口都处于转发状态，其他端口处于禁用状态。如果网络拓扑发生改变，将重新计算生成树拓扑。生成树协议的存在，既满足了核心层网络需要冗余链路的网络健壮性要求，又解决了因为冗余链路形成的物理环路导致“广播风暴”的问题。

六、OSPF 路由协议的基本概念

OSPF 是一个内部网关协议，用于在单一自治系统内决策路由，是对链路状态路由协议的一种实现，故运作于自治系统内部。运行 OSPF 的路由器之间交换的并不是路由表，而是链路状态，OSPF 通过获得网络中所有的链路状态信息，来计算出到达每个目标精确的网络路径。运行 OSPF 的路由器会将链路状态发给邻居，邻居将收到的链路状态全部放入链路状态数据库，再发给自己的所有邻居，通过这样的过程，网络中所有的路由器都将拥有网络中所有的链路状态信息。

七、静态路由的基本概念和优缺点

1. 静态路由的基本概念

静态路由是指由用户或网络管理员手动配置的路由信息。当网络的拓扑结构或链路的状态发生变化时，网络管理员需要手动去修改路由表中相关的静态路由信息。静态路由信息在默认情况下是私有的，不会传输给其他的路由器。当然，网络管理员也可以通过对路由器进行设置使之成为共享的。静态路由一般适用于比较简单的网络环境，在这样的环境中，网络管理员能清楚地了解网络的拓扑结构，以便于设置正确的路由信息。

2. 静态路由的优点

静态路由的优点是网络安全保密性高。动态路由因为需要在路由器之间频繁地交换各自的路由表，而对路由表的分析可以揭示网络的拓扑结构和网络地址等信息，所以出于安全方面的考虑可以采用静态路由。静态路由不会产生更新流量，不占用网络带宽。

八、PPP 的概念和功能

1. PPP 的概念

PPP(点到点协议)是为在同等单元之间传输数据包设计的数据链路层协议。这种链路提供全双工操作，并按照顺序传输数据包。PPP 的设计目的主要是实现通过拨号或专线方式建立点对点连接发送数据，使其成为实现各种主机、网桥和路由器之间连接的一种共通的解决方案。

2. PPP 的功能

- PPP 具有动态分配 IP 地址的能力，允许在连接时协商 IP 地址。
- PPP 支持多种网络协议，如 TCP/IP 等。
- PPP 具有错误检测能力，但不具备纠错能力，所以 PPP 是不可靠传输协议。
- PPP 无重传机制，网络开销小，传输速率快，具有身份验证功能。
- PPP 可以用于多种类型的物理介质上，包括串口线、电话线、移动电话和光纤(如 SDH)，PPP 也用于 Internet 接入。

9.7 项目实施配置命令

一、子任务 1(8 分)

如图 9.1 所示，利用华为 eNSP 模拟器中的路由器、交换机等设备，完成企业网络拓扑图的构建。

企业网络拓扑图的构建步骤参考 2.5 节。

二、子任务 2(20 分)

根据企业网络拓扑图、表 9.1 和表 9.2，完成 VLAN 的划分和相关配置。

1. 配置交换机 S1

```
[Huawei]system view
```

```
[Huawei]sysname S1
[S1]vlan batch 10 20 30 100
[S1]interface GigabitEthernet0/0/1
[S1-GigabitEthernet0/0/1]port link-type trunk
[S1-GigabitEthernet0/0/1]port trunk allow-pass vlan 10 20 30
[S1-GigabitEthernet0/0/1]quit
[S1]interface GigabitEthernet0/0/2
[S1-GigabitEthernet0/0/2]port link-type access
[S1-GigabitEthernet0/0/2]port default vlan 100
[S1-GigabitEthernet0/0/2]quit
[S1]interface GigabitEthernet0/0/3
[S1-GigabitEthernet0/0/3]port link-type trunk
[S1-GigabitEthernet0/0/3]port trunk allow-pass vlan 10 20 30
[S1-GigabitEthernet0/0/3]quit
[S1]interface Vlanif 10
[S1-Vlanif10]ip address 10.0.10.254 255.255.255.0
[S1-Vlanif10]quit
[S1]interface Vlanif 30
[S1-Vlanif30]ip address 10.0.30.254 255.255.255.0
[S1-Vlanif30]quit
[S1]interface Vlanif 100
[S1-Vlanif100]ip address 10.0.80.254 255.255.255.0
[S1-Vlanif100]quit
```

2．配置交换机 S2

```
[Huawei]system view
[Huawei]sysname S2
[S2]vlan batch 10 20 30 200
[S2]interface GigabitEthernet0/0/1
[S2-GigabitEthernet0/0/1]port link-type access
[S2-GigabitEthernet0/0/1]port default vlan 200
[S2-GigabitEthernet0/0/1]quit
[S2]interface GigabitEthernet0/0/2
[S2-GigabitEthernet0/0/2]port link-type trunk
[S2-GigabitEthernet0/0/2]port trunk allow-pass vlan 10 20 30
[S2-GigabitEthernet0/0/2]quit
[S2]interface GigabitEthernet0/0/3
[S2-GigabitEthernet0/0/3]port link-type trunk
[S2-GigabitEthernet0/0/3]port trunk allow-pass vlan 10 20 30
[S2-GigabitEthernet0/0/3]quit
[S2]interface Vlanif 20
[S2-Vlanif20]ip address 10.0.20.254 255.255.255.0
[S2-Vlanif20]dhcp select global
[S2-Vlanif20]quit
[S2]interface Vlanif 200
[S2-Vlanif200]ip address 10.0.90.254 255.255.255.0
```

3. 配置交换机 S4

```
[Huawei]system view
[Huawei]sysname S4
[S4]vlan batch 40 50
[S4]interface GigabitEthernet0/0/1
[S4-GigabitEthernet0/0/1]port link-type access
[S4-GigabitEthernet0/0/1]port default vlan 50
[S4-GigabitEthernet0/0/1]quit
[S4]interface GigabitEthernet0/0/2
[S4-GigabitEthernet0/0/2]port link-type access
[S4-GigabitEthernet0/0/2]port default vlan 40
[S4]interface Vlanif 40
[S4-Vlanif40]ip address 192.168.200.254 255.255.255.0
[S4-Vlanif40]quit
[S4]interface Vlanif 50
[S4-Vlanif20]ip address 192.168.100.2 255.255.255.0
```

4. 配置交换机 S3

```
[Huawei]system view
[Huawei]sysname S3
[S3]vlan batch 10 20 30
[S3]interface Ethernet0/0/1
[S3-Ethernet0/0/1]port link-type access
[S3-Ethernet0/0/1]port default vlan 10
[S3-Ethernet0/0/1]quit
[S3]interface Ethernet0/0/2
[S3-Ethernet0/0/2]port link-type access
[S3-Ethernet0/0/2]port default vlan 20
[S3-Ethernet0/0/2]quit
[S3]interface Ethernet0/0/3
[S3-Ethernet0/0/3]port link-type access
[S3-Ethernet0/0/3]port default vlan 30
[S3-Ethernet0/0/3]quit
[S3]interface Ethernet0/0/4
[S3-Ethernet0/0/4]port link-type access
[S3-Ethernet0/0/4]port default vlan 20
[S3-Ethernet0/0/4]quit
[S3]interface GigabitEthernet0/0/1
[S3-GigabitEthernet0/0/1]port link-type trunk
[S3-GigabitEthernet0/0/1]port trunk allow-pass vlan 10 20 30
[S3-GigabitEthernet0/0/1]quit
[S3]interface GigabitEthernet0/0/2
[S3-GigabitEthernet0/0/2]port link-type trunk
[S3-GigabitEthernet0/0/2]port trunk allow-pass vlan 10 20 30
```

三、子任务 3(5 分)

在 S2 上完成 DHCP 配置，实现 PC2 和 PC4 自动获取 IP 地址。

1. 配置交换机 S2

```
[S2]dhcp enable
[S2]ip pool S2D
[S2-ip-pool-S2D]network 10.0.20.0 mask 24
[S2-ip-pool-S2D] gateway-list 10.0.20.254
```

配置测试：PC2 和 PC4 可以通过 DHCP 获取到 IP 地址，此时在命令行中执行 ipconfig 命令可以显示 DHCP 服务器分配的 IP 地址，如图 9.2 和图 9.3 所示。

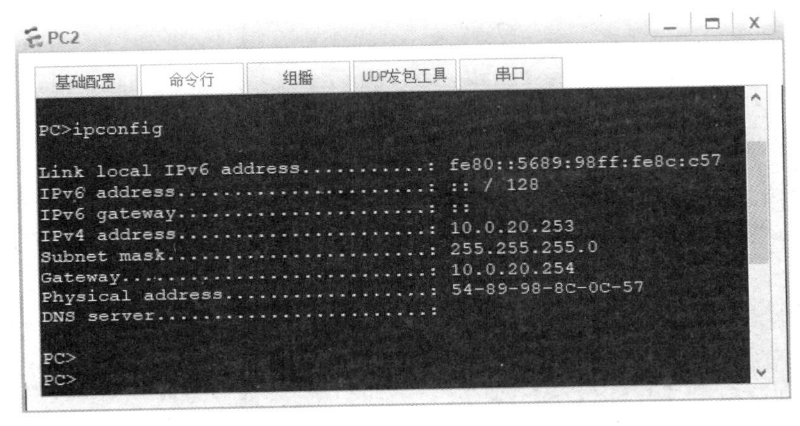

图 9.2　PC2 通过 DHCP 获取 IP 地址

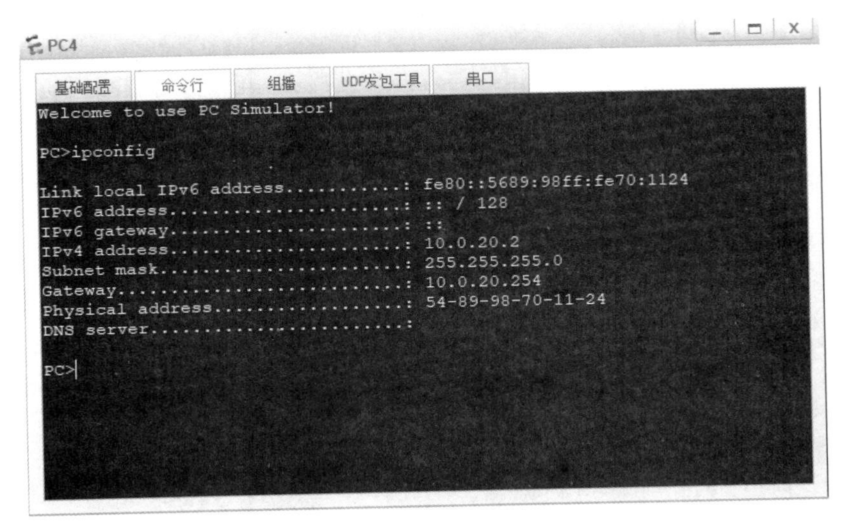

图 9.3　PC4 通过 DHCP 获取 IP 地址

四、子任务 4(5 分)

在 S1、S2 和 S3 上完成生成树协议(STP)的配置，避免环路的产生。

1．配置交换机 S1

```
[S1]stp mode stp
[S1]stp root primary
```

2．配置交换机 S2

```
[S2]stp mode stp
```

3．配置交换机 S3

```
[S3]stp mode stp
```

配置测试：VLAN 10 和 VLAN 30 可以互通，VLAN 20 下的两台主机可以互通，所以 PC1 可以 ping 通 PC3，PC2 可以 ping 通 PC4，如图 9.4、图 9.5 所示。

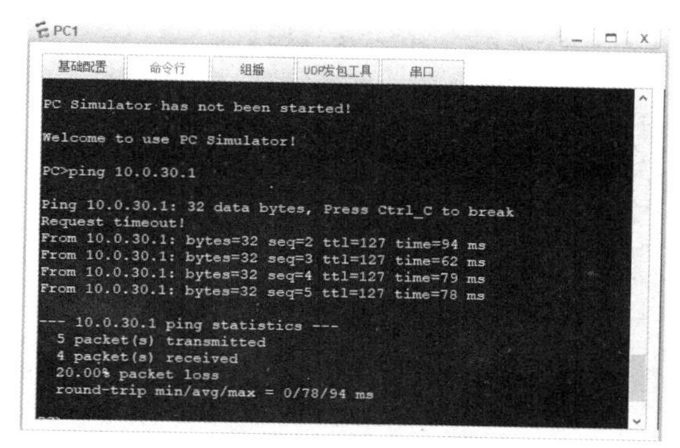

```
PC Simulator has not been started!

Welcome to use PC Simulator!

PC>ping 10.0.30.1

Ping 10.0.30.1: 32 data bytes, Press Ctrl_C to break
Request timeout!
From 10.0.30.1: bytes=32 seq=2 ttl=127 time=94 ms
From 10.0.30.1: bytes=32 seq=3 ttl=127 time=62 ms
From 10.0.30.1: bytes=32 seq=4 ttl=127 time=79 ms
From 10.0.30.1: bytes=32 seq=5 ttl=127 time=78 ms

--- 10.0.30.1 ping statistics ---
  5 packet(s) transmitted
  4 packet(s) received
  20.00% packet loss
  round-trip min/avg/max = 0/78/94 ms
```

图 9.4　PC1 可以 ping 通 PC3

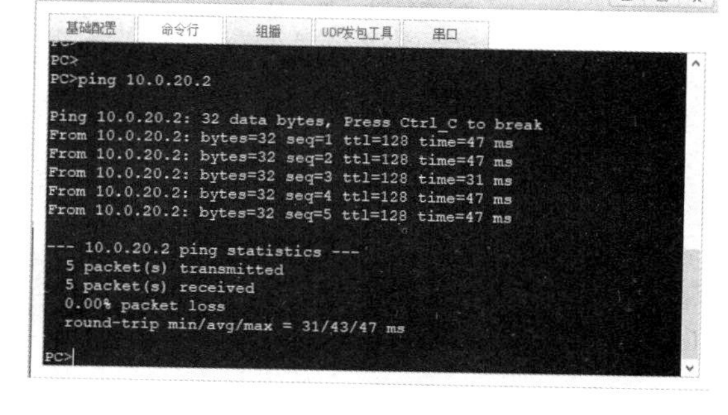

```
PC>
PC>ping 10.0.20.2

Ping 10.0.20.2: 32 data bytes, Press Ctrl_C to break
From 10.0.20.2: bytes=32 seq=1 ttl=128 time=47 ms
From 10.0.20.2: bytes=32 seq=2 ttl=128 time=47 ms
From 10.0.20.2: bytes=32 seq=3 ttl=128 time=31 ms
From 10.0.20.2: bytes=32 seq=4 ttl=128 time=47 ms
From 10.0.20.2: bytes=32 seq=5 ttl=128 time=47 ms

--- 10.0.20.2 ping statistics ---
  5 packet(s) transmitted
  5 packet(s) received
  0.00% packet loss
  round-trip min/avg/max = 31/43/47 ms

PC>
```

图 9.5　PC2 可以 ping 通 PC4

五、子任务 5(15 分)

在路由器和 3 层交换机上完成 OSPF 路由协议的配置。

1．配置交换机 S1

```
[S1]interface LoopBack 0
[S1-LoopBack0]ip address 5.5.5.5 255.255.255.255
[S1-LoopBack0]quit
[S1]ospf 1
[S1-ospf-1]area 0
[S1-ospf-1-area-0.0.0.0]network 5.5.5.5 0.0.0.0
[S1-ospf-1-area-0.0.0.0]network 10.0.80.0 0.0.0.255
[S1-ospf-1-area-0.0.0.0]network 10.0.10.0 0.0.0.255
[S1-ospf-1-area-0.0.0.0]network 10.0.30.0 0.0.0.255
```

2．配置交换机 S2

```
[S2]interface LoopBack 0
[S2-LoopBack0]ip address 6.6.6.6 255.255.255.255
[S2-LoopBack0]quit
```

```
[S2]ospf 1
[S2-ospf-1]area 0
[S2-ospf-1-area-0.0.0.0]network 5.5.5.5 0.0.0.0
[S2-ospf-1-area-0.0.0.0]network 10.0.20.0 0.0.0.255
[S2-ospf-1-area-0.0.0.0]network 10.0.90.0 0.0.0.255
[S2-ospf-1-area-0.0.0.0]network 10.0.200.0 0.0.0.255
```

3. 配置交换机 S4

```
[S4]interface LoopBack 0
[S4-LoopBack0]ip address 7.7.7.7 255.255.255.255
[S4-LoopBack0]quit
[S4]ospf 1
[S4-ospf-1]area 0
[S4-ospf-1-area-0.0.0.0]network 7.7.7.7 0.0.0.0
[S4-ospf-1-area-0.0.0.0]network 192.168.100.0 0.0.0.255
[S4-ospf-1-area-0.0.0.0]network 192.168.200.0 0.0.0.255
```

4. 配置路由器 R1

```
[R1]interface GigabitEthernet0/0/0
[R1-GigabitEthernet0/0/0]ip address 10.0.50.1 255.255.255.0
[R1-GigabitEthernet0/0/0]quit
[R1]interface GigabitEthernet0/0/1
[R1-GigabitEthernet0/0/1]ip address 10.0.60.1 255.255.255.0
[R1-GigabitEthernet0/0/1]quit
[R1]interface LoopBack 0
[R1-LoopBack0]ip address 1.1.1.1 255.255.255.255
[R1-LoopBack0]quit
[R1]ospf 1
[R1-ospf-1]default-route-advertise
[R1-ospf-1]area 0
[R1-ospf-1-area-0.0.0.0]network 1.1.1.1 0.0.0.0
[R1-ospf-1-area-0.0.0.0]network 10.0.50.0 0.0.0.255
[R1-ospf-1-area-0.0.0.0]network 10.0.60.0 0.0.0.255
```

5. 配置路由器 R2

```
[R2]interface GigabitEthernet0/0/0
[R2-GigabitEthernet0/0/0]ip address 10.0.50.2 255.255.255.0
[R2-GigabitEthernet0/0/0]quit
[R2]interface GigabitEthernet0/0/1
[R2-GigabitEthernet0/0/1]ip address 10.0.80.1 255.255.255.0
[R2-GigabitEthernet0/0/1]quit
[R2]interface GigabitEthernet0/0/2
[R2-GigabitEthernet0/0/2]ip address 10.0.70.1 255.255.255.0
[R2-GigabitEthernet0/0/2]quit
[R2]interface LoopBack 0
[R2-LoopBack0]ip address 2.2.2.2 255.255.255.255
```

```
[R2-LoopBack0]quit
[R2]ospf 1
[R2-ospf-1]area 0
[R2-ospf-1-area-0.0.0.0]network 2.2.2.2 0.0.0.0
[R2-ospf-1-area-0.0.0.0]network 10.0.50.0 0.0.0.255
[R2-ospf-1-area-0.0.0.0]network 10.0.70.0 0.0.0.255
[R2-ospf-1-area-0.0.0.0]network 10.0.80.0 0.0.0.255
```

6. 配置路由器 R3

```
[R3]interface GigabitEthernet0/0/0
[R3-GigabitEthernet0/0/0]ip address 10.0.90.1 255.255.255.0
[R3-GigabitEthernet0/0/0]quit
[R3]interface GigabitEthernet0/0/1
[R3-GigabitEthernet0/0/1]ip address 10.0.60.2 255.255.255.0
[R3-GigabitEthernet0/0/1]quit
[R3]interface GigabitEthernet0/0/2
[R3-GigabitEthernet0/0/2]ip address 10.0.70.2 255.255.255.0
[R3-GigabitEthernet0/0/2]quit
[R3]interface LoopBack 0
[R3-LoopBack0]ip address 3.3.3.3 255.255.255.255
[R3-LoopBack0]quit
[R3]ospf 1
[R3-ospf-1]area 0
[R3-ospf-1-area-0.0.0.0]network 3.3.3.3 0.0.0.0
[R3-ospf-1-area-0.0.0.0]network 10.0.60.0 0.0.0.255
[R3-ospf-1-area-0.0.0.0]network 10.0.70.0 0.0.0.255
[R3-ospf-1-area-0.0.0.0]network 10.0.90.0 0.0.0.255
```

7. 配置路由器 R4

```
[R4]interface GigabitEthernet0/0/0
[R4-GigabitEthernet0/0/0]ip address 192.168.100.1 255.255.255.0
[R4-GigabitEthernet0/0/0]quit
[R4]interface LoopBack 0
[R4-LoopBack0]ip address 4.4.4.4 255.255.255.255
[R4-LoopBack0]quit
[R4]ospf 1
[R4-ospf-1]default-route-advertise
[R4-ospf-1]area 0
[R4-ospf-1-area-0.0.0.0]network 4.4.4.4 0.0.0.0
[R4-ospf-1-area-0.0.0.0]network 192.168.100.0 0.0.0.255
```

配置测试：VLAN 20 可以和 VLAN 10、VLAN 30 互通，如图 9.6 所示。

六、子任务 6(5 分)

在路由器 R1 和 R4 上完成静态路由协议的配置。

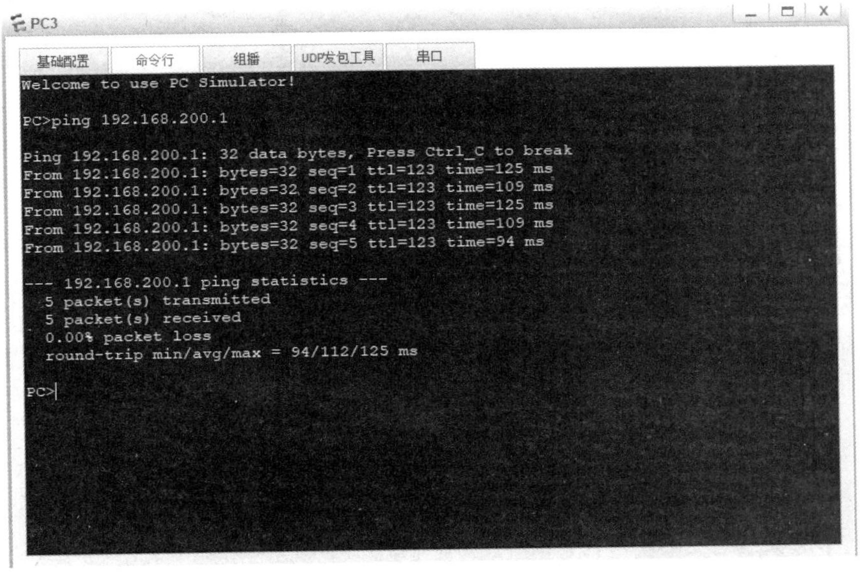

PC3

基础配置　命令行　组播　UDP发包工具　串口

```
Welcome to use PC Simulator!

PC>ping 192.168.200.1

Ping 192.168.200.1: 32 data bytes, Press Ctrl_C to break
From 192.168.200.1: bytes=32 seq=1 ttl=123 time=125 ms
From 192.168.200.1: bytes=32 seq=2 ttl=123 time=109 ms
From 192.168.200.1: bytes=32 seq=3 ttl=123 time=125 ms
From 192.168.200.1: bytes=32 seq=4 ttl=123 time=109 ms
From 192.168.200.1: bytes=32 seq=5 ttl=123 time=94 ms

--- 192.168.200.1 ping statistics ---
  5 packet(s) transmitted
  5 packet(s) received
  0.00% packet loss
  round-trip min/avg/max = 94/112/125 ms

PC>
```

图 9.6　PC3 可以 ping 通 PC5

1. 配置路由器 R1

```
[R1]ip route-static 0.0.0.0 0.0.0.0 172.16.10.2
```

2. 配置路由器 R4

```
[R4]ip route-static 0.0.0.0 0.0.0.0 172.16.10.1
```

七、子任务 7(5 分)

在路由器 R1 和 R4 上完成 PPP 的配置，为确保网络出口的安全性，路由器之间的链路采用 CHAP 方式进行验证，R1 为验证方，用户名为 xg，密码为 gdcx123456。

1. 配置路由器 R1

```
[R1]acl number 2000
[R1-acl-basic-2000]rule 5 permit source 10.0.0.0 0.0.255.255
[R1-acl-basic-2000]quit
[R1]interface Serial 4/0/0
[R1-Serial4/0/0]ip address 172.16.10.1 255.255.255.0
[R1-Serial4/0/0]link-protocol ppp
[R1-Serial4/0/0]ppp chap user xg
[R1-Serial4/0/0]ppp chap password cipher gdcx123456
[R1-Serial4/0/0]nat outbound 2000
```

2. 配置路由器 R4

```
[R4]acl number 2100
[R4-acl-basic-2100]rule 10 permit source 192.168.0.0 0.0.255.255
```

```
[R4-acl-basic-2100]quit
[R4]interface Serial 4/0/0
[R4-Serial4/0/0]ip address 172.16.10.2 255.255.255.0
[R4-Serial4/0/0]link-protocol ppp
[R4-Serial4/0/0]nat outbound 2100
```

八、子任务 8(5 分)

测试总公司主机 PC1～PC4 与分公司主机 PC5 之间的互通性。

按要求配置完成后，总公司与分公司的主机可以互相访问。PC3 可以 ping 通 PC5，如图 9.6 所示，PC5 可以 ping 通 PC1，如图 9.7 所示。

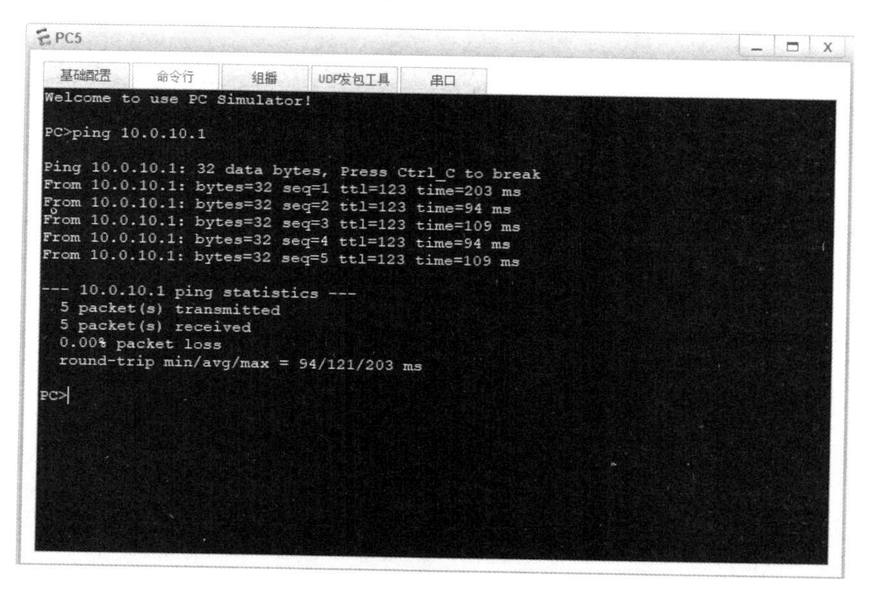

图 9.7　PC5 可以 ping 通 PC1

9.8　项目评价

序号	评分项	分值(100 分)	评分标准(酌情扣分)	得分
1	课堂表现	8 分	不迟到早退，积极主动参与项目实施	
2	相关知识思考部分	16 分	问题能够回答得清晰准确，没有明显的错误	
3	拓扑图部分	8 分	能够按照企业网络拓扑图进行设备选型，端口连接正确	
4	VLAN 配置部分	20 分	VLAN 划分和相关配置正确	
5	DHCP 配置部分	5 分	主机可以自动获取到 IP 地址	
6	生成树协议(STP)配置部分	5 分	STP 配置正确	
7	OSPF 路由协议配置部分	15 分	OSPF 路由协议配置正确	
8	静态路由协议配置部分	5 分	静态路由协议配置正确	
9	PPP 配置部分	5 分	PPP 配置正确	

续表

序号	评分项	分值（100 分）	评分标准（酌情扣分）	得分
10	网络测试部分	5 分	总公司和分公司网络可以互通	
11	其他部分	8 分	项目日志、问题和总结部分填写详细，能够反映项目实施过程	
教师评语				

参 考 文 献

[1] 谢希仁. 计算机网络(第 8 版)[M]. 北京：电子工业出版社，2021.

[2] James F.Kurose, Keith W. Ross. 计算机网络：自顶向下方法(原书第 7 版)[M]. 陈鸣，译. 北京：机械工业出版社，2018.

[3] 竹下隆史，村山公保，荒井透，苅田幸雄. 图解 TCP/IP(第 5 版)[M]. 乌尼日其其格，译. 北京：人民邮电出版社，2013

[4] 周舸. 计算机网络技术基础(第 5 版)[M]. 北京：人民邮电出版社，2018.

[5] 沈鑫剡等. 网络技术基础与计算思维实验教程：基于华为 eNSP[M]. 北京：清华大学出版社，2020.

[6] 孟敬. 计算机网络基础与应用[M]. 北京：人民邮电出版社，2021.

[7] 徐立新，吕书波. 计算机网络技术[M]. 北京：人民邮电出版社，2019.

[8] 华为技术有限公司. HCNA 网络技术实验指南[M]. 北京：人民邮电出版社，2017.

[9] Charles E. Spurgeon，Joann Zimmerman. 以太网权威指南(第 2 版)[M]. 蔡仁君，译. 北京：人民邮电出版社，2016.